普通高等教育"十一五"国家级规划教材

高分子化学教程

（第五版）

江　波　殷勤俭　王亚宁　王槐三　主编

科学出版社

北　京

内 容 简 介

本书是在"普通高等教育'十一五'国家级规划教材"《高分子化学教程》(第四版)的基础上,由四川大学化学学院组织相关骨干教师参与编修而成。

本书系统讲述各类高分子材料的合成原理,以及合成条件与材料结构性能的相关性。全书共 8 章,包括绪论、逐步聚合、自由基聚合、自由基共聚合与聚合方法、离子型聚合与配位聚合、活性/可控聚合、聚合物化学反应及天然高分子化学概要,书末编录高分子化学名词解释、高分子化学重要题解及常见聚合物简易鉴别方法,供读者查阅参考。书中对 40 余种重要聚合物的工业合成方法、重要特性及其应用作了简要介绍。编者精选 120 余个重要知识点标注于书页外侧栏,提示读者可从该页查阅详细解答,并在各章末汇编若干习题供读者选择练习。另外,书中链接了部分动画,形象地解释了聚合反应机理,读者可通过扫描二维码观看。

本书可作为高等学校化学、化学工程与工艺、高分子材料与工程、材料科学与工程及轻工纺织等相关专业本科生及研究生教材,也可供从事高分子化学研究、生产和应用的专业技术人员参考。

图书在版编目(CIP)数据

高分子化学教程 / 江波等主编. —5 版. —北京:科学出版社,2019.6
普通高等教育"十一五"国家级规划教材
ISBN 978-7-03-061613-5

Ⅰ. ①高… Ⅱ. ①江… Ⅲ. ①高分子化学-高等学校-教材 Ⅳ. ①O63

中国版本图书馆 CIP 数据核字(2019)第 115094 号

责任编辑:陈雅娴 侯晓敏 / 责任校对:何艳萍
责任印制:师艳茹 / 封面设计:陈 敬

科 学 出 版 社 出版
北京东黄城根北街 16 号
邮政编码:100717
http://www.sciencep.com
天津文林印务有限公司 印刷
科学出版社发行 各地新华书店经销
*
2002 年 3 月第 一 版   开本:787×1092 1/16
2007 年 4 月第 二 版   印张:20
2011 年 6 月第 三 版   字数:512 000
2015 年 11 月第 四 版 2019 年 6 月第五版
2022 年 11 月第二十六次印刷

定价:69.00 元
(如有印装质量问题,我社负责调换)

第 一 版 序

作为高分子科学第一部权威性教科书，P. J. Flory 的专著 *Principles of Polymers* 出版至今已有半个多世纪。这期间 G. Odian 编写的 *Principles of Polymerization* 当属本学科的经典著作之一。北京大学、中山大学、浙江大学、复旦大学、四川大学(原成都科技大学参加联合组建)等也先后编写和出版了多种版本的《高分子化学》教科书，为培养我国高分子科学与工程专业技术人才做出了历史性贡献。

自从 H. Staudinger 提出高分子概念至今，高分子科学已经历了近 80 年的发展。高分子化学作为一门兼具基础性和专业性特点的化学二级学科，其基本知识构架已经相对完整——虽然还存在一些需要发展和完善之处。所以《高分子化学教程》一书编写的基本构架仍然遵循传统的、由 P. J. Flory 提出的按照聚合反应类型编排章节；按照单体、热力学、动力学、聚合反应速率、相对分子质量及其分布、聚合反应影响因素、聚合反应方法和重要聚合物举例等层次编写各节内容。该书内容完整、结构严谨、层次清晰。作者遵照教学大纲编写各章节提纲附于书页外侧，作为方便学生学习时掌握重点的一种尝试，颇有新意。

近 50 年来，随着我国高等教育事业的发展和教育体制的改革，高等学校工科高分子材料与工程专业及其专业课程的设置已经经历了从宽到窄、再到宽的过程。但是高分子化学始终作为各相关专业的首门专业课程而受到一致的重视。近年来随着信息科学元器件制造、生命科学和生物医学材料和高分子材料科学与工程的相互渗透、交汇和融合，高分子化学也逐渐成为各相关专业本科生和研究生的重要必修课。

面对 21 世纪国民经济建设和社会发展对创新型、开拓型和复合型人才的迫切需求，为适应高等学校改革有关拓宽学生知识面、强化能力培养、提高教学质量和效率、减轻学生学习负担等教学改革目标，有必要编写一本既能够充分包容高分子化学经典原理及方法，同时又能够全面反映国内外材料高分子和功能高分子领域的最新成就；既方便教师教学，更有利于学生学习的高分子化学教科书。

该书作者从事高分子化学本科及研究生教学 20 年，在高分子化学特别是功能高分子材料合成及应用领域的研究成果颇丰，积累了一定教学和科研经验，尤其了解学生在学习本学科时可能出现的困难和需求。该书的出版发行对高分子化学的教学、科研及成果转化将产生积极的推动作用。

何炳林

2001 年 12 月于南开园

第五版前言

《高分子化学教程》第一、第二、第三和第四版先后于 2002 年、2007 年、2011 年和 2015 年正式出版，其间共计印刷 20 多次，发行 5 万余册，以满足国内数十所高等学校相关院系专业本科生和研究生培养的教材需求。本书曾被评为"普通高等教育'十一五'国家级规划教材"，曾有幸作为两岸科技文化交流的载体，在台湾"大陆图书连锁专卖"交流展售。

客观而论，高分子科学与其他所有自然科学一样，无不随着现代科技进步和社会发展的进程而蓬勃发展。本书力求适应新时期高等教育培养高素质创新型人才对于教材建设的更高要求，充分发扬新版编修团队在长期教学实践中的知识与经验积淀，以及后起之秀们对于学科进展的不懈跟踪，务求在更好传承学科经典原理的基础上，紧随学科发展潮流，向读者展现学科蓬勃发展的时代新章，这就是本书新版编修的宗旨和原则。

本书编修重点包括：①对第四版第 1~5 章和第 7 章的章节构架进行梳理和重建，力求结构更为严谨简洁，层次更加清晰流畅，以方便读者学习掌握；②为展示 21 世纪高分子科学新进展，增编第 6 章"活性/可控聚合"；③为适应新时期人们崇尚绿色天然的生活理念以及低碳绿色化学的时代追求，增编第 8 章"天然高分子化学概要"；④为配合信息化教学，书中链接了部分动画，便于学生理解聚合反应机理。本书力求让读者洞察学科基础与前沿热点间的有机联系，启迪读者的专业兴趣与创新精神。

与此同时，本书依然部分保留并完善颇受读者认可与肯定的编排特色：①归纳约 120 个学科经典知识点于书页外侧，并汇总于章节末，以便读者查阅和总结；②将重要高分子常识、获得诺贝尔化学奖的高分子学者简介、常见聚合物简易鉴别方法等附于章节末或书末，以求拓展读者知识面，掌握实用专业技能；③精选汇总重要高分子化学名词和重要题解附于书末，对读者高效总结学科核心要点，或考研专业科目备考当有裨益。

编者无限缅怀并由衷感谢已故中国科学院院士何炳林教授和徐僖教授，正是得益于二位恩师生前的悉心培养与谆谆教诲，才有本书连续不断再版重印的今天。本书依然保留特邀国防科技大学李效东教授撰写的"树枝状与超支化聚合物"等小节内容，编者谨致由衷谢忱。

鉴于编者水平有限，书中疏漏不当之处在所难免，恳请读者批评指正，不吝赐教。

编　者

2018 年 12 月于成都

第四版前言

《高分子化学教程》第一、二、三版先后于 2002 年、2007 年和 2011 年正式出版，其间计 17 次印刷共发行 4 万余册。幸获国内数十所高校同仁认可并选作相关专业的本科生及研究生教材，作者因此有幸获悉并采纳他们在教学实践中对本书的真切感受和中肯意见。本书还有幸作为两岸科技文化交流之载体，在台湾"大陆图书连锁专卖"交流展售。

客观而论，高分子科学与所有自然学科一样，无不随着现代科技进步和社会发展的进程而蓬勃发展。这就要求编著者紧跟学科发展潮流，在传承学科基础原理的同时，务求向读者呈现学科蓬勃发展的时代新章。

本书编修重点包括：①对第 1～5 章的章节构架进行梳理和重建，力求结构更为简洁严谨，层次更加清晰流畅，以方便读者学习，在历练缩编部分繁冗内容的同时，适量增加目前已工业化量产的若干聚合物的合成与应用；②重新整合编排第 7 章聚合物功能化与功能高分子的相关内容，力求让读者从中洞察学科基础与前沿热点之间的联系与边界，启迪他们的专业兴趣和创新精神。

与此同时，本书保留并完善颇受读者认可和肯定的特色：①归纳重要基础知识点于当页外侧栏，并汇总于章节末，以方便读者查阅总结；②将重要高分子常识、获得诺贝尔化学奖的高分子学者生平简介以及常见聚合物简便定性鉴别方法等附于章节末或书末，以求拓展读者知识面，掌握实用专业技能；③精选汇总重要高分子术语、聚合反应式以及相关题解于书末，对于读者总结本学科核心要点当有裨益。

编者无限缅怀并由衷感谢已故中国科学院院士何炳林教授和徐僖教授，正是得益于二位恩师生前的悉心培养与反复指点，才有本书连续不断再版重印的今天。本书依然保留了特邀南开大学张政朴教授和国防科技大学李效东教授分别撰写的 7.6 节"固相合成与组合化学"以及 7.5 节"树枝状与超支化聚合物"等内容，编著团队谨致由衷谢忱。

由于编者水平有限，疏漏错误在所难免，恳请读者批评指正，不吝赐教。

王槐三

2015 年 6 月于成都

第三版前言

出版于 2002 年的《高分子化学教程》于 2007 年再版，次年即被评为"普通高等教育'十一五'国家级规划教材"。感蒙逐年增多国内高校相关院系之相关专业选用本书作为专业基础课程或选修课程教材，或推荐为攻读硕士或博士学位研究生入学考试以及研究生教学参考书，并有幸作为两岸科技文化交流之载体在台湾地区"大陆图书连锁专卖"交流展售，9 年来累计发行近 3 万册。

此次再版依然坚持学科知识系统性与本科教学规律性兼顾的基本原则，以提高教授和学习效率为宗旨，将高分子化学基本概念、基本原理和基本方法作为各章节之基础构架和结构层次，并以聚合物结构性能与聚合反应条件之间的相关性原理为主线，力求展现学科知识之精髓与全貌。

进入 21 世纪以来，功能高分子正逐渐发展成为高分子科学与诸多学科彼此交叉渗透、最具活力和发展前景的领域。本次修订特将其从 6.3 节独立出来并加以完善和充实，单列为第 7 章，以彰显功能高分子在高分子科学领域不断上升的学术地位。

在编写本书过程中，特别注意汲取近年来国内外最新出版的高分子化学教科书之精华，力求博取众家之长。编者尤其感谢恩师、中国科学院院士徐僖教授和已故院士何炳林教授的悉心指导，他们对本书提出的有关编写原则、核心内容和结构编排的诸多宝贵意见，均在本书编写过程中得以全面贯彻。

承蒙兄弟院校广大同仁在使用本书过程中提出诸多宝贵意见和建议，尤其感谢台湾科技大学胡孝光教授对本书的充分肯定以及使之日臻完善的宝贵建议。在进行第三版编修过程中，编者除全面保留特邀国防科技大学李效东教授负责编写的 7.5 节树枝状聚合物与超支化聚合物、南开大学张政朴教授负责编写的 7.6 节固相合成与组合化学，以及四川大学付强教授负责编写的 8.7 节纳米高分子材料等内容外，还增加了 7.3.3 节光/电转换高分子材料、8.2 节超分子化学与自组装超分子聚合物、8.3 节人工器官用高分子材料、8.4 节碳纳米管及其聚合物复合材料、8.6 节含多巴胺贻贝仿生聚氨酯超强黏接剂和 8.10 节静电纺丝：聚合物纳米材料研究和应用之关键等学科前沿进展，力求展现 21 世纪高分子科学最新成就之冰山一角。

为了本学科更好地传承发展以及中青年教师学术水平不断提升，本书第 4~8 章的编修工作由四川大学王亚宁同志全面负责，同时负责重新绘制部分图表以及全书的勘校工作，最后经由王槐三审定。

由于编者水平有限，疏漏在所难免，恳请读者批评指正，不吝赐教。

王槐三

2011 年 5 月于成都

第二版前言

《高分子化学教程》第一版自 2002 年 3 月出版以来，感蒙国内多所高校相关院系、专业列为专业基础课或选修课教材，或推荐为攻读硕士或博士研究生入学考试及研究生教学参考书，还有幸作为两岸科技文化交流之载体在台湾"大陆图书连锁专卖"交流展售。

《高分子化学教程》第二版遵循学科基础系统性与本科教学规律性兼顾的基本原则，以提高教授和学习效率为目标，将高分子化学基本概念、基本原理和基本方法作为各章节之基础构架和结构层次，力求展现学科知识全貌。与此同时，第 2 章增加了 2.4.3 节线型平衡缩聚反应动力学研究方法；第 7 章增加了树枝状聚合物、固相合成与组合化学、酶催化聚合等内容；增加了附录 5 高分子实用技能：常见高分子材料的简易鉴别方法等内容，力求展现本学科之最新进展和实用技能，以求增强读者学习兴趣，或启发培养读者的创新精神。

《高分子化学教程》第一版出版 5 年来，本学科诸多前沿领域陆续取得瞩目的进展和成就。国家自然科学基金委员会化学科学部于 2004 年组织召开的"高分子合成化学发展战略研讨会"上，与会学者一致认为，20 世纪 90 年代以来，高分子合成化学最活跃的前沿研究集中于可控聚合、树枝状聚合物和迭代合成化学等领域。有鉴于此，本书将第一版 7.2 节修改充实以后正式编为第 3 章 3.14 节可控/活性自由基聚合反应，供教师教学时选择参考。

本书编写过程中，特别注意汲取近年来国内外出版的高分子化学教科书之精华，力求博取众家之长。作者尤其感谢恩师、中国科学院院士何炳林教授和徐僖教授的悉心指导，对本书的编写原则、主要内容和结构提出了诸多宝贵意见。

承蒙兄弟院校同仁在使用本书过程中提出诸多宝贵意见和建议，尤其感谢台湾科技大学胡孝光教授对本书的充分肯定以及使之更臻完美的宝贵建议。再版编修过程中，特邀他们参加有关章节的编修工作，其中：南开大学张政朴教授负责编写 7.4 节固相合成与组合化学，张保龙教授和张敏副教授对 1.1 节和 6.2 节部分内容提出了宝贵补充和修改意见；国防科技大学李效东教授负责编写 7.3 节树枝状聚合物与超支化聚合物；天津工业大学孙元副教授参加了本书的编修，并对 1.5 节和 2.6 节的部分内容及编排提出了建设性意见；天津大学袁晓燕教授参加编写 7.9 节酶催化聚合；西北工业大学宁荣昌教授参加编修 7.2 节共轭聚合物与导电高分子；四川大学付强教授负责编修 7.7 节高分子纳米材料；王亚宁同志负责编修 7.5 节吸附分离功能高分子、7.6 节分子识别聚合物和 7.8 节智能型高分子凝胶，并负责重新绘制部分附图以及再版书稿的勘校工作。编者一并谨致由衷谢忱。

　　由于作者水平有限，疏漏在所难免，恳请读者批评指正，不吝赐教。

王槐三　寇晓康

2006 年 10 月于成都

第一版前言

四川大学高分子科学与工程学院是国内最早创办高分子学科专业的院系之一。近 50 年来，特别是改革开放以来，该学院同国内其他兄弟院校的相关院系一样在办学条件和办学规模等方面都得到了很大的发展，科学研究和教材建设等方面也取得了巨大成就。

这些年以来，国内高等学校工科专业的课程设置普遍繁多，学生学习负担相当繁重。如何提高教学效率，减轻学生学习负担，是每个高等教育参与者应当解决的现实问题。多少年来的教学实践业已证明，在课堂上做详细笔记与聚精会神地理解授课始终存在着矛盾，多数学生都有顾此失彼的经历和体会。为了解决这一矛盾，集作者 20 年本科教学之经验，从教授者和学习者的双重角度出发，以提高教学效率为最终目的，本书在内容编排、取舍和原理解释等方面作了一些尝试。本书按照"高分子化学教学大纲"的基本要求尝试将本学科最重要的知识点进行量化，以提纲的形式编写于书页的切口侧，学生可以将其作为笔记提纲。这样教师在课堂上就有可能将学生的注意力引导到深入理解授课和创造性的思维上。若如此，读者将能够在较少的学时内掌握本学科的基本原理。基于此，本书既从教授者的角度出发，力求精汇本学科的基本知识构架、明晰各章节的内容结构和层次——这是本书编写的基本原则。同时从学习者的角度考虑，力求增加学习兴趣、提高学习效率、减轻学习负担——这是本书编写的主导思想。

本书按照聚合反应类别将材料高分子合成原理归类于逐步聚合反应、自由基聚合反应、自由基共聚合反应、离子型聚合与配位聚合反应等 4 章。同时，将高分子科学预备知识(绪论)和聚合物化学反应分别编为第一章和第六章。以单体、引发剂、热力学、动力学、聚合反应速率、聚合度、相对分子质量及其分布、聚合反应的影响因素和聚合反应方法等结构层次为主线编写各节内容。此外，本书还编录了高分子科学最新进展(第七章)和若干种重要聚合物的工业合成方法等内容供学生课外阅读和参考，这对于提高读者的学习兴趣，强化理论与实践的联系当有裨益。

本书编写过程中特别注意汲取国内外诸多"高分子化学"教科书之精华，力求博取众家之长。作者尤其感谢恩师——中国科学院院士何炳林教授的悉心指导和帮助。他对本书的基本内容和结构提出了许多宝贵的意见，特别为本书作序。作者还要特别感谢国家自然科学基金委员会化学学部高分子学科主任胡汉杰教授能够在百忙之中审阅书稿，对本书第七章"高分子科学最新进展"的编写提出宝贵的建设性意见。四川大学高分子科学与工程学院付强教授应邀为本书第七章编写"纳米结构聚合物"一节，作者谨致谢忱。

　　本校高分子材料与工程专业 1998 和 1999 级的同学在试用本书过程中曾提出宝贵的意见。谢默、查忠勇和蔡毅等同学分别承担本书附图的绘制和文献检索工作。本学院冉蓉、王亚宁、陈馨、冯小萍等同志承担本书的校勘工作，作者在此一并致谢。

　　然而作者毕竟水平有限，疏误在所难免，恳望读者批评指正，不吝赐教。

作　者

2001 年 12 月于成都

目　　录

第1章 绪 论

作为高分子科学的基础性预备知识，本章主要讲述高分子概论、大分子结构式与聚合反应式书写规范、高分子分类与命名、相对分子质量及其多分散性，以及高分子科学的范畴与发展简史。

1.1 高分子概论

1.1.1 高分子内涵

所谓高分子化合物，系指由众多原子或原子团主要以共价键结合而成的相对分子质量在 1 万以上的化合物。事实上，与高分子化合物、高分子或大分子、聚合物、高聚物等所对应的英文词汇分别为 macromolecular compound、macromolecule、polymer、high polymer 等，其含义虽有细微差异，却无实质不同。本书为简便计，多以聚合物称谓合成高分子化合物。对于化学组成和结构非常复杂的生物高分子化合物而言，通常习用大分子而罕用聚合物。这里有必要对 3 个关键词稍作解释。

"众多原子或原子团"系指构成目前已知的天然与合成高分子化合物的原子数目虽然成千上万，但是其所涉及的元素种类却相当有限，通常以 C、H、O、N 4 种非金属元素最为常见，Cl、S、P、Si、F 等元素也存在于一些合成高分子化合物中，而 Fe、Ca、Mg、Na、K、I 等元素则是构成生物大分子的重要微量元素。"主要以共价键"系指构成多数高分子化合物主链的原子之间，几乎都是通过共价键相互连接。仅有极少数高分子化合物如某些新型聚电解质等的分子主链可能含配位键，一些特殊功能高分子化合物的侧基或侧链也可能含有离子键或配位键。"相对分子质量在 1 万以上"其实只是大概数值。对于不同种类的高分子化合物而言，具备高分子材料特殊物性所必需的相对分子质量下限各不相同，甚至相去甚远。例如，一般缩聚物的相对分子质量通常在 1 万左右或者稍低，而一般加聚物的相对分子质量通常超过 1 万，有些甚至高达百万以上。

1.1.2 高分子特点

1) 相对分子质量很大且具有多分散性

化学界通常将相对分子质量为 10～100 的化合物归类于小分子化合物，而将相对分子质量为数百至上千的化合物归类于中分子化合物，如天然色素、合成药物和有机染料等。相对分子质量超过 1 万的高分子化合物的分子尺寸无疑要大得多。与低分子有机和无机化合物分子都具有确定而相同的相

提纲编写目的及使用：

1. 按照大纲归纳重要知识点并列出序号；

2. 可对照当页相应内容深入理解；

3. 序号中拼音字母含义：

g—概念；

y—原理；

f—反应；

j—公式。

1-01-g

以 3 个关键词定义高分子化合物：众多原子、主要以共价键、相对分子质量 1 万以上。

1-02-y
高分子化合物4个重要特点:
1. 相对分子质量大且有多分散性;
2. 组成简单、结构有规律;
3. 分子形态多样;
4. 物性迥异于低分子同系物,具有黏弹性。

对分子质量不同,一般高分子化合物实际上都是由相对分子质量大小不等的同系物组成的混合物,其相对分子质量只具有统计平均意义。

2) 化学组成较简单,分子结构有规律

合成高分子化合物的化学组成相对简单,通常由几种非金属元素组成。其大分子结构都有一定规律,即都是由某些符合特定条件的低分子有机或无机化合物通过聚合反应按照一定规律彼此连接而成。通常将能够进行聚合反应并生成大分子的低分子有机化合物称为单体(monomer),少数无机化合物也可作为单体。

3) 分子形态多种多样

多数合成聚合物的大分子呈长链线型,故称之为分子链。将贯穿整个大分子的分子链称为主链,而将主链上除氢原子外的原子或原子团称为侧基,主链上具有足够长度的侧基也称侧链。将大分子主链上带有数目和长度不等的侧链的聚合物称为支链聚合物。设想能将分子长度和横截面直径分别为 μm 和 10^{-2} nm 数量级的线型聚烯烃分子链拉伸至"刚硬直线状",计算结果显示其长径比为 $10^3 \sim 10^5$。可见多数高分子化合物的分子链是非常细长而柔软的。图 1-1 即为线型和支链大分子的局部形态示意图。

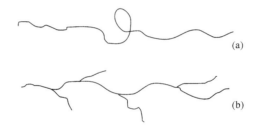

图 1-1　线型大分子(a)和支链大分子(b)局部形态示意图

体型聚合物具有三维网状结构,用其做成的物件事实上就是一个"硕大无比的分子",相对分子质量即失去意义。目前分子主链呈球形、星形、梯形以及环形等特殊分子结构的高分子材料及其应用多有报道。值得一提的是自高分子科学问世近百年来,完全呈平面网状结构的高分子研究始终未见突破。不过,近年来随着具有典型平面网状结构的石墨烯问世,以其极为特殊的结构和性能预示其将在微电子和信息传输与存储等领域带来革命性突破。

4) 物性迥异于低分子同系物,具有黏弹特性

高分子化合物的物理力学性能迥异于其低分子同系物。首先,聚合物不存在气态,过度加热其熔体最终将导致其分解直至炭化。其次,一般聚合物都具有相对于低分子同系物高得多的软化点或熔融温度,具有更高强度和高弹性,其溶液和熔体具有特高黏度。尤其需要强调,无论是晶态聚合物还是非晶态聚合物,也无论其处于黏流态还是玻璃态,一般合成聚合物都具有黏弹特性。所谓黏弹性,系指材料在应力作用下同时表现出分别以永久形变和暂时形变为特征的黏性和弹性。这是一般无机金属和非金属化合物以及低分

子有机化合物所不具备的特殊物理力学性能,这将是高分子物理学课程讲述的重要内容。

1.1.3 大分子结构式与聚合反应式

1. 大分子结构式

高分子科学是在有机化学基础上建立和发展起来的,所以大分子结构式和聚合反应式的书写与有机化合物分子结构式和反应式基本相同。不过由于聚合物的相对分子质量很大,不可能也无必要将整个大分子结构式写出。所幸几乎所有合成高分子都是由 1 种或 2、3 种结构并不复杂的基本单元重复连接而成,犹如用珍珠串制项链或用砖块修建房屋那样。只需严格按照规范写出其基本单元结构式,并标注大分子链含有基本单元的数目即可。

大分子链上化学组成和结构均可重复的最小单位称为"重复结构单元"或简称"重复单元"。1 个单体分子通过聚合反应进入重复单元的部分称为"结构单元"。显而易见,由 1 种单体聚合生成均聚物的重复单元也就是结构单元。由 2 种或 3 种单体聚合生成的聚合物(通常称共聚物或混缩聚物)的重复单元则分别由 2 个或 3 个不同结构单元构成。与单体化学组成完全相同、仅结构不同的结构单元也称为"单体单元"。例如,丙烯腈的加成聚合反应仅有 1 种单体参加,生成聚合物分子链的重复单元既是结构单元,也是单体单元。

1-03-y
重复单元、结构单元和单体单元的区别。

$$n\,CH_2{=}CH \longrightarrow \text{─}[CH_2\text{─}CH]_n\text{─}$$
$$\qquad\;\; | \qquad\qquad\qquad |$$
$$\quad CN \qquad\qquad\quad CN$$

再如,癸二酸与己二胺的缩合聚合反应

$$n\,HOOC(CH_2)_8COOH + n\,H_2N(CH_2)_6NH_2 \longrightarrow$$

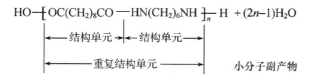

1-04-f
尼龙-610 的合成反应式。

该聚合物命名为聚癸二酰己二胺或尼龙-610,其重复单元由两个分别源于单体癸二酸和己二胺的不同结构单元组成。与前述加成聚合物不同,像尼龙-610 这样通过缩聚反应得到的缩聚物结构单元的化学组成和结构与单体不完全相同,在辨认和书写这类缩聚物的结构单元、重复单元和大分子结构式时必须特别注意。在书写大分子结构式时,下列 4 点需要予以特别提醒。

1-05-y
大分子结构式书写规范:
1. 写出分子主链可重复的最小部分;
2. 重复单元分取须遵有机反应规则;
3. 重复单元外加方括号、下标 n 和端基。

1) 必须遵守元素的价态原则

书写聚合物分子结构式与书写有机物结构式一样,首先必须严格遵守化学元素的价态原则,即在任何情况下 C、O 和 H 原子只能分别呈 4 价、2 价和 1 价。

2) 必须服从相应有机化学反应的机理

例如,对苯二甲酸与乙二醇的聚合反应式

$$nHOOC\text{—}\underset{}{\bigcirc}\text{—}COOH + nHO(CH_2)_2OH \longrightarrow$$

$$HO\text{—}[OC\text{—}\underset{}{\bigcirc}\text{—}CO\text{—}O(CH_2)_2O]_n H + (2n-1)H_2O$$

再如，6-氨基己酸的聚合反应式

$$nH_2N(CH_2)_5COOH \longrightarrow H\text{—}[HN(CH_2)_5CO]_n OH + (n-1)H_2O$$

初学者或许可能写出如下错误的结构式

$$H\text{—}[HN(CH_2)_5CONH(CH_2)_5CO]_n OH$$

显然违反"重复单元是大分子链上化学组成和结构可重复的最小单位"的基本原则。

3) 缩聚物结构式通常须标注端基

在书写缩聚物大分子结构式时，通常都必须在重复单元两端方括号外侧写出下标 n 和末端原子或基团。多数加聚物分子链的端基源于诸多不确定因素而难于判定，因此通常无法写出，也可用大写英文字母 A、B 代替。

4) 体型聚合物只需写出局部结构

具有三维交联网状结构的体型聚合物由于失去相对分子质量和聚合度的意义，因此通常只需写出能够代表聚合物整体的局部结构，再用"～"标注大分子内结构单元之间的连接部位即可，而不必写出代表重复单元的方括号、下标和端基等。例如，具有体型结构的酚醛树脂的结构式如下。

$$\sim\underset{\underset{CH_2 \sim}{|}}{\overset{OH}{\underset{}{\bigcirc}}}CH_2 \sim$$

2. 聚合反应式

正确书写各类聚合反应式，无疑是学好本学科直至将来成为高分子科学专业工作者必须具备的基本技能。要求书写聚合反应式通常给出的条件无非下列 3 种之一：聚合物名称、重复单元或单体。具有扎实有机化学基础并熟悉重要聚合物的化学组成和结构式，是正确书写聚合反应式的重要前提。

1) 正确选择单体并写出结构式

合成线型缩聚物和加聚物的单体分别是某些带有特定双官能团的有机化合物和取代烯烃。当需要选择单体以合成目标聚合物时，必须优先选择实验室和工业上易于获得的常用单体，而不能仅仅依据聚合物分子结构式凭空想象出事实并不存在或者难于获得的所谓"单体"。例如，要求书写聚乙烯醇的聚合反应式，难免有初学者会联想到事实上并不存在的所谓"乙烯醇"作单体。

另外，有些聚合物的化学结构与原料单体存在显著差异，如聚氨酯、环氧树脂和维尼纶等。一些聚合物的习惯名称与原料单体名称之间毫无字面联系，如合成有机玻璃的单体是甲基丙烯酸甲酯，合成维尼纶的单体是乙酸乙

1-06-y
聚合反应式
书写规范：
1. 正确选择并
书写单体结构式；
2. 正确书写
大分子重复单元；
3. 正确书写
端基和小分子副
产物，配平方程。

烯酯。在书写这类聚合反应式时需要特别注意。为此要求初学者逐步熟悉重要聚合物的习惯命名，同时还必须学会从聚合物结构式辨认其与单体间的联系。

2) 正确书写重复单元

遵照上节所述规范书写聚合物大分子的重复单元和端基。一般而言，多数缩聚物的端基和生成的小分子副产物均可根据聚合反应条件予以控制和确定，某些缩聚物的端基往往还与其特殊结构和特性紧密联系，因此必须标注。不过，缩聚物分子链的端基与末端官能团却是两个不能混淆的概念。以聚酰胺和聚酯为例，比较其单体官能团与聚合物端基之间的差异。

聚合物	单体	单体官能团	聚合物端基
聚酰胺	二元酸+二元胺	HOOC—,—NH$_2$	HO—,—H
聚酯	二元酸+二元醇	HOOC—,—OH	HO—,—H

对缩聚反应式而言，写出大分子端基和小分子副产物的重要性不言而喻。例如，环氧树脂，如果其分子链端未标注代表其结构特征和产品特性的"环氧基团"，又如何能够辨认和理解其就是环氧树脂呢？下面写出环氧树脂的聚合反应式，提醒留意方括号两侧不同的末端环氧基团。

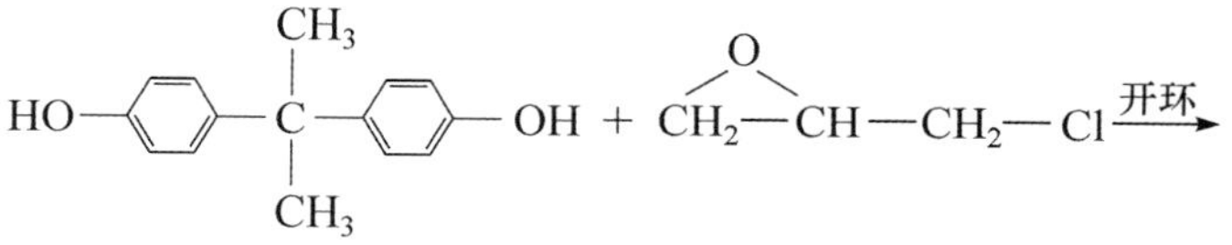

单体：双酚 A   环氧氯丙烷

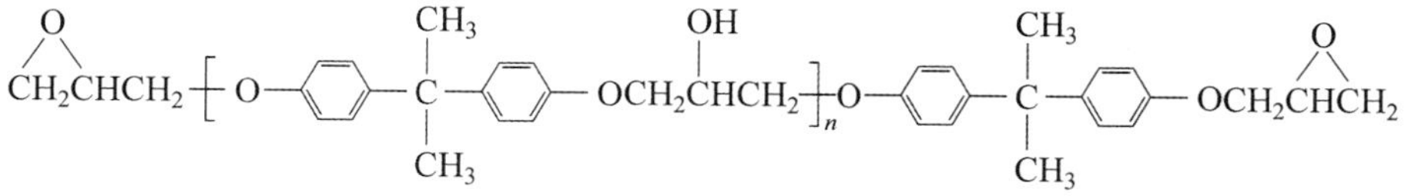

双酚A型环氧树脂（简称环氧树脂）

3) 配平反应式

书写加聚反应式时，将单体物质的量 n 与大分子重复单元的下标 n 对应即可。书写缩聚反应式时，生成小分子副产物物质的量 n 还必须与单体物质的量 n 对应。一般而言，由 1 种单体进行的均缩聚反应生成小分子副产物的量记为 $(n-1)$；由 2 种单体进行的混缩聚反应生成小分子副产物的量则记为 $(2n-1)$。某些具有特殊端基的聚合物如环氧树脂和聚氨酯等的聚合反应所生成的小分子副产物的种类和量则需要根据具体单体和催化剂类型及其配比而定。

最后有必要强调，缩聚反应完全按照相应有机缩合反应机理进行，反应中哪些官能团可以反应，官能团的哪个部分可以被"缩"下来生成哪种小分子，这些问题在有机化学中均有答案，在书写缩聚反应式时应该首先弄明白。本书第 2 章将结合聚合反应条件，列举书写 10 余种重要缩聚物的聚合反应式。

1.2　高分子分类与命名

高分子化合物种类繁多，需要建立科学而严谨的分类和命名规范。然而，由于历史原因，长期以来不同领域或不同职业的人们在不同场合常常习惯使用不同的分类和命名方法。作为高分子科学工作者，首先需要了解现有各种分类命名原则，逐步掌握并推广更为科学规范的分类和命名规则。

1.2.1　高分子分类

目前业内依然习惯使用的高分子分类方法主要包括下列 7 种。

1) 按照来源分类

按照来源可将高分子化合物分为天然高分子与合成高分子两大类。前者含天然无机高分子(如云母、石棉和石墨等)和天然有机高分子。天然有机高分子是自然界一切生命赖以存在、活动与繁衍的物质基础，如蛋白质、淀粉、纤维素和脱氧核糖核酸(DNA)等便是最重要的天然有机高分子。合成高分子其实也含无机和有机两大类，不过通常未作特别说明时往往指合成有机高分子，这是本书的主要研究对象，也是下述分类和命名规则的适用范围。

2) 按照用途分类

合成高分子材料按照用途可分为塑料、橡胶、纤维、涂料、胶黏剂和功能高分子 6 大类。前 3 类即所谓三大合成材料，系以材料的特殊力学性能作为使用目标；涂料和胶黏剂则以材料的表面性能作为使用基础；功能高分子却以材料的特殊化学、物理或生物学性质为使用目的，是高分子科学最具发展潜力的新兴领域。

3) 按照大分子主链元素组成分类

按照构成大分子主链的化学元素组成分为以下 3 大类。

(1) 碳链高分子。大分子主链完全由碳原子组成，烯烃、共轭二烯烃等类单体通过加成聚合反应即可得到碳链高分子。

(2) 杂链高分子。大分子主链除碳原子外，还含有 O、N、S 等杂原子。多数缩聚物如聚酯、聚酰胺、聚氨酯和聚醚等均属于杂链高分子。

(3) 元素有机高分子。大分子主链不含碳原子而由 Si、B、Al、O、N、S 或 P 等原子组成。不过其侧基却是由 C、H、O 等原子组成的有机基团，如甲基、乙基或苯基等。例如，硅橡胶是元素有机高分子中最重要的品种，其分子主链由 Si 和 O 原子交替排列构成。

4) 按照化学结构分类

参照相应的有机化合物结构，可将合成高分子化合物分为聚酯、聚酰胺、聚氨酯和聚烯烃等类型。这种分类方法尤其重要，也最为常用，要求重点掌握。

5) 按照材料的热行为分类

按照聚合物材料受热时的不同行为，可分为热塑性聚合物和热固性聚合

1-07-y
分类分别按
1. 来源；
2. 用途；
3. 主链元素；
4. 化学结构；
5. 材料热行为；
6. 相对分子质量；
7. 聚合类型。

物两大类。前者受热软化可流动，热加工成型非常方便，多为线型高分子。后者受热转化为不溶、不熔、强度更高的交联体型结构。

6) 按照相对分子质量分类

按照聚合物相对分子质量的高低，一般分为高聚物、低聚物和预聚物等。相对分子质量小于合格产品的中间体，或者用于某些特殊用途如涂料或胶黏剂的聚合物均属于低聚物。可在特定条件下交联固化、最终转化为体型聚合物的低聚物也称为预聚物。

上述 6 种分类方法除第 3 种和第 4 种分别按主链元素组成和化学结构分类外，其余分类均不够科学严谨。随着聚合物合成与加工技术不断进步，一些聚合物经过不同加工处理后，可能具有完全不同的性能和用途，由此可见按照材料用途分类的塑料、橡胶和纤维等类别并非完全绝对。尽管如此，作为高分子材料与工程专业工作者，对上述 6 种分类方法应持"全面了解与重点掌握"的学习态度。

7) 按照聚合反应类型分类

按照聚合反应类型通常可将合成聚合物简单分为缩合聚合物(简称缩聚物)和加成聚合物(简称加聚物)两大类。前者如聚对苯二甲酸乙二(醇)酯和聚酰胺等，后者如聚乙烯、聚苯乙烯和聚氯乙烯等。一般情况下，缩聚物大分子链结构单元的化学组成与单体组成不完全相同；而加聚物大分子链结构单元的化学组成与单体组成完全相同，只是化学结构发生了变化。事实上，对聚合反应进行分类存在两种不同的方法。

其一是按照美国著名高分子学者 Carothers 提出的分类方法，将聚合物分别归类于缩聚物和加聚物。缩聚物还可再细分为加成缩聚物(如酚醛树脂)、开环聚合物(如环氧树脂)、聚加成聚合物(如聚氨酯)等。按照单体类型和有无小分子副产物生成而将聚合反应简单分为缩聚反应、加聚反应和开环聚合反应 3 大类。

1-08-y
Carothers 分类法：分为缩合聚合与加成聚合两大类。

(1) 缩合聚合(缩聚)反应。

缩合聚合是单体连续、重复进行的多步缩合反应，单体按照一定规律彼此连接并最终生成大分子的聚合反应过程。由于缩聚反应单体多为含有 2 个及以上羟基、羧基或氨基等的低分子有机物，而这些基团的全部或部分在缩聚反应过程中被"缩掉"而生成如水等小分子副产物，单体的其余部分进入分子链而使之含有 O、N 等杂原子。例如，聚酯和聚酰胺等的聚合反应均伴随生成水。由此可见，多数缩聚物为杂链聚合物，其分子链结构单元的化学组成和结构均与单体不同。

(2) 加成聚合(加聚)反应。

加成聚合是含不饱和双键或叁键的烯、炔类单体所进行的连续重复加成反应并最终生成大分子的聚合反应过程。一般加聚反应无小分子副产物生成，大分子主链也多为碳链，其结构单元的化学组成与单体完全相同，只是化学结构有所不同。然而，随着高分子科学的发展，种类繁多的聚合反应和新型聚合物不断问世，按照 Carothers 分类法很难对某些聚合反应进行分类。例如，重氮甲烷分解生成分子链与聚乙烯非常相似的"聚甲撑"的聚合反应：

$$2n\text{CH}_2 = \text{N}_2 \longrightarrow \text{\Large(}\!-\!\text{CH}_2\text{CH}_2\!-\!\text{\Large)}_n + 2n\text{N}_2\uparrow$$

事实上该反应确系按逐步聚合反应机理进行。另外，如线型酚醛树脂等的合成反应也很难用 Carothers 分类法进行分类。

$$n\text{CH}_2\text{O} + n\!\!\!\bigcirc\!\!\!\overset{\text{OH}}{} \longrightarrow \text{H}\text{\Large[}\!\!\bigcirc\!\!\!\overset{\text{OH}}{}\!\!-\!\text{CH}_2\!-\!\text{\Large]}_n\!\!\text{OH} + (n-1)\text{H}_2\text{O}$$

如果单纯从有无小分子副产物生成判断，上述两个反应均为缩聚反应。不过如果从大分子主链是否含杂原子判断，两者又不属于缩聚反应。不仅如此，两种单体均含不饱和键，似乎应属于加聚反应。这就是 Carothers 分类法的不足之处。

(3) 开环聚合反应。

一些环状化合物可以进行开环聚合反应，如己内酰胺合成尼龙-6 的反应。

$$n\,\text{OC(CH}_2)_5\text{NH} \xrightarrow{\text{H}_2\text{O}} \text{HO}\text{\Large(}\!-\!\text{OC(CH}_2)_5\text{NH}\!-\!\text{\Large)}_n\text{H}$$

1-09-y
Flory 分类法：分为逐步聚合与连锁聚合两大类。

其二是美国著名高分子学者 Flory 于 20 世纪 50 年代提出的分类方法，按照聚合反应机理进行分类，将聚合反应分为逐步聚合与连锁聚合两大类。

(1) 逐步聚合反应。

逐步聚合反应的重要特点是单体转化成聚合物的化学反应是逐步而相对缓慢进行。逐步聚合反应主要分为两大类型：第一类是逐步缩合聚合反应，如聚酯和聚酰胺等伴有小分子副产物生成的合成反应，这类聚合反应至今依然简称为缩聚反应；第二类是逐步加成聚合反应，如聚氨酯和环氧树脂的合成反应以及己内酰胺的开环聚合反应，这类聚合反应通常分为加成和缩合两步进行，一般无小分子副产物生成，简称为逐步加聚反应或聚加成聚合反应。

(2) 连锁聚合反应。

连锁聚合反应的重要特点是单体转化成聚合物是按照连锁反应机理进行。在连锁聚合反应开始时，若要"激发"含不饱和双键的单体开始聚合，必须创造产生足够的活性中心并开始激发加成聚合反应的条件。按照引发反应活性中心不同，连锁聚合反应又分为自由基型和离子型两大类。前者的活性中心为带活性独电子的自由基；后者的活性中心可以是阴离子、阳离子或配位离子，分别称为阴离子聚合、阳离子聚合或配位聚合。

1.2.2　高分子命名

高分子科学问世近百年以来，始终面临建立并推广科学严谨命名方法的任务。国际纯粹与应用化学联合会(IUPAC)早在 1972 年就提出了有机高分子化合物的系统命名法及其必须遵守的两条基本原则，即聚合物的命名既要求表明其化学结构特征，同时也要求其反映与原料单体之间的联系。概而论之，目前高分子化合物的命名方法包括如下 5 种。

1) 单体名称前冠以"聚"字

这是国内外广泛采用的习惯命名方法。通常仅限用于烯类单体合成的加聚物，以及少数特殊的均缩聚物如聚甲醛、聚乳酸和聚氨基酸等。用该方法命名一般取代烯烃的加聚物非常简单，如下所列

1-10-y
聚合物命名两原则：表明结构特征及其与单体的联系。

单体	分子式	聚合物名	英文名	英文缩写
乙烯	$CH_2{=}CH_2$	聚乙烯	polyethylene	PE
氯乙烯	$CH_2{=}CHCl$	聚氯乙烯	polyvinylchloride	PVC
苯乙烯	$CH_2{=}CHC_6H_5$	聚苯乙烯	polystyrene	PS
α-甲基丙烯酸甲酯	$CH_2{=}C(CH_3)COOCH_3$	聚甲基丙烯酸甲酯 (有机玻璃)		PMMA

1-11-y
5 种命名法：
1. "聚+单体名称"命名法，仅限用于加聚物；

必须特别提醒注意，该方法不得用于命名一般缩聚物。例如，单体 6-羟基己酸通过缩聚反应生成的聚合物通常被命名为聚 6-羟基己(酸)酯或聚 ω-羟基己(酸)酯，括号内文字可省略。

$$nHO(CH_2)_5COOH \longrightarrow H{-}[O(CH_2)_5CO]_n OH + (n-1)\ H_2O$$

如果按照该方法将其命名为"聚 6-羟基己酸"明显欠妥，原因是没有表明其化学结构属于聚酯的结构特征。

2) 单体名称加"共聚物"后缀

该方法仅适用于命名由两种及以上烯类单体合成的加聚共聚物，而不得用于两种及以上单体合成的混缩聚物和共缩聚物。例如，用单体苯乙烯与甲基丙烯酸甲酯合成的共聚物可命名为苯乙烯-甲基丙烯酸甲酯共聚物。而己二酸与己二胺的混缩聚物却不能命名为无法反映其化学结构特征的所谓"己二酸-己二胺共聚物"。

2. "单体名称+共聚物"命名法，仅限用于加聚共聚物；

3) 单体简称加上用途或物性类别

在高分子化学中，常以"树脂"、"橡胶"和"纶"分别作为塑料、橡胶和合成纤维三大合成材料的后缀，前面再冠以单体简称或聚合物全称，即完成这类聚合物的命名。下面分别予以讲述。

(1) 树脂类：单体简称加"树脂"后缀。

对于 2 种及以上单体的混缩聚物，取单体简称加"树脂"，如

3. 单体简称+用途或物性类别命名，加聚物和缩聚物均适用；

(苯)酚 + (甲)醛 $\longrightarrow$ 酚醛树脂

尿(素) + (甲)醛 $\longrightarrow$ 脲醛树脂

(丙三)醇 + (邻苯二甲)酸(酐) $\longrightarrow$ 醇酸树脂

三聚氰胺 + (甲)醛 $\longrightarrow$ 密胺树脂(melamine resin)

对于 2 种及以上单体的加聚共聚物，通常取单体英文名称首字母加"树

树脂类：单体简称+"树脂"；

脂"。例如，将丙烯腈(acrylonitrile)、丁二烯(butadiene)和苯乙烯(styrene)的自由基共聚物命名为 ABS 树脂；将苯乙烯和丁二烯的阴离子三嵌段共聚物命名为 SBS 树脂或 SBS 弹性体。

(2) 橡胶类：单体简称加"橡胶"后缀。

多数合成橡胶均为 2 种或 1 种取代烯烃的加聚物，其命名常取单体简称加"橡胶"后缀。若系 1 种单体的均聚物，"橡胶"后缀前 2 字既可取自单体名称，其中 1 字也可取自聚合反应的引发剂或催化剂名称。例如

$$丁(二烯)+苯(乙烯) \longrightarrow 丁苯橡胶$$

$$丁(二烯)+ (丙烯)腈 \longrightarrow 丁腈橡胶$$

$$(2-)氯(代)丁(二烯) \longrightarrow 氯丁橡胶$$

$$丁(二烯)+(金属)钠(催化剂) \longrightarrow 丁钠橡胶$$

(3) 纤维类：单体简称加"纶"后缀。

虽然汉字"纶"的本意通常系特指已纺制成纤维性状的聚合物材料，不过有时也可用来命名主要用于纺制纤维的原料聚合物。例如，用于纺制涤纶的原料聚对苯二甲酸乙二(醇)酯，纺制腈纶的原料聚丙烯腈，以及纺制超高强度纤维芳纶的聚对苯二甲酰对苯二胺等。

4) 化学结构类别命名法

该方法广泛用于种类繁多的缩聚物命名，要求予以足够重视。其要点是在与之相对应的有机化合物结构类别名称前面冠以"聚"字即可，如聚酯、聚酰胺和聚氨酯等。不仅如此，还必须遵照 IUPAC 系统命名法规定的原则，表明聚合物与单体之间的联系，即标注究竟是何种二元酸与何种二元醇或二元胺的聚酯或聚酰胺。下面以合成聚碳酸酯和聚酰胺的两个聚合反应式为例。

单体：双酚A　　　　光气(碳酰氯)　　　　聚合物：(双酚A型)聚碳酸酯

$$n\text{HOOC(CH}_2)_4\text{COOH} + n\text{H}_2\text{N(CH}_2)_6\text{NH}_2 \longrightarrow$$

单体：己二酸　　　　　己二胺

$$\text{HO} \text{—}\text{OC(CH}_2)_4\text{CONH(CH}_2)_6\text{NH} \text{—}_n \text{H} + (2n-1)\text{H}_2\text{O}$$

聚己二酰己二胺或尼龙-66　　　　小分子副产物水

按照该方法命名多数聚酰胺的全名称都显得过于繁冗，所以通常使用其英文商品名称"nylon"的音译词"尼龙"作为聚酰胺的统称。为体现与单体之间的联系，必须在结构类别"尼龙"之后依次标注原料单体二元胺和二元酸的碳原子数。需特别强调"胺前酰后"是尼龙后面单体碳原子数约定俗成的排序。这与有机化合物酰胺的中文字序"酰前胺后"恰恰相反。例如，尼龙-610 是癸二酸与己二胺的缩聚物聚癸二酰己二胺。尼龙-6 即聚己内酰胺或锦纶，单体是 6-氨基己酸或己内酰胺。

不过，一些新型聚酰胺的命名并不一定遵守上述规则。例如，聚对苯二

甲酰对苯二胺纤维和聚间苯二甲酰间苯二胺纤维就分别命名为芳纶-1414 和芳纶-1313。这是一类具有超高强度、耐高温、可纺性良好的液晶高分子。用其纺制的细度仅数微米的芳纶被广泛用作光纤和光缆被覆夹层,保证其具有超高抗拉强度。

下面是以单体二异氰酸酯和丁二醇合成聚氨酯的聚合反应式,生成的聚合物命名为聚甲苯-2,4-二氨基甲酸丁二酯。

$$n\text{OCN}—\underset{\text{CH}_3}{\boxed{}}—\text{NCO} + (n+1)\,\text{HO(CH}_2)_4\text{OH} \longrightarrow$$

单体:甲苯-2,4-二异氰酸酯   丁二醇

$$\text{HO(CH}_2)_4\text{O}\!-\!\!\left[\text{OCHN}—\underset{\text{CH}_3}{\boxed{}}—\text{NHCO}-\text{O(CH}_2)_4\text{O}\right]_{\!\!n}\!\!-\text{H}$$

聚甲苯-2,4-二氨基甲酸丁二酯

5) IUPAC 系统命名法

这是 IUPAC 建议高分子专业工作者特别是在国际学术活动中应尽量采用的命名方法。该命名法与有机化合物系统命名法相似,要点包括:①确定大分子的重复结构单元;②将重复单元中的次级单元即取代基按照由小到大、由简单到复杂的顺序书写;③命名重复单元并在其前面冠以"聚"(poly-)即完成命名。

IUPAC 系统命名法虽不反对使用以单体名称为基础的习惯命名,不过在学术论文和专著中,应尽量避免使用商业俗名而鼓励使用系统命名。首次出现不常用的聚合物命名或专用符号时,还须注明全称。除此之外,作为高分子专业工作者,重要聚合物的英文缩写如 PE(聚乙烯)、PP(聚丙烯)、PVC(聚氯乙烯)、PS(聚苯乙烯)和 PMMA(聚甲基丙烯酸甲酯,即有机玻璃)等是需要熟记的。

1.3 聚合度、相对分子质量及其分布

1.3.1 聚合度

聚合度(degree of polymeriation)的本意系指单体通过聚合反应转化为大分子链的程度,也就是大分子链所含重复单元或结构单元的数目,分别定义为聚合度 DP 和聚合度 X。如前所述,高分子化合物系由相对分子质量大小不等的同系物组成的混合物,由此可见聚合度仅具统计平均的意义,分别用 $\overline{DP}$ 和 $\overline{X}$ 表示。特别提醒在进行有关聚合度与相对分子质量的计算时,需要注意两点:①合成聚合物的相对分子质量一般很大,其端基所占份额很小,计算时可忽略不计;②在提及相对分子质量和聚合度时,虽然常省略"平均"两字,但是需务必理解其平均含义。

1.3.2 相对分子质量

长期以来,化学类教科书以及化学工作者均已习惯使用分子量和原子量

对物质分子和原子的相对质量进行表征。但是按照我国最新颁布的法定计量单位标准《量和单位》(GB3100～3102—1993)及其在正式出版物中的使用规定，必须以"相对分子质量"代替传统使用的分子量。由此可见，自然科学的每个参与者都必须逐步适应并掌握法定计量单位相关术语的使用规范。基于此，本书将以"相对分子质量"代替分子量，同时全面使用法定计量单位代替非法定计量单位。

聚合物的相对分子质量与其物理力学性能、加工和使用性能密切相关，是其最重要的质量指标。表 1-1 列出一般低分子、中分子和高分子有机物相对分子质量的大概范围与分子尺寸比较。通常低聚物和预聚物均属于中分子物范畴。不同用途的聚合物都要求适当的相对分子质量范围，如表 1-2 所列。

表 1-1　低分子、中分子和高分子有机物的分子尺寸与相对分子质量范围

分子	碳原子数	相对分子质量	分子尺寸/($\times 10^{-10}$m)
甲烷	1	16	1.25
低分子	1～100	16～1 000	1～100
中分子	100～1 000	1 000～10 000	100～1 000
高分子	1 000～10 000	10^4～10^6	1 000～10 000

表 1-2　几类聚合物材料的相对分子质量范围

聚合物		$M_n(\times 10^4)$	聚合物		$M_n(\times 10^4)$	聚合物		$M_n(\times 10^4)$
塑料	低压聚乙烯	6～30	纤维	涤纶	1.8～2.3	橡胶	天然橡胶	20～40
	聚苯乙烯	5～15		尼龙-66	1.2～1.8		丁苯橡胶	15～20
	聚氯乙烯	10～30		维尼纶	6～7.5		顺丁橡胶	25～30
	聚碳酸酯	2～6		纤维素	50～100		氯丁橡胶	10～12

相对于一般低分子化合物都具有确定的相对分子质量而言，一般合成聚合物都不是由具有相同相对分子质量的大分子组成，而是由许多相对分子质量大小不等的同系物分子组成的混合物。因此，必须特别强调：高分子化合物的相对分子质量只是这些同系物相对分子质量的统计平均值，规定用 $\bar{M}_x$ 表示。大写英文字母 M 和后面将要讲到代表聚合度的字母 X 上面的一短横线均表示"平均"的含义。根据相对分子质量测定和计算方法的不同，下标 x 分别用 n、w、v 等表示"数均相对分子质量"、"重均相对分子质量"、"黏均相对分子质量"等。下面分别介绍这 3 种平均相对分子质量的定义与计算公式，为了对这些公式中的符号有更具体而深刻的理解，这里有必要简要介绍高分子物理学专业术语"分级"和"级分"。

在高分子物理学实验中，往往需要采用特殊的方法对一个聚合物样品按照其相对分子质量的大小差异进行所谓"分级"，这多少有点类似于采用一系列孔径不同的分样筛对不同粒径的颗粒状材料的混合物进行筛分，最终得到若干个相对分子质量不同的试样，即所谓"级分"。

首先对聚合物试样的分级结果作如下定义：

$\sum$ ——对所有数据项累加求和；

W_i ——第 i 份"级分"的质量；

1-12-y
明确 3 种平均相对分子质量的定义及其计算式，切忌与聚合度混淆。

N_i——第 i 份"级分"的物质的量(mol);

$\overline{N}_i$——第 i 份"级分"的物质的量分数(摩尔分数);

M_i——第 i 份"级分"的数均相对分子质量;

$\overline{W}_i$——第 i 份"级分"的质量分数。

这里 i 是可以取 1,2,3,…的正整数。

1. 数均相对分子质量

聚合物的数均相对分子质量定义为:按照大分子物质的量统计平均的相对分子质量,其在数值上等于所有级分相对分子质量与该级分物质的量分数乘积之和,于是有

$$\begin{aligned}\overline{M}_n &= \sum \text{各级分物质的量分数乘以各级分数均相对分子质量} \\ &= \frac{\sum W_i}{\sum N_i} \\ &= \frac{\sum N_i M_i}{\sum N_i} \\ &= \sum \overline{N}_i M_i \end{aligned} \qquad (1\text{-}1)$$

1-13-y

数均相对分子质量系按大分子物质的量平均的相对分子质量,等于各级分物质的量分数与其相对分子质量乘积之和。

2. 重均相对分子质量

聚合物的重均相对分子质量定义为:按照大分子相对分子质量或质量分数平均的相对分子质量,其在数值上等于所有级分数均相对分子质量与该级分质量分数乘积之和,于是有

$$\begin{aligned}\overline{M}_w &= \sum \text{各级分质量分数乘以各级分数均相对分子质量} \\ &= \frac{\sum W_i M_i}{\sum W_i} \\ &= \frac{\sum N_i M_i^2}{\sum N_i M_i} \\ &= \sum \overline{W}_i M_i \end{aligned} \qquad (1\text{-}2)$$

1-14-y

重均相对分子质量系按相对分子质量平均的相对分子质量,等于各级分相对分子质量与其质量分数乘积之和。

重均相对分子质量事实上并无明确的物理意义,但是它却能够提示这样一个事实,即聚合物试样所含有的相对分子质量更大的分子对于聚合物材料的某些物理力学性能(如溶液黏度、渗透压等)的贡献率要大得多。

式(1-1)和式(1-2)中的 $\overline{N}_i$ 和 $\overline{W}_i$ 分别为第 i 级分占全部试样的物质的量分数和质量分数。按照两种相对分子质量的定义及其相互关系,还可以推导出更为简便适用的式(1-3)。

$$\overline{M}_n = \sum \frac{M_i \sum W_i}{W_i} = \sum \frac{M_i}{\dfrac{W_i}{\sum W_i}} = \sum \frac{M_i}{\overline{W}_i} \qquad \left(\overline{W}_i = \frac{W_i}{\sum W_i}\right) \qquad (1\text{-}3)$$

1-15-y

试样所有级分相对分子质量与其质量分数之比的加和,即等于该试样的数均相对分子质量。

式(1-3)表明,聚合物试样所有级分相对分子质量与其质量分数之比的加和,即等于该试样的数均相对分子质量。

在计算聚合物的数均相对分子质量时,式(1-3)比式(1-1)更为有用。原因

在于聚合物试样及其各"级分"的物质的量分数 $\bar{N}_i$ 无法直接测定，而其质量分数 $\bar{W}_i$ 的测定和计算却是非常简单而方便的。

3. 黏均相对分子质量

黏均相对分子质量也无明确的物理含义，从字面上可近似理解为采用黏度法测定的平均相对分子质量。

$$\bar{M}_{\mathrm{v}} = \left(\frac{\sum N_i M_i^{\alpha+1}}{\sum N_i M_i} \right)^{\frac{1}{\alpha}} \qquad (1\text{-}4)$$

式中，α 来源于黏度法测定聚合物相对分子质量的重要计算公式：

$$[\eta] = K M^{\alpha}$$

α 的数值通常为 $0.5 \sim 1$。

测定聚合物相对分子质量的主要方法如表 1-3 所列。

表 1-3　测定聚合物相对分子质量的方法

测定方法	测定类型	测定结果	测定范围
沸点升高	绝对法	$\bar{M}_{\mathrm{n}}$	$<10^4$
凝固点下降	绝对法	$\bar{M}_{\mathrm{n}}$	$<10^4$
端基分析	绝对法	$\bar{M}_{\mathrm{n}}$	$<10^5$
渗透压	绝对法	$\bar{M}_{\mathrm{n}}$	$10^4 \sim 10^6$
极限黏度	绝对法	$\bar{M}_{\mathrm{v}}, \bar{M}_{\mathrm{w}}$	$10^3 \sim 10^8$
光散射	绝对法	$\bar{M}_{\mathrm{w}}$	$10^4 \sim 10^8$
超速离心	绝对法	$\bar{M}_{\mathrm{w}}$	$10^3 \sim 10^8$
凝胶渗透色谱(GPC)	相对法	$\bar{M}_{\mathrm{n}}, \bar{M}_{\mathrm{w}}$	$10^2 \sim 10^7$

1-16-j
提醒注意 3 种平均相对分子质量的大小顺序。

测定聚合物稀溶液的渗透压、沸点升高或凝固点下降，可测定数均相对分子质量；测定聚合物稀溶液的光散射或凝胶渗透色谱，可测定重均相对分子质量，后一方法还可测定数均相对分子质量。不过实际工作中最常用的方法是测定聚合物稀溶液的极限黏度，以测定黏均相对分子质量或重均相对分子质量。

一般情况下采用不同方法测定同一试样的不同平均相对分子质量的大小并不相等，其大小顺序一般是

$$\bar{M}_{\mathrm{n}} \leqslant \bar{M}_{\mathrm{v}} \leqslant \bar{M}_{\mathrm{w}} \qquad (1\text{-}5)$$

本书与多数高分子学术专著一样，在述及聚合物平均相对分子质量时，往往为简便计不作特别说明而将"平均"二字省略，有时在书写相对分子质量和聚合度时也未加上面一短横，而直接以 M_{n} 和 X_{n} 分别表示数均相对分子质量和数均聚合度。不过一个合格的高分子专业工作者必须养成这样一种思维习惯，即凡是高分子化合物的相对分子质量和聚合度都必须理解为平均相对分子质量和平均聚合度含义，而且在一般情况下除非特别说明，所谓"相对分子质量"均指数均相对分子质量。

4. 相对分子质量与聚合度的关系

相对分子质量与聚合度的关系如下：

$$\overline{M}_n = \overline{M}_0 \overline{X}_n = M_0 \overline{DP} \qquad (1\text{-}6)$$

式中，$\overline{M}_0$ 和 M_0 分别为结构单元和重复单元的相对分子质量，对于混缩聚物和共聚物而言，$\overline{M}_0$ 是重复单元内所含结构单元相对分子质量的平均值。为了加深对式(1-6)的理解，特举计算示例如下。

【例 1-1】 分别计算相对分子质量为 22 600 和 9 600 的尼龙-66 和涤纶的重复单元和结构单元的平均相对分子质量，再计算聚合度 $\overline{DP}$ 和 $\overline{M}_n$。

解 分别写出聚合物的重复结构单元，用短横线划分结构单元：

~[OC(CH₂)₄CO — HN(CH₂)₆NH]~   ~[OCC₆H₄CO — O(CH₂)₂O]~

相对分子质量   112   114   132   60

尼龙-66 重复单元的相对分子质量 $M_0 = 112+114 = 226$

两结构单元的平均相对分子质量 $\overline{M}_0 = 226/2 = 113$

涤纶重复单元的相对分子质量 $M_0 = 132+60 = 192$

两结构单元的平均相对分子质量 $\overline{M}_0 = 192/2 = 96$

尼龙-66 和涤纶分子链的端基 H 和 OH 所占份额小于 1%，可忽略不计，于是

尼龙-66 $\overline{M}_n = 22\ 600/113 = 200$ 或 $\overline{DP} = 100$

涤纶 $\overline{M}_n = 9\ 600/96 = 100$ 或 $\overline{DP} = 50$

部分初学者在计算相对分子质量时，习惯用聚合度 $\overline{DP}$ 代替聚合度 $\overline{X}_n$ 进行计算，虽然在解答简单题目时也能得到正确结果，但是一旦养成习惯，很可能在进行复杂计算时造成混乱。因此，有必要特别强调：聚合度的计算均以结构单元数而不以重复单元数为基准。

1.3.3 相对分子质量分布

既然聚合物的相对分子质量是试样所含众多同系物分子相对分子质量的统计平均值，而聚合物的使用和加工性能又与其相对分子质量及其分布密切相关，所以研究聚合物的相对分子质量及其分布就具有重要的理论和实用意义。用以表达聚合物所含大分子同系物相对分子质量大小悬殊程度的专业术语为"相对分子质量的多分散性"。常识告诉我们，自然界中许多具有数值大小差异的物理量都具有多分散性。例如，班级中所有学生的年龄、身高和体重，农作物生长高度和单株产量等都具有多分散性。表征聚合物相对分子质量多分散性的方法包括分散指数、分级曲线和分布函数 3 种。

1) 分散指数

将重均相对分子质量与数均相对分子质量之比 $\overline{M}_w / \overline{M}_n$ 定义为该聚合物的分散指数、分布指数或分散度，其数值大小表征组成该聚合物的大分子同系物相对分子质量大小悬殊的程度。当 $\overline{M}_w / \overline{M}_n = 1$ 时，表明所有大分子的相对分子质量完全相等，即为单分散聚合物。只有某些天然聚合物或活性阴离子聚合物等极少数情况，其分散指数才等于或接近于 1。实践证明，采用不同聚合反应得到的不同聚合物，其分散指数存在很大差异，如表 1-4 所示。

1-17-g
聚合物多分散性的 3 种表征法：分散指数、分级曲线和分布函数。

表 1-4　各类合成聚合物的分散指数($\bar{M}_w / \bar{M}_n$)

聚合物	分散指数	聚合物	分散指数
接近单分散聚合物(计量聚合物)	1.01～1.05	存在自加速过程的自由基聚合物	5～10
偶合终止加聚物(理论值)	1.5	配位聚合物	8～30
缩聚物、歧化终止加聚物(理论值)	2	支链聚合物	20～50
高转化率聚 α-烯烃	2～5		

高分子化学的重要任务之一,就是研究聚合反应类型和条件对产物相对分子质量及其多分散性的影响及其控制要素。如表 1-4 所示,一般缩聚物的分散指数远低于加聚物,其原因将在相应章节予以解释。

2) 分级曲线

利用相对分子质量不同的大分子同系物溶解性能的差异,将聚合物试样分离成为若干个相对分子质量递增或递减、分散指数范围更窄的级分,再以每个级分的质量分数对其相对分子质量作图,即得分级曲线。有关聚合物的分级原理、方法和结果处理将在高分子物理学课程中详细讲述。

3) Flory 分布函数

这是由 Flory 建立的理论推导聚合物相对分子质量分布函数的结果,本书 2.3.2 节将详细讲述其推导过程、数学表达式、图形及其用途。

1.4　高分子科学的范畴与发展简史

高分子科学是以高分子材料、重点系合成高分子材料为研究对象的应用基础性自然科学学科。自 20 世纪 20 年代提出高分子概念以来,高分子科学的建立和发展已经历近百年。

1.4.1　高分子科学的范畴

按照国家自然科学基金委员会的分类原则,高分子科学主要涵盖以下学科领域和研究范畴。

1) 高分子化学

高分子化学的研究内容包括各类聚合反应基本原理和方法,聚合物性能与聚合反应条件之间的相关性原理,以及各种聚合物合成及使用过程所涉及的化学反应过程与结果。

2) 高分子物理或高分子物化

高分子物理的研究内容包括聚合物的化学组成与结构,材料微观和聚集态结构与性能之间的相关性原理,聚合物特殊物理力学性能的表征与测定。

3) 高分子工艺与工程学

高分子工艺与工程学从应用角度研究各类聚合物及其制品的物理力学性能和特点,加工成型和使用过程的工艺条件及其影响因素等。按照聚合物种类的不同，分为塑料、橡胶、化纤、涂料和胶黏剂等的合成、加工及其使用工艺与工程学。

4) 功能高分子

功能高分子是对物质、能量和信息具有转换、传输和储存等特殊功能的高分子材料，其中含具有特殊化学和物理功能、具有生物活性与相容性等的功能材料，这是当前高分子科学最受瞩目的研究领域。

普遍认为 21 世纪是生命科学、信息科学、新材料科学和环境科学最受社会关注的时代。高分子科学作为一门新兴的新材料科学，尤其是其功能材料与生命科学和信息科学的相互渗透正展现出诱人的发展前景。作为新时期高分子科学的栋梁之材，应该珍惜新世纪的历史机遇和挑战，学好作为高分子科学基础的高分子化学，为国家的繁荣富强和本学科可持续发展做出自己的贡献。

1.4.2　高分子科学的发展简史

人类进化与社会进步的历史，始终与人类对天然高分子材料的加工和利用的进步过程密不可分。棉麻丝毛等的纺织加工、造纸、鞣革和生漆调制等则分别是人类对天然高分子材料进行物理加工和化学加工的早期例证，虽然当时并无所谓高分子的科学概念。直到 19 世纪中后期，西方化学界才逐步扩大对天然高分子改性的研究范围。下面简单回顾高分子科学发展过程中的重要历史事件。

1839 年，首次对天然橡胶进行硫化加工。

1868 年，硝化纤维素(赛璐珞)问世。

1898 年，黏胶纤维问世。

1907 年，酚醛树脂问世，这是人类合成的首个缩聚物。

1911 年，丁钠橡胶问世，这是人类合成的首个加聚物。

20 世纪初期，欧洲化学界在已取得越来越多的研究成果基础上，正酝酿着一个崭新的化学学科——高分子科学的诞生。例如，人们终于研究明白天然橡胶是由异戊二烯构成，淀粉和纤维素是由葡萄糖构成，蛋白质则是由氨基酸构成等。这些研究成果无疑对高分子科学的建立具有直接催化和促进作用。

20 世纪 20 年代是高分子科学诞生的年代。德国著名学者 Staudinger 首次提出异戊二烯构成橡胶、葡萄糖构成淀粉和纤维素、氨基酸构成蛋白质等的过程都是通过共价键而实现小分子之间的彼此连接，这就是 Staudinger 创立"高分子概念"的核心内容。由此他被公认为高分子科学的始祖，因此而获得 1953 年诺贝尔化学奖。

1925 年，聚乙酸乙烯酯实现工业化。

1928 年，有机玻璃(聚甲基丙烯酸甲酯)和聚乙烯醇问世。

1931 年，聚氯乙烯和氯丁橡胶问世。

1934 年，聚苯乙烯问世。

1935 年，美国学者 Carothers 成功合成尼龙-66，稍后他的学生 Flory 创建一系列高分子科学基础理论和试验方法，因此而获得 1974 年诺贝尔化学奖。

1939 年，低密度聚乙烯问世。

1940 年，丁苯橡胶和丁基橡胶问世。

1941 年，涤纶(聚对苯二甲酸乙二酯)问世。

1943 年，聚四氟乙烯问世。

1948 年，维尼纶、ABS 树脂问世。

1950 年，聚丙烯腈问世。

1956 年，高密度聚乙烯问世。

1957 年，聚丙烯、聚碳酸酯问世。

1953 年，德国学者 Ziegler 和意大利学者 Natta 采用配位催化剂成功合成高密度聚乙烯和聚丙烯，并在意大利成功实现工业化。时至今日，这两种聚合物依然是世界范围内产量最大、用途最广的合成高分子材料。两人因此而共同获得 1963 年诺贝尔化学奖。

1974 年，美国著名学者 Merrifield 将功能化的聚苯乙烯微珠粒应用于多肽和蛋白质合成，大大提高了合成效率，同时缩短了时间，由此开创了功能高分子材料在生命活性物质领域的新纪元。时至今日，该方法经改进完善之后已经成为包括 DNA 在内的许多生化药物的标准合成方法，他因此而获得 1974 年诺贝尔化学奖。2000 年，日本著名学者白川英树、美国学者 Heeger 和 Mac Diarmid 三人在导电高分子材料——掺杂聚乙炔方面的研究成果，彻底改变了人们有关“合成聚合物都是绝缘材料”的传统观念，开创了功能高分子研究的崭新领域。为此三人共同获得自 20 世纪初诺贝尔奖设立以来授予高分子科学领域的第 5 个化学奖项。

回顾历史，20 世纪 20～40 年代是高分子科学建立和发展的初期；30～50 年代是高分子材料工业蓬勃发展的年代；60 年代以来则是高分子材料大规模工业化、高性能化和功能化的时期。作为新兴材料学科的一个重要分支，目前高分子材料已经渗透到工业、农业、国防、医药以及人们的衣食住行的各个方面。由于历史原因，1950 年之前我国的高分子科学和工业几乎一片空白，当时国内没有一所高校设立高分子专业，也没有条件开设相关课程。当时除上海和天津等地有几家生产电木和油漆的小作坊外，国内没有一家现代意义的高分子材料工厂。1954～1955 年，国内首批高分子理科和工科本科专业分别在北京大学和四川大学(当时为成都工学院)相继创立。据权威统计，时下全国设立高分子科学、材料与工程专业并开设高分子课程的各种层次高等学校和科研院所达 300 多所，半个多世纪以来为国家培养出大批高分子专业技术人才，大大促进了我国高分子科学和工业的快速发展。

20 世纪 50 年代中后期，国内开始建设一批中小型合成塑料、合成橡胶、化学纤维和涂料工厂。60～80 年代是我国高分子材料工业飞速发展的年代，大批万吨乃至 10 万吨级的大型 PE、PP 和 PVC 等多种类型聚合物合成和加工的大型企业在全国各地相继建成投产，其中上海金山、南京扬子、江苏仪征、山东齐鲁、北京燕山、湖南岳阳、广东茂名等大型石化企业已经成为我国重要的大型高分子材料生产基地。与此同时，我国在高分子科学基础研究、专业技术人才培养以及高分子材料产量等方面，已经大大缩短了与发达国家的差距。相信通过包括本书读者在内的所有高分子工作者的不懈努力，我国将在高分子科学和工程领域最终赶上世界先进水平。

高分子科学人物传记

诺贝尔化学奖获得者、高分子科学的奠基人
Staudinger(1881—1965)

德国化学家 Staudinger，1930 年在 Halle 大学完成博士论文，先后在 Halle 和 Zurich 等大学执教，1926 年始任 Freiburg 大学实验室主任直至 1950 年退休。他早年从事有机化学研究，后来专攻天然有机物的结构研究。当时，随着纤维素和天然橡胶的广泛应用，其结构研究受到广泛关注。绝大多数学者相信它们都是由小分子构成，在溶液中这些小分子则依靠所谓"余价键力"缔合在一起而形成所谓"胶束"。以 Staudinger 为代表的少数学者则认为这些天然有机化合物都是由大分子组成。这两种学派之间的论战一直持续到 20 世纪 30 年代，最后以 Staudinger 为代表的所谓"大分子学派"获得全面胜利而宣告结束。

Staudinger 于 1922 年在《德国化学会会志》上发表了一篇划时代的学术论文"论聚合"，公开提出"聚合反应是大量小分子依靠化学键结合形成大分子的过程"的假说，同时提出聚苯乙烯、天然橡胶和聚甲醛等大分子的线型长链结构式，并指出它们在溶液中的胶体特性正是由它们的高相对分子质量所致。其后，Staudinger 设计并完成了天然橡胶和纤维素的各种化学转化反应，如橡胶的氢化反应、纤维素的硝化反应、醋酸纤维素经皂化反应之后再还原成纤维素的反应等，并分别采用端基法、黏度法和渗透压法等测定了反应前后纤维素的相对分子质量。所有实验结果都无法用"胶束论"加以解释，而用"大分子论"则可以圆满解释。

不仅如此，Staudinger 也是提出高分子化合物的相对分子质量具有多分散性的第一人，他首次指出实验测定高分子化合物的相对分子质量只是一个统计平均值。1932 年他发表的专著《高分子有机化合物》标志着高分子科学的正式诞生。为表彰 Staudinger 对高分子科学做出的历史性贡献，1953 年的诺贝尔化学奖正式授予了他，Staudinger 成为世界上获此殊荣的第一位高分子学者。

本　章　要　点

1. 高分子化合物、结构单元、重复单元、聚合度和多分散性 5 个概念。
2. 聚合物 4 个主要特点、7 种分类方法和 5 种命名方法。
3. 聚合反应按两种方法分类的结果。
4. 聚合物 3 种平均相对分子质量，即数均、重均和黏均相对分子质量的定义与

计算式。

5. 聚合反应式书写规范，正确写出尼龙-6、尼龙-66、尼龙-610、聚对苯二甲酸乙二酯、环氧树脂和线型酚醛树脂等聚合物的聚合反应式。

习　题

1. 解释下列概念。

(1) 高分子化合物　　　　　　　　(2) 重复结构单元

(3) 结构单元　　　　　　　　　　(4) 平均相对分子质量

(5) 聚合度　　　　　　　　　　　(6) 多分散性与分散指数

(7) 聚合物的黏弹性　　　　　　　(8) 均聚物与共聚物

(9) 混缩聚物与共缩聚物　　　　　(10) 预聚物

2. 写出合成下列聚合物的聚合反应式，标出结构单元，并注明聚合反应类型。

(1) 涤纶　　　　　　　　　　　　(2) 尼龙-610

(3) 有机玻璃　　　　　　　　　　(4) 聚乙烯醇

(5) 环氧树脂　　　　　　　　　　(6) 聚碳酸酯

(7) 聚己二氨基甲酸丁二酯　　　　(8) 芳纶-1414

(9) 丁腈橡胶　　　　　　　　　　(10) ABS 树脂

3. 选择合适单体合成下列聚合物，写出聚合反应式，命名聚合物并注明聚合反应类型。

(1) $HO\left[OC(CH_2)_4COHN(CH_2)_6NH\right]_nH$ (2) $H\left[HN(CH_2)_5CO\right]_nOH$

(3) $HO\left[OCC_6H_4COO(CH_2)_2O\right]_nH$ (4) $H\left[O(CH_2)_5CO\right]_nOH$

(5) $\left[OCHN(CH_2)_6NHCOO(CH_2)_4O\right]_n$ (6) $\left[CH_2-CH=CH-CH_2\right]_n$

(7) $\left[CH_2-CH(C_6H_5)\right]_n$ (8) $\left[CH_2-CH(CN)\right]_n$

(9) $\left[CH_2-CH\right]_n$ (10) $\left[O-CH_2-CH\right]_n$
　　　　$CONH_2$ 　　　　　　　　　　　　　CH_3

4. 写出下列单体的聚合反应式，命名聚合物，注明聚合反应类型。

(1) $HOOCC_6H_4COOH+HO(CH_2)_2OH$

(2) $OCN-(CH_2)_6-NCO+HO(CH_2)_4OH$

(3) $ClOC(CH_2)_4COCl+H_2N(CH_2)_6NH_2$

(4) $HOCH(CH_3)COOH$

(5) $OC(CH_2)_5NH$

(6) $CH_2=CH$
　　　$COOH$

(7) $HO(CH_2)_2OOC-\bigcirc-COO(CH_2)_2OH$

(8) $CH_2=CH$
　　　$COOCH_3$

(9) $HO-\bigcirc-\overset{CH_3}{\underset{CH_3}{C}}-\bigcirc-OH+Cl-\overset{O}{C}-Cl$

(10) $OCN-\bigcirc-NCO+HO(CH_2)_4OH$
　　　　　　CH_3

特别说明：如果上述 2～4 题中的部分习题在本章内容或教师授课中未有涉及，读者可以从第 2 章查阅正确答案。

5. 简要回答下列问题。

(1) 高分子化合物的主要特点有哪些?

(2) 高分子化合物的分类方法有哪几种? 试举例说明。

(3) 高分子化合物的命名原则有哪两条? 命名方法有哪几种? 这些命名方法各适用于哪些种类的聚合物? 试举例说明。

(4) 试分别归纳书写聚合物结构式和聚合反应式的正确步骤。

(5) 表征高分子化合物多分散性的方法有哪几种?

(6) 试列举逐步聚合反应和连锁聚合反应的主要特点以及各自的细分类型。

(7) 试简述高分子科学涵盖的学科及其主要研究领域。

6. 按照列出的聚合物试样分级结果数据计算该试样的数均相对分子质量、重均相对分子质量和分散指数。

分级序号	1	2	3	4	5	6	7	8
质量分数/%	10	19	24	18	11	8	6	4
累计质量分数/%	10	29	53	71	82	90	96	100
平均相对分子质量/($\times 10^{-3}$)	10	21	35	49	73	102	122	146

第2章 逐步聚合

众所周知，绝大多数天然高分子均为缩聚物，如蛋白质是氨基酸的缩聚物，淀粉和纤维素是单糖的缩聚物。作为生命和物种延续物质基础的核糖核酸 RNA 和脱氧核糖核酸 DNA，也是某些蛋白质分子链上特定基团按照空间形态的特定要求通过缩合而成的。目前广泛使用的许多塑料、化纤、涂料和胶黏剂等也是缩聚物，如聚酯、聚酰胺和酚醛树脂等。除此以外，许多高强度和耐高温的特种工程塑料如硅橡胶和聚酰亚胺等也是缩聚物。由此可见，无论对于现代高分子科学知识的学习、新型聚合物的研发，还是新材料科学与生命科学和微电子科学等的相互渗透，为其提供更为有效的技术和材料支持而言，都应特别重视缩聚反应的学习。本章重点讲述逐步聚合反应单体、线型平衡缩聚反应历程、线型缩聚物相对分子质量的控制及其分布、体型缩聚及其他逐步聚合反应、缩聚反应方法等。

2.1 逐步聚合反应单体

2.1.1 缩合与缩聚反应

许多有机化合物分子带有的相同或不同官能团之间可以进行缩合反应。例如，醇羟基、羧基和氨基之间的缩合反应，分别生成稳定的酯、酰胺和醚。

$$CH_3CH_2OH + CH_3COOH \longrightarrow CH_3CH_2OOCCH_3 + H_2O$$
$$CH_3COOH + CH_3CH_2NH_2 \longrightarrow CH_3CONHCH_2CH_3 + H_2O$$
$$2CH_3CH_2OH \longrightarrow CH_3CH_2OCH_2CH_3 + H_2O$$

如果带有两个官能团的二元酸与二元醇或二元胺进行缩合，则反应一般不会停留在双分子缩合这一步，而会一步接一步地进行下去，如己二酸和己二胺的缩合反应：

$$HOOC(CH_2)_4COOH + H_2N(CH_2)_6NH_2$$

$$\xrightarrow[-H_2O]{} HO\left[OC(CH_2)_4CONH(CH_2)_6NH\right]H$$

$$\xrightarrow[-H_2O]{+己二酸} HO\left[OC(CH_2)_4CONH(CH_2)_6NH\right]OC(CH_2)_4COOH$$

$$\xrightarrow[-H_2O]{+己二胺} HO\left[OC(CH_2)_4CONH(CH_2)_6NH\right]_2H$$

$$\xrightarrow[-H_2O]{+己二酸} HO\left[OC(CH_2)_4CONH(CH_2)_6NH\right]_2 OC(CH_2)_4COOH$$

$$\vdots$$

$$\xrightarrow[-(2n-1)H_2O]{+己二酸,己二胺} HO\left[OC(CH_2)_4CONH(CH_2)_6NH\right]_n H$$

这种由带两个或两个以上官能团的单体之间连续、重复进行的缩合反应称为缩合聚合反应，简称缩聚反应。从上述一系列反应可以看出，缩聚反应过程中所有中间体分子两端都带着相对稳定、反应活性不变并可继续进行缩合的官能团。可以想象,当某种单体所含官能团的量多于另一种单体所含官能团的量时,所有生成物无论其相对分子质量大小,其分子的两端就都带着那种相对过量的官能团,如按照前面第 2 和第 4 式,生成物分子的两端均为羧基的 3 聚体和 5 聚体。此时缩合反应就无法继续进行,生成同系物的相对分子质量也就不再增加。

有必要强调,缩聚反应与缩合反应完全按照有机化学反应机理进行,哪些官能团可以发生反应,官能团的哪个部分被缩下来而生成哪种小分子,在学习本章尤其是在书写缩聚物结构式和缩聚反应式时应该首先弄明白。

2.1.2　线型缩聚单体类型

众所周知,高分子化学是在有机化学的基础上创立和发展起来的,所以有机化学基本原理及其最新成果差不多都可以在高分子化学领域获得应用。有机化学中有多少种缩合反应,在高分子化学中理论上就可能有多少种缩聚反应,只要对应的双(多)官能团单体存在。这正是高分子科学工作者面临的机遇和挑战。不过限于篇幅,本章仅讲述缩聚反应基本原理以及最重要的10 余种缩聚反应类型。

线型缩聚反应单体必须具备的基本条件是带有两个不同或相同的官能团,两官能团之间或与别的单体官能团之间可进行化学反应并生成稳定的共价键。虽然绝大多数线型缩聚反应的单体都是有机物,不过某些无机化合物[如碳酰氯(光气)、硫化钠和氯化磷等]也可以参加某些有机单体进行的缩聚反应,生成某些性能特殊的缩聚物。单就有机类单体而言,可以分为下列 3种类型。

单体通式	a—R—b	a—R—a+b—R′—b	a—R—c
单体举例	HO(CH₂)₅COOH	HO(CH₂)₂OH+ HOOCC₆H₄COOH	H₂N(CH₂)₅OH
	H₂N(CH₂)₅COOH	H₂N(CH₂)₆NH₂+ HOOC(CH₂)₄COOH	(参与别的单体进行的缩聚反应)
缩聚类型	均缩聚	混缩聚	共缩聚
生成聚合物	均缩聚物	混缩聚物	共缩聚物

2-01-g
提醒注意区别均缩聚、混缩聚和共缩聚及其对应单体。

可见,带着两个彼此能够进行缩合反应的不同官能团的一种单体进行的缩聚反应称为均缩聚反应。分别带着两个相同官能团、彼此之间可进行缩合反应的两种单体进行的缩聚反应称为混缩聚反应。带着两个彼此不能进行缩合反应的官能团的单体如氨基醇等,只能参加别的单体进行的均缩聚或混缩聚反应,这种情况称为共缩聚反应,通常用于聚合物改性。

虽然合成某种线型缩聚物可能有多种不同的单体选择及其相应的聚合路线,不过按照这些单体合成及其聚合反应的难易,对聚合物相对分子质量高低的要求,通常只有一两种单体最能符合条件。读者将通过本章后面若干具体缩聚反应的学习,逐渐予以理解并掌握。

2.1.3　线型缩聚单体活性

在进行聚合反应之前，了解各类单体的聚合反应活性，为选择单体和聚合反应条件的初步确定提供依据。影响单体聚合反应活性的参考因素包括如下 3 点。

2-02-y
决定单体活性的 3 个因素：
1.官能团取代基的电负性；
2.官能团的相对位置；
3.碳原子数与环化倾向。

1) 遵循同类有机物对应缩合反应的活性规律

例如，羧酸衍生物的缩合反应活性取决于酰基所连接基团的电负性大小或者其对应质子酸的酸性强弱。按此原则就能判断合成涤纶的 3 种不同单体对苯二甲酰氯、对苯二甲酸和对苯二甲酸双 β-羟乙酯的聚合反应活性呈递减趋势。

$$ClOCC_6H_4COCl > HOOCC_6H_4COOH > HO(CH_2)_2OOCC_6H_4COO(CH_2)_2OH$$

依据是酰基所连接基团的电负性递减：—Cl > —OH > —O(CH$_2$)$_2$OH，或酰基所连基团对应质子酸酸性递减：HCl > HOH > HO(CH$_2$)$_2$OH。

2) 与官能团所处空间环境有关

例如，聚合反应：

对苯二胺+对苯二甲酰氯 ⟶ p,p-全芳聚酰胺(芳纶-1414)

间苯二胺+间苯二甲酰氯 ⟶ m,m-全芳聚酰胺(芳纶-1313)

由于两种二元胺的两个氨基和两种二元酰氯的两个酰氯基在苯环上所处的相对位置不同，因此它们的聚合反应活性不同，两个缩聚反应的速率以及生成的两种芳纶的性能都不尽相同。

3) 单体的碳原子数与环化倾向

在有机化学中曾经学习过，如果双官能团化合物的碳原子数正好能满足生成稳定环状结构的条件，则其分子内环化反应的倾向一定大于分子间缩合反应的倾向。例如，前述 a—R—b 型双官能团单体进行缩聚反应时，同时存在下述环化反应倾向：

$$HO\left[OC(CH_2)_nO\right]_m H \longleftarrow m\ HOOC(CH_2)_nOH \longrightarrow m\ \overline{OC(CH_2)_nO}$$

分子间线型缩聚反应　　　分子内环化反应

虽然决定单体环化反应难易的因素比较复杂，如官能团种类和反应条件等，但是最重要的因素则是由单体所含碳原子数、可能生成环状化合物的环张力大小所决定。从有机化学中已了解 C—C 和 C—O 环状化合物的环张力大小规律如下：

(1) 3、4、8、9、10、11 以及 13 元以上环的张力均较大，环状化合物的稳定性较低，通常可忽略环化倾向。

(2) 7 元和 12 元环的张力属于中等，单体的环化反应与分子间的缩合反应同时进行，只要反应条件控制合理，如单体浓度不是太低，聚合反应温度不是太高等，环化反应倾向并不显著。

(3) 在所有 C—C 和 C—O 环状化合物中，5 元和 6 元环的张力最小，也最稳定。因此，凡是能够生成 5 元环和 6 元环的单体，其分子内环化反应将占绝对优势，分子间的线型聚合反应事实上无法进行。这类以 A—(CH$_2$)$_n$—B 为通式、貌似单体的化合物，当官能团 A 和 B 具有较高反应

活性且 $n=4$ 或 5 时，由于环化倾向强烈而绝无聚合可能，下列 4 种羟基酸和氨基酸即为典型例子。

2-03-y
特别注意：含 4、5 个碳原子的氨基酸和羟基酸有强烈环化倾向而不能聚合。

4-羟基丁酸 $HO(CH_2)_3COOH$；5-羟基戊酸 $HO(CH_2)_4COOH$

4-氨基丁酸 $H_2N(CH_2)_3COOH$；5-氨基戊酸 $H_2N(CH_2)_4COOH$

不过，那些由相对较弱的 C—O 键构成的环醚类化合物，并不一定遵守如此环张力大小的规律。例如，五元环醚如四氢呋喃、六元环醚如二氧六环和六甲基硅氧六元环等化合物，都比较容易按照离子型开环聚合机理进行聚合，分别得到聚四氢呋喃、聚氧化乙烯和硅橡胶。

2.2　线型缩聚反应历程与动力学

多数线型缩聚反应属于可逆平衡反应。定义线型缩聚反应的平衡常数并建立其与生成聚合物的聚合度之间的关系是本节重点。鉴于缩聚反应类型复杂多样，至今仍无法建立普遍适用的热力学模型和动力学方程。因此，本节仅扼要讲述研究相对成熟的聚酯反应热力学。

2.2.1　反应历程与平衡常数

以相对简单的 a—R—b 型单体的均缩聚反应为例，下述一系列缩合反应同时存在于体系中。

$$2HORCOOH \xrightarrow[+HORCOOH]{K_1} H\text{-}(ORCO)_2\text{-}OH$$

$$\xrightarrow[+HORCOOH]{K_2} H\text{-}(ORCO)_3\text{-}OH$$

$$\xrightarrow[+HORCOOH]{K_3} H\text{-}(ORCO)_4\text{-}OH$$

$$\vdots$$

$$\xrightarrow[+HORCOOH]{K_{n-1}} H\text{-}(ORCO)_n\text{-}OH$$

缩聚历程模拟动画

自由基聚合历程模拟动画

2-04-y
Flory 等活性理论是高分子化学定量研究和计算的基础。

由此可见，要生成聚合度为 n 的聚合物实际需要连续经历 $(n-1)$ 步缩合反应过程。虽然参与反应的官能团相同，但是参与反应的低聚物的分子链长度不断增加，因此每一步反应都应该对应 1 个平衡常数，依次为 K_1、K_2、K_3、$\cdots$、K_{n-1}，共有 $(n-1)$ 个平衡常数。要对如此多平衡常数进行测定和处理几乎不可能。那么这些平衡常数是否相等呢？美国著名高分子学者 P. J. Flory 早在 20 世纪 30 年代就提出的官能团"等活性理论"给出了肯定的答案，其要点是：单官能团化合物的分子链达到一定长度之后，其官能团的化学反应活性与分子链长无关。Flory 当年用以证明官能团等活性假设而进行的低分子缩合反应为下列 3 组，其速率常数列于表 2-1。

(1) 一元酸与一元醇的酯化反应。

$$H(CH_2)_nCOOH + EtOH \xrightarrow[25\ ℃]{HCl} H(CH_2)_nCOOEt + H_2O$$

(2) 醇钠和卤代烷的醚化反应。

$$H(CH_2)_nI + C_6H_5CH_2ONa \xrightarrow[30\ ℃]{EtOH} H(CH_2)_nOCH_2C_6H_5 + NaI$$

(3) 二元酸与一元醇的酯化反应。

$$HOOC(CH_2)_nCOOH + 2EtOH \xrightarrow[25\ ℃]{HCl} EtOOC(CH_2)_nCOOEt + 2H_2O$$

表 2-1　反应速率常数 k [10^4 L/(mol·s)] 与反应物分子链长的关系

n	1	2	3	4	5	8	11	13	15
反应(1)	22.1	15.3	7.5	7.5	7.4	7.5	7.6	7.5	7.7
反应(2)	26.6	2.37	0.92	0.67					0.67
反应(3)		6.0	8.7	8.4	7.8	7.5	7.5	7.5	

　　如果考虑到实验误差，表 2-1 中的数据确实证明当分子链长达到一定数值以后，同系物分子中官能团的反应活性与分子链长关系不大。不过曾有人认为，聚合反应体系的黏度很高，长链大分子扩散困难，碰撞频率必然降低，其反应活性应该有所下降。Flory 以及人们的后续研究结果都证明，大分子及其所带官能团的运动和碰撞能力是完全不同的概念。在高黏度溶液或熔体中大分子的运动能力虽然有所降低，但是分子链端官能团的运动及其反应能力却变化不大。

　　因此，在体系黏度不是很高的聚合反应初期和中期，官能团等活性假设仍然正确。当聚合反应后期体系黏度太高以至影响官能团的运动能力时，其浓度与活性均明显降低，聚合反应速率自然降低。后来人们建议官能团等活性理论的适用条件应限定为：①聚合体系为真溶液，即单体和低聚物呈分子分散体系；②官能团的邻近基团及其空间环境应该相同；③体系黏度的升高应不妨碍缩聚反应生成小分子副产物的排出。

　　按照官能团等活性理论，用 1 个平衡常数即可表征缩聚反应的平衡特征。如果以体系中的官能团浓度代替单体浓度，则如下两个反应完全等价

$$n\mathrm{HO(CH_2)_5COOH} \longrightarrow \mathrm{H}\text{—}[\mathrm{O(CH_2)_5CO}]_n\text{—}\mathrm{OH} + (n-1)\mathrm{H_2O}$$
$$n\text{—OH} + n\text{—COOH} \longrightarrow \mathrm{H}\text{—}[\sim\!\mathrm{OCO}\!\sim]_n\text{—}\mathrm{OH} + (n-1)\mathrm{H_2O}$$

对于 a—R—a + b—R—b 型单体的混缩聚反应而言，下面两个反应同样等价

$$n\mathrm{HOOC(CH_2)_4COOH} + n\mathrm{H_2N(CH_2)_6NH_2} \longrightarrow$$
$$\mathrm{HO}\text{—}[\mathrm{OC(CH_2)_4CONH(CH_2)_6NH}]_n\text{—}\mathrm{H} + (2n-1)\mathrm{H_2O}$$
$$2n\text{—COOH} + 2n\text{—NH_2} \longrightarrow \mathrm{HO}\text{—}[\sim\!\mathrm{CONH}\!\sim]_{2n}\text{—}\mathrm{H} + (2n-1)\mathrm{H_2O}$$

于是，按照平衡常数的定义，即

$$K = \frac{[\sim\!OCO\!\sim][H_2O]}{[-COOH][-OH]}$$

式中，$[\sim\!OCO\!\sim]$、$[-COOH]$ 和 $[-OH]$ 分别为达到平衡时体系中存在于低聚物分子内或链端所有酯基、羧基和羟基的浓度，$[H_2O]$ 为缩聚反应生成小分子副产物水的浓度。

2.2.2　反应程度与聚合度

2-05-g
特别强调反应程度与转化率是两个完全不同的概念。

　　对一般低分子无机或有机化学反应而言，通常采用转化率即反应生成物与反应物起始物质的量之比表示反应达到的程度。对缩聚反应而言，通常采

用已参加反应的官能团与起始官能团的物质的量之比值，即反应程度来表征缩聚反应进行的程度。下面看看反应程度与转化率之间究竟有何不同。为了使问题简化,假定全部单体均缩合生成二聚体(这种情况实际上几乎不可能)。

$$2HO(CH_2)_5COOH \longrightarrow H \{O(CH_2)_5CO\}_2 OH + H_2O$$

显而易见，如果仅着眼于单体，上述缩合反应的转化率为 100%。如果着眼于官能团，则反应程度仅有 50%。原因是 2 mol 单体已经全部转化为 1 mol 二聚体，而 2 mol 的羟基或羧基却只反应了 1/2，余下 1/2 还连接在二聚体分子的两端，所以其反应程度自然只有 50%。对于混缩聚反应而言结果同样如此。

$$HOOC(CH_2)_4COOH + H_2N(CH_2)_6NH_2 \longrightarrow$$
$$HO \{OC(CH_2)_4CONH(CH_2)_6NH\} H + H_2O$$

1 mol 己二酸与 1 mol 己二胺缩合生成 1 mol 二聚体酰胺，两种单体已经完全消耗，仅着眼于反应物单体，转化率自然是 100%。但是二聚体酰胺分子的两端却仍然带着能继续反应的 1 个羧基和 1 个氨基，所以无论对羧基而言还是对氨基而言，其反应程度都只有 50%。

1. 聚合度与反应程度的关系

下面分别从反应程度和聚合度的定义出发推导两者之间的关系,仍然以 a—R—b 型单体的均缩聚反应为例。

$$HO—R—COOH \longrightarrow NH \{ORCO\}_n OH + (n-1)H_2O$$

设反应起始时单体或其官能团物质的量均为 N_0，即

$$N_0 = [单体] = [—OH] = [—COOH]$$

达到平衡时,设体系中聚合度不等的缩聚同系物或其末端官能团物质的量为 N，即 $N =$[同系物的物质的量]= [—OH] = [—COOH]。按照上述缩聚反应历程，1 个羟基与 1 个羧基缩合生成 1 个酯基和 1 分子水的结果，体系中含单体在内的缩聚同系物的分子数必然减少 1。

$$N_0 - N =[—OCO—] = [H_2O]$$
$$= 体系中同系物物质的量的减少值$$
$$=—OH 或—COOH 物质的量的减少值$$

于是按照反应程度的定义

$$p = (N_0 - N)/ N_0 \tag{2-1}$$

再按照聚合度的定义，即进入每个同系物分子链的结构单元数的平均值

$$\bar{X}_n = 起始单体物质的量/达到平衡时同系物物质的量$$
$$= N_0/N = 1/ (1-p) \tag{2-2}$$

式(2-1)和式(2-2)多用于线型平衡缩聚反应中有关聚合度与反应程度的计算,需要注意的是该公式的使用条件必须是参加反应的两种官能团是等物质的量配比。表 2-2 列出用该式计算出的一组结果。

2-06-j
反应程度 $p = (N_0 - N)/N_0$，即已反应官能团量与起始官能团量之比值。

2-07-j
聚合度与反应程度的关系为 $\bar{X}_n = 1/ (1-p)$

表 2-2   线型缩聚物聚合度和反应程度的关系(等物质的量配比)

反应程度 p	0	0.50	0.67	0.80	0.95	0.99	0.995	0.999	1
聚合度 $\bar{X}_n$	1	2	3	5	20	100	200	1000	∞

表 2-2 显示，线型缩聚反应初期和中期反应程度快速升高，并未伴随缩聚物聚合度的同步快速升高，事实上反应程度在 0.9 之前聚合度的增长过程相当缓慢。与此相反，进入聚合反应后期，即使反应程度的微小升高也必然导致聚合度的快速增加，这就是线型平衡缩聚反应的一大特点。

2. 聚合度与平衡常数的关系

按照 Flory 等活性理论，首先在官能团等物质的量配比条件下讨论缩聚反应达到平衡时，体系中同系物分子及其所连接的官能团和生成的小分子副产物的物质的量(或浓度)与平衡常数之间的关系。分别以分子形式和官能团形式表达的缩聚反应式如下。

$$n\text{HORCOOH} \longrightarrow \text{H} \left[\text{ORCO} \right]_n \text{OH} + (n-1)\text{H}_2\text{O}$$

$$\text{—OH} + \text{—COOH} \longrightarrow \text{—OCO—} + \text{H}_2\text{O}$$

设反应起始单体及其官能团物质的量为 N_0，到达研究时刻体系中缩聚同系物或其末端官能团物质的量为 N，即

$\quad$ $N_0 =$ 起始羟基或羧基物质的量 $=$ 起始单体物质的量

$\quad$ $N =$ 研究时刻同系物物质的量 $=$ 其所带羟基或羧基物质的量

两者之差

$\quad$ $N_0 - N =$ 含单体在内同系物物质的量减少值

$\quad\quad\quad\quad\quad =$ 羟基或羧基物质的量减少值

$\quad\quad\quad\quad\quad =$ 已参加反应的羟基或羧基物质的量

$\quad\quad\quad\quad\quad =$ 同系物分子中所含酯基物质的量

设体系中生成小分子副产物水的物质的量为 N_w，其与起始单体所带羟基和羧基完全反应生成水的理论量(N_0)之比为 $n_w = N_w / N_0$，即体系中小分子副产物水的物质的量分数。按照平衡常数的定义将相关物质的量代入，即得

$$K = \frac{[\text{—OCO—}][\text{H}_2\text{O}]}{[\text{—COOH}][\text{—OH}]} = \frac{(N_0 - N)N_w}{N}$$

分子分母同除以 N_0^2，并将式(2-1)和式(2-2)代入，得 $K = p n_w \bar{X}_n^2$，求解即得

$$\bar{X}_n = \sqrt{\frac{K}{p n_w}} \qquad\qquad (2\text{-}3)$$

2-08-j
提醒注意聚合度公式的使用条件

1. 普遍公式

$$\bar{X}_n = \sqrt{\frac{K}{p n_w}}$$

这就是线型平衡缩聚反应达到平衡时，体系中含单体在内的缩聚同系物的平均聚合度与平衡常数、反应程度以及体系中小分子副产物存留量之间的关系式。很显然，官能团等活性和等物质的量配比是满足该式的两个必要条件。当体系含有额外的副产物小分子时，如用甲醛水溶液与苯酚合成酚醛树脂，将 $N_w / N_0 = n_w$ 定义为达到平衡时存留于体系内的小分子的物质的量分数，或称为小分子存留率。其含义是指实际存留于体系中的小分子物质的量

与缩聚反应理论上能够生成的小分子物质的量之比值。下面在两种不同的缩聚条件下对该关系式作进一步讨论。

1) 密闭体系中

当缩聚反应在与外界完全无传质过程、仅可传热的密闭反应器中进行时，反应生成的小分子副产物全部存留于反应器中，此时的小分子存留率就等于其实际生成率，即反应程度

$n_w =$ 实际生成小分子物质的量/理论上能够生成小分子物质的量

$= N_w / N_0 = p$

代入式(2-3)即得

$$\bar{X}_n = \frac{\sqrt{K}}{p} = \frac{\sqrt{K}}{n_w} \tag{2-4}$$

2. 密闭体系
慎用式(2-4)。

式(2-4)表明，在密闭条件下进行的线型平衡缩聚反应达到平衡时，体系中生成缩聚同系物的平均聚合度与平衡常数的平方根成正比，与达到平衡时的反应程度或此时的小分子实际生成率成反比。

该结论前半部分不难理解，平衡常数越大的缩聚反应达到平衡时生成缩聚同系物的平均聚合度也越高。但是后半部分却极易造成错误理解，似乎反应程度越低、小分子实际产生量越少，同系物的聚合度却会越高。如此错误理解产生的原因在于式(2-4)仅仅是纯数学推论，完全忽略了一个重要事实，即在密闭条件下进行的可逆缩聚反应达到平衡时，实际反应程度与小分子实际生成率完全由平衡常数决定，而不可能发生变化。有鉴于此，对式(2-4)的使用应特别慎重。事实上，如果将式(2-2)和式(2-4)联立求解，由 $\bar{X}_n = 1/(1-p)$ 得 $p = 1 - 1\sqrt{X_n}$，再代入式(2-4)即分别得到反应程度和聚合度与平衡常数的关系式。

$$\left.\begin{array}{l} \bar{X}_n = \sqrt{K} + 1 \\[2mm] p = \dfrac{\sqrt{K}}{\sqrt{K} + 1} \end{array}\right\} \tag{2-5}$$

3. 要求重点
掌握密闭体系公式
$\bar{X}_n = \sqrt{K} + 1$
$p = \dfrac{\sqrt{K}}{\sqrt{K} + 1}$

式(2-5)清楚表明，在密闭体系内进行的线型平衡缩聚反应，达到平衡时的极限反应程度仅略小于平衡常数的平方根，而产物的极限平均聚合度仅稍大于平衡常数的平方根。如果已知一个线型平衡缩聚反应的平衡常数，很容易估计该反应达到平衡时的反应程度和产物的聚合度。

2) 开放体系中

当线型缩聚反应在能够与外界进行传质的敞开反应器中进行时，反应过程中生成的小分子副产物以及低沸点单体都可能从反应器内逸散到大气中。多数在实验室和工业生产中进行的缩聚反应都属于这种情况。有时为了提高聚合度往往还需要在聚合反应后期对反应器实施减压操作，排出生成的小分子副产物。为了简化公式，当聚合物平均相对分子质量达到或超过 1 万时，将反应程度近似取为 1(实际约为 0.99)，则式(2-3)便可简化为

4. 开放体系
公式
$\bar{X}_n = \sqrt{\dfrac{K}{n_w}}$

$$\bar{X}_n = \sqrt{\frac{K}{n_w}} \tag{2-6}$$

这就是著名的许尔兹方程。该方程建立在开放反应器或减压操作条件下,反映缩聚物的聚合度与平衡常数和小分子副产物实际存留率之间的近似定量关系。显而易见,当反应程度不高、产物的相对分子质量较低时不能使用该式。由于各种线型平衡缩聚反应的平衡常数差异很大,为了获得具有合格相对分子质量的聚合物所要求控制的小分子存留率也大不相同。表 2-3 列举 3 个典型例子予以说明。

表 2-3　一些缩聚反应的平衡常数与小分子允许量

聚合物	单体	K	温度/℃	n_w	压力/Pa	聚合度
酚醛树脂	苯酚+甲醛	1000	100	~10%	常压	~100
聚酰胺	二酸+二胺	~305	260	3%	2700	~100
涤纶	双 β-羟乙酯	~5	280	0.5%	<100	~200

如果按照式(2-5)估算,平衡常数在 1000 以下的缩聚反应如果在密闭体系中进行,绝不可能得到聚合度超过 33 的聚合物。事实上,表 2-3 列出的 3 个缩聚反应如果在密闭反应器中进行,达到平衡时产物的聚合度分别为 33、18 和 3,此时体系中副产物小分子的物质的量分数分别为 0.97、0.95 和 0.69。按此计算,如果要在密闭体系中获得聚合度超过 100 的聚合物,该反应的平衡常数至少应在 10 000 以上,如此大平衡常数的缩聚反应实际上已经属于不可逆反应。

由此可见,对多数线型平衡缩聚反应而言,若要求获得高相对分子质量的聚合物,通常必须在敞开反应器中进行。不仅如此,往往还必须采用加热、减压、通入惰性气体、加强搅拌等措施以促进小分子副产物排出,从而使小分子物质的量分数 n_w 尽量降低。只有采取这些措施才能尽可能提高反应程度和聚合度。

2.2.3　缩聚副反应

正如前述,缩聚反应是带有两个或两个以上官能团的单体通过官能团之间重复多次的缩合反应逐渐生成长链聚合物的过程。由于有机官能团反应能力的多样性,一些副反应常常伴随缩聚反应的进行而发生。下面介绍几种主要副反应及其对聚合物性能的影响,以及减轻有害副反应影响的具体措施。

1) 链裂解反应

裂解反应是发生于缩聚物大分子与有机或无机小分子之间的副反应。在聚酯和聚酰胺合成反应中,聚合物分子链中的酯键或酰胺键容易与体系中存在的水、醇、羧酸和胺等发生反应。这类副反应分别称为水解、醇解、酸解和胺解反应。下面以聚酯的水解和醇解反应为例,式中 $m_1 + m_2 = n$。

$$HO \text{—} [OCC_6H_4COO(CH_2)_2O]_n H + H_2O \longrightarrow$$
$$HO \text{—} [OCC_6H_4COO(CH_2)_2O]_{m_1} H + H \text{—} [O(CH_2)_2OOCC_6H_4CO]_{m_2} H$$
$$HO \text{—} [OCC_6H_4COO(CH_2)_2O]_n H + EtOH \longrightarrow$$
$$HO \text{—} [OCC_6H_4COO(CH_2)_2O]_{m_1} H + EtO \text{—} [OCC_6H_4COO(CH_2)_2O]_{m_2} H$$

2-09-y
缩聚副反应的结果:
1. 链裂解使聚合度降低;
2. 链交换使分散度变窄;
3. 环化反应使聚合反应无法进行;
4. 官能团分解反应危及聚合反应顺利进行。

可见，裂解反应均使大分子变小、同系物分子数增加、平均相对分子质量降低。不仅如此，如果体系中存在单官能团的醇和酸等杂质，还会使链裂解生成的较小相对分子质量的聚合物分子的一端甚至两端失去官能团，从而影响聚合反应的顺利进行。

事实上，一般线型平衡缩聚反应的单体通常都是其缩聚物分子链的裂解剂，裂解反应与聚合反应就构成一对竞争性反应。一般相对分子质量大、分子链长的大分子由于能够发生裂解的部位较多、概率较大而更容易发生裂解。例如，上述涤纶的醇解反应系由小分子乙二醇引起，则该反应正好是涤纶生成反应的逆反应。为了减轻链裂解副反应的影响，必须首先考虑提高原料单体的纯度，尽可能降低有害杂质特别是单官能团化合物的含量。

2) 链交换反应

链交换反应是发生于两个大分子链之间的副反应。该类副反应可以发生于大分子链的中部或链端。下面是尼龙-66 的链交换反应。

$$H\text{---}[HN(CH_2)_6NHOC(CH_2)_4CO]_n\text{---}[HN(CH_2)_6NHOC(CH_2)_4CO]_m\text{---}OH$$
$$+$$
$$HO\text{---}[OC(CH_2)_4COHN(CH_2)_6NH]_p\text{---}[OC(CH_2)_4COHN(CH_2)_6NH]_q\text{---}H$$
$$\downarrow$$
$$H\text{---}[HN(CH_2)_6NHOC(CH_2)_4CO]_{n+p}OH$$
$$+$$
$$H\text{---}[HN(CH_2)_6NHOC(CH_2)_4CO]_{m+q}OH$$

结果表明，大分子链之间的交换反应并不改变分子总数，所以按大分子物质的量平均的聚合物数均相对分子质量并不改变。不过由于相对分子质量悬殊较大的分子链之间更容易发生链交换反应，所以其结果倾向于使聚合物的相对分子质量分布变窄。从这个角度考虑，链交换反应在一定程度上对于改善缩聚物的性能有利。

3) 环化反应

这是发生于大分子链内的副反应。2.1.3 节在讲述单体碳原子数与环化反应倾向时，曾介绍影响线型缩聚反应环化副反应的内因。这里主要讨论可能导致环化副反应的外因。理论分析和实践都证明，由于环化反应属于单分子内部两个官能团间的反应，所以凡是有利于分子间官能团反应的条件(如提高单体浓度等)都可以抑制环化副反应的发生。另外，环化反应的活化能一般高于线型缩聚反应，因此适当降低反应温度对于减轻环化副反应的影响具有一定效果。

4) 官能团分解反应

有些单体的官能团可能在较剧烈的条件下发生分解，从而导致单体及其缩聚中间物反应能力丧失。例如，在温度高于 300℃时羧基可能脱羧，醇羟基可能发生氧化反应等。这类副反应必须避免，否则将使产物的聚合度大大降低，性能变差，并伴随着产品色泽的变深等。由于官能团分解反应的活化能高于聚合反应，因此尽可能避免过高的反应温度和反应器的局部过热，同时采用惰性气体排除反应器中的空气，是克服官能团分解副反应的有效措施。

2.2.4 聚酯反应动力学

Flory 首先研究了脂肪族二元酸与二元醇的酯化反应，从而奠定了聚酯反应动力学基础。后来经过高分子科学工作者半个多世纪的不断完善，聚酯反应动力学已被普遍认同为本学科最重要的理论性成果之一。Flory 认为与低分子酯化反应类似，酸催化是聚酯反应的关键性历程，无论是否额外加入酸，酯化反应体系中质子的存在都毋庸置疑，羧基本身就是能离解并提供质子的催化剂，即所谓自催化作用。用官能团反应代替分子反应，则酯化反应包括下面 3 步可逆反应过程。

$$—COOH+H^+ \underset{k_2}{\overset{k_1}{\rightleftharpoons}} —C^+(OH)_2 \underset{k_4,—OH}{\overset{k_3,+—OH}{\rightleftharpoons}} \left[\begin{array}{c} —OH \\ | \\ —C—OH \\ | \\ OH \end{array}\right]^+ \underset{k_6}{\overset{k_5}{\rightleftharpoons}} —OCO—+H_2O+H^+$$

第 1 步，羧基可逆质子化反应；第 2 步，质子化羧基与醇羟基的可逆络合反应；第 3 步，质子化羧基与醇羟基的络合物分解为酯基、水和质子的可逆反应。

1. 动力学方程

按照反应历程，第 2 步正反应即生成质子化羧酸-醇络合物(方括号内)的反应速率最慢，因此酯化反应速率由该步反应速率决定。如果以羧基浓度的降低速率表示聚合反应速率，则

$$-\frac{d[—COOH]}{dt} = k_3[—C^+(OH)_2][—OH]$$

式中，$[—C^+(OH)_2]$ 为质子化羧酸浓度，由第 1 步可逆的羧酸质子化速率决定

$$[—C^+(OH)_2] = \frac{k_1}{k_2}[—COOH][H^+]$$

无论外加酸催化还是自催化的酯化反应过程中，质子均来源于外加酸或单体二元羧酸的离解，其浓度决定于酸浓度及其离解常数。为简化推导过程，仅考虑质子浓度，而将酸的离解常数包括于常数 k 中，于是将上述两式合并

$$-\frac{d[—COOH]}{dt} = \frac{k_1k_3}{k_2}[—COOH][—OH][H^+]$$
$$= k[—COOH][—OH][H^+]$$

由此可见，聚酯反应属于 3 分子反应历程，即涉及羧基、羟基和质子 3 个反应主体的 3 级反应。

2. 外加酸催化动力学

为了获得较高相对分子质量的聚合物和较快聚合速率，实验室和工业生产中通常采用加入适量强酸作催化剂。反应过程中酸催化剂的浓度保持不变，也将其包含于总的常数 k 中。如果参加反应的官能团又是等物质的量配

比，即令

$$[M] = [—COOH] = [—OH]$$

$$\frac{-d[M]}{dt} = k'[M]^2$$

2-10-j
要求掌握外加酸催化 2 级反应式(2-7)。

在时间 $0 \to t$，$M_0 \to M$ 范围内积分，则

$$\bar{X}_n = \frac{1}{1-p} = k'[M]_0 t + 1 \qquad (2-7)$$

式中，k' 为由 k 和外加酸催化剂的浓度决定的综合常数。

因此得出结论：外加酸催化的聚酯反应属于 2 级反应，生成聚合物的平均聚合度与单体起始浓度和反应时间呈线性关系。图 2-1 便是以对甲苯磺酸作催化剂，己二酸分别与两种二元醇进行缩聚反应实验测得的动力学曲线。

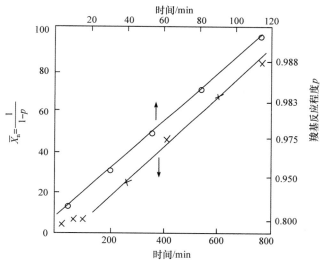

图 2-1　对甲苯磺酸催化己二酸与两种二元醇的缩聚反应动力学曲线
○ 癸二醇, 161 ℃； × 二缩乙二醇, 109℃

从图 2-1 可得到 3 点结论：①在 0.9 以下中低反应程度，聚合度与反应时间无线性关系；②在 0.9 以上高反应程度，聚合度与反应时间线性关系良好；③外加酸催化的聚酯反应速率常数约是自催化速率常数的 100 倍以上。

3. 自催化动力学

按照类似推导过程，可得到官能团等物质的量配比条件下无外加酸加入的所谓"自催化"聚酯反应动力学方程：

$$\frac{-d[—COOH]}{dt} = k [—COOH]^2 [—OH]$$

$$\frac{-d[M]}{dt} = k [M]^3$$

在时间 $0 \to t$，官能团浓度 $[M]_0 \to [M]$ 区间内进行积分，即得

$$\frac{1}{2} [M]^2 = kt + C$$

在 $t = 0$ 时刻，$C = 1 / [M]_0^2$，则

$$\frac{1}{[M]^2} - \frac{1}{[M]_0^2} = 2\,kt$$

将 $\bar{X}_n = 1/(1-p) = [M]_0 / [M]$ 代入，即得

$$\bar{X}_n^2 = \frac{1}{(1-p)^2} = 2k[M]_0^2\,t + 1 \tag{2-8}$$

因此，得出结论：自催化聚酯反应是涉及 3 个反应主体，即 2 分子二元羧酸和 1 分子二元醇的 3 级反应。生成聚合物的聚合度的平方与羧酸浓度的平方和反应时间成正比。图 2-2 为己二酸分别与两种二元醇的自催化缩聚反应动力学曲线。

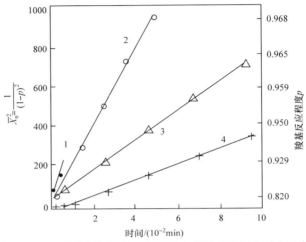

图 2-2　己二酸分别与两种二元醇的自催化缩聚反应动力学曲线
1. 癸二醇，202℃；2. 癸二醇，191℃；3. 癸二醇，161℃；4. 二缩乙二醇，166℃

由图 2-2 得出两点结论：①当反应程度低于 0.8 时，聚合度平方与反应时间无线性关系；②当反应程度超过 0.8 时，聚合度(实际大于 5)的平方与反应时间呈良好线性关系。不过，当反应程度超过某一范围以后，其线性又变差，该范围与二元醇的种类有关。

综上所述，无论外加酸催化还是自催化的聚酯反应动力学方程和曲线，都只能在相对较高的反应程度和较窄的范围内才适用。这是酯化反应中的一个普遍现象，其根本原因在于反应过程中体系的极性变化很大。在反应初期，体系中的羧基和羟基浓度很高、极性很强，速率常数自然较大。随着缩聚反应进行，羧基和羟基浓度不断降低，产物聚酯相对分子质量不断增加，导致体系极性不断降低，酯化速率常数也随之变小。当反应程度达到 0.8～0.9 之后，体系的极性和反应速率常数又重新趋于稳定，动力学方程在这个范围也才适用。

即便如此，该方程仍然具有一定参考价值。事实上，反应程度超过 0.8 直到反应完成，差不多需要耗费聚合总时间的一半。更重要的是在这个时期为了提高反应速率和产物的相对分子质量，通常需要较高温度和减压。这段时间对于反应条件和动力学的控制尤为重要。如果反应初期也采用高温和减压条件，势必增大醇脱水、酸脱羧、低沸点单体挥发等有害副反应发生的可能。

4. 线型平衡缩聚反应动力学研究方法

聚合反应动力学是高分子科学的重要研究内容之一。为了探索某些新型

聚合反应, 对其进行热力学和动力学研究, 最终优化聚合反应条件并提高产品性能至关重要。下面简要讲述线型平衡缩聚反应动力学研究的原理和实验步骤。

1) 基本原理

以对甲苯磺酸作催化剂, 己二酸与乙二醇的混缩聚反应为例

$$n\text{HOOC}(\text{CH}_2)_4\text{COOH}+n\text{HO}(\text{CH}_2)_2\text{OH}\longrightarrow$$
$$\text{HO}\!\!\left[\text{OC}(\text{CH}_2)_4\text{COO}(\text{CH}_2)_2\text{O}\right]_n\!\!\text{H}+(2n-1)\text{H}_2\text{O}$$

该反应属于外加酸催化的 2 级反应, 其动力学方程如式(2-7)。要测定该反应的速率常数 k', 就需要测定与反应时间 t 对应的平均聚合度 $\bar{X}_n$ 或反应程度 p。在实验室跟踪测定反应程度要比测定聚合度更为简便快捷。分别设 V_t 和 V_∞ 为时刻 t 和假定反应完成时生成副产物水的体积, 即 V_∞ 为反应彻底完成能够生成水的理论体积。设两种单体的起始加入量均为 0.50 mol, 则 $V_\infty=$ 1 mol 即 18 mL, 将反应程度 $p=V_t/V_\infty$ 代入聚合度公式, 即得

$$\bar{X}_n = \frac{1}{1-p} = \frac{V_\infty}{V_\infty - V_t} \tag{2-9}$$

由此可见, 只需在相对恒定的温度 T_1 连续测定不同时刻 t 生成水的体积 V_t, 然后以 $V_\infty/(V_\infty - V_t)$ 对 t 作图即可得直线, 从直线斜率和初始单体浓度即可计算该温度的反应速率常数 k'。然后升高温度到 T_2 重复前述操作, 即可获得对应温度的速率常数 k_2, 最后按照 Arrhenius 方程 $\ln k = \ln A - E/RT$, 以 $\ln k$ 对 $1/T$ 作图, 即可分别得到该反应的活化能 E 和频率因子 A。

2) 实验步骤

(1) 采用红外灯或油浴加热, 在 250 mL 磨口三颈瓶的中心颈安装连接于氮气钢瓶的玻璃毛细管, 两侧颈分别安装温度计和下端接于刻度集水管的直形冷凝管。

(2) 准确称量固体己二酸 73 g(0.50 mol), 准确量取已溶解适量催化剂对甲苯磺酸的液态乙二醇 15 mL(0.50 mol), 依次加入三颈瓶。

(3) 开启电源并通过调压器控制升温速率, 使物料慢慢熔化。同时小心开启氮气阀, 控制其通过毛细管在料液底部缓慢而匀速鼓泡, 同时开启冷凝水。

(4) 当物料温度升至接近 160℃时, 调控电压使物料温度尽量保持稳定。

(5) 当第 1 滴冷凝水滴下开始计时, 同步记录时间和集水体积, 直至约 9.0mL。

(6) 缓慢升温至 170℃或 180℃, 按照同样步骤再集水 2~3 mL。

3) 实验要点提示

(1) 氮气鼓泡的作用。创造反应器内惰性氛围以避免发生氧化反应, 搅拌物料使其均匀受热、促进水蒸气排出, 有利于反应顺利进行。

(2) 避免鼓泡过慢或过快。鼓泡太慢不能及时带出生成的水蒸气, 鼓泡过快水蒸气不能及时被冷凝和计量, 均可造成试验结果出现较大误差。

(3) 实际集水量。上述聚酯实验系在常压下进行, 要使反应程度 $p \geqslant$ 0.9, 或者平均聚合度 $\bar{X}_n \geqslant 6$, 集水体积就一定大于 15 mL, 一般非常困难, 如表 2-4 所示。

表 2-4　反应程度、平均聚合度与收集水的体积

收集水体积/mL	6.0	9.0	12.0	15.0	17.5
反应程度 p	0.33	0.50	0.67	0.83	0.97
平均聚合度 $\bar{X}_n$	1.5	2	3	6	36

5. 平衡缩聚反应动力学简介

上节在建立缩聚反应动力学方程时,为简化问题并没有考虑事实上存在的逆反应,所以仅得到一组近似的动力学方程。下面简要讨论可逆反应条件下的动力学方程。仍然以外加酸催化的聚酯反应为例

$$—COOH + —OH \underset{k_2}{\overset{k_1}{\rightleftharpoons}} —OCO— + H_2O$$

式中,k_1、k_2 分别为正、逆反应的速率常数。仍然假定官能团是等物质的量配比,其起始浓度均为 1mol,以酯基的生成速率代表聚合反应速率,则

$$\frac{d[—OCO—]}{dt} = k_1[—COOH][—OH] - k_2[—OCO—][H_2O]$$
$$= d\,p\,/\,dt$$
$$= k_1\,(1-p)^2 - k_2\,p\,n_w \tag{2-10}$$

式中,$n_w = N_w / N_0$,为体系中小分子的实际存留率;$K = k_1 / k_2$ 为平衡常数。这就是线型平衡缩聚反应动力学方程,它揭示了缩聚反应动力学与热力学之间的内在关系。该方程的使用虽然颇显繁琐,但是用其对某些影响反应的因素作定性判断却很有用。例如,当平衡常数很大、反应程度很低或者小分子实际存留率很少时,逆反应发生的概率很低,方程的第 2 项便可以忽略,此时就可以分别按照式(2-7)或式(2-8)进行计算。

2.3　线型缩聚相对分子质量控制

高分子材料的性能不仅决定于材料种类、合成方法与合成条件,同时还与其相对分子质量及其分布关系密切。一般而言,除某些特殊用途如涂料、胶黏剂等使用低相对分子质量的聚合物外,大多数对材料力学性能要求较高的用途都需要聚合物具有较高的相对分子质量。例如,民用纺织纤维要求用相对分子质量约 1 万的涤纶,汽车轮胎帘子线用涤纶的相对分子质量就要求更高一些,而航空降落伞用涤纶丝的相对分子质量则要求高达 3 万以上。再如,普通聚乙烯的相对分子质量约为数十万,而达到数百万甚至上千万的超高相对分子质量的聚乙烯则与芳纶-1414 一样,可作为制作软质超轻型防弹衣和防弹头盔等国防战略材料。

另外,由于对相对分子质量高的聚合物加工成型的难度较大,因此普通用途材料的相对分子质量也不希望过高,所以相对分子质量及其分布的控制是高分子科学以及高分子材料生产加工过程极为重要的问题。根据不同用途对聚合物相对分子质量控制的目的,可归纳为如下两种情况之一:尽量控制

聚合物的相对分子质量达到或接近预期数值，或者尽可能提高聚合物的相对分子质量。要使线型缩聚物的相对分子质量接近预期值，实质是使聚合反应达到预期相对分子质量时失去继续维持聚合反应的条件。如果希望缩聚物的相对分子质量尽可能提高，则应创造聚合反应不受限制地进行下去的必需条件。

2.3.1　相对分子质量控制方法

一般情况下，线型缩聚物相对分子质量的控制有两种方法可供选择，即控制原料单体的配比以及在双官能团单体中加入适量单官能团化合物，分别讲述如下。

1. 控制原料单体的配比

由于 a—R—b 型均缩聚反应单体的 2 个官能团恒等而不可控制，所以下面以 a—R—a + b—R′—b 型单体的混缩聚为例，说明如何通过控制单体物质的量配比来实现相对分子质量控制。假设 2 mol 单体 a—R—a 与 1 mol 单体 b—R′—b 反应，生成的 1 mol 3 聚体分子两端都连着无法继续反应的相同官能团 a，聚合反应无法继续进行，聚合度也就定格于 3。如果 b—R′—b 为过量单体，结果完全相同，反应进行到生成两端都带 b 官能团的 3 聚体后也不再继续进行。下面研究更普遍的情况，如下式

$$N_a \text{ a—R—a} + N_b \text{ b—R′—b} \longrightarrow \text{b—R}^1\text{--}[\text{RR′}]_{\overline{n}}\text{b} + N_w \text{ ab}$$

反应开始时两种单体物质的量分别为 N_a 和 N_b，且 $N_a \leqslant N_b$，则官能团 a 和 b 的物质的量分别为 $2N_a$ 和 $2N_b$，设 $\gamma = N_a / N_b \leqslant 1$ 为缩聚反应体系中官能团的摩尔系数。当聚合反应进行到某时刻，设官能团 a 的反应程度为 p，由于缩聚反应过程中官能团 a 和 b 始终等量消耗，所以官能团 b 的反应程度应该等于 γp，此时反应体系中存在下列关系：

已反应和未反应的 a 官能团数分别为 $2 p N_a$ 和 $2 N_a (1-p)$

已反应和未反应的 b 官能团数分别为 $2 p N_a = 2\gamma p N_b$ 和 $2 N_b (1-\gamma p)$

未反应的官能团总数为两者之和 $2N_a (1-p) + 2N_b (1-\gamma p)$，由于缩聚同系物分子末端均为 a 或 b，其物质的量等于官能团总物质的量的 1/2，即

$$N = N_a (1-p) + N_b (1-\gamma p)$$

因此，缩聚同系物的平均聚合度应等于起始单体物质的量/同系物总物质的量

$$
\begin{aligned}
\overline{X}_n &= \frac{N_a + N_b}{N_a(1-p) + N_b(1-\gamma p)} \\
&= \frac{1+\gamma}{1+\gamma-2\gamma p}
\end{aligned}
\tag{2-11}
$$

式(2-11)是线型平衡缩聚反应中平均聚合度与起始单体物质的量配比和反应程度的重要关系式，对该式的讨论要点如下。

2-11-y
控制缩聚物相对分子质量的实质是使聚合物失去继续反应的条件。控制两官能团配比或加入端基封锁剂均如此。

（1）定义 $\gamma = N_a / N_b \leqslant 1$，即官能团的摩尔系数或当量系数为数值小的官能团物质的量与数值大的官能团物质的量之比，所以 γ 恒小于或等于1。

（2）当 $\gamma = 1$，即两种官能团等物质的量配比，该式即简化为 $\bar{X}_n = 1/(1-p)$，由此证明式(2-2)的使用条件必须是官能团等物质的量配比。

（3）当 $p = 1$，即物质的量较少的官能团 a 反应完毕，此时体系中缩聚同系物分子两端均为官能团 b，聚合反应无法继续进行，此时同系物的平均聚合度完全由起始官能团的摩尔系数决定

2-12-j
提醒注意公式 (2-11) 和 (2-12) 的适用条件! γ 恒小于或等于1。

$$\bar{X}_n = \frac{1+\gamma}{1-\gamma} = \frac{N_a + N_b}{N_b - N_a} = \frac{1}{Q} \tag{2-12}$$

式中，$Q = (N_b - N_a)/(N_a + N_b)$ 为过量官能团的过量物质的量分数，此时的平均聚合度等于过量官能团过量物质的量分数的倒数。

由此可见，单体官能团物质的量配比和反应程度是决定缩聚物相对分子质量大小的两个主要因素。对于某些并不要求相对分子质量很高的缩聚反应，采用控制单体物质的量配比的方法不仅可以控制产物相对分子质量，得到聚合物分子的两端带着无法继续反应的相同官能团，其在加工使用过程中的化学稳定性和热稳定性相对于那些分子两端带有可继续反应的官能团的聚合物而言要好得多。

2. 加入端基封闭剂

使缩聚物分子丧失继续反应能力，达到控制相对分子质量目的的另一方法是加入适量可参与缩聚反应的单官能团化合物。事实上，当单体纯度不高、含有某些单官能团杂质时，往往很难得到高相对分子质量聚合物的原因，正是其产物分子链末端官能团被单官能团化合物所封闭。所以，研究缩聚物的聚合度与单官能团杂质含量的关系很有必要。这里仍然以两种单体参加的混缩聚反应为例。

$$N_a\ a\text{—R—}a + N_b\ b\text{—R}'\text{—}b + N_s\ b\text{—R}'' \longrightarrow b\text{—}\!\!\left[RR'\right]_{\!\!n}\!\!R''$$

假定 $N_a = N_b$，即两种双官能团单体系等物质的量配比，单官能团化合物含有与其中一种单体相同的官能团 b，这样另一单体的官能团 a 物质的量就一定少于官能团 b 的总物质的量。再假定 t 时刻，物质的量较少的官能团 a 的反应程度为 p_a。然后按照类似思路，首先分别计算反应前后体系中官能团和缩聚同系物物质的量，最后再从起始单体物质的量与同系物物质的量之比计算聚合度。

反应前官能团 a 和 b 物质的量分别为 $2N_a$ 和 $2N_b + N_s$

单体总物质的量 $= N_a + N_b + N_s = 2N_a + N_s$（将单官能团化合物视为第3单体）

t 时刻已反应和未反应官能团 a 物质的量分别为 $2p_a N_a$ 和 $2N_a(1-p_a)$

已反应和未反应官能团 b 物质的量分别为 $2p_a N_a$ 和 $2N_a + N_s - 2p_a N_a$

未反应官能团总物质的量 $= 2N_a(1-p_a) + 2N_a(1-p_a) + N_s$

缩聚同系物的总物质的量 $= N_a(1-p_a) + N_a(1-p_a) + N_s = 2N_a(1-p_a) + N_s$

缩聚物的平均聚合度等于起始单体物质的量/同系物物质的量

$$\bar{X}_n = \frac{2N_a + N_s}{2N_a(1 - p_a) + N_s} \tag{2-13}$$

这就是单官能团化合物存在时线型缩聚物的平均聚合度公式,其数值取决于单官能团化合物的含量与反应程度。当反应程度 $p_a \to 1$,即物质的量较少的官能团已经反应完毕,式(2-13)即可简化为

$$\bar{X}_n = (2N_a + N_s) / N_s = 1 / q \tag{2-14}$$

式中,$q = N_s / (2N_a + N_s)$ 为体系中单官能团化合物的物质的量分数,即聚合度等于单官能团化合物物质的量分数的倒数。

2-13-j
提醒注意公式(2-13)和(2-14)的适用条件。

综上所述,在线型平衡缩聚反应中即使一种单体稍微过量,或者能参与反应的任何单官能团杂质的少许存在,都会显著降低产物的聚合度。由此可见,只有在充分保证单体纯度并严格控制单体物质的量配比的前提下,才有可能获得预期相对分子质量的聚合物产品。

2.3.2 相对分子质量分布

如前所述,一般合成聚合物都是具有相同化学组成和结构而相对分子质量大小不等的同系物的混合物,用以表达聚合物所含大分子同系物相对分子质量大小悬殊程度的专业术语为"相对分子质量的多分散性"。由于聚合物的各种性能与其相对分子质量及其分布关系密切,因此研究聚合物的相对分子质量分布是高分子科学的重要任务之一。如 1.3 节所讲述,表征聚合物相对分子质量多分散性的方法包括分散指数、分级曲线和分布函数 3 种。本节重点讲述 20 世纪中叶美国学者 Flory 对缩聚物相对分子质量分布的统计学推导过程和结果,而将另外两种表征聚合物相对分子质量分布的方法,即相对分子质量分级和凝胶渗透色谱(GPC)留待高分子物理学讲述。

Flory 首先假设在官能团等活性、无副反应和等物质的量配比条件下,以 a—R—b 型单体进行的均缩聚反应为研究对象,进行线型缩聚物相对分子质量分布的统计学推导。

$$N_0 \text{ HO—R—COOH} \longrightarrow \text{NH} + \text{ORCO} +_{n} \text{OH} + N(n-1)H_2O$$

反应起始时刻,单体物质的量=羟基物质的量=羧基物质的量=N_0,反应程度 $p = 0$。当缩聚反应进行到时刻 t,反应程度 p 应同时具有如下双重含义:一方面对于整个反应体系而言,p 表征已反应官能团占起始官能团的百分率;另一方面对于体系中单个官能团而言,p 表征其参加反应的概率。Flory 在此基础上对缩聚体系中每种确定聚合度的同系物大小分子的生成概率进行统计学推导并得出结论:缩聚同系物分子的生成概率应等于生成该分子所有成键过程的概率与其分子末端官能团尚未成键概率的乘积。

设 N_n 为聚合度为 n 的同系物分子物质的量,N 为研究时刻所有同系物分子的总物质的量,N_n/N 为聚合度为 n 的同系物分子数在同系物总量中的物质的量分数。显而易见,聚合度为 n 的大分子需要连续经历 $(n-1)$ 步成键的缩合反应过程,每一步成键概率均为 p,其大分子成键总概率应为 p^{n-1},而分子链末端官能团的未成键概率为 $(1-p)$。于是得到聚合度为 n 的缩聚物

分子在同系物总量中的物质的量分数为成键总概率与未成键概率的乘积

$$N_n / N = p^{n-1}(1-p) \tag{2-15}$$

将反应程度 $p=(N_0-N)/N_0$ 代入，即得

$$N_n / N_0 = p^{n-1}(1-p)^2 \quad (1 \leqslant n < \infty) \tag{2-16}$$

这就是线型平衡缩聚反应过程中缩聚同系物组成的物质的量分数分布函数。表 2-5 列出该函数的逐步推导过程和结果。

表 2-5　物质的量分数分布函数的推导过程

同系物分子式	聚合度 n	缩合次数 $n-1$	反应程度 p 成键概率	未反应程度 $1-p$ 未成键概率	同系物生成概率 N_n / N	同系物生成概率 N_n / N_0
a—R—b	1	0	0	1	1	1
a—R$_2$—b	2	1	0.5	0.5	0.25	0.125
a—R$_3$—b	3	2	2/3	1/3	0.148	0.049
a—R$_4$—b	4	3	0.75	0.25	0.105	0.026
a—R$_5$—b	5	4	0.8	0.2	0.082	0.016
a—R$_6$—b	6	5	5/6	1/6	0.013	0.002
a—R$_n$—b	n	$n-1$	$(n-1)/n$	$1/n$	$p^{(n-1)}(1-p)$	$p^{(n-1)}(1-p)^2$

2-14-y.j
Flory 分布函数的用途：
1. 表征聚合物的相对分子质量分布；
2. 计算给定反应程度时任何聚合度同系物的物质的量分数。

Flory 物质的量分数分布函数(简称数量分布函数或摩尔分布函数)的重要用途之一，是可以分别计算线性平衡缩聚反应达到任何反应程度时，体系中以物质的量分数表示的单体、2 聚体、3 聚体等任何中间体的理论含量，如表 2-5 所列。

[例 2-1] 试根据 Flory 物质的量分数分布函数分别计算反应程度为 0.5、0.8 和 0.99 时线型平衡缩聚反应体系中单体和 4 聚体的理论含量。

解　按照 Flory 物质的量分数分布函数 $N_n / N_0 = p^{n-1}(1-p)^2$

$p=0.5$，单体 $n=1$，$N_1 / N_0 = 0.5^{1-1} \times (1-0.5)^2 = 0.25$，$N_1 = 0.25N_0$

　　　　4 聚体 $n=4$，$N_1 / N_0 = 0.5^{4-1} \times (1-0.5)^2 = 0.031$，$N_4 = 0.031N_0$

$p=0.8$，单体 $n=1$，$N_1 / N_0 = 0.8^{1-1} \times (1-0.8)^2 = 0.04$，$N_1 = 0.04N_0$

　　　　4 聚体 $n=4$，$N_1 / N_0 = 0.8^{4-1} \times (1-0.8)^2 = 0.02$，$N_4 = 0.02N_0$

$p=0.99$，单体 $n=1$，$N_1 / N_0 = 0.99^{1-1} \times (1-0.99)^2 = 0.0001$，$N_1 = 0.0001N_0$

　　　　4 聚体 $n=4$，$N_1 / N_0 = 0.99^{4-1} \times (1-0.99)^2 = 0.000097$，$N_4 = 0.000097N_0$

从计算结果以及表 2-5 中的数据可以看出，按照 Flory 分布函数，无论反应程度如何，聚合度越高的同系物分子的物质的量分数越小。除此之外，根据 Flory 物质的量分数分布函数还可以进一步推导线型平衡缩聚物的质量分数分布函数(简称质量分布函数，也曾称为重量分布函数)

$$\begin{aligned} W_n / W &= n N_n / N_0 \\ &= n p^{n-1}(1-p)^2 \end{aligned} \tag{2-17}$$

式中，W 为聚合物试样的总质量；W_n 为所有聚合度为 n 的同系物分子的总质量。

按照物质的量分数分布函数和质量分数分布函数可以作出相应的分布曲线(图 2-3 和图 2-4)。图 2-3 显示，线型平衡缩聚反应无论反应程度高低，缩聚物中所含聚合度越低的同系物分子的物质的量或物质的量分数的理论值越大。而图 2-4 显示，线型平衡缩聚物的质量分数分布曲线有一个极大值，该点对应的聚合度即为数均聚合度，曲线随反应程度的升高而趋于平缓。换言之，在较高反应程度得到的聚合物具有较宽的相对分子质量

分布。根据物质的量分数分布函数和质量分数分布函数作进一步的数学推导(过程略),可以分别得到线型平衡缩聚物的数均聚合度和重均聚合度与反应程度的关系式。

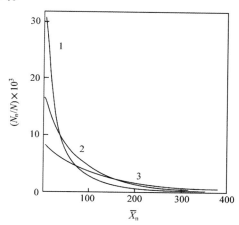

图 2-3 物质的量分数分布曲线

1、2、3 的反应程度分别为 0.5、0.9、0.99

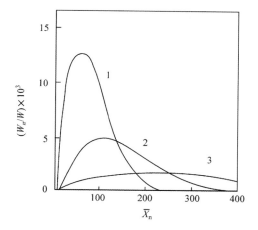

图 2-4 质量分数分布曲线

1、2、3 的反应程度分别为 0.5、0.9、0.99

$$\left.\begin{aligned} \bar{X}_{n} &= \frac{1}{1-p} \\ \bar{X}_{w} &= \frac{1+p}{1-p} \\ \frac{\bar{X}_{w}}{\bar{X}_{n}} &= 1+p \end{aligned}\right\} \tag{2-18}$$

2-15-y
缩聚物相对分子质量分散度较小 $(1+p \leqslant 2)$ 的理论依据。

由此可见,线型平衡缩聚物的分散度等于 $1+p$,当反应程度 $p \to 1$ 时,其分散度接近 2。式(2-15)和式(2-16)为著名高分子科学家 Flory 首先推导得出,故称为 Flory 分布函数。其形式与统计学中的几何分布函数相同,故也称为几何分布函数。该分布函数虽然以 a—R—b 型单体均缩聚反应推导得出，却同样适用于 a—R—a + b—R′—b 型单体的混缩聚反应。不过在使用该分布函数时需特别注意反应条件，副反应以及影响官能团等活性的因素都可能带来较大的计算偏差。

2.3.3　相对分子质量的影响因素

一般而言，线型平衡缩聚反应的影响因素与一般化学反应的影响因素存在某些相同和不同之处。不过，本节侧重讲述影响缩聚物相对分子质量及其分布以及聚合反应速率的因素。

1）反应温度

按照化学热力学原理，温度对可逆平衡反应的影响主要取决于该反应的热效应。对吸热反应而言，温度与平衡常数正相关，对放热反应而言则负相关。由于多数缩聚反应系放热反应，其摩尔等压热效应为 $-42 \sim -33.6\,\text{kJ/mol}$，因此其平衡常数随温度升高而略有降低。表 2-6 列出聚酯反应平衡常数与反应温度的相关数据。

2-16-y
　　温度、压力、单体浓度、催化剂、搅拌、惰性气体保护是影响缩聚反应的 6 个外因，平衡常数则是内因。

表 2-6　对苯二甲酸双 β-羟乙酯缩聚反应平衡常数与反应温度的关系

反应温度/℃	195	223	254	282
平衡常数 K	0.59	0.51	0.47	0.38

如前所述，线型平衡缩聚物的聚合度与平衡常数的平方根成正比，可见升高温度因导致平衡常数降低，从而使聚合度降低。不过，由于一般缩聚体系的黏度随温度升高而降低，从而使生成的副产物小分子更容易从体系中逸散出去，有利于平衡向着生成聚合物并提高聚合度的方向移动。由此可见，温度对缩聚反应的影响表现为方向相反的两方面：升高温度一方面使平衡常数和聚合度降低，另一方面却能提高缩聚反应速率并降低黏度，有利于排除小分子，有利于提高聚合度，这对于特别追求效率的工业生产就显得相当必要。不过，在缩聚反应过程中温度过高往往导致聚合物分子链裂解、环化和官能团分解等副反应，所以必须全面考虑反应温度对聚合度和聚合速率的正面和负面影响，通过试验才能最终确定最佳聚合反应温度。

2）反应压力

一般而言，可逆化学反应平衡常数的大小取决于反应类型、生成物与反应物的相对稳定性及其存在相态。当反应物和生成物均为液态或固态时，平衡常数与压力并无太大关系。但是，多数线型平衡缩聚反应都伴有低沸点小分子副产物如水、低级醇等生成，这些小分子的含量将直接影响缩聚物的相对分子质量，所以多数缩聚反应中后期都需要减压排除这些小分子。特别是平衡常数较小的缩聚反应，反应后期往往需要在高真空下进行，以求最大限度排除小分子和提高聚合度。

压力对缩聚反应的影响也表现在两个方面：一方面，聚合反应后期减压有利于排除小分子，从而提高聚合度；另一方面，在反应初期减压却往往不利于维持低沸点单体的物质的量配比。因此，对于单体沸点不高的缩聚反应，初期减压往往会导致单体损失从而破坏官能团物质的量配比,对于获得高相对分子质量聚合物十分不利,所以反应初期往往还需要在一定压力下进行。随着反应的进行,单体和低聚物逐渐减少,体系黏度逐渐升高,小分子副产物逐渐增多,此时才需要逐渐降低压力,最后达到较高真空度。

3) 催化剂

多数线型平衡缩聚反应使用催化剂提高聚合反应速率。有关催化剂的选择通常参考选用同类有机缩合反应的催化剂,同时充分考虑极性和亲水性较低的缩聚反应体系中催化剂应具有较好的相容性和分散性等特殊要求。例如,一般低级脂肪酸的酯化反应多采用无机强酸催化剂,而聚酯反应与高级脂肪酸的酯化反应类似,通常采用脂溶性较好的有机强酸(如对甲苯磺酸等)作催化剂。

4) 单体浓度和纯度

2.2.4 节已讲述无论外加酸催化的 2 级反应机理,还是自催化的 3 级反应机理,生成聚酯的相对分子质量都与单体浓度有关,提高单体浓度可得到较高相对分子质量的聚合物。所以,除涂料和胶黏剂等以聚合物溶液为目的的缩聚反应需要溶剂外,通常希望得到高相对分子质量聚合物的缩聚反应仅需加入单体和催化剂,以求尽可能提高单体浓度,保证获得较高的聚合度。单体纯度对缩聚物相对分子质量和聚合反应速率也存在较大影响。当单体纯度较低,尤其含有能参加反应的单官能团杂质时,将很难得到较高相对分子质量的缩聚物。

5) 搅拌

多数化学反应过程中,搅拌的作用在于加强反应物料的均匀混合与扩散,同时强化传热过程以利于控制反应温度。对线型缩聚反应而言,搅拌的一个特殊而重要的作用,就是能促进小分子副产物的排除。不过需要注意,聚合反应后期过分强烈的搅拌往往会导致相对分子质量的降低,原因是强大的剪切力可能导致长链大分子链的断裂,从而引发机械降解。

6) 惰性气氛

许多缩聚反应都必须在较高温度下进行,如涤纶的聚合反应温度通常高达 280℃。在如此高温条件下,一些官能团容易发生氧化和分解等副反应,从而导致官能团严格物质的量配比的破坏以及分子链端反应能力的丧失。不仅如此,空气中的氧在高温条件下往往会与许多线型缩聚物发生氧化反应并使其颜色变深,从而影响聚合物的外观质量和使用性能。所以,在缩聚反应过程中,常常采用往物料底部连续通入惰性气体(如氮气)的方法,既可有效避免氧化反应发生,又起到搅拌作用,有利于排除小分子副产物。不过,需要注意的是如果单体沸点较低,则不宜在反应初期而只能在反应中后期通入惰性气体,否则将造成低沸点单体的损失并破坏官能团物质的量配比。

2.3.4 提高缩聚物相对分子质量的技术要点

如果以获得高相对分子质量的缩聚物为目的,则必须全面考虑影响相对分子质量的各种因素,创造有利于缩聚反应无障碍顺利进行的条件。表 2-7

即是对本章相关内容的简单总结。

2-17-y
获得高相对分子质量缩聚物的条件：
1. 单体纯净，不含单官能团杂质；
2. 官能团等物质的量配比；
3. 高反应程度、温度控制、催化剂、后期减压和惰性气体保护等。

表 2-7　获得高相对分子质量缩聚物的基本条件

基本条件	反应实例或措施	正面影响	负面影响
采用高活性单体	二元酰氯代替二元酸合成尼龙	有	单体和条件苛刻
提高单体纯度	不含任何单官能团杂质	有	无
等物质的量配比	对苯二甲酸双β羟乙酯合成涤纶 用尼龙-66 盐合成尼龙-66	有	无
提高反应程度	中后期减压排除小分子	有	可能带出单体
严格控制温度	初期适当低、后期适当高	有	过高致 $K\downarrow$、副反应$\uparrow$
高效催化剂	对甲苯磺酸用于聚酯	有	无
惰性气体保护	多采用氮气	有	可能带出单体

按照表 2-7，官能团等物质的量配比，即严格控制当量系数 $\gamma=1$、单体纯净而不含单官能团杂质、尽量高的反应程度是获得高相对分子质量缩聚物的 3 个最重要的条件。

2.4　体型缩聚反应

所谓体型缩聚，系指至少有一种带 3 个及以上官能团的单体参加、平均官能度大于 2、能生成三维交联结构聚合物的缩聚反应。体型聚合物与线型聚合物的典型性能差异在于，前者具有不溶、不熔的特性和更高的机械强度，而后者可溶、可熔。两者分别属于热固性和热塑性聚合物。本节重点讲述体型缩聚反应的特点和凝胶点的预测与计算。

2-18-y
体型缩聚反应特点：
1. 分阶段进行；
2. 存在凝胶化过程；
3. 凝胶点后反应速率较同类线型反应慢。

2.4.1　体型缩聚反应特点

1) 可分阶段进行

一般而言，体型缩聚反应前期总是按照线型缩聚反应历程进行，反应进入中后期某个特定时刻才迅速发生交联。事实上，一个不分阶段、无法控制的体型聚合反应无法实现大规模工业生产。体型缩聚反应能够分阶段进行的原因主要包括 3 个方面：①多数多官能团单体分子中各官能团的空间位置及其反应活性并不完全相同；②体型缩聚反应的线型阶段，常常控制单体的平均官能度等于或稍大于 2，待到反应后期或加工成型阶段再补加某种单体完成交联反应；③体型缩聚反应初期往往选择较温和的催化剂和较低的反应温度。

2) 存在凝胶化过程

凝胶化过程或凝胶化现象，系指体型缩聚反应的反应程度达到某一特定数值时，体系黏度急速增加，突然转变成为不溶、不熔、具有交联网状结构的弹性凝胶的过程。此时的反应程度即为凝胶点。

研究发现，发生凝胶化过程时体系中存在凝胶和溶胶两种不同的交联网状聚合物。凝胶属于巨型交联网状结构，不溶于一切溶剂；溶胶则是包裹于凝胶巨型网状结构内、相对分子质量巨大、却仍然可溶解的较小网状结构。溶胶的特点是数均相对分子质量很低而重均相对分子质量却很高。实践证明，凝胶化过程具有突发性，所以无论实验室小试还是工业生产，预测凝胶点都至关重要。

3) 凝胶点以后的反应速率显著降低

由于体型聚合物的三维交联网络大大限制了残余官能团的运动能力和反应活性，即使存在未被高度交联的溶胶以及少数较低相对分子质量的同系物分子，它们在交联网络内的扩散和继续反应变得相当困难，所以凝胶点以后的反应速率明显降低。如果需要达到更高的反应程度，就必须创造更加苛刻的条件，通常采用升高温度以使交联反应进行彻底。

2.4.2　凝胶点的计算

由于凝胶点的预测和计算是体型缩聚反应研究和生产控制中最重要的问题，而凝胶点的计算又必须首先计算聚合反应体系中单体的平均官能度，所以在讲述如何计算凝胶点之前，首先建立平均官能度的概念。

1. 官能度与平均官能度

官能度系指单体参加聚合反应能够生成新化学键的数目。单体的官能度通常等于其所带官能团的数目。不过在某些聚合反应中，单体的官能度与官能团数并非一定相等。例如，苯酚的官能团羟基数为 1，但是其与甲醛缩聚时，其官能团却是处于羟基邻、对位上的氢原子，其官能度等于 3 或者 2。因此在计算单体的官能度时必须明确反应机理。

所谓平均官能度，系指在两种或两种以上单体参加的混缩聚或共缩聚反应过程中，在达到凝胶点以前的线型缩聚反应阶段，反应体系中实际能够参加反应的各种官能团总物质的量与单体总物质的量之比值。如前所述，一种单体参加的均缩聚反应，等物质的量配比的混缩聚体系的线型缩聚反应的平均官能度均等于 2。不过当混缩聚反应的两种单体不等物质的量配比，或者体系中含单官能团杂质时，平均官能度的计算就没有如此简单。

1) 官能团为不等物质的量配比的线型平衡混缩聚反应

以二元酸与二元醇的线型聚酯反应为例，设二元醇过量，官能团的摩尔系数 $\gamma = N_a / N_b \leqslant 1$，$Q$ 为过量官能团的过量物质的量分数。

$$Q = \frac{N_b - N_a}{N_a + N_b} = \frac{1-\gamma}{1+\gamma}$$

如前所述，聚酯反应的每一步都是 1 个羧基与 1 个羟基之间的缩合反应，所以两种官能团参加反应的速率完全相等。当物质的量较少的羧基反应程度达到 1 时，即羧基消耗完毕，体系中所有同系物分子的两端均为起始物质的量较多的羟基，反应将无法继续进行。换言之，这部分过量的羟基并非线型缩聚阶段能参加反应的有效官能团，此时平均官能度的定义应是体系中有效官能团总物质的量(物质的量少的官能团的 2 倍)与单体总物质的量之比，即

2-19-g
体型缩聚反应程度达到某数值时，体系黏度突然增加，转变成不溶、不熔、具有交联网状结构的弹性凝胶。此时的反应程度即为凝胶点。

2-20-g
平均官能度：线型缩聚或体型缩聚线型阶段，体系中实际能够参加反应的各种官能团总物质的量与单体总物质的量之比值。

$$\overline{f} = 2 \times \frac{2N_a}{N_a + N_b} = \frac{4\gamma}{1 + \gamma} \le 2$$

按照定义 $\gamma \le 1$，即线型平衡缩聚反应中单体的平均官能度应等于 2 (等物质的量配比)或小于 2(不等物质的量配比)。下面举例计算二元酸和二元醇分别为 1 mol 和 1.01 mol 时的平均官能度。

$$\gamma = \frac{1}{1.01}, \quad \overline{f} = \frac{2 \times 2 \times 1}{1 + 1.01} = 1.99$$

2) 含单官能团杂质的线型平衡缩聚

同样以如下反应为例

$$N_a \; a—R—a + N_b \; b—R'—b + N_s \; b—R''—\!\!\longrightarrow b\{RR'\}_{\overline{n}} R''$$

设 $N_a = N_b$，

$$q = \frac{N_s}{N_a + N_b + N_s} = \frac{N_s}{2N_a + N_s}$$

为单官能团化合物的物质的量分数。

不言而喻，每步缩聚反应均同时消耗 1 个羧基和 1 个二元醇或一元醇的羟基。当物质的量较少的羧基消耗完毕，体系中所有同系物分子两端均为物质的量较多的羟基或单官能团杂质的无官能团端，反应就无法继续进行。显而易见，与羧基等物质的量的羟基才是有效羟基，其过量部分将无法参加反应而属于无效官能团。按照平均官能度的定义，能够参加反应的有效官能团总数与单体总物质的量之比，即

$$\overline{f} = \frac{2 \times 2N_a}{2N_a + N_s}$$

计算二元酸、二元醇和一元醇的物质的量分别为 1 mol、1 mol 和 0.01 mol 时的平均官能度。

$$\overline{f} = \frac{2 \times 2}{2 + 0.01} = 1.99$$

计算不同物质的量配比和含单官能团杂质单体体系的平均官能度究竟有何用处呢？本节后面部分将介绍线型平衡缩聚反应聚合度计算的另一方法并进行比较。

3) 体型缩聚体系单体平均官能度的计算

计算平均官能度的目的是准确预测体型缩聚反应的凝胶点，而凝胶化过程发生于线型缩聚阶段的末期，所以可以按照前述计算线型缩聚反应平均官能度的原则进行计算。下面以含两种官能团的 3 种单体参加的缩聚反应为例。

$$N_a \; a—R—a + N_b \; b—\!\!\overset{\overset{\textstyle b}{|}}{R'}\!\!—b + N_c \; b—R''—b$$

单体官能度　　　$f_a = 2$　　　　$f_b = 3$　　　　$f_c = 2$

(1) 官能团等物质的量配比。如果两种官能团物质的量相等，即 $f_a N_a = f_b N_b + f_c N_c$，则该聚合体系单体的平均官能度应等于官能团总物质的量与单体总物质的量之比。

$$\overline{f} = 官能团总物质的量/单体总物质的量$$

$$= \frac{f_a N_a + f_b N_b + f_c N_c}{N_a + N_b + N_c} \tag{2-19}$$

现在设 3 种单体物质的量分别为 N_a= 4 mol，N_b=2 mol，N_c=1 mol，由于 a 官能团物质的量(2×4 =8)等于 b 官能团物质的量(3×2 + 2×1= 8)，表明 a、b 官能团恰为等物质的量配比，于是单体的平均官能度就等于两种官能团总物质的量与两种单体总物质的量之比，即

$$\bar{f} = \frac{2\times4 + 3\times2 + 2\times1}{4+2+1} = 2.286$$

(2) 官能团不等物质的量配比。当两种官能团物质的量不等时，体系中有效官能团总数应为物质的量较少的官能团数的 2 倍，才能满足"线型缩聚反应过程中两种官能团始终同步等量消耗"这一原则。所以平均官能度应等于物质的量较少的官能团物质的量的 2 倍与单体总物质的量之比。设 $f_a N_a > f_b N_b + f_c N_c$，则

$\bar{f}$ =量少的官能团物质的量的 2 倍/单体总物质的量

$$= \frac{2(f_b N_b + f_c N_c)}{N_a + N_b + N_c} \tag{2-20}$$

设前述 3 种单体物质的量分别为 2 mol、1 mol 和 0.1 mol，由于 2×2 = 4 >(3×1 +2×0.1)=3.2，系不等物质的量配比，其单体的平均官能度即为

$$\bar{f} = \frac{2\times(1\times3 + 0.1\times2)}{2+1+0.1} = 2.065$$

综上所述，体型缩聚反应单体平均官能度计算的关键，系首先判断两种官能团是否等物质的量配比，再分别选用不同的公式进行计算。至于两种以上官能团参加的体型缩聚反应平均官能度和凝胶点的计算，本书不予讲述。

2. 凝胶点的计算

如前所述，凝胶化过程发生于体型缩聚反应线型聚合阶段末期，此时反应程度的微小升高便可导致体系黏度和聚合度的急剧增加直至发生交联。

无论在实验室还是在工业生产中，都必须在达到凝胶点之前结束反应并出料，否则将可能突发暴聚、喷料甚至设备报废等重大事故。因此，凝胶点的预测以及接近凝胶点之前的反应控制就显得至关重要。

著名美国高分子学者 Carothers 首先完成了体型缩聚反应凝胶点的理论推导，这是早期高分子科学领域颇具影响和实用意义的理论性研究成果之一。Carothers 首先对体型缩聚反应线型阶段作了如下两点假定。

(1) 两种官能团等量消耗。毫无疑问的是在线型缩聚阶段，每进行一步缩合反应都必然等量消耗两个不同的官能团，并伴随 1 个同系物分子的消失。换言之，包括单体在内的同系物分子数目减少量的 2 倍，等于消耗掉的官能团数。

(2) 凝胶化时聚合度无穷大。在凝胶化发生时缩聚物的相对分子质量急速增大直至发生交联，假设此时的聚合度增大至无穷。于是按照反应程度的定义，建立体型缩聚线型阶段末期的反应程度与单体平均官能度的定量关系式。

2-21-y, j
体型缩聚凝胶点计算,关键是计算平均官能度:
1. 判断体系中官能团的配比是等物质的量还是不等物质的量;
2. 分别选择式(2-19)或式(2-20)计算平均官能度;
3. 代 入 式(2-21)计算凝胶点。

$$p = \frac{2(N_0 - N)}{\bar{f} N_0} = \frac{2}{\bar{f}} - \frac{2N}{\bar{f} N_0}$$

$$= \frac{2}{\bar{f}} - \frac{2}{\bar{f} \bar{X}_n}$$

$$p_c = \frac{2}{\bar{f}} \ (\bar{X}_n \to \infty) \tag{2-21}$$

这就是著名的 Carothers 方程,用其计算体型缩聚反应的凝胶点十分简便。如将前面计算的两个体型缩聚反应配方的平均官能度 2.286 和 2.065 分别代入式(2-21),即可计算两者的凝胶点分别为 0.875 和 0.969。显而易见,准确计算体型缩聚反应单体的平均官能度是凝胶点计算的关键,其具体步骤如下:①按照官能团类别将单体分为两组,分别计算两种官能团总物质的量;②比较两种官能团总物质的量是否相等,再分别选择式(2-19)或式(2-20)计算平均官能度;③将平均官能度代入式(2-21)即可计算凝胶点。提醒注意的是计算出的凝胶点数值一定小于或等于 1,通常须保留 3 位有效数字。

用 Carothers 方程预测和判断有多官能团单体参加的缩聚反应是否存在凝胶化过程并准确测算凝胶点,是高分子科学工作者应具备的基本能力,本章末列有相应习题,读者可选择计算练习。除此之外,有一个重要问题需要明确,即有多官能团单体参加的缩聚反应并非一定存在凝胶化过程。换言之,有多官能团单体参加反应只是体型缩聚产生凝胶化的一个必要条件,并非充分条件。只有单体的平均官能度大于 2 时,凝胶化过程才肯定发生,这是体型缩聚的必要充分条件。

仍然以二元酸、三元醇和二元醇的缩聚反应为例,当 3 种单体物质的量分别为 3 mol、1 mol 和 1 mol 时,属官能团不等物质的量配比,其中羟基的物质的量(5 mol)少于羧基的物质的量(6 mol),单体的平均官能度

$$\bar{f} = \frac{2 \times (3 \times 1 + 2 \times 1)}{3 + 1 + 1} = 2$$

显然不属于体型缩聚,也不存在凝胶化过程。一般而言,等物质的量配比、有多官能团单体参加的缩聚反应才一定属于体型缩聚。按照 Carothers 方程推导过程,还可得到聚合度与单体平均官能度和反应程度之间很有用的关系式。

$$\bar{X}_n = \frac{2}{2 - \bar{f} p} \tag{2-22}$$

下面首先用其计算等物质的量配比的三元酸和三元醇所进行的体型缩聚反应在线型反应阶段,缩聚同系物的聚合度与反应程度的相关性,如表 2-8 所示。

表 2-8 体型缩聚反应接近凝胶点前的聚合度与反应程度

反应程度	0.5	0.6	0.66	0.666	0.666 6	0.667
聚合度	4	10	100	1 000	10 000	∞

表 2-8 所列数据证明,凝胶化过程确实是突发性的过程。当接近凝胶点时,反应程度极其微小的升高就导致聚合度的急剧增加直至发生交联。不过实践证明,按照式(2-21)计算得到所谓 Carothers 凝胶点 p_c 通常稍大于实验测定值。产生偏差的原因显然是达到凝胶点时的聚合度并非无穷大,推导公

式中略去了本该减去的第 2 项[$2/(\bar{f}\bar{X}_n)$]，当聚合度并不太大时必然产生可观的正误差。有报道称丙三醇与邻苯二甲酸酐的缩聚反应接近凝胶点时的聚合度为 24，如果将其代入式(2-22)，得到的凝胶点为 0.800，这与实测结果相当接近。而按照近似式(2-21)计算的凝胶点却为 0.833。

式(2-22)的另一用途是计算官能团不等物质的量配比或含有单官能团杂质的线型平衡缩聚物的聚合度。2.3.1 节已分别讲述用官能团摩尔系数和单官能团杂质物质的量分数计算聚合度的公式。读者可通过下面例题比较两种计算方法的繁简。

【例 2-2】　1 mol 己二酸与 1.01 mol 己二胺进行缩聚反应，试用两种方法分别计算反应程度为 0.99 和 1 时所得聚酰胺的理论聚合度。

解　官能团的摩尔系数为 $\gamma = \dfrac{1}{1.01}$，过量官能团(氨基)的物质的量分数

$$Q = \frac{1.01-1}{1.01+1} = \frac{0.01}{2.01}$$

单体的平均官能度

$$\bar{f} = \frac{2\times 2}{1.01+1} = \frac{4}{2.01}$$

p=0.99 时

方法 1：
$$\bar{X}_n = \frac{1+\gamma}{1+\gamma-2\gamma p} = \frac{1+1/1.01}{1+\dfrac{1}{1.01}-\dfrac{2\times 0.99}{1.01}} = 67$$

方法 2：
$$\bar{X}_n = \frac{2}{2-\bar{f}p} = \frac{2}{2-4\times\dfrac{0.99}{2.01}} = 67$$

p=1 时

方法 1：
$$\bar{X}_n = \frac{1}{Q} = \frac{1+\gamma}{1-\gamma} = \frac{2.01}{0.01} = 201$$

方法 2：
$$\bar{X}_n = \frac{2}{2-\dfrac{4}{2.01}} = 201$$

【例 2-3】　1 mol 对苯二甲酸和 1 mol 乙二醇进行缩聚反应，对苯二甲酸中含有 0.1 %(物质的量分数)的苯甲酸。试用两种方法分别计算反应程度为 0.95 和 1 时所得聚酯的聚合度。

解　苯甲酸在整个单体体系中的物质的量分数

$$q = \frac{0.001}{2+0.001} = \frac{0.001}{2.001}$$

单体的平均官能度

$$\bar{f} = \frac{2\times 2}{2.001} = \frac{4}{2.001}$$

$p = 0.95$ 时

方法 1：
$$\bar{X}_n = \frac{2+0.001}{2\times(1-0.95)+0.001} = \frac{2.001}{0.101} = 19.8$$

方法 2：
$$\bar{X}_n = \frac{2}{2-4\times\dfrac{0.95}{2.001}} = 19.8$$

$p = 1$ 时

方法 1: $$\bar{X}_n = \frac{1}{q} = \frac{2.001}{0.001} = 2001$$

方法 2: $$\bar{X}_n = \frac{2}{2-f} = \frac{2}{2 - \dfrac{4}{2.001}} = 2001$$

计算结果显示，用两种方法计算的聚合度完全相同。当反应程度不为 1 时，采用第 2 种方法即 Carothers 方程计算似乎相对更简单。不过需要特别提醒的是，无论采用哪种方法，在计算官能团摩尔系数 γ、过量官能团的过量物质的量分数 Q 和平均官能度 $\bar{f}$ 时，小数点后有效数字的任何舍弃都可能因为计算过程的倒数运算而产生相当大的结果误差。当然这种误差只有在聚合度相当高时才是可以接受的，所以当要求计算结果特别准确时必须注意。

3. Flory 凝胶点的统计学推导

这是由著名学者 Flory 建立体型缩聚反应凝胶点预测的统计学理论推导过程，也是高分子化学中学习和理解相对困难的内容，不过最终结果却相对容易理解和使用。本节将力图以最简单的方式作概略介绍，首先建立几个相关的概念。

(1) 支化单元：多官能团($f > 2$)单体进入大分子链而构成的结构单元。

(2) 支化点：支化单元进行下一步聚合反应时，剩余可以参加反应并与新结构单元连接的官能团数目。例如，由含 3 个或 4 个官能团的单体生成的支化单元的支化点数分别为 3–1=2 或 4–1=3。

(3) 支化概率 α：也称支化系数，系从微观上考虑单个分子链段内两个支化单元连同其间线型链段的生成概率，即支化单元再次重现的概率。

(4) 临界支化概率 α_c：也称临界支化系数，系着眼于宏观上凝胶化过程发生那一刻，聚合体系内所有分子链段发生支化交联的概率，即凝胶点。遵照 Flory 的推导过程，它是此刻所有分子链段支化概率 α 的综合结果。

下面首先从简单而特定的情况入手推演如何计算临界支化概率 α_c(凝胶点)。第一种最简单的是所谓 3+3 等物质的量配比，即两种 3 官能团单体按照等物质的量配比进行缩聚，如下所示。

可见只需一步反应，即 1 个官能团 a 与 1 个官能团 b 反应即生成 1 个新的支化单元，同时留下 2 个新的支化点 b，继续反应必然发生支化。显而易见，此时对于两个新产生的支化点 b 而言，单个支化点(官能团 b)参与下一步反应的概率即其支化概率 α 为 1/2。就体系内众多分子链段而言，每个链段的支化概率 α 均为 1/2，于是发生凝胶化那一刻的临界支化概率 α_c 即凝胶点就等于 1/2。为了与按 Carothers 方程计算的凝胶点 p_c 以示区别，本书将按 Flory 统计学公式计算的凝胶点记为 $p_f = \alpha_c = 1/2 = 0.50$。

第二种是所谓 4+4 等物质的量体系，即两种 4 官能团单体进行体型缩聚的情况。1 个官能团 a 与 1 个官能团 b 反应会产生 1 个含有 3 个新支化点 b 的支化单元，继续反应就必然发生支化。因此，单个分子链段以及整个体

系内支化点的临界支化概率即凝胶点为

$$p_f = \alpha_c = 1/3 = 0.333$$

由此归纳在等物质的量配比条件下,具有相同官能度 $f(\geqslant 3)$ 的多官能团单体缩聚反应发生凝胶化的临界支化概率(凝胶点)与单体官能度 f 的普遍关系式

$$p_f = \alpha_c = 1/(f-1) \tag{2-23}$$

式(2-23)的含义是每发生 1 次支化过程都会产生 $(f-1)$ 个支化点,其倒数即为 Flory 凝胶点 p_f。下面介绍稍微复杂的依然是等物质的量配比的所谓 3+2 体系,如下所示

如图所示,必须依次经过上述箭头所示的两步反应,才能生成下一个带有两个新支化点 a、支化概率等于 1/2 的支化单元。再参照本书 2.3.2 节式(2-15)的结果,这个由 2 个支化单元和 1 个线型单元构成的 3 聚体链段的生成概率(此刻官能团的反应程度),应该等于上述箭头所示两步反应发生概率的乘积。事实上,这个 3 聚体链段的生成概率也就等于每个支化点的临界支化概率,即

$$p_f^2 = \alpha_c = 1/(3-1) = 1/2$$

$$p_f = \alpha_c^{1/2} = 0.707$$

最后按照这个思路继续推演到更为普遍、复杂的情况,那就是不一定等物质的量配比的 3+2+2 或 4+2+2 体系,如下所示,这里设 $f = 3$

上式为分子链中两个支化点之间链段的结构通式,方括号内是线型重复单元构成的链段,n 为重复单元数,两端为支化单元。设 p_a 和 p_b 分别为官能团 a 和 b 的反应程度,ρ 为支化单元中官能团 a 物质的量与反应体系中官能团 a 总物质的量之比,即多官能团单体的官能团物质的量占体系中同种官能团物质的量的分数。

那么,官能团 b 与 1 个支化点 a 反应的概率应为 $p_b\rho$,官能团 b 与非支化单元 a—a 反应的概率应为 $p_b(1-\rho)$。因此,如果要生成 1 个含 2 个支化点的新支化单元,就必须完成两个支化单元之间整个链段的生成反应。而这个链段的生成反应包括了上式中分别用数字标注发生反应部位的 4 步缩合反应。所以,此时的支化系数应该等于上述两个支化点之间整个链段生成的总概率 α,即 4 步缩合反应发生概率的连乘积。这 4 步反应依次如下:①3 官能团单体中的 1 个官能团 a 与括号内 1 个双官能团单体的官能团 b 的反应;②括号内第 1 个结构单元所含官能团 b 与另一个双官能团单体所含官能团 a 的反应;③括号内第 2 结构单元的官能团 a 与括号外双官能团单体的官能团 b 的反应;④括号外第 1 结构单元的官能团 b 与 3 官能团单体中的 1 个官能团 a 的反应。

按照统计学原理,上述 4 步缩合反应同时发生的概率应等于各步反应发生概率的连乘积,即

支化点再现的概率 =上述 4 步缩合反应同时发生的概率

$$= p_a[p_b(1-\rho)p_a]^n \rho\, p_b$$

然后再对所有可能的 n 值进行加和并进行数学运算(过程略),即得到

$$\alpha = \sum_{n=0}^{\infty}[p_a p_b(1-\rho)]^n p_a p_b \rho = \frac{p_a p_b \rho}{1 - p_a p_b(1-\rho)}$$

再引入官能团摩尔系数 $\gamma = p_b/p_a$,则得到

$$\alpha = \frac{\gamma p_a^2 \rho}{1 - \gamma p_a^2(1-\rho)} = \frac{p_b^2 \rho}{\gamma - p_b^2(1-\rho)} \tag{2-24}$$

将式(2-23)和式(2-24)联解,即得到临界支化概率即凝胶点

$$p_{af} = \frac{1}{\sqrt{\gamma + \gamma\rho(f-2)}} \tag{2-25}$$

式(2-25)显示,体型缩聚反应的凝胶点由 3 个基本条件决定,即所有单体含有的两种官能团的摩尔系数 γ、多官能团单体的官能度 f 及其含有的官能团占所有该种官能团的物质的量分数 ρ。该式是以官能团 a 的反应程度表示的凝胶点,当然也可以用官能团 b 的反应程度来表示。现在仅就几种特殊情况讨论如下。

(1) 官能团 a 和 b 等物质的量配比,即 $\gamma = 1$, $p_a = p_b = p$,则

$$\alpha = \frac{\rho p^2}{1 - p^2(1-\rho)} \qquad p_f = \frac{1}{\sqrt{1 + \rho(f-2)}}$$

(2) 无双官能团单体,体系为 3 + 2 不等物质的量配比,$\rho = 1$, $\gamma < 1$,则

$$\alpha = \gamma p_a^2 = p_b^2/\gamma \qquad p_f = \frac{1}{\sqrt{\gamma + \gamma(f-2)}}$$

(3) f+2 体系(f=3,4,…),且 $\rho = 1$, $\gamma = 1$,则

$$\alpha = p^2 \qquad p_f = \frac{1}{\sqrt{f-1}}$$

当 f=3 时

$$p_f = \frac{1}{\sqrt{3-1}} = 0.707$$

2.4.3　凝胶点的测定与比较

1) 凝胶点的测定

体型缩聚反应的凝胶化过程具有突发性,当反应从线型缩聚阶段进入凝胶化过程时,将伴随缩聚物相对分子质量和物料黏度急剧升高,这就是判断和测定凝胶点的实验依据。在实验室和工业生产过程中,通常观察旋转黏度计或磁力搅拌器的转速急速降低,或者黏稠物料中气泡突然停止上升,或者电动搅拌器电流负荷急剧增加等,均显示凝胶化过程即将或已经开始。此时须立即取样并尽快终止反应(如立刻将其放入冰水中降温),然后分析试样中的残余官能团浓度并计算反应程度,即得实测凝胶点 p_s。实测凝胶点通常最接近实际值,其误差主要产生于凝胶化开始发生的判断是否准确、取样和终止反应是否快速以及分析是否准确 3 个因素。

2) 3 种凝胶点的数值比较

Flory 曾经系统研究了缩乙二醇、1, 2, 3-己三酸与丁二酸或己二酸三元

体系分别在官能团等物质的量和不等物质的量配比条件下进行聚合反应的 3 种凝胶点，如表 2-9 所列。

表 2-9　同一体型缩聚反应的 3 种凝胶点比较

$\gamma=[COOH]/[OH]$	ρ	p_c	p_f	p_s	$(p_c + p_f)/2$
1.000	0.293	0.951	0.879	0.911	0.915
1.000	0.194	0.968	0.916	0.939	0.942
1.002	0.401	0.933	0.843	0.894	0.888
0.800	0.375	1.063*	0.955	0.991	1.009*

* 反应程度大于 1 本无意义，此处表示无凝胶化过程发生。

　　表 2-9 的数据表明，按 Carothers 方程计算的凝胶点较实测凝胶点偏大，按 Flory 公式计算的凝胶点却小于实测值。前者假定凝胶化时的聚合度为无穷大显然与实际情况不符，而 Flory 统计学结果未考虑分子内环化等副反应，也未考虑凝胶化时的反应条件已偏离官能团等活性的适用范围，必然产生计算偏差。不过，如果将两者平均，则与实际凝胶点相当接近。

2.5　非平衡逐步聚合

　　非平衡逐步聚合反应具有原料单体活泼、生成聚合物稳定、无副反应以及足够低的聚合温度 4 个基本条件和特点。通常平衡常数大于 1000 的缩聚反应均可视为不平衡缩聚。除此以外，那些涉及环状结构打开(开环)或环状结构生成(闭环)的反应，或者某些活泼原子发生转移的缩聚反应，如聚氨酯、尼龙-6 和聚酰亚胺等的合成反应，均属于非平衡缩聚。非平衡缩聚研究开辟了高分子合成的崭新领域，使基于传统概念有机官能团反应的缩聚反应有了崭新的发展空间，那些原本无法与缩聚反应单体相联系的有机物和无机物(如苯、对二氯苯和无机硫化物等)，均可通过特定条件下的不平衡缩聚反应，得到性能特殊的新型高分子材料。本节将结合实例依次讲述逐步加成、逐步开环、逐步环化等不平衡缩聚，以及几种特殊的逐步聚合反应。

2.5.1　逐步加成聚合

1. 聚氨酯

　　聚氨酯是聚氨基甲酸酯的简称，这是一类带有氨基甲酸酯基团—NHCOO—的聚合物总称。初学者应特别留意聚氨酯名称中用"氨"而不用"胺"字，这是人们的习用俗成惯例。聚氨酯的结构与具有羧酸衍生结构的其他几种聚合物具有某些相似性，在辨认和书写这些聚合物结构式时应特别注意。

聚氨酯　　　　聚酰胺　　　　聚酯　　　　聚碳酸酯　　　　聚脲

　　合成聚氨酯的常用单体为二异氰酸酯和聚醚二元醇或聚酯二元醇,甲苯二异氰酸酯(TDI)和甲叉二苯 4,4′-二异氰酸酯(MDI)是最主要的二异氰酸酯,其化学结构如下。

$$OCN- \text{(苯环)} -NCO \quad CH_3$$

2,4-TDI

2,6-TDI

MDI

聚醚二元醇或聚酯二元醇的相对分子质量为 2000~4000。用两者合成聚氨酯的性能存在显著差异，用链段柔性较高的聚醚二元醇制得的聚氨酯较柔软，而用链段刚性较大的聚酯二元醇合成的产品较刚硬。常用辛酸亚锡和三亚乙基二胺(triethylene-diamine，俗称三乙烯二胺)作催化剂，石油醚、氟利昂或水作发泡剂，加入适量有机硅油作分散剂和成型稳定剂。

$$N \text{---} CH_2CH_2 \text{---} N$$

聚氨酯合成反应属于逐步加成聚合反应，反应过程中二元醇的羟基氢原子转移到异氰酸酯基的氮原子上，因此也称为氢位移聚合反应，如下式所示

$$n\,OCN- \text{(苯环)} -NCO + n\,H- O-(CH_2)_{\overline{m}}O-H \longrightarrow$$

$$\overline{}C\text{---}HN- \text{(苯环)} -NH-C-O-(CH_2)_m-O\overline{}_n$$

二异氰酸酯的主要副反应包括与水反应生成 CO_2 的发泡反应

$$2OCNRNCO + H_2O \longrightarrow OCNRNHCONHRNCO + CO_2 \uparrow$$

与胺反应生成聚脲结构

$$nOCNRNCO + nH_2NR'NH_2 \longrightarrow \overline{}OCNHRNHCONHR'NH\overline{}_n$$

与羧酸反应生成酰胺结构

$$nOCNRNCO + nHOOCR'COOH \longrightarrow \overline{}NHRNHOCR'CO\overline{}_n + 2nCO_2 \uparrow$$

利用异氰酸酯与水的副反应可生产聚氨酯泡沫。水的用量及其在单体中是否均匀分散直接关系发泡程度与均匀度。因此，必须准确计量，同时加入适量有机硅油以利于其均匀分散。生成聚脲和聚酰胺的副反应主要用于改进聚氨酯的性能。单体异氰酸酯极为活泼，很容易与带活泼氢的有机和无机化合物反应，可见在单体保存和反应条件确定时必须充分重视。

发泡聚氨酯广泛用于家庭、车、船、飞机等坐垫的内胆材料。聚氨酯弹性体和橡胶具有良好的耐油、耐磨、耐低温、耐老化等优异性能，还可以采用容易得多的热塑性树脂加工成型方法加工。另外，还有聚氨酯纤维等多种类型产品。

2. 聚脲

合成聚脲的方法与聚氨酯类似，以二异氰酸酯和二元胺为单体，反应式为

$$n \; OCN-\bigcirc-NCO + nH_2N-\bigcirc-O-\bigcirc-NH_2 \longrightarrow$$

$$\sim \left[HNCNH-\bigcirc-HNCNH-\bigcirc-O-\bigcirc \right]_n \sim$$

聚脲即聚碳酰胺,大分子内含有高密度和强极性的脲键,因而聚脲大分子链内和链间存在强烈而高密度的氢键。基于此,聚脲是熔点和韧性均高于聚酰胺的高性能合成纤维原料。例如,上式合成的聚脲的熔点高达 320℃。除此之外,采用界面聚合方法使二元胺与光气聚合,也可以合成聚脲,如下式。

$$nH_2N-R-NH_2 + n \; Cl-\overset{O}{\underset{}{C}}-Cl \longrightarrow \sim \left[HN-R-NH-\overset{O}{\underset{}{C}} \right]_n \sim$$

2.5.2 逐步开环聚合——环氧树脂

多数环状有机化合物都可以作为合成聚合物的单体,如环氧乙烷、环氧丙烷和己内酰胺等。事实上,环状化合物的开环聚合反应视条件的不同,可以遵循逐步聚合历程,也可以遵循连锁聚合历程。本节仅讲述遵循逐步聚合历程进行的开环聚合反应。

环氧树脂是分子链两端均带有环氧基团的一大类结构预聚物,最常见的双酚 A 型环氧树脂是双酚 A 在 NaOH 水溶液中与环氧氯丙烷进行缩聚的产物,每一步聚合反应都依次交替经历如下环氧结构的开环和闭环两步反应过程。工业上合成单体双酚 A 的方法,系采用苯酚和丙酮在硫酸或 D001 型强酸性阳离子交换树脂的催化下经缩合反应而成。

单体:双酚 A   环氧氯丙烷

上述开环反应的实质是酚羟基氢原子转移到环氧基氧原子上,闭环反应则是碱性条件下羟基活泼氢原子与活泼氯原子之间生成氯化氢的消去反应。无论用于胶黏剂还是电器绝缘材料,环氧树脂都必须交联固化,最后生成具有三维交联结构的体型聚合物。常用环氧树脂的固化剂是脂肪族多元胺如乙二胺等,还需加入适量增塑剂和稳定剂等助剂。固化反应实际上也是环氧树脂分子末端所带环氧基与固化剂分子中活泼氢之间的反应。

由此可见,商品环氧树脂胶黏剂应该是将树脂与固化剂分别包装的双组分胶黏剂,使用时将其混合均匀,在常温下即可交联固化。

2.5.3　逐步环化缩聚——聚酰亚胺

在缩聚反应过程中,大分子主链有新环状结构产生的缩聚反应属于环化缩聚,如聚酰亚胺即属于此类。事实上,有机化学中许多闭环反应均可在环化聚合反应中获得应用,这是开发耐高温、高强度的新型工程塑料的常用方法,多用于航空和电子领域。典型代表是均苯四(甲酸)酐与对甲撑二苯 4,4′-二胺的缩聚物。

近年来,随着聚酰亚胺在合成、纺丝和成膜等方面的工艺不断改进完善,其在微电子器件领域展现出广阔的应用前景。其在微电子柔性显示器件的独特功能将大大促进可穿戴、多功能与智能化电子产品的日新月异,改变信息化、数据化和智能化时代人们的日常生活。例如,韩国三星电子公司研发出可像招贴画那样卷曲便携、方便挂贴在墙上的超薄电视,具有监测体温、血压和心率等健康参数的智能手表和手圈,拥有笔记本电脑部分功能的野外穿着褂子等,不久的将来一定会像今天智能手机那样普及。

与聚酰亚胺类似的半梯型缩聚物如聚苯并咪唑等,其分子主链上还有部分表现为材料强度和耐热性能薄弱的单键。如果采用官能度均为 4 的两种单体进行混缩聚,即可制得具有完整梯型分子结构的梯型聚合物。以均苯四酐与均苯四胺进行混缩聚,即可得到在航空航天飞行器中具有广泛用途、可耐受 300℃以上高温的特种工程材料。聚苯并咪唑和梯型聚合物的合成反应如下。

由于聚酰亚胺、聚苯并咪唑和上述梯型聚合物均不溶解于任何溶剂,加热也不熔融,即使相对分子质量很低也会沉淀析出,因此不得不采用类似体型缩聚物那样的分步合成路线。以聚酰亚胺为例,第 1 步,选用二甲基甲酰胺等强极性溶剂,在 50～70℃温和条件下进行溶液缩聚,合成相对分子质量 1.3 万～5.5 万的线型聚酰胺。第 2 步,在 150～300℃高温下完成闭环反应,使线型聚酰胺固化成型为特定的形状。

2.5.4 其他特殊逐步聚合

下面讲述的几类逐步聚合反应同样属于不平衡缩聚,其重要性稍逊于前述逐步加成、逐步开环与环化聚合,故简要介绍于后。

1. 氧化偶联聚合

苯及其某些衍生物在特殊催化条件下,可通过催化氧化反应实现偶联聚合(oxidative coupling polymerization),研究显示这类反应属于不可逆的逐步聚合机理。聚合反应的最终结果表现为单体之间通过脱氢反应而实现彼此连接,所以也称为氧化脱氢聚合。迄今为止,已发现芳胺、苯酚、炔、芳烃衍生物和硫醇 5 大类化合物可以进行氧化偶联聚合，现将前 4 类分别简介如下。

1) 聚苯胺

聚苯胺是一种典型导电聚合物，其导电性和环境稳定性都相当好，具有广阔的商业应用前景。

聚苯胺及其衍生物目前多采用化学氧化或电化学氧化聚合方法合成。化学氧化聚合法系在苯胺的酸性水溶液中滴加氧化剂溶液引发苯胺氧化聚合，目前多采用盐酸等质子酸作酸性介质，以过硫酸铵为氧化剂。在聚合反应过程中质子酸一方面提供质子化反应所需的 pH，另一方面也以掺杂剂的形式进入聚苯胺骨架，从而使聚苯胺具有导电性。这样制得的聚苯胺为黑绿色粉末，其导电率为 5^{-10} S/cm。聚苯胺的聚合反应及其结构如下所示。

研究发现，苯胺的聚合反应虽然属于氧化偶联反应历程，不过也表现出某些连锁聚合反应的特征。苯胺的链引发过程系在质子化剂和氧化剂的共同作用下，苯胺分子失去 2 个电子和 1 个质子，形成所谓"Nitrenium(氮镓离子)"过渡态，随即 Nitrenium 进攻下一个苯胺分子的对位氢原子，完成亲电取代过程而生成二聚体，如此进攻反复进行即实现链增长过程。在链增长过程中，分子链端的伯氨基均要经历氧化活化中间过程，所以苯胺的聚合反应也称为"再活化链式聚合反应"。

从聚苯胺结构式可以发现，虽然其大分子链本身呈电中性，但是却蕴含大量离域质子和酸根负离子。聚苯胺大分子链不仅拥有以苯环和 N 原子 p 电子交替构成的长程 π-p 共轭体系，为荷电粒子提供流动通道，而且盐酸质子化过程中生成的激子和双激子能离域于整个分子链的 π-p 共轭链，从而使其呈现良好导电性。

目前聚苯胺的应用主要基于其拥有良好的导电性能。掺杂聚苯胺具有类似炭黑或石墨的导电性，基于其与各种聚合物的亲和性显著优于炭黑，因此有可能在防静电、抗辐射、电磁屏蔽和隐身内外涂料材料领域取代炭黑，还可用作二次电池和太阳能电池的电极，以及特种分离膜材料。

聚苯胺独特的掺杂机制使得其掺杂和脱掺杂过程完全可逆，掺杂度受 pH 和电位等因素控制，表现为外观颜色和电导率的相应变化，因此赋予其良好的电化学活性和电致变色特性。

自 DeBerry 发现聚苯胺对铁基金属拥有类似"阳极保护"的独特抗腐蚀性能以来,聚苯胺涂料的开发已逐渐成为高效防腐涂料研发的热点领域。有研究报告称,在实验环境中纳米聚苯胺涂料对各种铁基金属的抗腐蚀能力超过镀锌防腐作用达万倍,即使在实际使用条件下其防腐能力也是镀锌防腐的3~10 倍。

2) 聚芳炔

在空气或氧气存在条件下,乙炔的一取代物可以在氯化亚铜-氯化铵水溶液中进行氧化偶联反应生成 2 聚体。

$$2RC\equiv CH+[O]\longrightarrow RC\equiv C-C\equiv CR+H_2O$$

如果用间二炔基苯进行氧化偶联聚合,即可得到具有良好导电性的聚乙炔。

$$n HC\equiv C-\!\!\!\!\bigcirc\!\!\!\!-C\equiv CH+[O]\longrightarrow \sim\!\!\left[\!C\equiv C-\!\!\!\!\bigcirc\!\!\!\!-C\equiv C\right]_n\!\!\sim$$

显而易见,聚乙炔分子链中连续共轭体系的存在为自由电子提供传输通道是其具有导电性的本质原因,这已经成为导电性高分子材料合成的重要途径之一。

3) 聚苯醚

$$n\!\!\!\!\bigcirc\!\!\!\!-OH+[O]\xrightarrow[\text{吡啶}]{CuCl_2}\sim\!\!\left[\!\!\!\!\bigcirc\!\!\!\!-O\right]_n\!\!\sim+n H_2O$$

这是通过氧化偶联聚合反应合成的首个高分子聚芳醚,商品名称为PPO。采用 ESR 谱检测,发现聚合反应体系中存在芳烃自由基过渡态,但是仍然按照逐步聚合机理进行,因此应归类于自由基型缩聚反应。聚苯醚的耐热性、耐水性和机械强度都优于聚碳酸酯和聚砜等工程塑料,可作为机械零部件的结构材料。其反应机理和条件与下面讲述的聚芳烃反应基本相同。

4) 聚芳烃

以氯化铜作催化剂,在氧化剂存在条件下,通常表现化学惰性的苯可以按照氧化偶联历程进行聚合,最终生成耐高温性能良好的聚苯。反应过程中加入适量无水三氯化铝往往可以使聚合反应更容易进行。

$$n C_6H_6+n[O]\xrightarrow{CuCl_2}\sim[C_6H_4]_n\sim+n H_2O$$

一些具有对称结构的烷基取代苯,如对二甲苯也可以按照上述反应机理聚合。对二甲苯首先经高温裂解成对二亚甲苯二聚体过渡态,随即转化为气态对二亚甲苯,并最终在反应器内壁聚合成为熔融温度高达 400℃、力学性能和电绝缘性能极为出色的聚对二甲苯。该聚合物可以在-200~200℃长期保持稳定性能,目前被广泛用于微电子芯片的封装材料以及生物医学工程功能材料。

以上这几类氧化偶联聚合物的共同特点是热稳定性很高。例如，聚苯在500℃依然稳定，聚苯醚的热稳定性和机械强度都超过性能相当不错的聚碳酸酯。虽然目前这类聚合物的聚合度尚不能达到很高，加工成型也存在一定困难，但是这并不妨碍其成为新型聚合物开发最为有效的途径之一。

2. 自由基缩聚

某些具有特殊结构的有机物可以在自由基引发剂作用下生成活性适当的自由基,接着发生两个自由基之间的偶合,然后再自由基化,再偶合……,最后完成缩聚反应。例如，二苯甲烷的自由基型缩聚反应如下式。

能进行类似自由基缩聚反应的单体还有不少，如对二甲苯的二卤代衍生物等。

这类单体有一个共同特点，即它们都含有活泼原子如 H、Cl 等，容易与自由基引发剂发生反应生成活性适当的自由基。一般而言，如果所生成的自由基活性太高，则产生自由基反应的活化能就一定很高而不容易实施；如果所生成的自由基活性太低，则偶合反应也不易进行，这两种情况都不易进行自由基型缩聚反应。有关自由基的产生及其活性规律将在第 3 章讲述。

3. 分解缩聚

某些有机化合物通过分解反应可以生成聚合物，如重氮甲烷的分解反应

$$nCH_2=N_2+BF_3 \longrightarrow \text{---}[CH_2]_n\text{---} + nN_2 \uparrow$$

生成的聚合物与聚乙烯的化学组成和结构完全相同，只是大分子主链无支链，故常以聚甲撑(polymethylene)命名以示区别于普通聚乙烯。

2.6　缩聚反应实施方法与特点

合成缩聚物的方法主要包括熔融缩聚、溶液缩聚、界面缩聚和固相缩聚4 种，其中熔融缩聚和溶液缩聚的应用最为广泛。近年来出现的可制备窄分布相对分子质量缩聚物的所谓"可控缩合聚合"将在 6.4 节讲述。

2.6.1　熔融缩聚

熔融缩聚是指反应物料只有单体和适量催化剂,在单体和聚合物熔融温度之上进行的缩聚反应。因而产物纯净、无需分离、相对分子质量较高,反应器的生产效率也较高,应用最为广泛。不同种类缩聚物所要求的熔融缩聚反应条件各不相同,这里仅就熔融缩聚反应器和反应条件作一般性归纳。

熔融缩聚反应器通常要求配备加热、换热和温度控制装置、减压和通入惰性气体装置、无级可调搅拌装置等 3 大要件。对于平衡常数很大的缩聚反应这些条件可以适当放宽。

缩聚反应的单体配料要求计量准确。如果反应平衡常数较小,同时期望得到尽可能高聚合度的产物,则要求单体高度纯净,同时严格控制等物质的量配比,再加入适量能够充分溶解或分散于单体中的催化剂即可。熔融缩聚操作要点如下:

(1) 缓慢升温,连续搅拌,反应初期不必减压,如果单体沸点较低,反应初期还必须密闭反应器(反应器应能够承受一定压力)。

(2) 反应中后期再进一步升高温度,同时逐步减压,维持连续搅拌等以利于生成的小分子副产物的排除。

(3) 减压时必须特别重视高黏稠物料可能发生暴沸甚至外喷的危险,通常采用毛细管导入惰性气体鼓泡,能有效避免这种危险。

(4) 对于体型缩聚反应,应该特别注意跟踪检测物料黏度,在反应程度接近凝胶点以前立即停止反应并出料。缩聚反应多采用熔融缩聚,如涤纶和尼龙生产,采用熔融缩聚与纺丝连续进行工艺及专用设备,上部为连续聚合反应器,下部是连续纺丝和牵伸装置。

2.6.2　溶液缩聚

溶液缩聚是单体在惰性溶剂中进行的缩聚反应。由于溶液聚合反应受溶剂沸点的限制,聚合反应温度相对较低,因此要求单体应该具有较高的反应活性,否则只能采用高沸点溶剂的所谓高温溶液聚合。溶液缩聚在相对较低温度条件下进行时副反应较少,产物的相对分子质量较熔融缩聚物低。除此以外,溶剂的分离回收颇为困难,反应器的生产效率较低,聚合物的生产成本相对较高。

不过,以下两种情况采用溶液缩聚是最适当的:①涂料和胶黏剂的合成。由于它们均以聚合物的溶液形式使用,因此采用溶液聚合反而省去了聚合物再溶解的麻烦;②当单体热稳定性较低、在熔融温度条件下可能发生分解时,采用溶液缩聚不失为最佳的选择。选择溶液缩聚反应的溶剂时,下述几点必须予以考虑:溶剂对缩聚反应表现惰性;沸点相对适中,因为沸点太低必然限制反应温度,同时溶剂挥发损失和对空气造成污染,沸点过高则存在分离回收困难;价格相对较低;毒性相对较小等。

2-22-y
了解 4 种缩聚反应实施方法、配方及特点,重点是熔融缩聚和溶液缩聚。

2.6.3　界面缩聚

在两种互不相溶、分别溶解有两种单体的溶液的界面附近进行的缩聚反应称为界面缩聚。显而易见，该方法只能适用于由两种单体进行混缩聚的情况。界面缩聚具有如下特点：①两种单体中至少有 1 种属于高活性单体，才能保证界面缩聚反应快速进行；②两种溶剂不能互溶，其相对密度应有一定差异，才能保证界面的相对稳定，以及溶剂分离回收的方便可行；③不要求两种单体的高纯度和严格的等物质的量配比，就可以保证获得高相对分子质量的聚合物，这是界面缩聚的最大特点。界面缩聚的典型例子是用二元胺与二元酰氯合成尼龙。

2-23-y

在两种互不相溶、分别溶解有两种单体的溶液的界面附近进行的缩聚反应称为界面缩聚。

$$n\mathrm{H_2N(CH_2)_6NH_2} + n\mathrm{ClOC(CH_2)_4COCl} \longrightarrow \mathrm{H}\!\!\left[\mathrm{NH(CH_2)_6NHOC(CH_2)_6CO}\right]_n\!\!\mathrm{OCl}$$
（溶于 NaOH 水溶液中）　　（溶于氯仿中）　　　　　　　　（聚合物沉淀析出）

将两种单体的溶液加入烧杯以后，缩聚反应立即发生，在两相界面附近生成薄薄一层聚合物膜，如果用玻璃棒将生成的聚合物膜挑出液面，可以看到这层聚合物膜源源不断地生成，好像取之不尽，甚是有趣。

客观而论,二元胺与二元酰氯之间具有极高反应速率常数$[10^4\sim10^5\,\mathrm{L/(mol \cdot s)}]$才是界面缩聚得以顺利进行的关键，所以在设计界面缩聚反应条件时，都必须保证以不降低单体的反应活性为前提。一方面，水相中 NaOH 的存在对于中和反应生成的 HCl 是必需的，否则后者将与己二胺成盐，从而降低己二胺的反应活性。另一方面，NaOH 浓度过高将导致酰氯水解成为活性较低的羧酸，同样不利于反应的顺利进行，由此可见，碱浓度的控制十分重要。除此以外，有机溶剂的选择对于产物相对分子质量的控制也相当重要。

事实上，界面缩聚反应并非真正是在两相界面进行，而主要是在界面偏向于有机相一侧进行的。原因在于：水相中的己二胺向有机相扩散的速率明显快于有机相中己二酰氯向水相扩散的速率。基于此，溶剂对聚合物的溶解能力就直接关系到产物相对分子质量的高低。总的规律是：溶剂的溶解能力强则获得的聚合物相对分子质量就高，反之则聚合物相对分子质量较低。例如，有氯仿和甲苯+四氯化碳两种溶剂，前者甚至能够溶解高相对分子质量的尼龙，而后者则几乎不能溶解即使较低相对分子质量的尼龙。因此，以后者为有机相的界面缩聚产物尼龙在较低相对分子质量时便沉淀析出，当然生成聚合物的相对分子质量就不高。

虽然界面缩聚具有不少优点，然而其必需的高活性单体(如二元酰氯)价格昂贵，使用的大量有毒溶剂的回收困难和造成环境污染等原因，决定了该方法无法普遍采用。聚碳酸酯是目前工业上采用界面缩聚工艺生产的极少数缩聚物例子之一。

2.6.4　固相缩聚

固相缩聚是在聚合物熔点温度以下进行的缩聚反应。该方法一般不能单独用来进行以单体为原料的缩聚反应，往往作为进一步提高熔融缩聚物的相对分子质量的一种辅助手段。以合成专用于纺织航空降落伞的聚对苯二甲酸乙二醇酯(涤纶)为例，由于要求其相对分子质量在 30 000 以上，采用常规熔融缩聚工艺很难达到。于是将采用熔融缩聚法制得的聚酯粒料置于反应器中，在稍低于聚酯熔点的温度下通入氮气，由于氮气和反应生成的水蒸气在固相聚合物分子链间空隙中的扩散相对于在熔融状态的扩散和排除更为容易，所以随着氮气源源不断地带走生成的水蒸气，缩聚反应反而能够更顺利地进行。当然由于非均相扩散的不均匀性，导致树脂颗粒外层的相对分子质量可能高于颗粒内部的相对分子质量，使其相对分子质量分布变宽。现将 4 种缩聚反应方法比较列于表 2-10。

表 2-10   4 种缩聚反应方法比较

聚合条件	熔融缩聚	溶液缩聚	界面缩聚	固相缩聚
温度	高	低于溶剂沸点	常温	稍低于聚合物熔点
热稳定性	稳定	无要求	无要求	稳定
动力学	逐步平衡	逐步平衡	似链式不可逆	逐步平衡
聚合度	较高	较低	很高	很高
聚合时间	1 h～数天	数分钟～1 h	数分钟～1 h	较长
转化率	高	较低	较低	很高
官能团配比	严格等物质的量	严格等物质的量	不严格	无要求
单体纯度	高	稍高	不高	无单体加入
设备要求	气密、耐压	较低	较低	气密、耐压
压力	较宽范围	常压	常压	较宽范围

2.6.5 缩聚反应的特点

1) 反应类型多种多样

逐步聚合反应含酯化、酰胺化、氨基甲酸酯化和醚化等众多缩聚反应类型，本章前后讲述的 10 余种不同类型的缩聚反应即为例证。连锁聚合反应仅是以各种取代烯烃加成反应为主的相对简单类型。

2) 反应历程相对简单

多数逐步聚合为单一或两种历程反应的简单重复。例如，聚酯反应为羧基与羟基之间的酯化脱水反应；环氧树脂和酚醛树脂仅包括开环(或加成)与缩合两步不同机理的反应。而连锁聚合反应生成每个大分子均需要经历链引发、链增长和链终止 3 步反应历程，同时还可能包括多种多样的链转移反应(详见第 3 章)。

3) 单体转化率增长较快而相对分子质量增长较慢

实践证明，在逐步聚合反应初期，由于所有单体的所有官能团均具有相同反应活性和反应概率，可以想象众多单体两两缩合生成二聚体具有最大概率，接着再与单体缩合生成三聚体，或者两个二聚体缩合生成四聚体，如此等等。最终分子链逐渐变长，相对分子质量逐渐增加。

　　　逐步聚合反应从单体生成大分子的过程无疑是连续多步相对缓慢的过程。那些既非单体又非聚合物的中间体如二聚体、三聚体等，在测定和计算单体转化率时，无疑已经不属于反应物单体。可见逐步聚合一旦开始，虽然单体转化为二聚体、三聚体极为迅速，而聚合体系的相对分子质量增长却相对缓慢。除上述 3 点之外，逐步聚合反应的其他特点将在第 3 章与连锁聚合反应进行详尽比较。

2.7　重要缩聚物

　　　除本章 2.5 节已经讲述的聚氨酯、环氧树脂、聚酰亚胺和聚苯胺等几种重要缩聚物外，本节还将讲述几种比较常见的缩聚物。

2.7.1　聚对苯二甲酸乙二酯

　　　聚对苯二甲酸乙二酯是聚酯类缩聚物最重要的代表。用脂肪族二元羧酸与二元醇合成的聚酯熔点仅 $50\sim60$℃，通常仅适用于涂料。在大分子主链上引入芳基，如以对苯二甲酸代替脂肪族二元羧酸，则可大大提高聚酯的熔点和刚性，使之成为最重要的合成纤维材料及工程塑料。

　　　对苯二甲酸的传统合成方法系以对二甲苯为原料，金属卤化物为催化剂，乙酸为溶剂的空气氧化法。重金属污染和卤化物对设备的腐蚀是该方法的显著缺陷。氧化产物含有多种副产物，必须采用结晶和催化加氢等工艺加以去除或者将目标物转化为对苯二甲酸。

　　　如果单体纯度很高，直接用对苯二甲酸与乙二醇缩聚合成涤纶未尝不可。不过由于对苯二甲酸的熔点很高，300℃时就开始升华并发生脱羧反应，而且其在一般溶剂中的溶解度很小，无法采用精馏或重结晶工艺精制。另外，该反应的平衡常数很小，如果期望得到高相对分子质量的聚酯，则必须严格控制单体官能团的等物质的量比，同时还必须在聚合反应后期保持高真空度以排除小分子副产物水。在工业生产和实验室中要同时做到这两点并不容易，因此目前很少采用该方法，而采用所谓酯交换缩聚反应，主要包括甲酯化、羟乙酯化和酯交换缩聚 3 步反应，如下所示。

甲酯化：$HOOCC_6H_4COOH + 2CH_3OH \longrightarrow CH_3OOCC_6H_4COOCH_3 + 2H_2O$

羟乙酯化：$CH_3OOCC_6H_4COOCH_3 + 2HO(CH_2)_2OH \longrightarrow$

$$HO(CH_2)_2OOCC_6H_4COO(CH_2)_2OH + 2CH_3OH$$

酯交换缩聚：$n\ HO(CH_2)_2OOCC_6H_4COO(CH_2)_2OH \longrightarrow$

$$HO(CH_2)_2O\!\left[OCC_6H_4COO(CH_2)_2O\right]_nH + (n-1)HO(CH_2)_2OH$$

　　　甲酯化的目的是降低对苯二甲酸的沸点以便于纯化。反应完成后采用精馏除去苯甲酸和残余甲醇等单官能团杂质，即得到高纯度对苯二甲酸二甲酯。羟乙酯化反应中乙二醇的加入量高达 2.4∶1(物质的量比)以提高酯交换转化率，以乙酸镉和三氧化锑为催化剂。反应过程中逐步蒸馏出生成的甲醇，并在后期减压蒸馏出过量乙二醇以保证对苯二甲酸二甲酯彻底转化。这样即可得到几乎不含单官能团杂质的对苯二甲酸双 β-羟乙酯。

酯交换缩聚反应以三氧化锑作催化剂，反应温度 260～290℃，控制高真空度不断抽出乙二醇，逐步提高聚合度。显而易见，上述酯交换缩聚反应并不存在官能团的配比问题，产物聚合度高低主要决定于反应条件的控制。这是目前工业上普遍采用的合成方法。涤纶的熔点高、强度好、耐溶剂、耐腐蚀、耐洗涤、手感好，与棉毛混纺后透气性良好，所以在合成纺织纤维中始终占据重要地位。除此以外，也广泛用于制作各种感光胶片、磁带(盘)基片和工程塑料，如制作精密仪器、钟表的自润滑齿轮等。

2.7.2　不饱和聚酯

不饱和聚酯系分子主链含不饱和双键的聚酯,其主要品种是顺丁烯二酸酐(马来酸酐)与乙二醇的缩聚产物，反应式如下。

$$n\mathrm{HO(CH_2)_2OH} + n\mathrm{HC}\!=\!\!=\!\mathrm{CH} \longrightarrow \sim\!\!\left[\mathrm{O(CH_2)_2O}\!-\!\mathrm{CHC}\!=\!\!=\!\mathrm{CHC}\!-\!\mathrm{O}\right]_n\!\!\sim + n\mathrm{H_2O}$$

这类不饱和聚酯与苯乙烯进行连锁共聚生成的交联共聚物性能较脆，可采用以下措施改进性能：①加入适量饱和的苯酐取代部分马来酸酐以减少分子链上的不饱和键；②加入适量一缩乙二醇、丙二醇或 1,3-丁二醇代替部分乙二醇以提高分子链柔性；③以甲苯或二甲苯作溶剂有利于反应后期脱水；④通入氮气或二氧化碳避免氧化变色。控制产物相对分子质量在 1000～2000 即停止聚合，降温到 90℃以下，然后加入 30%～50%兼作溶剂和后续加工成型交联固化作用的单体苯乙烯，即制成黏稠液状的不饱和聚酯商品。

不饱和聚酯的主要用途是生产玻璃纤维增强复合材料(俗称玻璃钢)，制作民用建筑材料、化工防腐蚀容器以及大型金属罐体的防腐衬里等。

2.7.3　聚碳酸酯

最重要的聚碳酸酯商业品种系双酚 A 型聚碳酸酯，它是双酚 A 的双碳酸酯缩聚物，其合成路线包括光气法和酯交换法两种。

$$n\mathrm{HO}\!-\!\!\!\bigcirc\!\!\!-\!\overset{\underset{\mathrm{CH_3}}{|}}{\underset{\underset{\mathrm{CH_3}}{|}}{C}}\!-\!\!\!\bigcirc\!\!\!-\!\mathrm{OH} + n\mathrm{Cl}\!-\!\overset{\mathrm{O}}{\overset{\|}{C}}\!-\!\mathrm{Cl} \xrightarrow{+\mathrm{NaOH}}$$

$$\mathrm{H}\!-\!\!\left[\mathrm{O}\!-\!\!\!\bigcirc\!\!\!-\!\overset{\underset{\mathrm{CH_3}}{|}}{\underset{\underset{\mathrm{CH_3}}{|}}{C}}\!-\!\!\!\bigcirc\!\!\!-\!\mathrm{O}\!-\!\overset{\mathrm{O}}{\overset{\|}{C}}\right]_n\!\!-\!\mathrm{Cl} + (2n\!-\!1)\mathrm{NaCl}$$

采用双酚 A 钠盐水溶液与光气-二氯乙烷溶液进行界面聚合，以有机胺作催化剂，在室温条件下进行。其最大特点是不必控制严格的等物质的量配比，可以采用加入少量苯酚以控制产物的相对分子质量。其缺点是光气毒性特高，对操作人员身体健康造成严重危害。

该聚合反应原理与聚合历程同涤纶的酯交换反应相似。第 1 阶段反应温度 180 ～ 200℃，压力 2700 ～ 4000 Pa；第 2 阶段反应温度 290～300℃，压力<130 Pa。聚碳酸酯在 130℃仍保持良好的机械性能，安全无毒，是用途广泛的工程塑料。

2.7.4　聚酰胺

聚酰胺是另一大类重要缩聚物,其合成方法包括二元羧酸与二元胺混缩聚、氨基酸均缩聚以及内酰胺开环聚合等路线。

1. 尼龙-66 和尼龙-1010

目前工业上合成己二酸的主要初级原料为俗称为 KA 油的环己醇与环己酮混合物(占比约 90%)，而合成 KA 油的原料通常是以苯或苯酚为初始原料合成的环己烷。目前己二胺的合成基本上均采用己二腈催化加氢的技术路线。

为了严格控制原料单体官能团等物质的量配比，工业上通常首先将己二酸和己二胺制成其内盐，俗称尼龙-66 盐或 66 盐，如下式。

$$\text{HOOC(CH}_2)_4\text{COOH} + \text{H}_2\text{N(CH}_2)_6\text{NH}_2 \longrightarrow \left[\begin{array}{c} {}^-\text{OOC(CH}_2)_4\text{COO}^- \\ {}^+\text{NH}_3\text{(CH}_2)_6\text{H}_3\text{N}^+ \end{array}\right]$$

利用 66 盐在冷热乙醇中的显著溶解度差异，可采用重结晶精制以提高单体纯度。不过其热稳定性较差，在稍高温度下就可发生二胺挥发和二酸脱羧等副反应，导致单体官能团等物质的量配比被破坏。为此设计出如下特殊聚合反应流程。

首先在浓度为 60%的 66 盐水溶液中加入少许乙酸，密闭体系在 215℃反应 1.5～2 h。然后缓慢升温至 270～275℃，控制压力在 1.6 MPa 条件下进行水溶液缩聚，生成稳定的低聚物。最后维持反应温度，逐步释放蒸气直至常压，最后在 2700 Pa 压力条件下完成聚合反应。

合成尼龙-1010 的单体癸二酸和癸二胺均以蓖麻油为原料经催化裂解等多步反应合成。其缩聚反应条件与尼龙-66 相似，同样也是首先制成 1010 盐并精制以后再聚合，只是聚合温度稍低(240～250℃)。

2. 尼龙-6

尼龙-6 是仅次于尼龙-66 的第 2 大聚酰胺品种，我国商品名为锦纶，多采用己内酰胺开环聚合反应合成。我国高分子科技工作者于 20 世纪 50 年代中后期首创以苯酚催化氧化成环己酮→催化加氢合成环己醇→与羟氨反应合成环己醇肟→分子内重排为己内酰胺→开环聚合→最终纺制成锦纶的工业合成路线。

$$n \, OC(CH_2)_5NH \longrightarrow \text{—} [OC(CH_2)_5NH] \text{—}_n$$

该反应的机理随反应条件不同而异,以水或酸催化时属于逐步开环聚合反应机理;以碱催化时属阴离子开环聚合反应机理。这里仅介绍水催化的逐步聚合反应,其主要条件是:己内酰胺加水 5%～10%,在 250～270℃反应 12～24 h。研究发现,己内酰胺在水存在下可按另一种水解历程进行聚合。

$$n \, OC(CH_2)_5NH + H_2O \longrightarrow n \, HOOC(CH_2)_5NH_2 \longrightarrow HO[OC(CH_2)_5NH]_n H$$

由于开环聚合反应速率常数比水解缩聚反应速率常数大 10 倍,故后者仅占很小比例。尼龙-6 的聚合度与达到平衡时的水含量有关,所以聚合后期必须脱水。即使如此,聚合物仍含 8%～9%的单体和 3%的低聚物。采用热水浸取或真空蒸馏方法可将单体除去并回收,将水分降低到 0.1%以下,达到熔融纺丝的要求。

尼龙作为一类高强度和高弹性的合成材料,半个多世纪以来广泛用于纺织纤维,其与棉、麻、毛等混纺后则可显著改善其穿着舒适性和吸水性较差的缺陷。近年来,利用尼龙具有良好的耐摩擦、耐磨损和易于加工的特性,所谓铸塑尼龙被广泛用于制作一些精密自润滑机械零部件,可以部分代替铜、铝等金属材料。

3. 聚全芳酰胺:芳纶与液晶高分子

对(或间)苯二甲酰氯与对(或间)苯二胺进行溶液缩聚,即生成聚对苯二甲酰对苯二胺 PPD-T(或聚间苯二甲酰间苯二胺)。两者的国外商品名分别为 Kevlar 和 Nomex,国内分别命名为芳纶-1414 和芳纶-1313,其合成反应式如下。

$$n \, ClOC\text{—}\langle\bigcirc\rangle\text{—}COCl + n \, H_2N\text{—}\langle\bigcirc\rangle\text{—}NH_2 \longrightarrow Cl[\overset{O}{\underset{\|}{C}}\text{—}\langle\bigcirc\rangle\text{—}\overset{O}{\underset{\|}{C}}\text{—}HN\text{—}\langle\bigcirc\rangle\text{—}NH]_n H$$

$$n \, ClOC\text{—}\langle\bigcirc\rangle\text{—}COCl + n \, H_2N\text{—}\langle\bigcirc\rangle\text{—}NH_2 \longrightarrow Cl[\overset{O}{\underset{\|}{C}}\text{—}\langle\bigcirc\rangle\text{—}\overset{O}{\underset{\|}{C}}\text{—}HN\text{—}\langle\bigcirc\rangle\text{—}NH]_n H$$

Kevlar 和 Nomex 的重复单元中同时拥有刚性苯环和强极性酰胺键,结构简单对称,排列规整而易于结晶,因此具有高强度、高模量、耐高温等特殊性能。例如,前者的玻璃化温度 T_g=375℃,熔点 T_m=530℃,相对密度却只有 1.44～1.47 g/cm^3,广泛用于航天、军事、安防等特殊领域。

合成芳纶-1414 的单体为对苯二甲酰氯和对苯二胺,芳纶-1313 的单体为间苯二甲酰氯和间苯二胺。不过,为了改善聚合物的性能,通常加入 4,4′-二氨基二苯醚作为第三单体。虽然也可选用对(或间)苯二甲酸代替对(或间)苯二甲酰氯作单体,不过因其活性较低、聚合条件要求更为苛刻而极少采用。

由于对(或间)苯二甲酰氯的反应活性和反应热都很高，因此宜选择在0～10℃的低温条件下进行溶液缩聚。多采用强极性有机溶剂如六甲基磷酰胺、二甲基乙酰胺、N-甲基吡咯烷酮和四甲基脲等。生成的聚合物随即发生相分离而从溶剂中沉淀析出。可见其相对分子质量与溶剂、杂质以及聚合条件密切相关。将聚合物溶于浓硫酸后，采用干喷湿纺工艺成纤，其对设备的耐酸与防腐蚀要求均特别高。

芳纶-1414 的玻璃化温度为 375℃，热分解温度>560℃，置于 180℃空气中 48 h 其强度依旧保持 84%。芳纶纤维的强度高达 0.215 N/旦(旦为纤维细度单位 g/km)，模量为 4.9～9.8 N/旦，其比强度是钢的 5 倍。芳纶-1313的断裂强度为 0.4～0.53 N/旦，伸长率 30%～50%，其摩擦性、抗腐蚀性最好，强度和弹性也好，缺点是耐光性较差。用于复合材料时，芳纶-1414 的抗压缩和抗弯强度仅略低于无机玻璃纤维。除此以外，芳纶还具有高绝缘性和耐化学腐蚀性，其热收缩和蠕变性能稳定。

芳纶-1414 作为一种战略性物资，一经问世即被作为防弹衣和防弹头盔的首选材料。追溯历史，防弹衣主要分为硬质、软质和软硬结合式 3 种类型。目前国内防弹衣多为以金属和陶瓷为主制作的硬质防弹衣，软质防弹衣则是以尼龙等普通纤维为材质。由于尼龙的抗张强度有限，要达到较好的防弹效果，成衣质量必须达到 4.5 kg，致使战场上士兵的对抗作战能力降低大约30%。如果采用芳纶-1414 制作防弹衣和防弹头盔，质量至少可以减轻一半，却依然可以保持良好的防弹能力。目前，美国、日本、欧洲等国家和地区制作防弹衣的主体材料均为芳纶-1414。

芳纶-1414 的第二个重要用途是作为无机玻璃光纤的高强度和低伸长率的最佳被覆材料。将数百根细度约 1～5 旦(直径远小于 0.05 mm)的芳纶-1414平行包覆于 PBT(聚对苯二甲酸丁二酯)内层与改性 PVC 外层套管之间，构成复合三层被覆材料，包覆于直径约 0.2 mm 玻璃裸光纤之外，即成为室外跨距可达 100～1000 m 的高强度光缆。

芳纶-1313 的极限氧指数大于 0.28，属于难燃且能自熄的材料。这种源于本身分子结构的固有特性使之具有永久阻燃特性，由此获得"防火纤维"的美称。芳纶-1313 主要用于防原子辐射、高速飞行器结构材料等，也可用于有特殊要求的轮胎窗子线。主要用于制作防辐射衣料、航天衣料，也用于制作耐高温衣料、蜂窝制件、高温线管、飞机油箱、防火墙、反渗透膜或中空纤维等。

芳纶生产工艺极其复杂，技术难度很高，投资和生产成本都很高。长期以来，芳纶的生产被美国杜邦和日本帝人等极少公司垄断控制。不过近年来，国内烟台泰和新材公司终于成功自主研发了芳纶-1313 并实现工业化生产。

2.7.5　聚乳酸

聚乳酸(PLA)是由淀粉和纤维素等多糖类天然有机物经生物发酵生产的乳酸单体[lactic acid，或 2-羟基丙酸(2-hydroxy propionic acid)]再通过缩聚而制得的所谓"半合成聚合物"，其聚合反应如下式。

$$n \text{HO—CHCOOH} \xrightarrow{\quad} \text{H} \text{[OCHCO]}_n \text{OH} + (n-1)\text{H}_2\text{O}$$

（式中 CH₃ 位于 HO—CHCOOH 及产物的 OCHCO 单元上方）

PLA 是当前降低对化石资源过度依赖、减少温室气体排放和大力开发环境友好高分子材料(EDP)的重要代表之一。由于 PLA 不仅保持良好的生物相容性和生物可降解性，同时具有与聚酯相似的防渗透性，与聚苯乙烯相似的透光性以及比聚烯烃更低的热合成型温度，因此可加工成各种型材、薄膜、无纺布和生物医学工程材料等，已成为当前高分子化学领域的研究热点之一。

PLA 的合成方法包括熔融缩聚、预聚-固相缩聚和开环聚合等多种工艺。熔融缩聚法采用高效脱水剂和催化剂如 SnCl_2 和辛酸亚锡等使乳酸及其低聚物分子间脱水缩合成高分子 PLA。该工艺原料来源充足，产物纯净而不需分离，生产成本较低，不过产物相对分子质量较低，机械性能较差。升高温度虽然有利于乳酸聚合生成 PLA，但温度过高也有利于聚合物裂解与环化生成二聚体丙交酯(3,6-二甲基-1,4-二氧杂环己烷-2,5-二酮)。

近年来，熔融缩聚法制备高分子 PLA 的方法获得改进。在惰性气体保护下，在 PLA 预聚体中加入双官能团扩链剂，如 1,2-环氧辛酰氯、环氧氯丙烷或 2,4-甲苯二异氰酸酯等。最后得到 PLA 的特性黏度可提高 10 倍。制备高分子 PLA 的另一种方法是通过与脂肪族二元酸混缩聚制得两端为羧基的乳酸结构预聚物，再加入适量环氧树脂，在特定温度和压力条件下制得黏均相对分子质量为 13 万～22 万的 PLA。

预聚-固相缩聚法是先将单体乳酸缩聚成较低相对分子质量的预聚物，然后在预聚物的玻璃化温度与熔点之间进行固相缩聚。预聚物分子链被冻结于晶区，分子链的端基、单体与催化剂却被排斥在非晶区，聚合反应就能够继续顺利进行。通过真空和惰性气体将小分子副产物带走，促进聚合度进一步提高。由于反应是在相对温和的条件下进行，避免高温下的副反应，使得 PLA 的纯度和质量得以提高，产物重均相对分子质量可达到 10 万～15 万。

开环聚合工艺的第一步是将乳酸分子间脱水缩合成预聚物，然后在 180～230℃使预聚物解聚生成环状丙交酯，最后丙交酯通过开环聚合生成相对分子质量达 70 万～100 万的 PLA，其反应式如下。

$$\text{HO—CHCOOH} \xrightarrow{-\text{H}_2\text{O}} \cdots \xrightarrow{\quad} \sim\text{[OCHCO]}_n\sim$$

开环聚合根据催化剂的不同，可以遵循阳离子聚合、阴离子聚合、配位聚合以及仿生催化聚合等 4 种历程。阳离子聚合引发剂是烷基磺酸和路易斯酸。阴离子聚合引发剂是碱金属烷氧化物等。配位开环聚合常用的引发剂为羧酸锡盐类和烷氧基铝,其中以辛酸亚锡[Sn(Oct)$_2$]最常用,因其可与有机溶剂和熔融单体互溶,催化活性高,并且辛酸亚锡经美国食品和药物管理局(FDA)认定,可作为食品添加剂。

仿生催化聚合是近年来南京大学研发成功的高纯高质量 PLA 合成方法,采用该方法合成 PLA 的相对分子质量可在 10 万~50 万选择控制,结晶度 95%,薄膜透光率接近 100%。尤为可贵的是该方法合成的 PLA 不含任何重金属,作为人体植入式生物医学工程材料,彻底消除了人们对于长期存在于体内残余重金属带来健康隐患的担忧。

我国是合成聚合材料生产和消费大国,年产各类塑料制品近 2000 万吨。据统计,2005 年我国塑料包装材料需求 550 万吨,其中 1/3 为难于收集回收的一次性包装材料制品;农业部测算 2005 年我国地膜覆盖面积达 1.7 亿亩,所需地膜加农副产品保鲜膜、环保餐盒等需求量达 120 万吨。如果其中 50% 采用 EDP 代替,其市场需求量将达 220 万吨,2010 年市场需求量将达 690 万吨。然而,国内 PLA 产业化步伐依然缓慢,PLA 材料主要依赖进口,价格相对昂贵,限制了其应用推广。

基于 PLA 对人体无毒,具有良好生物相容性、生物降解性和生物可吸收性,在药物控释材料、骨科手术固定材料、血管支架和组织修复材料等方面获得越来越广泛的应用。例如,乳酸的某些醇酸共聚物可被酶降解或化学降解,广泛用于药物控释、手术缝合线以及骨修复内固定材料等生物医用材料,完成目标任务之后不需外科手术除去,从而大大减轻了病人的痛楚和费用。

2.7.6 有机硅

聚硅氧烷俗称有机硅,通常是对硅油、硅橡胶和硅树脂 3 大类有机硅聚合物的统称,是迄今为止工业化最早、发展规模最大的一类半无机半有机高分子材料。硅油是常温呈油状液体的有机硅低聚物与环状低聚物的混合物。硅橡胶是将高相对分子质量线型聚硅氧烷设法适度交联,即成为适用温度范围很广的线型高分子有机硅弹性体。如果在聚合反应中加入适量含 3 个活性官能团的单体参与聚合,即得可在特定条件下固化成型的有机硅树脂预聚物。

虽然硅和碳同为正四价Ⅳ主族元素,不过由于前者原子半径较大,Si—Si 单键的键能较 C—C 单键键能低得多,分别为 125 kJ/mol 和 350 kJ/mol,因此硅氧烷的稳定性较普通碳氧烷差得多。然而,Si—O 键和 Si—C 键的键能却分别高达 370 kJ/mol 和 340 kJ/mol,这就是有机硅的性能相当稳定的热力学基础。

二甲基二氯硅烷是合成各种有机硅最重要的单体,是整个有机硅工业的基础和支柱。工业上通常以氯化铜为催化剂,纯净的单质硅粉在 250~300℃高温下与氯甲烷反应,得到含有副产物 MeSiCl$_3$ 和 Me$_3$SiCl 的混合物,其中 Me$_2$SiCl$_2$ 约占 70%,需要采用精馏予以分离纯化。其他类型的有机硅单体系采用类似流程合成，如以氯苯与单质硅反应即可合成二苯基二氯硅烷。

由于二甲基二氯硅烷非常活泼，工业合成有机硅通常分两步进行。首先将二甲基二氯硅烷水解并预缩聚为八元环四聚体或六元环三聚体(均为无色油状液体)，然后以碱或酸催化引发在 100℃ 以上进行开环聚合，如下式。

产物相对分子质量一般为 20 万～30 万，最高可达百万以上。开环聚合反应根据条件的不同，可以按照逐步聚合历程进行，也可以按照阴离子或阳离子聚合历程进行。不过，一般用四甲基氢氧化铵或苯磺酸作引发剂均存在残留引发剂的分离问题。近年来有采用 D001 型大孔磺酸型阳离子交换树脂作引发剂的报道，可以在较低温度下较快完成聚合反应，其后续分离操作相对简单。

按照产品要求控制聚合反应条件，同时加入适量所谓"扩链剂"或多官能团单体，即可生成不同相对分子质量的低聚物硅油、线型高分子聚合物硅橡胶或可交联固化成硅树脂的预聚物。有机硅包括硅油、硅凝胶、硅橡胶和硅树脂等 4 类。

(1) 硅油。硅油系无色、无味、无毒、难挥发的油状液体，不溶于水和甲醇，稍溶于丙酮和苯，能与四氯化碳和煤油互溶。其蒸气压和凝固点都很低，黏度随相对分子质量增大而升高。除此以外，硅油具有卓越的耐热性、电绝缘性、耐候性、疏水性、生理惰性和较小的表面张力。按照硅原子上进行不同的烃基取代，目前市售硅油含甲基硅油、乙基硅油、苯基硅油等若干类型和品牌。硅油的结构通式如下

式中，R 为烷基或芳基，R′ 为烷基、芳基或氢等，X 为烷基、芳基、氢、羟基或烷氧基等。硅油的应用范围非常广泛，不仅在航空、国防军事部门广为应用，在民用电气绝缘、导热、阻尼、液压、制动等领域，以及医药、防水和分散剂等领域也广为应用。

(2) 硅凝胶。中等相对分子质量的线型有机硅聚合物经白炭黑硫化后即成为柔软透明的有机硅凝胶。这种凝胶在 −65～200℃ 可长期保持弹性，电气绝缘性能和化学稳定性优越，而且憎水、防潮、防震、耐臭氧、耐老化、无腐蚀性，同时表现出生理惰性等独特性能，广泛用作电子元器件防潮、绝缘涂覆与气密封装等的保护材料。临床医疗上有机硅凝胶可用作人体内残缺器官或组织的局部修补材料。近年来，虽然部分欧洲学者发现硅凝胶植入人体以后，可能在机体内环境的长期作用下产生对健康有害的分解物，不过美

国学者的研究结果却并不支持此结论。

(3) 硅橡胶。在众多合成橡胶品种中，硅橡胶无疑是其中的佼佼者。它在很宽的温度范围内仍不失原有强度和弹性。正是源于大分子链内 Si—O 键之间的键角较大(140°)，侧基之间的相互作用较小，分子链的柔性特别好，其玻璃化温度为–130℃，可在–130～250℃温度保持柔韧性和高弹性能，因而使之成为目前既耐低温也耐高温的最优秀橡胶。硅橡胶同时还具有良好的电绝缘性、耐氧化性、耐光抗老化性以及防霉性、化学稳定性等。由于硅橡胶具有如此全面的优异性能，成为超高电气绝缘材料以及医用材料中特别重要的一类。

硅橡胶人造血管具有特殊生理机能，能与机体亲密无间、不受排斥。一段时间后会与组织完全稳定结合，而不必再次手术摘除。用硅橡胶制作的耳鼓膜修复片薄而柔软，光洁度和韧性良好，是修补耳膜的最佳材料。除此之外，目前硅橡胶制作的人工气管、人工肺、人工骨、人工十二指肠等已应用于临床。硅橡胶常温下的抗张强度和抗撕裂强度等机械性能较差，耐油和耐溶剂性也欠佳，不及多数合成橡胶，故不宜用于普通场合，却适用于许多特定场合。

(4) 硅树脂。硅树脂属于一类特殊的热固性塑料，其最突出的性能是极为优异的热氧化稳定性和极为优异的电绝缘性能。在 250℃加热 24 h 后，硅树脂仅失重 2%～8%。其在很宽温度和频率范围内均能保持良好绝缘性能。硅树脂可用作耐热、耐候的防腐涂料、金属保护涂料、建筑工程防水防潮涂料、脱模剂、黏合剂，还可二次加工成有机硅塑料，用于电子、电气和国防工业，作为半导体封装材料和电子、电器零部件的绝缘材料等。

2.7.7 聚苯硫醚

聚苯硫醚(PPS)是结晶性聚合物，熔点 285℃，耐热性和化学稳定性都很好。以对二氯苯为单体合成 PPS 的反应看似容易，事实上该工艺的关键是溶剂的选择及其回收相当困难，其聚合反应式为

$$n\text{Cl}\!-\!\langle\!\bigcirc\!\rangle\!-\!\text{Cl} + \text{S 或 Na}_2\text{S} \xrightarrow{\text{Na}_2\text{CO}_3} \sim\!\left[\langle\!\bigcirc\!\rangle\!-\!\text{S}\right]_n\!\sim$$

PPS 纤维又名聚苯撑硫醚纤维，由荷兰首先研制成功，商品名赖通 (Ryton)，至 1983 年才批量生产。其化学结构式为硫原子和对位取代的苯环交替排列，属于阻燃性纤维之一。PPS 纤维是以硫化钠和二氯苯为单体，在 N-甲基吡咯烷酮或含碱金属羧酸盐(如乙酸钠等)的有机溶剂中缩聚而成。

PPS 纤维纺织加工性能良好，吸湿率较低，熔点达 285℃，高于目前工业化生产的其他熔纺纤维。其化学稳定性和耐有机试剂性能仅次于聚四氟乙烯纤维，只有强氧化剂如浓硝酸、浓硫酸和铬酸才能使其降解。PPS 制品具有一定阻燃性，在火焰中虽然也能燃烧，不过一旦移去火焰，燃烧立即停止。

其极限氧指数达 0.35,其自动着火温度高达 590℃,在空气中通常不会燃烧。PPS 纤维主要用于工业燃煤锅炉袋滤除尘器的过滤织物。

2.7.8 聚芳砜与聚芳醚砜

聚芳砜是分子主链同时含有芳环和砜基—SO_2—的杂链聚合物。作为一类新型特种工程塑料,其玻璃化温度高达 195℃,可在−180~150℃长期使用,其机械性能、耐氧化性和耐热性均优于聚碳酸酯和聚甲醛。具有类似结构的聚芳砜类耐高温工程塑料还有如下所列。

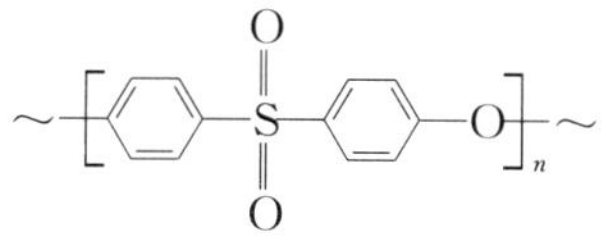

聚醚砜(PES) 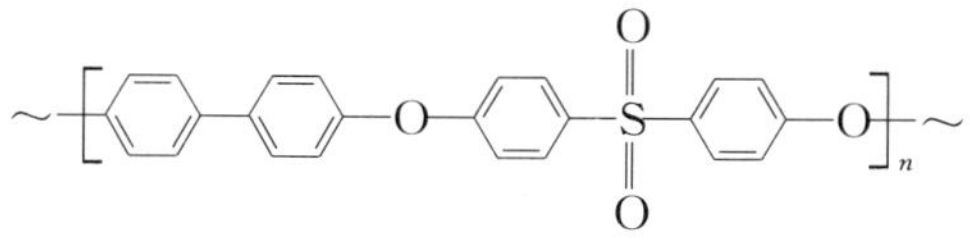　　　　　　　　　聚联苯砜

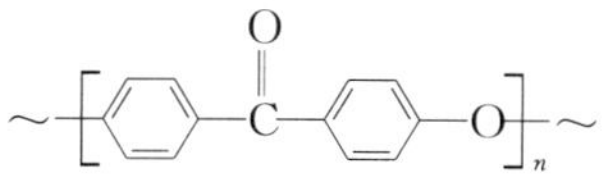

聚醚酮(PEK) 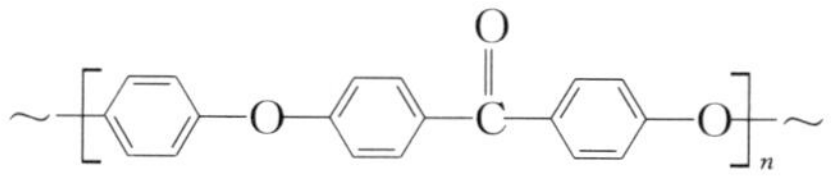　　　　　　　　　聚醚醚酮(PEEK)

其中比较有代表性的聚芳醚砜的合成反应如下。

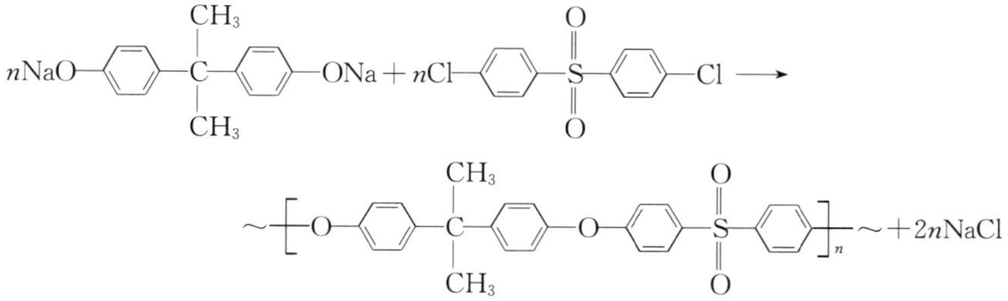

首先将高纯度的双酚 A 溶解于浓氢氧化钠溶液,再加入严格等物质的量的高纯 4,4′-二氯二苯砜和溶剂二甲亚砜,连续通入惰性气体保护,加热到 160℃附近回流反应若干时间。该聚合反应机理属于亲核取代反应,须加入 Friedel-Crafts 催化剂,常用无水 $FeCl_3$。反应后期须加适量二甲苯,以其与水共沸的方式将生成的水连同浓碱液带入的水一并彻底除尽,目的是防止中间物水解,这是获得高相对分子质量的关键。反应完成后需要加入适量氯甲烷封端,以保证产物的稳定性。

2.7.9 酚醛树脂

酚醛树脂是第一个人工合成并实现大规模工业生成的合成树脂品种,至今依然在模塑制品、胶黏剂、涂料和汽车制动元器件等领域占据相当地位。

酚醛树脂系苯酚或其衍生物在酸碱催化剂存在条件下与甲醛缩聚而成,该缩聚反应通常经历加成和缩合两步反应,因此酚醛缩合也可称为加成缩合。根据所用催化剂的不同,可以合成两类不同性能的酚醛树脂预聚物。

1. 碱催化酚醛树脂

在氨水、碳酸钠或 Ba(OH)$_2$ 等碱性催化条件下,处于离解状态的苯酚(苯氧负离子)在 40%甲醛水溶液中进行如下式所示的线型缩聚反应。

一羟甲基酚　　　　　二羟甲基酚　　　　　三羟甲基酚

将物料加热回流 1~2 h,即可达到预聚物要求,然后加酸调至中性或微酸性,最后减压脱水。得到的预聚物是组成十分复杂的混合物,其分子两端的官能团即苯环邻对位羟亚甲基(CH$_2$OH)的分布完全无规。不过分析结果显示,其中三羟甲基酚和 2,4-二羟甲基酚的含量分别为 37%和 24%,未参加反应的酚大约为 3%。

将这种所谓线型甲阶酚醛树脂适量添加干燥木粉,在特制模具中加热到 150℃以上热压成型,树脂预聚物即可交联固化,最后得到不溶、不熔的体型酚醛树脂制品,如电器元器件、绝缘胶板或纸板。

2. 酸催化酚醛树脂

如果采用草酸或无机酸催化并相应调整单体配料比,苯酚和甲醛也可合成相对分子质量较低且具有热塑性的酚醛树脂结构预聚物。通常配方中苯酚须过量,反应生成直链或带有支链的线型酚醛树脂预聚物,其分子链上已无活性羟亚甲基,即使加热预聚物也不会自行交联固化,故属于热塑性结构预聚物。

该树脂的生成过程如下:将温度约为 65℃的熔融苯酚加入反应釜,加热到 95℃,加入苯酚量 1%~2%的草酸以及浓度 40%甲醛水溶液,控制苯酚与甲醛的官能团比例为 9:5,加热回流 2~4 h,即可完成聚合。冷却降温,热塑性酚醛树脂即沉淀于釜底。最后减压蒸出水和未完全反应的苯酚,即可出料。将冷却后的树脂破碎成粉状,即得到热塑性酚醛树脂。

20 世纪 40~80 年代,普通电器元器件、玻璃纤维增强低压绝缘板材等就是用这种粉末状的热塑性酚醛树脂,添加适量交联剂六次甲基四胺、干燥的木粉和其他助剂之后加热压制成型。

2.7.10　氨基树脂

含氮不饱和有机物与甲醛缩聚可以合成含氨(胺)基的氨基树脂,其中脲醛树脂和三聚氰胺树脂最常见。

1. 脲醛树脂

以尿素和甲醛为原料,在弱碱条件下聚合生成线型无规预聚物脲醛树脂。

$$H_2NCONH_2+CH_2O \longrightarrow H_2NCONH—CH_2OH+HOCH_2—NHCONH—CH_2OH$$
$$+HOCH_2—NHCONH—CH_2—NHCONH_2+\cdots$$

脲醛树脂与酚醛树脂类似,其分子链端氨基和羟亚甲基的分布完全无规。这种预聚物在碱性水溶液中稳定,作为木材胶黏剂使用时,通常加入低浓度无机酸至偏酸性,即使常温下也会立刻交联固化。这是胶合板生产中普遍使用的胶黏剂。按照常规配方合成的脲醛树脂的游离甲醛含量高达 1%～3%,其在较高温度交联固化过程中还会释放高浓度甲醛,严重污染车间空气,由此限制了其在环保要求非常严格的今天的应用。如果在脲醛树脂预聚物合成后期加入适量反应活性较高的三聚氰胺单体,即可显著降低游离甲醛含量,同时提高热稳定性,这就是所谓环保型胶合板胶黏剂。

2. 三聚氰胺树脂

以三聚氰胺和甲醛为原料,经加成缩聚反应得到被称为密胺树脂的无规预聚物。该树脂在特制模具中加热固化成型,可制得颜色鲜艳、质地轻巧的餐具,其与普通瓷器餐具比较几乎可以假乱真。聚合反应初期按照类似线型酚醛树脂的聚合方式生成带有不同数目羟亚甲基的三聚氰胺,再进行分子间的脱水固化反应。

2.7.11　醇酸树脂

这是以多元醇和顺丁烯二酸酐或邻苯二甲酸酐为原料,通过线型缩聚反应而制得的一种传统油溶性涂料,其聚合反应式如下。

醇酸树脂预聚物分子所带羟基和羧基的数量及其分布完全无规。为了提高醇酸树脂涂层的韧性和耐候性能，往往还需加入适量二元醇(如丁二醇)和不饱和高级脂肪酸(如亚麻油酸)等。

2.7.12　缩聚物特例：树枝状与超支化聚合物

树枝状聚合物(dendrimers)和超支化聚合物(hyperbranched polymers)被学术界公认为近 30 年高分子科学取得的最具影响力的成果之一。其在纳米聚合物材料、非生物药物载体、"靶向"检测试剂和药物、基因药物合成与输送等领域，以其安全、无毒和高效等独特优势展现出诱人的应用前景。

1. 树枝状聚合物的结构与合成

树枝状聚合物拥有大量三维空间分布的枝状结构，枝状末端均带有活性基团，其分子形态犹如生长于沙漠中的低矮灌木丛。这种球形枝状结构不易发生分子间的缠结和交联，因而具有良好的溶解性、较低的熔点和溶液黏度，表层端基具有较高化学与生物活性，这是医学领域对靶向检测、治疗和介入干预载体材料的基本要求。

直径数十纳米的树枝状聚合物球形分子从中心核径向伸展出若干分枝，每个分枝又伸展出若干次级分枝，如此不断分枝最后到达球体表面，球面分枝末端留下众多活性基团。一般将从球核向外辐射产生分枝的层数称为"代"。例如，中心核有 n 个分枝，每个分枝又有 m 个新的分枝，则经过 g 代以后，该球形分子就拥有 nm^{g-1} 个末端及其所连接的活性基团。

首先确定 1 个多官能团中心核，再通过逐步缩合或加成反应进行缩合，如以氨分子作中心核($n=3$)，先与丙烯酸甲酯进行 Michael 加成。

$$NH_3 + 3\ CH_2\!=\!CHCOOCH_3 \longrightarrow N(CH_2CH_2COOCH_3)_3$$

再与过量乙二胺反应即得到第 1 代拥有 3 个分支的产物($m=2$)。

$$N(CH_2CH_2COOCH_3)_3 + 3\ H_2NCH_2CH_2NH_2 \longrightarrow N(CH_2CH_2CONHCH_2CH_2NH_2)_3$$

将第 1 代产物依次与丙烯酸甲酯和乙二胺反应，即生成有 6 个分支的第 2 代产物，如此重复操作即得有 12 个分支的第 3 代或更高代产物，如图 2-5 所示。

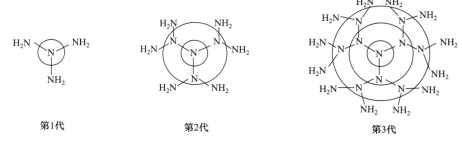

第1代　　　　　　第2代　　　　　　　第3代

图 2-5　发散法合成树枝状聚合物示意图

在理想条件下，树枝状聚合物内层结构单元的官能团应完全参加支化反应，而球面附近则完全由未反应的活性官能团所包覆。为了满足生成典型树枝状聚合物的基本条件，单体的配料比非常严格，同时控制缩合反应条件足够温和。对于稳定性较差或多副反应的官能团，缩合反应过程中须对官能团进行保护，反应完成以后再脱保护，中间产物的分离纯化往往都是必须的。

2. 超支化聚合物的结构与合成

超支化聚合物分子结构不具有树枝状聚合物的均一性和对称性，其分子也无易于分辨的中心核。合成这种聚合物只需 1 种单体，即 A_nB 型单体($n >$ 1)，其活性官能团 A 和 B 之间可发生缩合反应，如 3,5-二羟基苄基溴(1)和 3,5-二羧基乙酸苯酯(2)即属于此类单体。

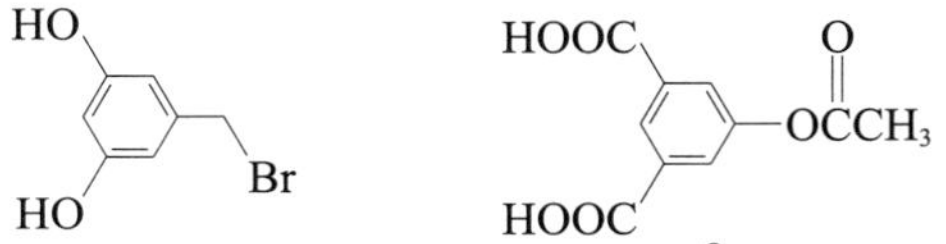

图 2-6 是 A_2B 型单体合成超支化聚合物的分子结构示意图。经过 N 步反应后，共有 $N+1$ 个单体参加反应，形成 $N+1$ 个支化末端，最终生成巨大的球形超支化聚合物。此时分子球面上共有 N 个 A 官能团末端和 1 个 B 官能团末端。

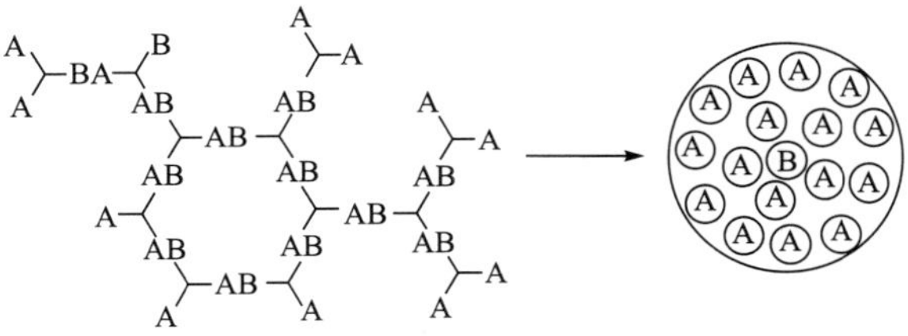

图 2-6　A_2B 型单体合成超支化聚合物的分子结构示意图

由此可见，当这些球形分子彼此接触时，A、B 官能团间发生反应的概率极低。不过，为了彻底避免两个球形分子之间 A、B 官能团的反应而导致其连为一体而产生凝胶，反应完成后可以加入某些单官能团 A 的分子，用以封锁球面上极个别的 B 官能团，从而得到稳定的超枝化聚合物球形分子。

树枝状聚合物与超支化聚合物虽然在合成原理和分子结构上存在一定差异，不过两者之间也存在诸多共性。例如，两者的支化度都很高，高度支化链之间极少缠结或交联，分布也相当致密，这在宏观上就表现为它们的溶液或熔体黏度均远低于相同相对分子质量的线型聚合物。除此之外，两种球形分子的表面均带有众多活性官能团，从而赋予它们非常独特的化学与生物反应活性。

3. 应用前景

按照现代医学原理，检测性试剂、治疗性药物或遗传性物质在生物活体内的输送过程往往需要穿越血液、组织和细胞壁等多重屏障，才能最终到达目标区域或器官，采用常规途径得到的结果往往差强人意。如果将检测试剂、治疗药物或遗传性物质负载于某些特殊载体上，犹如将弹头装载于火箭头部构成导弹，即可顺利穿越各种生理屏障而到达目标检测或治疗的组织或病灶，这就是近年来出现的"靶向检测试剂"、"靶向药物"或形象称为"生物导弹"的基本原理。

作为生物活体内负载并传输检测试剂、治疗药物或遗传性物质的理想载体材料必须具备两个基本条件：首先，能与特定检测试剂或治疗药物分子形成稳定复合物；其次，生成复合物的体积必须在纳米范围。用某些特殊多官能团单体合成的树枝状聚合物正好满足这两点。

美国密歇根大学詹姆斯·贝克进行的临床试验是将含纳米级树枝状聚合物粒子的液体注入病人体内，这种粒子可以穿透血管壁进入癌细胞，并对癌细胞进行识别和染色，进而引导负载于树枝状聚合物粒子表面的靶向抗癌药物在基本不伤害正常细胞和组织的同时摧毁癌细胞。

事实上，每个树枝状聚合物粒子表面都含有上百个活性官能团，其中若干个键接着叶酸分子，其余键接着检测或抗癌药物分子。由于癌细胞比普通细胞拥有更多的叶酸接收器，当癌细胞吸收叶酸的同时，也就摄取到能够将其杀灭的大剂量抗癌药物。如果将对不同病变器官或组织具有选择性识别或治疗功能的试剂或药物分子分别键接在树枝状聚合物粒子表面的活性官能团上，就能开发适用于检测和治疗各种肿瘤和各种组织病变的专有检测试剂和靶向治疗药物系列。

高分子科学人物传记

诺贝尔化学奖获得者、高分子科学的开拓者
Flory (1910—1985)

Flory 1910 年出生于美国伊利诺伊州，1931 年毕业于印第安纳州 Manchester 学院化学系，1934 年在俄亥俄州立大学完成博士论文。同年起先后在 Du Pont 公司、Cincinati 大学、Standard Oil 公司、Goodyear 公司、Cornel 大学、Mellon 学院和 Stanford 大学执教或从事高分子科学研究。他由于在"大分子物理化学实验和理论两方面的根本性的贡献"而荣获 1974 年度诺贝尔化学奖。

Flory 在半个多世纪里的研究范围非常广泛，硕果累累，其中主要包括：

(1) 缩聚反应过程中的相对分子质量分布理论。

(2) 自由基聚合反应的链转移理论。

(3) 体型缩聚反应的凝胶化理论。

(4) 橡胶弹性理论。

(5) 高分子溶液热力学理论。

(6) 溶液和熔体黏度与分子结构的相关性。

(7) 非晶态聚合物本体构象的概念。

(8) 部分结晶高聚物的分子形态、液晶高聚物理论等。

事实上，上述这些成果的每一项都包括一个广阔的研究领域。例如，他对高分子溶液的研究，在 20 世纪 40 年代初期提出的 Flory-Huggins 理论，揭示了高分子溶液与理想溶液存在巨大偏差的实质，至今仍然是高分子科学的里程碑之一。该理论也适用于浓溶液体系，对液-液平衡、熔点降低、弹性体溶胀等的处理都获得满意的结果。他在 40 年代后期开始研究排斥体积效应，提出 θ 温度的概念，明确了聚合物分子与溶剂分子间的相互作用，无扰链分子尺寸，以及稀溶液黏度等之间的相关性原理。50 年代提出的 Flory-Krigbaum 稀溶液理论是该领域的代表性成果。60 年代他利用溶液状态方程处理溶剂、聚合物和溶液，推导出混合体积变化、混合热以及由他提出的所谓"作用参数"与浓度的关系，将高分子溶液理论又向前推进了一步。由他建立的溶液理论不仅适用于高分子溶液，用于处理溶液体系同样获得成功。

可以这样认为，在高分子物理化学中几乎没有未被 Flory 研究过的领域，他在半个多世纪中共发表论文 300 余篇。Flory 著有两本学术专著《高分子化学原理》和《链分子的统计力学》，前一本书在美国再版达 10 次之多，被誉为高分子科学的"圣经"，是高分子科学工作者和学生的必读书。人们常将 Flory 视为高分子科学的奠基者和开拓者，他本人说：如果要他从头再来的话，他仍然选择高分子，因为"高分子更伟大的发现还在后面"。

Flory 曾于 1978 年和 1979 年两度访华。作为美方代表团团长，他参加了 1979 年在北京召开的"中美双边高分子化学及物理学讨论会"，这是在我国首次召开的国际化学学术会议，Flory 在会上作了"刚性链高分子的向列型液晶序理论"的报告，交流了最新研究成果，增进了两国科学界的友谊与合作。

1985 年 Flory 因心力衰竭而病逝，享年 75 岁。

本 章 要 点

1. 区别反应程度和转化率，系分别着眼于官能团和单体，是完全不同的概念。

2. 聚合度与反应程度和平衡常数的关系，以及相对分子质量控制的两种方法。相对分子质量分布的统计学公式及其用途。

3. 线型缩聚反应动力学，要求外加酸催化的 2 级反应动力学。

4. 缩聚反应的影响因素以及获得高相对分子质量缩聚物的基本条件。

5. 体型缩聚反应特点、条件以及 Carothers 凝胶点的计算。

6. 对本章讲述的 20 种主要缩聚物的基本要求。

序	缩聚物	要求	序	缩聚物	要求
1	聚对苯二甲酸乙二酯	掌握	11	聚酰亚胺	掌握
2	聚酰胺(尼龙-66、6 和芳纶)	掌握	12	脲醛树脂	掌握
3	环氧树脂	掌握	13	聚芳砜、聚芳醚砜	了解
4	聚氨酯	掌握	14	三聚氰胺树脂	了解
5	聚碳酸酯	掌握	15	聚芳烃	了解
6	有机硅	掌握	16	醇酸树脂	了解
7	聚乳酸	掌握	17	聚芳炔	了解
8	酚醛树脂	掌握	18	聚苯醚	了解
9	不饱和聚脂	掌握	19	聚苯硫醚	了解
10	聚苯胺	掌握	20	聚甲撑	了解

注：掌握包括单体、聚合反应式、主要条件、聚合物主要特性；了解指仅需一般性认知即可。

习 题

1. 解释并注意区别下列同组高分子术语。

(1) 均缩聚、混缩聚与共缩聚　　　　　(2) 反应程度与转化率

(3) 官能度与平均官能度　　　　　　　(4) 凝胶化过程与凝胶点

(5) 无规预聚物与结构预聚物　　　　　(6) 官能团摩尔系数与过量单体物质的量分数

(7) 小分子存留量与存留率　　　　　　(8) 界面聚合与固相缩聚

2. 正确书写工业上合成下列聚合物的聚合反应式，注意正确选择单体并注明主要反应条件。

(1) 聚对苯二甲酸乙二酯　　　　　　　(2) 尼龙-66 和尼龙-610

(3) 双酚 A 型环氧树脂　　　　　　　　(4) 聚甲苯-2,4-二氨基甲酸丁二酯

(5) 有机硅橡胶　　　　　　　　　　　(6) 聚乳酸

(7) 聚酰亚胺　　　　　　　　　　　　(8) 聚甲苯-2,4-氨基甲酸聚醚二元醇酯

(9) 聚碳酸酯　　　　　　　　　　　　(10) 聚苯硫醚

3. 简要回答下列问题。

(1) 对于下列两组缩聚反应单体而言，都存在环化反应倾向，试分别确定其成链和

环化反应临界值 n，并给出 n 的数值范围与对应的反应属性。

    a. 氨基酸 $H_2N(CH_2)_nCOOH$

    b. 乙二醇+二元酸 $HO(CH_2)_2OH+ HOOC(CH_2)_nCOOH$

(2) 在密闭反应器中进行的线型平衡缩聚反应的聚合度公式为 $\bar{X}_n = \sqrt{K}/p = \sqrt{K}/n_w$，试解释为什么不能得出"反应程度越低则聚合度越高"的结论。

(3) 获得高相对分子质量缩聚物的基本条件有哪些？试写出可以合成涤纶的几个聚合反应方程式，说明哪一个反应更容易获得高相对分子质量的产物并说明理由。

(4) 试举例说明线型平衡缩聚反应的条件往往对该反应的平衡常数大小有很强的依赖性。

(5) 试分析线型平衡缩聚反应的各种副反应对缩聚物相对分子质量及其分布的影响。

(6) 试说明体型缩聚反应的特点和必要充分条件。试比较 3 种凝胶点 p_c、p_f、p_s 的相对大小并解释原因。

(7) 试说明计算体型缩聚反应 Carothers 凝胶点的主要步骤，以及需要牢记的两个公式的使用条件。

(8) 试说明合成尼龙-66、尼龙-6 和聚对苯二甲酸乙二酯(涤纶)的主要单体，写出聚合反应式，并说明需要重视的聚合反应条件。

(9) 试简要说明合成甲苯-2,4-二氨基甲酸丁二酯泡沫的单体和主要试剂，写出相关反应式。

(10) 试简要说明合成有机硅的类别、单体来源、聚合反应式和主要条件。

4. 试写出合成具有两种重复单元的无规共聚物和嵌段共聚物的反应方程式。

(1) ～$[OCC_6H_4COO(CH_2)_2O]$～和～$[OC(CH_2)_4COO(CH_2)_2O]$～

(2) ～$[OC(CH_2)_5NH]$～和～$[OCC_6H_4NH]$～

(3) ～$[OCNHC_6H_3(CH_3)NHCOO(CH_2)_4O]$～和～$[OCNHC_6H_3(CH_3) NHCO O(CH_2)_2O]$～

5. 计算题。

(1) 己二酸与己二胺进行缩聚反应的平衡常数是 432，设单体为等物质的量配比，若期望得到聚合度为 200 的聚合物，体系中的水必须控制在多少？

(2) 如果期望尼龙-66 的相对分子质量达到 15 000，试计算两种单体己二酸与己二胺的配料比。如果单体是等物质的量配比并改用加入苯甲酸的办法控制相对分子质量达到相同值，试计算苯甲酸的加入量。设反应程度均为 99.5%。

(3) 等物质的量的乙二醇和对苯二甲酸在密闭反应器中进行缩聚反应，反应温度为 280℃时该反应的平衡常数仅为 4.9，试计算产物的平均聚合度。如果期望将聚合度提高到 100，计算体系内的小分子副产物水必须降低到多少。

(4) 如果期望涤纶树脂的相对分子质量达到 20 000，试计算反应器内乙二醇的蒸气压必须控制在什么数值。已知该反应的平衡常数为 4.9，乙二醇在该反应温度的饱和蒸气压为 7600 Pa。提示注意：该聚合反应的单体不是对苯二甲酸和乙二醇，而是对苯二甲酸双 β-羟乙酯。

(5) 等物质的量的二元酸和二元醇在密闭反应器中进行缩聚反应，设在该反应温度条件下的平衡常数为 9，试计算达到平衡时的反应程度和聚合度。

(6) 计算合成约 1 kg 相对分子质量 1 万的尼龙-66 需要投加两种单体各多少。

(7) 将 1 mol 己内酰胺置于密闭反应器中进行开环聚合反应，反应器中加入作催化剂和相对分子质量调节剂的水 0.37 mL 和乙酸 0.0205 mol。采用端基分析法测得产物的羧端基和氨端基分别为 19.8 mmol 和 2.3 mmol，试计算其数均相对分子质量。

(8) 等物质的量的二元酸和二元醇缩聚，外加 1.5%的乙酸作催化剂，分别计算反应程度达 0.995 和 0.999 时生成聚酯的聚合度。

(9) 根据 Flory 分布函数分别计算反应程度为 0.5、0.90 和 1 时线型缩聚物中单体和二聚体的理论含量。

(10) 分别用两种方法计算下面 3 种体型缩聚反应配方的凝胶点，注意分别比较两种计算结果的数值大小。

	邻苯二甲酸酐	甘油	乙二醇
单体配方(1)	3.0 mol	2.0 mol	0 mol
单体配方(2)	1.5 mol	0.98 mol	0 mol
单体配方(3)	1.5 mol	0.99 mol	0.002 mol

第 3 章   自由基聚合

与不饱和低分子有机物的简单加成反应不同，烯烃的加成反应一般不会停留于分子 1+1 加成这一步，通常会连续进行加成，最终生成高分子化合物，这就是具有连锁聚合机理的加成聚合反应，简称加聚反应。与第 2 章讲述的缩聚反应单体的官能团具有相同反应活性与反应概率有所不同，连锁聚合反应必须在特殊活性中心参与下才能顺利进行。基于活性中心的不同，加聚反应包括自由基型和离子型两大类，后者又含阴离子聚合、阳离子聚合和配位聚合 3 类。按照产量估计，目前约 70% 的合成高分子材料系采用连锁聚合反应合成，如 PE(聚乙烯)、PP(聚丙烯)、PVC(聚氯乙烯)、PS(聚苯乙烯)、PTFE(聚四氟乙烯)、PMMA(聚甲基丙烯酸甲酯)、PAN(聚丙烯腈)、ABS(丙烯腈-丁二烯-苯乙烯共聚物)、SBS(苯乙烯-丁二烯三嵌段共聚弹性体)、丁苯橡胶、丁腈橡胶和氯丁橡胶等。

自由基聚合是最重要的连锁聚合反应，相对于离子型聚合，其理论研究较为成熟，工业化程度较高，聚合实施条件相对容易而且生产成本较低，所以为目前绝大多数烯烃单体实施聚合的首选历程。本章首先讲述烯烃分子结构与聚合反应类型的相关性，以及连锁聚合反应热力学，然后重点讲述自由基聚合历程、聚合速率、聚合度及其影响因素。

3.1   连锁聚合概要

本节重点解答两个问题：是否所有烯烃都可以进行连锁聚合反应？烯烃的化学结构与聚合反应历程有何关联性？虽然一些炔烃、羰基化合物和杂环化合物也可以进行连锁聚合反应，但是它们的实际应用远不如烯烃广泛。

3.1.1   连锁聚合单体

1. 取代基位阻决定单体能否聚合

1) 一取代和 1,1-二取代烯烃原则上均可连锁聚合

所有一取代烯烃和 1,1-二取代烯烃原则上都能进行连锁聚合，不过体积太大的取代基如三元环以上的多环与稠环芳烃取代烯烃除外。以 $CH_2{=}CH{-}X$ 表示一取代乙烯，1 个取代基的存在不仅使双键的对称性有所降低，同时使单体的极性有所改变，因而使单体的聚合能力得以提升。例如，分子高度对称的乙烯的聚合活性就很低，必须在 160~300℃ 高温和 100~300 MPa 高压条件下才能按自由基历程聚合，生成带支链的低密度聚乙烯

3-01-y
取代基数目、位置和大小决定烯烃能否连锁聚合：
一取代和1，1-二取代均可聚合；其余1，2-二取代和三、四取代均不能聚合，只有F取代例外，均可聚合。

(LDPE)，即高压聚乙烯。所有一取代烯烃都比乙烯更活泼，聚合反应条件也相对温和。

由于1,1-二取代烯烃分子的对称性较一取代烯烃稍好，这类烯烃的聚合活性较一取代烯烃稍低。不仅如此，如果两个取代基均为苯基或体积更大的取代基，这样的1,1-二取代烯烃基于位阻障碍，就只能生成二聚体而得不到高聚物。

2) 1,2-二取代和三、四取代烯烃原则上均不能聚合

这3类取代烯烃不能聚合的原因是，取代基占据的位置对于加成反应所必需的来自活性中心的进攻构成位阻障碍，单体分子与活性中心之间的接近和碰撞难以完成，聚合反应自然难于发生。下面对取代烯烃的双键碳原子进行位置标记。

$$1,1\text{-二取代：} CH_2{=}\underset{\substack{| \\ \alpha \text{位}}}{\overset{Y}{C}}{-}X \underset{\beta \text{位}}{} ; \quad 1,2\text{-二取代：} \underset{\beta \text{位}}{CH}{=}\underset{\substack{| \\ \alpha \text{位}}}{\overset{Y}{CH}}{-}X$$

比较1,1-二取代烯烃与1,2-二取代烯烃可以发现，虽然前者α-碳原子上也存在两个取代基造成的较大位阻，但是由于其β-碳原子上无取代基而不存在位阻。本章后面部分将讲述连锁聚合反应通常都是从β-碳原子受到活性中心进攻而开始的，所以只有β-碳原子上没有取代基的一取代和1,1-二取代烯烃才能进行连锁聚合。与此不同的是1,2-二取代烯烃的α-碳原子和β-碳原子都存在位阻，给活性中心的进攻造成困难，因此聚合反应难以进行。

唯一例外是当取代基为F原子时，其一、二、三、四取代烯烃均可进行连锁聚合。事实上，由于F原子半径与H原子半径非常接近，在加成反应中的位阻很小，所以常将其视同H原子。例如，三氟氯乙烯$CF_2{=}CFCl$就与氯乙烯相似，能够进行自由基聚合。综上所述，一取代和1,1-二取代乙烯是连锁聚合单体的两种主要类型。除氟取代以外的其他类型取代烯烃原则上均无法进行连锁均聚合反应。

3-02-y
取代基的电负性和共轭性决定其聚合历程：
1.带吸电子取代基的单体进行自由基和阴离子聚合；
2.带推电子取代基的单体进行阳离子聚合，丙烯例外仅能进行配位聚合；
3.带共轭取代基的单体能进行自由基、阴离子和阳离子3种聚合。

2. 取代基电负性和共轭程度与聚合反应类型

按照聚合反应活性中心的不同，连锁聚合分为自由基型、阴离子型、阳离子型和配位离子型4种聚合反应类型。是否所有无位阻障碍的取代烯烃都可以进行这4种连锁聚合呢？决定取代烯烃聚合反应类型的本质因素是什么？下面将逐一予以解答。

1) 带吸电性取代基的烯烃一般能进行自由基和阴离子聚合

例如，带吸电性—CN的丙烯腈能进行自由基和阴离子两类聚合，其链引发反应如下。

$$R\cdot \text{或} B^- + \overset{\delta}{C}H_2{=}\overset{\delta}{\underset{\substack{| \\ CN}}{C}}H \longrightarrow RCH_2{-}\underset{\substack{| \\ CN}}{\dot{C}}H \text{ 或 } BCH_2{-}\underset{\substack{| \\ CN}}{\overset{-}{C}}H$$

由于—CN基的强吸电性，C=C双键上π电子云密度降低并偏向α-碳原

子，使 β-碳原子略带正电荷。如此电子分布有利于受到带独电子自由基的进攻，进而发生 π 电子均裂并开始自由基聚合。与此类似，略带正电荷的 β-碳原子也有利于带负电荷的阴离子活性中心的进攻，发生 π 电子异裂并开始阴离子聚合过程。不过当取代基的吸电性过于强烈，如硝基乙烯和 1,1-二取代氰基乙烯，在活性中心独电子作用下双键 π 电子难以发生均裂而只能在负离子作用下发生异裂，故这两种单体只能进行阴离子聚合。

　2) 带推电子取代基的烯烃能进行阳离子聚合

　例如，异丁烯的 α-碳原子带 2 个推电子甲基，C＝C 双键 π 电子云密度因而升高，且偏向于 β-碳原子，使之略带负电荷，于是 β-碳原子就容易受带正电荷阳离子活性中心的进攻而开始阳离子聚合反应，其链引发反应如下。

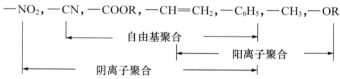

　不过必须说明，丙烯 1 个甲基的推电子作用还不足以使其 β-碳原子带足够负电荷而进行阳离子聚合，所以丙烯只能进行配位聚合。

　3) 带共轭取代基的烯烃能进行自由基、阴离子和阳离子 3 类聚合

　例如，苯乙烯、丁二烯和异戊二烯等共轭烯烃，由于共轭效应使 π 电子的流动性增加，单体对于带不同电荷活性中心进攻时的适应能力得以提升。因此，这类共轭烯烃可视引发条件即活性中心的不同而进行自由基、阴离子或阳离子 3 种连锁聚合反应。下式和表 3-1 列出了取代基种类与烯烃聚合反应类型的相关性。

$$—NO_2，—CN，—COOR，—CH＝CH_2，—C_6H_5，—CH_3，—OR$$

|←——————— 自由基聚合 ———————→|
|←——— 阳离子聚合 ———→|
|←——————— 阴离子聚合 ———————→|

表 3-1　常见烯烃单体能进行的聚合反应类型

单体	自由基	阴离子	阳离子	配位	单体	自由基	阴离子	阳离子	配位
乙烯	G			G	偏二氯乙烯	G	S		
丙烯				G	四氟乙烯	G			
丁烯			G	S	全氟丙烯	S			
氯乙烯	G			S	乙酸乙烯酯	G			
氟乙烯	G				丙烯酸甲酯	G	S		S
丁二烯	G	G	S	G	甲基丙烯酸甲酯	G	G	S	S
异戊二烯	G	G	S	G	丙烯腈	G	S		S
异丁烯			G	S	硝基乙烯		S		
氯丁二烯	G				乙烯基醚			G	S
苯乙烯	G	S	S	S					

注：G 表示已工业化，S 表示可以聚合。

3.1.2 连锁聚合热力学

化学热力学的任务是研究化学反应的能量转化规律以及影响化学反应方向和程度的各种因素。本节首先讲述烯烃化学结构与其聚合反应能力之间的热力学联系，然后从聚合反应过程中单体转变为聚合物的分子结构与热力学能的改变规律，讨论各种烯烃进行连锁聚合反应的难易程度。

1. 聚合热与聚合熵

高分子化学将聚合反应释放的热量定义为聚合热。根据聚合热的大小既可判断聚合反应的难易，也可将其作为对该聚合反应散热和温度控制的重要参数，同时还可粗略估计生成聚合物的热稳定性高低。一般聚合热越大的聚合反应越容易进行，聚合过程的散热和温控要求越严格，得到的聚合物也越稳定。

按照化学热力学原理，一个化学反应能否进行可以从反应物转变为生成物过程的自由能变化进行判断，即按照 Gibbs 方程

$$\Delta G = G_p - G_m = \Delta H - T\Delta S$$

式中，G_p 和 G_m 分别为聚合物和单体的自由能；ΔH、T 和 ΔS 分别为聚合反应焓增量、热力学温度(K)和熵增量。当反应的自由能增量 $\Delta G < 0$ 时，聚合反应能自动进行；$\Delta G = 0$ 时，单体与聚合物处于可逆平衡；$\Delta G > 0$ 时，聚合反应不仅不能进行，即使得到聚合物也会自动降解。由此可见，聚合反应能够自动进行的热力学条件是

$$\Delta H - T\Delta S < 0 \tag{3-1}$$

显而易见，聚合反应是无序程度很高的单体转变为一维有序的大分子链的过程，是有序程度增加、熵值变小的过程。换言之，所有聚合反应都是熵值减小的非自发过程，即 $\Delta S < 0$。由于热力学温度恒为正，$T\Delta S$ 恒为负，可见要保证 $\Delta H - T\Delta S < 0$，就必须使 $\Delta H < 0$，同时保证其绝对值 $|\Delta H| > |T\Delta S|$。这里将 $-\Delta H$ 即焓增量的负值定义为该聚合反应的聚合热。可见聚合反应放出的聚合热是以体系焓值的降低为代价的，两者的绝对值相等。剩下的问题就是聚合反应的聚合热到底应该有多大才不存在热力学障碍呢？下面通过计算予以解答，实验测得一般连锁聚合反应的熵增量 $\Delta S = -105 \sim -125$ J/(mol·K)，聚合温度为室温～100℃，对应的热力学温度为 273～373 K，代入式(3-1)即得 $-\Delta H \geqslant 105 \times 273 \sim 125 \times 373 = 29 \sim 47$ (kJ/mol)。

这就是连锁聚合反应不存在热力学障碍的最小聚合热。若聚合热小于此数值，反应将无法进行；若聚合热接近此数值，则该反应较难自动进行；只有当聚合热大于该数值时聚合反应才能顺利进行。所幸大多数烯烃单体的聚合热如表 3-2 所示，都在 56～95 kJ/mol，因此这些单体的聚合反应均不存在热力学障碍。

表 3-2　一些单体的聚合热$-\Delta H$、聚合熵$-\Delta S$和聚合极限温度 T_c
(液体单体→无定型聚合物)

单体名称	$-\Delta H$ /(kJ/mol)	$-\Delta S$ /[J/(mol·K)]	T_c/℃	单体名称	$-\Delta H$ /(kJ/mol)	$-\Delta S$ /[J/(mol·K)]	T_c/℃
乙烯	95	100	677	甲基丙烯酸	42		
丙烯	86	116	468	丙烯酸甲酯	79		
1-丁烯	80	112	441	甲基丙烯酸甲酯	57	117	214
异丁烯	52	120	160	丙烯酰胺	82		
氯乙烯	96			丙烯腈	72		
偏二氯乙烯	75			乙酸乙烯酯	88	110	527
苯乙烯	70	105	394	四氟乙烯	156	112	1120
丁二烯	73	89	375	α-甲基苯乙烯	35	112	40
异戊二烯	73	86	388	乙烯基醚	60		
丙烯酸	67						

2. 单体结构与聚合热

理论分析和实验结果均证实，聚合反应释放的热量即聚合热来源于单体转变成聚合物过程中热力学能(位能)的降低。烯烃的加成聚合是 π 键转变成 σ 键的过程，测得 C—C 单键的键能为 347 kJ/mol，C=C π 键的键能为 610 kJ/mol。因此，两种化学键的键能差以聚合热的形式放出：$-\Delta H = 2\times347-610 = 84$ (kJ/mol)。该结果与表 3-2 中多数单体的聚合热数据接近。一些单体的聚合热与 84 kJ/mol 相差较大必定另有原因。

按照化学热力学函数 $\Delta E =\Delta H-p\Delta V$，式中$\Delta E$、$p$ 和ΔV 分别为聚合反应热力学能增量、体系的压力和体积增量。如果忽略聚合过程的体积变化，则$\Delta E =\Delta H$，即体系的焓增量等于热力学能增量(负增量)。下面从分析单体与聚合物的热力学能改变入手，讨论取代基位阻、共轭、电负性等效应以及氢键与溶剂化作用对聚合热的影响。

1) 取代基位阻效应使聚合热降低

为了更直观理解聚合过程中热力学能的变化趋势，作出聚合反应前后体系的热力学能变化示意图，见图 3-1。把握问题的关键在于烯烃单体与聚合物分子比较，取代基之间的夹角分别是 120°和 109°，它们之间的拥挤状态导致分子热力学能升高的程度显然聚合物更甚于单体。换言之，聚合物与单体之间热力学能的差值减小，因此单体转变成聚合物的聚合热必然降低。表 3-2 中列出各种取代基使烯烃聚合热降低的例子解释如下。

乙烯、丙烯和异丁烯的聚合热分别为 95 kJ/mol、86 kJ/mol 和 52 kJ/mol。1 个甲基使丙烯的聚合热降低 9 kJ/mol，2 个甲基使异丁烯的聚合热降低 43 kJ/mol。显而易见，两个甲基的协同作用超过 1 个甲基的 2 倍。丙烯酸甲酯和甲基丙烯酸甲酯的聚合热分别为 79 kJ/mol 和 57 kJ/mol，也显示后者增加 1 个甲基使前者的聚合热降低幅度达到 22 kJ/mol。由此可见，取代基的位阻效应的叠加将使 1,1-二取代烯烃单体的聚合热大大降低。

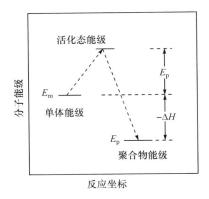

图 3-1　聚合反应的热力学能变化示意图

3-03y
导致聚合热改变的 4 因素:
1. 取代基位阻效应使聚合热降低;
2. 取代基共轭效应使聚合热降低;
3. 氢键和溶剂化效应使聚合热降低;
4. 强电负性取代基(F、Cl)使聚合热升高。

2) 共轭效应使聚合热降低

烯烃单体分子中存在的共轭效应导致电子云平均化,从而使单体热力学能降低而趋于稳定。烯烃分子聚合转化为聚合物以后,单体分子内的 π 电子与取代基之间的 π-π 共轭和 π-p 共轭在大分子中已不复存在,其热力学能并未改变,因此单体与聚合物间的热力学能之差必然降低,所以聚合热降低。表 3-2 中也有不少这样的例子,如乙烯和苯乙烯的聚合热分别是 95 kJ/mol 和 73 kJ/mol,后者降低近 23 %,这是 π-π 共轭效应和苯基位阻效应共同作用的结果。丙烯和丙烯腈的聚合热分别是 86 kJ/mol 和 72 kJ/mol,这是 π-p 共轭效应与位阻效应协同作用的结果。

再如, α -甲基苯乙烯 CH_2=$C(CH_3)C_6H_5$ 两个取代基的强烈位阻效应、共轭效应以及甲基的超共轭效应三者的共同作用,使其聚合热大幅降低至 35 kJ/mol,以至其虽然也可在较低温度聚合,但是生成的聚合物会在 40~50℃开始发生降解而转化为单体,因此这种单体不存在任何单独均聚的实用价值。

3) 氢键和溶剂化作用使聚合热降低

在无机和有机化学中有一个常识,即当化合物分子间存在氢键或者与溶剂分子之间存在溶剂化作用时,该化合物因分子热力学能的降低而趋于稳定。典型例子是水和硫化氢的分子结构虽然十分相似,两者沸点却相差 100℃之多,原因在于水分子之间存在氢键的强烈作用,而硫化氢分子之间却不存在氢键作用。

如果将此原理用于烯烃加成聚合,发现能形成氢键的单体如丙烯酸等的热力学能也显著降低。虽然聚丙烯酸分子链之间也有形成氢键的能力,但是由于受大分子链的约束,形成氢键的能力大大降低。换言之,氢键效应使丙烯酸的热力学能降低的程度远超过使聚丙烯酸热力学能降低的程度,因而两者的热力学能之差即聚合热必然降低。按照类似道理,在溶液聚合反应中单体小分子受到的溶剂化作用远强于聚合物大分子所受到的溶剂化作用,从而使单体热力学能降低的程度大于聚合物热力学能降低的程度，因而两者的热力学能之差即聚合热也必然降低。

例如，丙烯、丙烯酸和甲基丙烯酸的聚合热分别为 86 kJ/mol、67 kJ/mol 和 42 kJ/mol。可见氢键和羧基的 $\pi\text{-}p$ 共轭的共同作用使丙烯酸的聚合热降低 22%；再加上 1 个甲基的位阻效应，甲基丙烯酸的聚合热急剧降低到接近单体进行聚合反应的临界聚合热范围。丙烯酰胺、在苯中的丙烯酰胺和甲基丙烯酰胺的聚合热分别为 82 kJ/mol、60 kJ/mol 和 35 kJ/mol。可见溶剂苯的溶剂化作用使丙烯酰胺的聚合热降低 27%，增加 1 个甲基的甲基丙烯酰胺在苯中的聚合热只有 35 kJ/mol，处于临界聚合热范围，因此难于聚合。

4）强电负性取代基使聚合热升高

四氟乙烯、偏二氟乙烯、氯乙烯和硝基乙烯的聚合热分别为 156 kJ/mol、130 kJ/mol、96 kJ/mol 和 91 kJ/mol，前 3 种单体中半径较小的氟原子位阻较小而表现出强烈的电负性作用，聚合热远高于乙烯的聚合热。硝基同时具有强电负性和体积较大的双重作用，前者使聚合热升高而后者使聚合热降低，其净结果是其聚合热仍然与乙烯的聚合热接近。

强电负性取代基导致烯烃聚合热升高的原因是：连接强电负性原子或原子团的 C—C 单键和 C=C 双键的键能，分别高于一般 C—C 单键和 C=C 双键的键能，而且单键键能升高的幅度远大于双键键能升高的幅度。于是与两种键能差值相等的聚合热也就升高了。例如，六氟乙烷和乙烷分子中 C—C 单键的键能分别为 520 kJ/mol 和 347 kJ/mol；四氟乙烯和乙烯分子中的 C=C 双键的键能分别为 884 kJ/mol 和 610 kJ/mol。单键键能升高幅度达 50%，而双键键能升高幅度仅 45%。由此计算含氟乙烯的理论聚合热为 520×2−884=156 (kJ/mol)，这与表 3-2 中四氟乙烯的聚合热完全吻合。

一般而言，根据单体聚合热的大小可以粗略判断聚合物热稳定性的高低。聚合热数值大的单体生成聚合物的热稳定性较好。例如，聚四氟乙烯由于可以耐受沸油以下温度（≤270℃），因而可用作不粘锅的内膜层。聚合热数值小的单体生成的聚合物的热稳定性较低，如聚 α-甲基苯乙烯在 40～50℃会发生降解。

如前所述，除氟取代以外的所有 1,2-二取代和三、四取代烯烃均不能单独进行连锁均聚合反应。不过，如果两种单体带有相反极性的取代基，则两者之间的库仑引力可以抵消或减轻取代基位阻的影响，使不能均聚合的烯烃实现共聚。典型例子是 1,2-二苯基乙烯和顺丁烯二酸酐均不能均聚合，但是前者所带供电子基与后者所带吸电子基之间的强烈吸引作用使两者参加的共聚反应能够顺利进行。

$$n\mathrm{CH{=}CH} \;+\; n\mathrm{CH{=}CH} \longrightarrow \mathrm{[CH{-}CH{-}CH{-}CH]}_n$$

3. 单体的聚合能力与聚合熵

如前所述，烯烃单体通过加聚反应生成大分子的过程，是从无序到线性有序、熵值降低的过程。从热力学角度考虑，聚合反应过程中熵值降低所构成的热力学障碍必须以分子热力学能的降低予以补偿。如果能够创造条件使聚合反应熵值降低的程度变得小一些，那么即使对于聚合热较小、无法进行均聚合反应的单体，如 α-甲基苯乙烯以及某些 1,2-二取代烯类单体，也可能顺利参与聚合反应，同时能提高聚合物的热稳定性。

提升聚合物熵值意味着增加大分子链的无序程度，最简单的方法就是使这类单体与其他单体进行共聚合。由于两种或两种以上不同结构单元在大分子链中排列顺序的多样性，自然增加了聚合物的熵值，也就降低了聚合物的热力学能，从而使单体与聚合物之间热力学能的差值(聚合热)加大，这是某些难以均聚单体实现聚合的简便途径。

4. 聚合极限温度

3-04-y
聚合极限温度是聚合反应能够顺利进行的上限温度，等于聚合反应焓增量与熵增量之比。

按照 Gibbs 方程 $\Delta G = \Delta H - T\Delta S \leqslant 0$，要满足聚合反应不存在热力学障碍的基本条件，就必须首先满足体系的焓增量 $\Delta H < 0$，即该聚合反应必须是放热反应，同时还必须满足 $|\Delta H| > |T\Delta S|$。当 $\Delta G = \Delta H - T\Delta S = 0$ 时

$$T_c = \Delta H / \Delta S \tag{3-2}$$

将 T_c 定义为聚合极限温度或临界上限温度。低于此温度聚合反应不存在热力学障碍；高于此温度聚合物自动降解或分解；在此温度单体与聚合物达成动态平衡。聚合极限温度除按上式计算外，也可以通过实验测定聚合反应转化率或聚合速率与温度的相关性，然后作图外推到转化率或聚合速率为零时的温度即为聚合极限温度 T_c。与聚合热类似，聚合极限温度的高低通常用来粗略判断聚合物热稳定性的高低。显而易见，聚合极限温度越高的聚合物越稳定，其耐高温性能也越好。反之，聚合极限温度越低的聚合物越不稳定，其耐热性也越差。

一些 α-取代乙烯类单体(如 α-甲基苯乙烯和甲基丙烯酸甲酯等)在一定温度范围进行聚合可表现出可逆平衡的特点，即存在聚合反应与其逆反应——解聚反应之间的动态平衡。一般而言，温度是影响这类可逆平衡反应的重要因素，其等温方程如下。

$$\Delta G = \Delta G^{\ominus} + RT\ln K$$

达到平衡时，体系的自由能增量 ΔG 应等于零，即

$$\Delta G^{\ominus} = \Delta H^{\ominus} - T\Delta S^{\ominus} = -RT\ln K \tag{3-3}$$

式中，$\Delta G^{\ominus}$、$\Delta H^{\ominus}$、$\Delta S^{\ominus}$ 分别为标准状态下的自由能增量、焓增量和熵增量；K 为该聚合反应的平衡常数，k_p 和 k_{dp} 分别为聚合与解聚反应的速率常数。假设达到平衡时体系中聚合物的聚合度很大，则 K 与平衡单体浓度呈倒数关系

$$K = \frac{k_p}{k_{dp}} = \frac{1}{[M]_c} \tag{3-4}$$

将式(3-3)和式(3-4)联解，就得到平衡单体浓度与聚合极限温度之间的关系式

$$T_c = \frac{\Delta H^{\ominus}}{\Delta S^{\ominus} + RT\ln[M]_c} \tag{3-5}$$

按照式(3-5)即可根据聚合热和聚合极限温度计算该温度下的平衡单体浓度，见表3-3。

表 3-3　一些单体的聚合极限温度与平衡单体浓度

单体	聚合热/(kJ/mol)	聚合极限温度/℃	平衡单体浓度/(mol/L,25℃)
乙酸乙烯酯	87.9		1×10^{-9}
丙烯酸甲酯	78.7		1×10^{-9}
乙烯	95	400	
苯乙烯	69.9	310	1×10^{-6}
MMA	56.5	220	1×10^{-3}
α-甲基苯乙烯	35.1	61	2.2
异丁烯	51.5	50	

表 3-3 列出的数据显示，多数单体的聚合极限温度都较高，平衡单体浓度都很低。仅有少数单体如α-甲基苯乙烯和异丁烯等的聚合极限温度较低，而其平衡单体浓度较高。工业生产中许多聚合物的实际聚合温度均低于聚合极限温度，其中含有的残余单体的浓度也就必然低于表3-3所列的平衡单体浓度。不过对于一些单体毒性较高，用于食品、药物包装或直接接触餐具、饮具等的聚合物而言，有关主管部门规定了严格的聚合物品种及其单体残余量限制。例如，聚氯乙烯和聚苯乙烯一般不得用于上述与食品药品接触的相关用途。

3.2　自由基聚合反应历程与初期动力学

上一节概述了烯类单体进行连锁聚合反应的热力学一般规律。自本节开始将系统讲述自由基型聚合，而将离子型聚合的相关内容放在第 5 章。本节则重点讲述自由基聚合反应历程、链引发反应与引发剂以及聚合反应初期动力学。

3.2.1　自由基聚合反应历程

自由基聚合反应通常包括连续进行的 3 个基元反应和多种类型的链转移反应，这与一般缩聚反应仅为 1 种或 2 种简单缩合反应的重复进行显著不同。所谓基元反应，系指每 1 个聚合物大分子的生成都必须经历的基本反应过程，依次为分子链的引发反应、分子链的增长反应和分子链的终止反应 3 步反应过程，分别简称为链引发、链增长和链终止。

1. 链引发反应

连锁聚合反应能否进行，链引发即活性中心的产生无疑是关键。一般而言，自由基聚合链引发反应包括引发剂分解和单体自由基生成两步反应。

自由基聚合历程
模拟动画

缩聚历程模拟
动画

$$I(引发剂) \longrightarrow 2R· \qquad (初级自由基的生成)$$

$$R·+ CH_2=CHX \longrightarrow RCH_2—·CHX \quad (单体自由基的生成)$$

3-05-y
自由基聚合三基元反应的特点: 慢引发、快增长、速终止, 三者速率常数递增。

第 1 步引发剂的分解反应是活化能较高的吸热反应, 反应速率常数较小, 反应也较慢; 第 2 步单体自由基的生成反应是活化能较低的放热反应, 反应速率较快。因此, 链引发反应速率主要由引发剂分解反应速率决定。需要说明的是引发剂分解产生的初级自由基并非只与单体反应产生单体自由基, 同时还发生其他副反应。

2. 链增长反应

链增长反应即单体自由基与单体进行连续加成生成长链自由基的反应, 这是活化能较低的放热反应过程, 反应速率常数较大, 反应速率较快。

$$RCH_2—·CHX+nCH_2=CHX \longrightarrow \cdots \longrightarrow R-[CH_2—CHX]_n-CH_2—·CHX$$

3. 链终止反应

链终止反应即链自由基的独电子(未配对电子)通过彼此配对成键或者转移到别的分子上而生成稳定大分子的过程。与链引发和链增长反应相比较, 链终止反应的活化能最低, 因此其反应速率常数最大, 速率也最快, 通常包括双基终止和链转移终止两种类型。

1) 双基偶合终止

两个链自由基的独电子相互配对成键以后生成 1 个稳定的大分子, 其相对分子质量等于两个链自由基相对分子质量之和。不过, 犹如无法测定单个大分子的相对分子质量一样, 单个自由基的相对分子质量及其浓度的测定事实上也不可能, 所以按照双基偶合终止方式生成大分子的相对分子质量, 按照统计学原理就等于链自由基平均相对分子质量的 2 倍。研究发现, 苯乙烯自由基聚合的链终止反应便是按照双基偶合终止的方式进行。双基偶合终止生成的大分子两端都带有引发剂分解的残基, 同时大分子主链上含有一处"头-头"连接的两个结构单元, 这往往成为聚合物分子结构的薄弱环节。

2) 双基歧化终止

双基歧化终止反应的实质是两个自由基之间发生独电子转移, 结果生成两个分别为饱和链端和不饱和链端的大分子。大分子的相对分子质量即等于链自由基的相对分子质量。实践证明, 按照自由基聚合反应历程进行的聚甲基丙烯酸甲酯的链终止方式主要是双基歧化终止。双基歧化终止生成大分子的一端带有引发剂分解残基, 其中一半大分子的另一端是饱和的, 另一半大分子的最后一个结构单元含 1 个双键。不同单体的聚合反应具有不同的链终止反应方式, 主要取决于单体结构和反应条件。由于双基歧化终止涉及活化能较高的氢原子转移, 所以升高反应温度往往会导致歧化终止倾向增加。表 3-4 列出几种常见单体自由基聚合反应的链终止类型与温度的关系。

表 3-4　链终止类型与温度的关系

单体	聚合温度/℃	偶合终止/%	歧化终止/%
苯乙烯	0~60	100	0
对氯苯乙烯	60, 80	100	0
对甲氧基苯乙烯	60, 80	81, 53	19, 47
甲基丙烯酸甲酯	0, 25, 60	40, 32, 15	60, 68, 85
丙烯腈	60	92	8

　　表 3-4 显示，升高聚合温度有利于双基歧化终止。虽然各种聚合反应的链终止方式多种多样，但是本书仅要求读者明确了解：最常见的聚苯乙烯和聚丙烯腈都是按照双基偶合方式终止；聚甲基丙烯酸甲酯则主要按照双基歧化终止方式完成聚合反应。除双基终止以外，还有其他链终止反应可能发生。例如，活性链自由基与金属反应器器壁碰撞而与金属电子结合终止；高黏度聚合物活性端基被包裹终止；链自由基与其他物质(如单体、引发剂、溶剂等)发生活性中心转移终止。

3-06-y
聚苯乙烯和聚丙烯腈双基偶合终止，聚甲基丙烯酸甲酯双基歧化终止。

　　4. 链转移反应

　　所谓链转移系指活性链自由基与聚合反应体系中的其他物质分子之间发生的独电子转移反应并生成稳定大分子和新自由基的过程，主要包括向单体、引发剂、溶剂、大分子和阻聚物质转移 5 种转移类型。这些链转移反应发生的一般规律及其对聚合速率和聚合度的影响将在后面 3.4 节系统讲述。

3.2.2　链引发反应与引发剂

　　1. 自由基的产生与活性

　　将带有未配对独电子的原子、分子或原子团称为自由基或游离基。多数自由基呈电中性，也有带电荷的所谓离子型自由基。
　　1) 自由基的产生方式
　　某些有机和无机物分子内的弱共价键发生均裂，或者存在单电子转移的氧化还原反应是产生自由基的主要方式。除此之外，加热、光照或高能辐射也可以产生自由基。
　　(1) 弱共价键均裂。通常在合成聚合物时，将适量称为引发剂的试剂添加于单体中，在适当条件下就能使聚合反应顺利进行。常用引发剂如过氧化二苯甲酰(BPO)和偶氮二异丁腈(AIBN)的热分解反应是弱共价键均裂的典型例子。
　　(2) 还原剂不足的氧化还原反应。在氧化还原反应中，当还原剂物质的量较氧化剂物质的量相对不足时，氧化还原反应不能进行彻底。还原剂提供的电子不足以满足氧化剂分子的全部需求，于是氧化剂分解产生的部分残基仍处于缺电子状态，这种情况也称为氧化还原反应的单电子转移反应。例如，

3-07-y
BPO、AIBN、亚铁离子与过氧化氢或其他过硫酸盐的氧化还原反应是最重要的 3 类引发剂。

过氧化氢与亚铁离子的反应，当后者物质的量较少时，将同时生成 1 个羟基自由基和 1 个羟基负离子。

$$H_2O_2 + Fe^{2+} \longrightarrow HO^{\cdot} + HO^{-} + Fe^{3+}$$

2) 自由基的活性

自由基的活性主要取决于其自身结构的共轭因素和位阻因素。由于自由基的独电子具有强烈的配对成键倾向，凡是能够缓解或改变这种倾向的因素都能改变自由基的活性。一般而言，如果自由基带有能够使电子云趋于平均化的共轭基团，或者带有一定数目的位阻基团妨碍独电子的配对成键倾向，则自由基趋于稳定。有机化学中曾讲述三苯基甲烷自由基是一种典型的稳定自由基，原因是 3 个苯基的强烈共轭和位阻作用妨碍其独电子配对成键。下面列出一些自由基的活性顺序也显示取代基共轭和位阻作用的影响。判断自由基的独电子所处的确切位置，即未配对电子究竟属于哪个原子时，应该严格遵照 C、O、N、H 原子的价态分别为 4、2、3、1 的原则。通常情况下，有机自由基的独电子多数属于碳原子，常见自由基可以按照其活性分为 3 类。

高活性自由基：　　　$H^{\cdot} > {\cdot}CH_3 > {\cdot}C_6H_5 > R\dot{C}H_2 > R_2\dot{C}H > R_3\dot{C}$

中活性自由基：　　　$R\dot{C}HCOR > R\dot{C}HCN > R\dot{C}HCOOR$

低活性自由基：　　　$CH_2{=}CH\dot{C}H_2 > C_6H_5\dot{C}H_2 > (C_6H_5)\dot{C}H > (C_6H_5)_3\dot{C}$

现在面临的问题是：如果以引发烯烃单体进行聚合为目的，究竟需要选择哪一类活性范围的自由基最合适？原则性结论是：首先，太高活性的自由基(如氢自由基和甲基自由基)的产生需要很高的活化能，自由基的产生和聚合反应的实施都相当困难。其次，太低活性的自由基(如苄基自由基和烯丙基自由基)的产生虽然非常容易，但是它们不仅无法引发单体聚合，反而常常会与别的活泼自由基进行独电子配对成键，实际扮演阻聚剂的角色。由此可见，苯基自由基以及排列在其后面的中等活性的自由基是引发单体进行聚合反应最常见的自由基。

2. 引发剂与引发反应

无论工业生产还是实验研究，选择引发剂种类及其用量都是影响自由基聚合反应速率和产物相对分子质量的重要因素。

1) 引发剂种类

自由基聚合反应最常用的引发剂包括过氧化合物、偶氮化合物和氧化还原体系等几种主要类型。

(1) 过氧化合物。过氧化氢受热分解生成羟基自由基属于典型的弱共价键均裂反应，该反应的活化能高达 218 kJ/mol，很少单独使用。注意自由基独电子归属于 O 原子。

$$HO{-}OH {=\!=} 2HO^{\cdot}$$

过氧化二苯甲酰(BPO)是自由基聚合最常用的引发剂之一，其受热分解同样属于典型弱共价键均裂反应。BPO 可看作过氧化氢的双苯甲酰取代物，是一种白色吸潮性粉末,稍有气味,易溶于大多数有机溶剂,仅微溶于水。BPO 的分解温度为 60~80℃,分解活化能约为 125 kJ/mol,属于低活性引发剂。不过与大多数过氧化物一样,BPO 也属于易燃、易爆炸(尤其在过热或受撞击时)的危险化学品,必须在含湿状态下保存(含水量约 10%),尤其需要避免烘烤、暴晒或与强还原剂、硫酸等吸水剂接触,以免发生危险。BPO 的分解反应式如下。

该反应也可简写为

$$(C_6H_5COO)_2 \longrightarrow C_6H_5COO \cdot + C_6H_5 \cdot + CO_2$$

注意两个自由基的独电子分别归属于 O 原子和苯环上的 C 原子。

BPO 还有一个重要特点是容易发生诱导分解,即自由基向引发剂自身发生链转移,从而使引发效率降低。除此之外,用它作引发剂合成的聚合物过一段时间后可能慢慢变黄,这是其中残留的引发剂继续与聚合物发生包括氧化反应在内的复杂化学反应的结果。因此,在合成光学性能要求较高的聚合物如有机玻璃时,应该避免选用 BPO。目前已有多种高活性的过氧化物引发剂,如过氧化二碳酸二异丙酯和异丙苯过氧化衍生物等。这类引发剂的特点是可在较低温度下引发单体聚合,聚合速率也较快,不过储存和使用过程中的安全性要求也更严格。

(2) 偶氮化合物。偶氮二异丁腈(AIBN)也是最常用的一种偶氮类引发剂。其特点是分解反应比较平稳,只产生一种自由基,基本上不发生诱导分解,因而常用于自由基聚合反应的动力学研究。另外,它比较稳定,储存和使用都比较安全。不过,与所有偶氮类化合物一样 AIBN 也有一定毒性,不能用于与医用和食品包装等有关的聚合物合成。AIBN 的分解反应式如下。

由于该分解反应产生化学计量的氮气,可借助测定放出氮气的体积间接测定其分解活化能和频率因子等动力学参数。有时也可利用放出的氮气对聚合物进行发泡加工。其分解温度为 50~70℃,分解活化能为 129 kJ/mol,也属于低活性引发剂。另一种常用的偶氮类引发剂为偶氮二异庚腈(ABVN),其分解温度为 60~70℃,活化能为 122 kJ/mol,引发速率稍快于 AIBN。

(3) 无机类过氧化合物。过硫酸钾和过硫酸铵是最常用的无机过氧类引发剂,由于其良好的水溶性,常用于乳液聚合和水溶液聚合。过硫酸钾的分子式为 $K_2S_2O_8$,其分解反应如下式,可见在水溶性体系中的自由基应该以负离子的形态存在。

(4) 氧化还原体系。实践证明，许多过氧化合物在与还原剂共存时的分解反应活化能会大大降低，从而可以在较低的温度下以较快的速率引发聚合反应。由于过氧化合物和还原剂的种类繁多，因此可以按照实际需要搭配出各种各样的氧化还原引发体系，下面列举两个最为实用的例子。

(i) 过氧化氢-亚铁离子体系。其反应式已如前述，由于亚铁离子的存在，过氧化氢的分解活化能从 218 kJ/mol 降低到 40 kJ/mol，从而使引发剂分解和聚合反应大大加快。

(ii) BPO-叔胺体系。这是一种可以在室温条件下快速完成小批量聚合物制备的高活性引发体系。例如，牙科医生为病人镶牙时需要在现场调配制作成型聚合物材质的牙托材料，常采用该引发体系。该反应生成一种带正电荷的叔胺阳离子自由基。

$$\underset{O}{\underset{\|}{C}}-O-O-\underset{O}{\underset{\|}{C}} + Me-\underset{Me}{\overset{Me}{N}} \xrightarrow{\text{常温}}$$

$$\underset{O}{\underset{\|}{C}}-O\cdot + Me-\underset{Me}{\overset{Me}{\overset{+}{N}\cdot}} + \underset{O}{\underset{\|}{C}}-O^{-}$$

由于氧化剂和还原剂均为有机物，因此其在单体-聚合物体系中很容易均匀混合，能够保证聚合反应顺利快速完成。除此以外，氧化还原引发剂体系还有一个共同特点，即引发效率相对较低，至少有一半引发剂将还原剂氧化而不产生自由基，并未发挥引发作用。所以，采用氧化还原引发体系时，除了严格控制还原剂的加入量以外，还必须适当增加氧化剂用量。

2) 引发剂选择一般原则

3-08-y
引发剂选择
4 原则：溶解类别、半衰期、物性要求、用量。

本节重点要求掌握 BPO、AIBN、过硫酸盐和过氧化物-亚铁离子 4 种最常用的自由基聚合反应引发剂体系，了解它们的分解反应、一般特点和适用范围。同时要求了解一些其他种类的引发剂以及引发剂选择原则。

(1) 按照聚合方法选择引发剂的溶解性类型。例如，本体聚合、悬浮聚合、一般溶液聚合宜选择油溶性引发剂如 BPO、ANBN 等，也可以选择油溶性的氧化还原引发体系。乳液聚合、以水作溶剂的溶液聚合宜选择水溶性引发剂，如 $K_2S_2O_8$、$(NH_4)_2S_2O_8$ 或氧化还原体系。

(2) 按照聚合反应温度范围选择半衰期适当的引发剂。一般而言，引发剂在聚合反应温度下的半衰期应该与聚合反应时间处于同一数量级。半衰期过长过短都不可取。半衰期过长使聚合反应太慢，反应完成以后聚合物中的残留引发剂太多，影响聚合物的质量和使用性能；半衰期太短则反应难以控制，可能产生暴聚，或引发剂过早分解完毕而单体转化率并不高。表 3-5 列出常用引发剂的使用温度范围可供参考。

表 3-5　一些引发剂的使用温度范围

温度范围/℃	E_d/(kJ/mol)	引发剂举例
高温>100	138~188	异丙苯过氧化氢，特丁基过氧化氢，过氧化二异丙苯等
中温 30~100	110~138	BPO，AIBN，过硫酸盐
低温–10~30	63~110	过氧化氢-亚铁，异丙苯过氧化氢-亚铁，BPO-N-二甲基苯胺
极低温<–10	<63	过氧化物-三乙基铝，三乙基硼，二乙基铅

(3) 按照聚合物用途选择符合质量要求的引发剂。例如，用过氧类引发剂合成的聚合物容易变色而不能用于有机玻璃等光学高分子材料的合成；偶氮类引发剂有毒而不能用于与医药和食品有关的聚合物合成。

(4) 引发剂用量一般通过试验确定。本体聚合和悬浮聚合的引发剂用量为单体质量(或物质的量)的 0.1%~2%，溶液聚合和乳液聚合的引发剂用量需要稍多一些。

3) 其他引发方式

下面简要讲述在某些特殊情况下采用的热、光照和高能辐射等引发方式，采用这些引发方式合成的聚合物十分纯净。

(1) 热引发。典型的例子是将适量苯乙烯密封于玻璃安瓿之中，然后置于温度高于 100℃烘箱内加热若干时间，即可得到透明的聚苯乙烯。一般认为苯乙烯的热引发聚合反应属于双分子碰撞的自由基聚合历程，如下式。

$$2CH_2=CH \longrightarrow 2[\cdot CH_2-CH\cdot] \longrightarrow \cdot CH-CH_2CH_2-\dot{C}H$$

如果从 π 键断裂所需能量约 210 kJ/mol 考虑，上述双分子热碰撞机理证明将断裂活化能降低到 85~125 kJ/mol 完全可行。由碰撞产生的苯乙烯双自由基经活性较高端(β-碳原子)的双基偶合以后，生成的尾-尾连接的所谓"双苯乙烯双自由基"则开始双向的链增长反应。一般而言，活泼单体(如苯乙烯、甲基丙烯酸甲酯等)容易发生热引发聚合。据报道，苯乙烯热聚合如果要达到50%转化率，29℃时需要 400 d，127℃时需 3 h，167℃时仅需 16 min。不活泼单体如乙酸乙烯酯和氯乙烯则不容易发生热引发聚合。需要特别重视的是，大多数烯类单体在室温条件下长期存放都会慢慢发生聚合而失去使用价值，其聚合机理包括空气中氧的催化引发等复杂过程，不能简单视为热引发聚合。

(2) 光引发。近年来，采用光引发的聚合反应在制作光敏树脂印刷胶版和集成电路光刻胶等领域已获得广泛应用。由于采用光引发合成的聚合物具有十分纯净、聚合温度相对较低、光强度易于控制等优点，因此很有发展前途。研究发现，各种单体都具有其特殊的吸收光波长范围，如表 3-6 所示。

表 3-6　几种单体的吸收光波长

单体	乙酸乙烯酯	氯乙烯	丁二烯	苯乙烯	甲基丙烯酸甲酯
波长/nm	300	280	254	250	220

可见多数烯烃单体的吸收光波长都在紫外光范围内，采用高压汞灯再配以适当滤色器便可以作为光引发聚合反应的光源。光引发聚合通常包括直接光引发聚合和加入光敏剂的间接光引发聚合两类。比较容易进行直接光引发聚合的单体包括丙烯酰胺、丙烯腈、丙烯酸及其酯类等。然而加入光敏剂的间接光引发却能大大提高聚合反应速率，所以应用更为广泛。所谓光敏剂系指受到光照容易发生分子内电子激发的一类化合物，如甲基乙烯基酮和安息香等便是常用的光敏剂，其分解反应如下式。

$$CH_2=CH-\overset{O}{\overset{\|}{C}}-CH_3 \xrightarrow{h\nu} CH_2=CH-\overset{O}{\overset{\|}{C}}\cdot + \cdot CH_3$$

$$\underset{}{\overset{O}{\overset{\|}{C}}}\overset{OH}{\underset{}{CH}} \xrightarrow{h\nu} \overset{O}{\overset{\|}{C}}\cdot + \overset{OH}{\underset{}{\cdot CH}}$$

单体中加入光敏剂再用光引发进行的聚合反应通常称为直接光敏聚合；同时加入光敏剂和常规引发剂而进行的聚合反应称为间接光敏聚合。AIBN是最常用的光敏引发剂。图 3-2 为采用各种引发方式进行苯乙烯聚合反应的速率比较。显而易见，采用间接光敏聚合反应的速率最快。

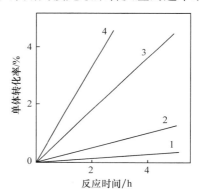

图 3-2　不同引发方式进行苯乙烯聚合反应速率比较
1. 热引发；2.直接光引发；3. AIBN 引发；
4. 加 AIBN 的间接光引发

(3) 高能辐射引发。采用高能辐射引发烯烃单体进行的聚合反应称为辐射聚合。目前采用最多的是以 Co^{60} 为辐射源的所谓 γ 射线引发聚合。辐射引发烯烃单体进行聚合反应的机理极为复杂，可能包括自由基和阴、阳离子聚合反应历程，本书不作讨论。不过有必要说明辐射引发聚合与光引发聚合的共同特点是都可以在较低温度下进行，聚合反应速率较快而受温度影响较小，所得聚合物极为纯净。

目前辐射引发常用于一般引发方法难以实现的天然或合成聚合物的接枝共聚或交联，从而开辟了新型天然与合成高分子化合物合成、改性和应用的新领域。

3.2.3　聚合反应初期动力学

聚合反应速率和聚合物的相对分子质量是高分子化学的重要研究内容，理论上可以阐明聚合反应机理，在生产中可以提供控制聚合反应条件和产品质量的依据和手段。本节首先从自由基聚合反应 3 个基元反应的动力学方程推导出发，再依据等活性、长链和稳态 3 个基本假设推导出聚合反应总的动力学方程，同时分析影响聚合反应速率的主要因素。

图 3-3 为典型自由基聚合反应的转化率与时间的关系示意图。绝大多数烯烃单体如苯乙烯、甲基丙烯酸甲酯等均具有如图所示的 S 型转化率-时间关系曲线。整个聚合反应过程大体可分为 4 个阶段，即诱导期、匀速期、加速期和减速期。

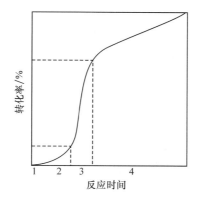

图 3-3　自由基聚合反应转化率-时间曲线

1. 诱导期；2. 匀速期；3. 加速期；4. 减速期

3-09-t
　　要求熟悉自由基聚合反应转化率-时间曲线的 4 个阶段:诱导期、匀速期、加速期和减速期。

(1) 诱导期即零速期。在聚合反应初期，由于体系中的杂质(含于单体或不洁净反应器内)首先消耗引发剂分解生成的初级自由基，使聚合反应速率为零，故称此阶段为诱导期。如果单体和反应器非常纯净则不出现诱导期。

(2) 聚合初期即匀速期。从聚合反应实际开始至转化率达到 5%～15%之前，体系中单体和引发剂的浓度相对较高，聚合反应平稳地进行，在此阶段聚合反应速率与单体浓度大体呈线性关系，故称为匀速期。工业上往往将此阶段扩大到转化率在 10%～20%以下。

(3) 聚合中期即加速期。随着聚合反应的进行，单体不断消耗，聚合物不断生成，体系的黏度逐渐升高，当达到一定的转化率时，聚合反应速率呈急速升高之势，即发生所谓"自加速过程"，在不太长的时间之内转化率很快升高到 50%～70%，甚至更高。

(4) 聚合后期即减速期。随着单体和引发剂的不断消耗，聚合反应速率呈逐渐减小的趋势。通常情况下如果需要达到很高的转化率，此阶段将需耗费很长时间。

下面讲述聚合反应初期，即匀速期聚合反应速率与单体浓度和引发剂浓度之间的定量关系，以及温度对聚合速率的影响。总体思路是从建立 3 个基元反应动力学方程入手，根据聚合反应速率与基元反应速率之间的关系，推导出聚合反应速率与单体和引发剂浓度之间的关系式。

1. 链引发速率

按照化学常识，一个化学反应的速率既可用反应物的消耗速率表示，也可用生成物的增加速率表示。究竟选择反应物的减少还是生成物的增加作为化学反应速率的表征对象，一般取决于测量和计算的难易程度，同时还必须使反应速率的表征具有该反应的特征性。如前所述，由于引发剂分解反应速率是决定聚合反应速率的关键性因素，因此在研究聚合反应速率之前首先要研究引发剂分解反应动力学，即引发剂浓度变化与反应时间的关系。自由基聚合的链引发反应包括两个步骤，首先是引发剂分解生成初级自由基的单分子反应，接着是初级自由基与单体反应生成单体自由基的双分子反应。前者即引发剂的分解速率或者初级自由基的生成速率，其实就是分别以该反应的反应物消耗和生成物增加作为该反应速率的不同表征对象。

$$I \xrightarrow{k_d} 2R^\cdot$$

$$R^\cdot + M \xrightarrow{k_i} RM^\cdot$$

引发剂分解速率：

$$\frac{-d[I]}{dt} = k_d[I]$$

初级自由基生成速率：

$$\frac{d[R^\cdot]}{dt} = 2k_d[I]$$

单体自由基生成速率：

$$v_i = \frac{d[M^\cdot]}{dt} = \frac{d[R^\cdot]}{dt} = 2k_d[I]$$

这是基于第 2 步反应生成单体自由基的速率远远大于引发剂的分解速率，链引发速率主要由引发剂分解速率决定。换言之，在一般情况下链引发速率与单体浓度无关。不过，由于一般情况下部分初级自由基可能发生副反应，所以应将引发效率考虑进去，于是得到链引发反应的动力学方程(下标 d 和 i 分别代表引发剂分解和链引发)：

$$v_i = 2f k_d[I] \tag{3-6}$$

$$引发效率 \quad f = \frac{单体自由基生成速率}{初级自由基生成速率} = \frac{v_i}{2k_d[I]}$$

在 $0 \rightarrow t$, $[I]_0 \rightarrow [I]$ 范围对引发剂分解速率方程积分，即得到

$$\ln[I]/[I]_0 = -k_d t \quad 或 \quad [I]/[I]_0 = e^{k_d t} \tag{3-7}$$

结果表明，引发剂分解属于单分子 1 级反应，其浓度降低速率的自然对数与反应时间成正比。实验中只需测定恒温条件下引发剂浓度与时间的对应

变化关系，再按上式作图便可得到直线，其斜率即为引发剂分解速率常数 k_d。由于一般有机物浓度的实时快速分析比较困难，因此在动力学实验中往往测定其他相对容易测定的相关量。例如，测定 AIBN 分解放出的氮气体积即可通过作图得到其分解速率常数。通常用半衰期即反应物浓度消耗一半所需时间 $t_{1/2}$ 表达 1 级反应的速率常数。引发剂的半衰期与其分解速率常数的关系如下式

$$t_{1/2} = 0.693/k_d \qquad (3-8)$$

通常将引发剂在 60℃时的半衰期作为划分其活性高低的尺度：

半衰期 $t_{1/2}$/ h	> 6	6～1	< 1
活性类别	低	中	高

3-10-j
引发剂半衰
期计算式。

按照物理化学有关化学反应速率常数与活化能和温度的关系式

$$\ln k_d = \ln A_d - E_d/RT \qquad (3-9)$$

依次测定多个温度条件下的速率常数，再按式(3-9)以 $\ln k_d$-$1/T$ 作图，即可得到引发剂分解反应的活化能 E_d 和频率因子 A_d。表 3-7 列出一些常用引发剂的动力学数据。结果显示，引发剂的半衰期随温度升高而急剧缩短，证明温度是影响聚合反应速率的关键，即链引发反应速率的重要因素。

表 3-7　一些引发剂的分解速率常数、半衰期和活化能

引发剂	溶剂	温度/℃	速率常数 k_d/($\times 10^6$ s^{-1})	半衰期 $t_{1/2}$/h	活化能 E_d/(kJ/mol)
AIBN	苯	50，61，70	2.64，11.6，37.8	73，16.6，5.1	129
BPO	苯	60，80	2.0，25	96，7.7	125
K$_2$S$_2$O$_8$	0.1 mol/L KOH	50，60，70	0.95，3.16，23.3	212，61，8.3	33.5

引发效率系指真正能与单体反应生成单体自由基并开始链增长的初级自由基占初级自由基总量的百分率。造成引发剂不能完全用于生成单体自由基进而引发单体聚合并导致引发效率降低的主要因素包括引发剂的诱导分解和溶剂的笼蔽效应等。

(1) 诱导分解。实质是初级自由基和链自由基向引发剂分子的链转移反应，结果是消耗 1 分子引发剂而自由基数目却并不增加，如下式所示初级自由基被无谓消耗掉。

$$R^· + C_6H_5CO_4CC_6H_5 \longrightarrow C_6H_5COOR + C_6H_5COO^·$$

实践证明，过氧类引发剂较容易发生诱导分解，而偶氮类引发剂则不容易发生诱导分解。这是产生诱导分解反应的内因，外因是单体活性及其他聚合反应条件。事实上，诱导分解反应与生成单体自由基的链引发反应是一对竞争性反应。对于高活性单体如苯乙烯和丙烯腈等而言，上述竞争性反应有利于后者，引发剂的引发效率较高；相反对于低活性单体如乙酸乙烯酯等，上述竞争性反应则有利于前者，引发效率就比较低。在这里有必要明确其中的原因。按照化学反应原理，双分子化学反应的反应速率决定于两个反应物的活泼性。理论和实践均已证明下面两条规律：

3-11-y
自由基活性是聚合速率的决定性因素；活泼单体产生不活泼自由基，不活泼单体产生活泼自由基。

(i) 在自由基参加的聚合反应中，自由基活性是影响聚合速率的决定性因素。

(ii) 在烯烃自由基型链增长反应中，活泼单体产生的自由基不活泼，不活泼单体产生的自由基活泼。

按照这两条规律就不难解释同一种引发剂对于不同活性的单体却具有不同的引发效率。在上述两个竞争性反应中，活泼单体可以使单体自由基的生成反应占据主导地位，不活泼单体则使链引发的主导趋势减弱。

(2) 笼蔽效应。笼蔽效应系指在溶液聚合反应中，浓度很低的引发剂分子及其分解产生的初级自由基始终处于高黏度聚合物溶液包围之中，部分初级自由基无法与单体分子接触而更容易发生向引发剂或溶剂分子的转移，从而使引发效率降低。例如，一般不发生诱导分解的 AIBN 在溶液聚合中也可能发生初级自由基双基终止，从而使引发效率降低。

(3) 初级自由基的副反应。例如，初级自由基的双基偶合反应、向溶剂分子的转移反应等都可能消耗初级自由基，从而使引发效率降低。

2. 链增长速率

与第 2 章讲述的线型平衡缩聚反应相类似，生成聚合度为 n 的大分子需要进行$(n-1)$步链增长反应，应有$(n-1)$个链增长速率和同样数量的速率常数。不过按照 Flory 等活性理论，链自由基的活性与链长无关，各步链增长反应的速率常数相等。现在令体系中的链自由基的总浓度为 $[M^\cdot]$，总的速率常数为 k_p，单体浓度为[M]，同时选择用单体消耗速率表示链增长速率，则其动力学方程如下式。

$$v_p = -d\,[M]/dt = k_p\,[M][M^\cdot] \tag{3-10}$$

3. 链终止速率

如上节所讲述，自由基聚合反应的链终止反应可能包括双基偶合、双基歧化和链转移 3 种方式。为了简化推导过程，下面暂时只列出双基歧化和双基偶合终止的反应式和动力学方程，而将链转移终止的动力学方程留待 3.4 节讲述。

双基歧化终止：

$$M_x^\cdot + M_y^\cdot \xrightarrow{k_{tc}} M_x + M_y \qquad v_{tc} = 2k_{tc}[M^\cdot]^2 \tag{3-11}$$

双基偶合终止：

$$M_x^\cdot + M_y^\cdot \xrightarrow{k_{td}} M_{x+y} \qquad v_{td} = 2k_{td}[M^\cdot]^2 \tag{3-12}$$

以自由基消耗速率表示的链终止反应速率如下式：

$$v_t = \frac{-d[M^\cdot]}{dt} = 2k_t[M^\cdot]^2 = v_{tc} + v_{td}$$

式中，$k_t = k_{tc} + k_{td}$。

这里需要特别解释，虽然在前面讲述三基元反应时曾反复说明聚合反应体系中实际存在 3 种不同的自由基，即初级自由基、单体自由基和增长着的链自由基，但是现代实验技术还无法分别定性检测，更无法分别定量分析其浓度，所以只能用一个自由基总浓度$[M^\cdot]$表征体系中所有 3 种自由基的总浓度。

实验证明，在自由基聚合反应体系中不仅自由基极其活泼、浓度极低、存在寿命极短，即使是自由基总浓度目前仍然无法直接测定。因此，动力学研究必须采用所谓"稳态假设"，即聚合反应开始经历自由基浓度由零逐渐增加的短暂过程之后，引发剂分解产生的自由基与链终止反应所消耗的自由基趋于相等，即链引发速率与链终止速率趋于相等 $v_i=v_t$。此时体系中的自由基浓度不再随反应进程而变化，把自由基浓度相对稳定的这一过程称为"稳态"。有研究报道称苯乙烯在溶剂苯中(60℃)进行的聚合反应开始 2 s 以后即进入自由基浓度相对恒定的稳态阶段。

3-12-y
推导自由基聚合反应动力学方程的 3 个假设：等活性、稳态和长链。

4. 聚合反应速率

如前所述，聚合反应的速率既可以用单体消耗速率表示，也可以用聚合物生成速率表示。不过考虑到如果选择聚合物生成速率表示聚合反应速率，则不可避免会面对聚合物物质的量及其平均聚合度与原料单体物质的量之间的换算问题。因此，选择单体消耗速率表征聚合反应速率显得更为简单明了。

分析自由基聚合反应中参加 3 个基元反应的反应物可以发现，链引发反应第 1 步只消耗引发剂，第 2 步即单体自由基生成反应只消耗 1 个单体和 1 个初级自由基，而链终止反应只消耗自由基而不消耗单体。显而易见，对于单个大分子生成过程而言，链增长反应消耗的单体数目(聚合度为 $n-1$)无疑远多于链引发反应所消耗的单体数。这就是高分子化学中的所谓"长链原理"。基于此，动力学上以单体消耗速率表征的聚合反应速率近似等于链增长反应速率，即

$$v(总)=\frac{-d[M]}{dt}=v_p+v_i \approx v_p=k_p[M][M^\bullet]$$

再根据稳态原理 $v_i=v_t$，求解自由基浓度

$$[M^\bullet]=\left(\frac{v_i}{2k_t}\right)^{1/2}=\left(\frac{fk_d[I]}{k_t}\right)^{1/2}$$

代入上式，即得自由基聚合反应动力学方程

$$v_p=k_p\left(\frac{v_i}{2k_t}\right)^{1/2}[M]$$

$$=k_p\left(\frac{fk_d}{k_t}\right)^{1/2}[M][I]^{1/2}$$

$$=k_p'[M][I]^{1/2} \tag{3-13}$$

式中，$k_p'=k_p(fk_d/k_t)^{1/2}$ 为聚合反应综合速率常数，包含链引发、链增长和链终止 3 个速率常数对聚合反应速率的贡献。式(3-13)显示，聚合反应速率与单体浓度以及引发剂浓度的平方根成正比。在时间 $0\to t$, $[M]_0\to[M]$范围内对式(3-13)进行定积分，得到

3-13-j
提醒注意式(3-13)是本章最重要公式之一，式中引发剂浓度 1/2 次方源于双基终止机理。

$$\ln\frac{[M]_0}{[M]}=k_p'[I]^{1/2}t=k_p\left(\frac{fk_d}{k_t}\right)^{1/2}[I]^{1/2}t$$

3-14-y,j
式 (3-14) 中单体浓度 3/2 次方的含义为引发效率低。

对于像溶液聚合和乳液聚合等引发效率较低的情况，链引发速率不仅与引发剂浓度有关，同时与单体浓度相关，即 $v_i=2fk_d[I][M]$。将其代入式(3-13)，

则动力学方程就变为

$$v_p = k_p \left(\frac{f \, k_d}{k_t} \right)^{1/2} [M]^{3/2} [I]^{1/2}$$

$$= k_p'[M]^{3/2}[\,I\,]^{1/2} \tag{3-14}$$

显而易见，当引发效率较低时聚合反应速率与单体浓度的 3/2 次方成正比，显示单体浓度对聚合速率的影响更大一些。方程中其余部分与式(3-13)完全相同。总而言之，自由基聚合反应动力学方程是在等活性、稳态、大分子长链和不考虑链转移反应 4 个设定的条件下推导出来的，聚合反应在低转化率阶段即本节开始所述的聚合反应初期(匀速期)，通常都满足上述条件。

5. 速率常数

高分子化学领域常用俗语"慢引发、快增长、速终止"描述自由基聚合 3 个基元反应的相对速率。虽然如此描述并不十分准确，不过其中心意思是形容自由基聚合反应的链引发是最慢的一步反应，链增长和链终止的速率常数都相当大。表 3-8 列出一些单体进行自由基聚合反应的速率常数比较。

表 3-8　一些聚合反应的链增长和链终止反应速率常数[L /(mol·s)]及活化能(kJ/mol)

单体	k_p, 60℃	$k_t \times 10^{-6}$	E_p	E_t
苯乙烯	176	36	32.6	10
甲基丙烯酸甲酯	367	9.3	26.4	11.7
丙烯酸甲酯	2 092	4.7	30	20.9
丙烯腈	1 960	782	16.3	11.5
乙酸乙烯酯	3 700	74	30.5	21.8
氯乙烯	12 300	2 100	15.5	17.6
丁二烯	100		38.9	

从表 3-8 和表 3-7 列出的数据可以看出，3 个基元反应的速率常数分别为 $10^{-4} \sim 10^{-6}$、$10^2 \sim 10^4$、$10^6 \sim 10^8$ 数量级，的确相差很大。现在的问题是，既然链终止反应比链增长反应的速率常数大 4 个数量级，为什么并没有出现自由基还来不及与单体进行增长反应就发生链终止，而一般聚合反应却仍然可以得到聚合度高达 $10^3 \sim 10^4$ 的聚合物呢？

原来问题的关键在于反应速率与速率常数之间存在本质区别。一般而言，反应速率应该等于速率常数与反应物浓度(还包括按照质量作用定律所对应的浓度方次)的乘积，而速率常数则是单位反应物浓度时的反应速率。考虑到引发剂、单体、自由基的浓度通常在 10^{-2}、10^0、$10^{-7} \sim 10^{-9}$ mol/L 数量级，则在实际的自由基聚合反应中链增长反应和链终止反应的速率应该有如下的大小关系(取速率常数和浓度的最小值，并省略单位)。

$$v_p = k_p[M][M^\bullet] = 10^2 \times 1 \times 10^{-7} = 10^{-5}$$

$$v_t = k_t[M^\bullet]^2 = 10^6 \times 10^{-7} \times 10^{-7} = 10^{-8}$$

由此可见，聚合反应速率(链增长速率)实际上比链终止速率大约快 3 个数量级，这样才可能生成理论聚合度为 10^3(双基歧化终止)和 10^6(双基偶合终

3-15-y
速率常数和速率是两个不同的概念，提醒从不同的反应物浓度进行解释。

止)的聚合物。当然由于后面将要讲述的各种链转移副反应的存在，一般自由基聚合反应实际上远远达不到如此高的聚合度。

6. 动力学实验证据

自由基聚合反应动力学方程的正确性可以通过实验来证明。图 3-4 即为甲基丙烯酸甲酯和苯乙烯的聚合反应速率与引发剂浓度的对数关系。结果显示，在 3 种不同的聚合反应条件下，$\lg v_p$-$\lg[I]$ 都具有良好的线性，直线斜率均为 0.5，证明聚合反应速率与引发剂浓度的平方根成正比。由于动力学方程是以稳态和双基终止为前提条件而推导出来的，因此同时也证明稳态假定和双基终止机理完全正确。

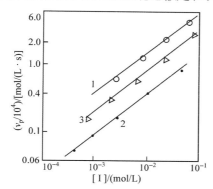

图 3-4　聚合反应速率与引发剂浓度的对数关系
1. MMA-AIBN, 50℃; 2. St-BPO, 60℃;
3. MMA-BPO, 50℃

7. 速率常数的测定与计算

化学反应速率常数的测定是化学动力学研究的一项重要内容。在自由基聚合反应的 3 个基元反应中，引发剂分解速率常数 k_d、引发速率 v_i 和引发效率 f 均可以根据式(3-6)和式(3-7)通过实验直接测定。然而链增长速率常数 k_p 和链终止速率常数 k_t 却无法独立测定，而转移速率常数 k_{tr} 的测定也需要链增长速率常数 k_p 和链转移常数 C_{tr}。为此将式(3-10)和式(3-11)式(3-12)联立求解，即得

$$\frac{k_p^2}{k_t} = \frac{2v_p^2}{v_i[M]^2} = \frac{2v_p v}{[M]^2} \tag{3-15}$$

按照式(3-15)，通过实验测定聚合速率、引发速率或动力学链长和单体浓度 3 个数据，虽然可以计算出链增长速率常数的平方与链终止速率常数之比值，但是仍然不能分别得到这两个速率常数。如果要分别求得这两个速率常数，还必须引入自由基寿命的概念。所谓自由基寿命，系指自由基从产生至消失(终止)所经历的时间，等于稳态时自由基浓度与链终止速率之比，即

$$\tau = \frac{[M^{\cdot}]_s}{v_t} = \frac{1}{2k_t[M^{\cdot}]_s} = \frac{k_p[M]}{2k_t v_p} \tag{3-16}$$

求解即可得到

$$k_p/k_t = 2\,v_p\tau/\,[M] \tag{3-17}$$

或者

$$[M^{\cdot}]_s = 1/2\, k_t \tau$$

将式(3-15)和式(3-17)联立求解，即可分别计算出链增长速率常数和链终止速率常数，剩下的唯一试验问题就是如何测定聚合反应体系中链自由基的寿命 τ。

8. 自由基寿命测定原理

自由基聚合反应进入稳态阶段以后，自由基的生成速率与消失速率相等而达成动态平衡。虽然此时的自由基浓度不变，但是其浓度和寿命却仍然无法直接测定。换言之，只有在非稳态条件下才能够间接测定自由基寿命。由于自由基寿命极其短暂(一般不长于几秒)，聚合反应达到稳态所需的时间也非常短，所以通常选择光引发聚合。在光照(链引发)与光灭(链终止)的时间间隙内，测定自由基在短暂生-灭过程前后的单体浓度，再经过一系列数学处理即可求得自由基寿命。实际测定自由基寿命的方法包括非稳态测定和假稳态测定等多种途径，对具体测定仪器、测定过程和结果处理，读者可以参阅潘祖仁先生主编的《高分子化学》。

3.3　动力学链长与聚合度

与普通低分子化合物不同,高分子材料的一个重要性能指标是相对分子质量。在自由基聚合反应中，影响聚合反应速率的因素如单体浓度、引发剂浓度和温度等往往对相对分子质量也产生影响。本节将首先讲述无链转移反应即仅存在双基终止时的聚合度，而将各种链转移反应对聚合度的影响留待下一节讲述。

3.3.1　动力学链长

所谓动力学链长，系指活性中心链自由基从产生到消失所消耗的单体数目。在稳态和无链转移反应条件下，动力学链长等于以单体消耗速率表征的链增长速率与链终止速率(或链引发速率)之比，即

$$\nu = 单体消耗速率/自由基产生(或消失)速率$$

$$= \frac{\nu_p}{\nu_t} = \frac{\nu_p}{\nu_i}$$

$$= \frac{k_p[M][M^{\cdot}]}{2k_t[M^{\cdot}]^2}$$

$$= \frac{k_p[M]}{2k_t[M^{\cdot}]} \tag{3-18}$$

按照稳态假设求解自由基浓度,得到 $[M^{\cdot}]=(2\,f\,k_d\,[\,I\,]/2k_t)^{1/2}$,将其代入式(3-18),即得

$$\nu = \frac{k_p}{2(f\,k_d k_t)^{-1/2}}[M][I]^{-1/2}$$

$$= k_p''[M][I]^{-1/2} \tag{3-19}$$

式中， $k_p'' = k_p/2\,(f k_d k_t)^{-1/2}$ 定义为与动力学链长相关的综合动力学常数。该式表明在低转化率和不考虑链转移的情况下，动力学链长与单体浓度成正比，

3-16-y.j
动力学链长
是指链自由基从
产生到消失所消
耗的单体数目。

3-17-y.j
比较动力学
链长与链增长速
率两式的差异。
$\nu = k_p''[M][I]^{-1/2}$
$\nu_p = k_p'[M][I]^{1/2}$

与引发剂浓度的平方根成反比。提醒学习时最好将式(3-19)与式(3-13)进行比较，可发现聚合反应速率公式与动力学链长公式两者的相似与不同之处。

3.3.2　无链转移时的聚合度

如果不考虑链转移反应，双基终止自由基聚合物的聚合度关系式比较简单，两者的聚合度分别等于动力学链长和 2 倍动力学链长。

$$
\left.
\begin{aligned}
&\text{双基歧化终止：} \quad \bar{X}_n = v = \frac{v_p}{v_t} = \frac{v_p}{v_i} \\
&\text{双基偶合终止：} \quad \bar{X}_n = 2v = \frac{2v_p}{v_t} = \frac{2v_p}{v_i} \\
&\text{两种终止共存：} \quad v < \bar{X}_n < 2v
\end{aligned}
\right\} \tag{3-20}
$$

3.4　链转移反应及其影响

3.4.1　链转移反应动力学

链转移反应通常包括链自由基分别向单体、向引发剂、向溶剂、向大分子的转移反应，可以用如下通式表示。

$$ M_n^{\cdot} + YS \xrightarrow{k_{tr}} M_n Y + S^{\cdot} $$

作为链转移对象分子 YS 中的 Y 通常是容易发生转移反应的活泼原子，如氢、氯和巯基等。新生成自由基 $S^{\cdot}$ 如果具有足够高活性，便可重新引发单体继续链增长反应。

$$ M + S^{\cdot} \xrightarrow{k_a} SM^{\cdot} \xrightarrow{+nM} SM_n^{\cdot} $$

将两式中的 k_{tr} 和 k_a 分别定义为链转移速率常数和新生自由基的再引发速率常数。链转移反应导致的结果首先是链自由基提前终止，使聚合度降低。而聚合速率的变化则视链转移速率常数 k_{tr} 和新生自由基再引发速率常数 k_a 的相对大小而定，如表 3-9 所示。

表 3-9　链转移反应对聚合反应速率和聚合度的影响类型和结果

速率常数相对大小	聚合反应速率	聚合度	链转移类型和结果
$k_p \gg k_{tr}, k_a \approx k_p$	不变	降低	一般链转移
$k_p \ll k_{tr}, k_a \approx k_p$	不变	降低甚多	相对分子质量调节
$k_p \gg k_{tr}, k_a < k_p$	降低	降低	缓聚作用
$k_p \ll k_{tr}, k_a < k_p$	降低甚多	降低甚多	衰减链转移
$k_p \ll k_{tr}, k_a = 0$	很快为零	1 或定值	高效阻聚剂

注意表 3-9 中最后一栏，高效阻聚剂对于聚合反应速率和聚合度的影响结果应视该高效阻聚剂加入聚合体系的时间而定。如果存在于反应开始时刻，则聚合反应无法进行；如果是在聚合反应进行过程中加入，则聚合反应很快停止，聚合度也将维持在加入阻聚剂那一时刻达到的平均聚合度。本节将就链转移反应不显著改变聚合反应速率的情况(表中上面两栏 $k_a \approx k_p$)讲述聚合

度的定量关系式。

存在链转移反应时聚合物大分子的生成通常包括两种可能的双基终止反应和 4 种可能的链转移反应。双基终止对于聚合度的贡献可以直接引用式(3-20)。这里首先推导各种链转移反应的动力学方程，并讨论其对聚合度的影响。对于引起大分子支化和交联的向大分子转移反应，在本节末只作定性讨论。

向单体转移：　　$M_n^{\cdot} + M \longrightarrow M_nH + M^{\cdot}$　　　$v_{tr,M} = k_{tr,M}[M^{\cdot}][M]$

向引发剂转移：$M_n^{\cdot} + I \longrightarrow M_nR + R^{\cdot}$　　　$v_{tr,I} = k_{tr,I}[M^{\cdot}][I]$

向溶剂转移：　$M_n^{\cdot} + HS \longrightarrow M_nH + S^{\cdot}$　　　$v_{tr,S} = k_{tr,S}[M^{\cdot}][S]$

式中，$M_n^{\cdot}$ 为存在于体系中的自由基(含链自由基、单体自由基和初级自由基)，$k_{tr,M}$、$k_{tr,I}$、$k_{tr,S}$ 分别为自由基向单体、引发剂和溶剂链转移反应的速率常数。

3.4.2　链转移反应与聚合度

如前所述，动力学链长系指活性中心链自由基从产生至消失所消耗的单体数目。必须特别注意"消失"这个词。双基终止反应的进行无疑会导致两个自由基的同时消失。如上面 3 个链转移反应虽然原有的链自由基"消失"了，但是产生了新的自由基，这种活性中心的转移不能算作真正的消失。这就是为什么将其定义为"动力学链长"的原因。换言之，链转移反应不是动力学链的终止而仅仅是转移，转移反应发生以后新生成的自由基重新引发单体进行聚合反应所消耗的单体数目，仍然应该记入转移前那个自由基的动力学链长之中，直至发生其真正消失的双基终止为止。显而易见，存在链转移反应时，动力学链长的定义和关系式与无链转移时完全相同，即等于单体消耗速率与自由基消失速率之比，如式(3-18)所示。

按照聚合度的定义，静态考虑它是进入每一个聚合物分子链的结构单元数的平均值，动态考虑它应该是单体消耗速率与大分子生成速率之比。余下的问题就是分别建立单体消耗速率和大分子生成速率之间的关系式。

1) 单体消耗速率

对于上面 3 种链转移反应而言，只有向单体的链转移反应才消耗 1 个单体分子，其余两个转移反应都不消耗单体。而且还需要特别注意转移反应发生以后，新生自由基继续消耗单体的速率事实上已经计入链增长反应速率，所以完全可以用链增长速率表示单体的消耗速率。

2) 大分子生成速率

存在链转移反应时生成大分子的总速率，应包括双基终止反应和所有可能的链转移反应生成大分子速率之和。双基终止反应生成大分子的速率以 v_{tc} 和 v_{td} 分别表示歧化终止和偶合终止生成大分子的速率。对于 3 个链转移反应而言，虽然其动力学方程均以链自由基浓度和转移对象分子浓度表达，但是应该注意到转移反应的生成物中都有 1 个大分子，因此这 3 个链转移反应同时也都是大分子的生成反应。于是存在链转移反应时的聚合度关系式就可以按下面的步骤进行推导。

$$\overline{X}_n = \frac{\text{单体消耗速率}}{\text{大分子生成速率}}$$

$$= \frac{v_p}{v_{tc} + v_{td} + v_{tr,M} + v_{tr,I} + v_{tr,S}}$$

为方便处理，将上式转换为倒数形式并将 3 个链转移反应动力学方程代入化简，即得到同时存在 4 种链转移反应时的聚合度关系式。

$$\frac{1}{\overline{X}_n} = \frac{v_{tc} + v_{td}}{v_p} + \frac{k_{tr,M}}{k_p} + \frac{k_{tr,I}}{k_p}\frac{[I]}{[M]} + \frac{k_{tr,S}}{k_p}\frac{[S]}{[M]}$$

按照双基终止的动力学链长定义 $\upsilon = \dfrac{v_p}{v_t}$，同时将 $C_M = \dfrac{k_{tr,M}}{k_p}$、$C_I = \dfrac{k_{tr,I}}{k_p}$、$C_p = \dfrac{k_{tr,S}}{k_p}$ 分别定义为链自由基向单体、向引发剂和向溶剂的链转移常数并代入上式，即分别得到双基歧化终止和双基偶合终止聚合物的聚合度关系式。

3-18-j
式(3-21)两式
分别适用 PMMA
和 PS。

$$\left.\begin{array}{l} \dfrac{1}{\overline{X}_n} = \dfrac{1}{v} + C_M + C_I\dfrac{[I]}{[M]} + C_S\dfrac{[S]}{[M]} \\[3mm] \dfrac{1}{\overline{X}_n} = \dfrac{1}{2v} + C_M + C_I\dfrac{[I]}{[M]} + C_S\dfrac{[S]}{[M]} \end{array}\right\} \tag{3-21}$$

这就是存在链转移反应时求解聚合度的定量关系式。该式由 4 部分组成，依次代表双基终止、向单体转移、向引发剂转移和向溶剂转移反应对于聚合度的贡献。显而易见，3 种链转移反应对聚合度贡献(其实质是负贡献)的大小既与链转移常数的大小有关，也与单体和转移对象分子的浓度有关。一般情况下，并非所有聚合反应的聚合度关系式都一定包含这 4 项，下面分别予以简要讨论。

3.4.3 不同条件下的链转移与聚合度

1) 本体聚合

本体聚合是只有单体和引发剂参与的聚合反应，体系中无溶剂和其他杂质，式(3-21)的两式均无第 4 项。于是双基歧化和双基偶合终止的本体聚合反应的聚合度分别简化为

$$\left.\begin{array}{l} \dfrac{1}{\overline{X}_n} = \dfrac{1}{v} + C_M + C_I\dfrac{[I]}{[M]} \\[3mm] \dfrac{1}{\overline{X}_n} = \dfrac{1}{2v} + C_M + C_I\dfrac{[I]}{[M]} \end{array}\right\} \tag{3-22}$$

2) 引发剂不发生诱导分解

如果采用 AIBN 作引发剂，由于其不发生诱导分解，所以式(3-21)无第 3 项，仅以双基歧化终止为例。

$$\frac{1}{\overline{X}_n} = \frac{1}{v} + C_M + C_S\frac{[S]}{[M]} \tag{3-23}$$

对于采用 AIBN 引发的本体聚合反应，则式(3-21)就仅剩下前 2 项，同样以双基歧化终止为例。

$$\frac{1}{\overline{X}_n} = \frac{1}{v} + C_M \tag{3-24}$$

3) 聚氯乙烯的聚合度

聚氯乙烯的聚合反应非常特殊，其大分子的生成主要依赖于链自由基向单体的链转移反应，大约占大分子总数的75%，其聚合度公式最为简单。

3-19-j,y
式 (3-25) 仅适用 PVC。

$$\frac{1}{\overline{X}_n} = C_M \ \text{或} \ \overline{X}_n = \frac{1}{C_M} \tag{3-25}$$

由于各种链转移常数都是温度的函数，一般情况下链转移常数均随温度升高而增大，所以如果期望制备高相对分子质量的聚合物时，聚合反应温度不能太高。正是基于这个原因，聚氯乙烯的相对分子质量并非像多数聚烯烃那样由引发剂浓度控制，而是由聚合反应温度控制。在实际生产中，虽然氯乙烯的聚合反应通常也会加入适当引发剂，其主要目的是控制聚合反应速率，引发剂的加入量对聚合度的影响并不大。

最后需要强调，所有链转移反应对于聚合度倒数的贡献事实上都是对聚合度的"负贡献"，换言之，各种链转移反应的发生都会不同程度导致聚合度降低。

3.4.4 链转移反应各论

上一节已经就链转移反应对聚合度的影响建立了定量关系，同时简要讲述了链转移反应对聚合反应速率的定性影响，本节讲述各种类型链转移反应的具体影响。

1. 向单体转移

链自由基向单体转移的能力与单体化学结构、反应活性以及反应温度等因素密切相关。一般情况下，含有叔氢原子或氯原子等弱化学键的单体容易被自由基夺去活泼原子而发生链转移反应。表 3-10 列出一些单体的链转移常数。

3-20-y
向单体转移规律：自由基活性起决定性作用，活泼单体的自由基不活泼而不易转移，不活泼单体的自由基活泼而容易转移。

表 3-10 一些单体的链转移常数与温度的关系($C_M \times 10^4$)

单体 \ 温度/℃ ($C_M \times 10^4$)	30	50	60	70	80
甲基丙烯酸甲酯	0.12	0.15	0.18	0.3	0.4
丙烯腈	0.15	0.27	0.30		
苯乙烯	0.32	0.62	0.85	1.16	
乙酸乙烯酯	0.94(40℃)	1.29	1.91		
氯乙烯	6.25	13.5	20.2	23.8	

表中列出的数据显示，苯乙烯、甲基丙烯酸甲酯和丙烯腈等活泼单体的链转移常数较小，通常对产物聚合度无明显影响。不活泼单体乙酸乙烯酯的链转移常数较大，而最不活泼单体氯乙烯的链转移常数最大，远远超过正常的链终止速率常数，因而才有如式(3-25)所示最简单的聚合度公式。在 50℃测得聚氯乙烯的链转移常数为 1.35×10^{-3}，代入式(3-25)计算聚合度为740。换言之，每进行大约 740 次链增长反应就发生 1 次向单体的链转移反应。

遵照前面提及的两条规律，即"活泼单体产生不活泼自由基，不活泼单体产生活泼自由基"以及"自由基参与的反应中,自由基活性起决定性作用",就能很好地解释活泼单体(自由基不活泼)较难发生链转移、不活泼单体(自由基活泼)的链转移倾向较大。表 3-10 同时还显示向单体的链转移常数随温度升高而增大的实验事实。

2. 向引发剂转移

几种引发剂引发两种单体聚合时,自由基向引发剂转移的链转移常数列于表 3-11。

表 3-11　几种引发剂引发两种单体聚合的链转移常数($C_I \times 10^2$,60℃)

引发剂	PS	PMMA	引发剂	PS	PMMA
AIBN	9.1	2	BPO	4.8~10	2
过氧化特丁基	0.076~0.092		过氧化异丙苯(50℃)	1	
特丁基过氧化氢	3.5	127	异丙苯过氧化氢	6.3	33

比较表 3-10 和表 3-11 的数据,表面上看 C_I 比 C_M 大许多,但是向引发剂转移而引起的聚合度降低却相对较小。原因在于其对聚合度的负贡献大小还同时取决于引发剂与单体的浓度比[I]/[M],向单体转移对聚合度的负贡献却只取决于 C_M,通常情况下引发剂浓度很低($10^{-4} \sim 10^{-2}$ mol/L),所以向引发剂转移对聚合度降低的作用一般情况下并不显著,如图 3-5 所示。显而易见,双基终止对聚合度的贡献通常占绝对优势,而向引发剂转移的贡献总是稍大于向单体转移的影响。

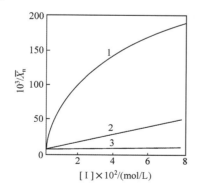

图 3-5　不同链终止方式对聚合度的贡献(BPO,苯乙烯,60℃)

1. 双基终止; 2. 向引发剂转移; 3. 向单体转移

3-21-y
对于一般单体的本体聚合,双基终止对聚合度的贡献占绝对优势,向引发剂转移次之,向单体转移最小(PVC 例外)。

3. 向溶剂转移

将式(3-21)等号右侧前 3 项合并,即得下式。

$$\frac{1}{\bar{X}_n} = \frac{1}{(\bar{X}_n)_0} + C_S \frac{[S]}{[M]} \qquad (3-26)$$

　　测定同一溶剂在不同溶剂浓度条件下对同一种单体进行溶液聚合所得聚合物的聚合度，再以聚合度的倒数对 [S]/ [M] 作图就可得一条直线，直线的斜率即为该溶剂的链转移常数 C_S，截距为本体聚合时聚合度的倒数 $1/(\bar{X}_n)_0$。

　　图 3-6 为苯乙烯热引发聚合反应时几种芳烃溶剂对其聚合度的影响。结果显示，虽然苯乙烯在几种溶剂中的聚合反应速率并无明显差异，而聚合度却相差甚远。例如，当溶剂/单体浓度比为 10 时，在溶剂苯和异丙苯中的聚合度比值大约为 4∶1。由此可见异丙苯的链转移常数要比苯大得多。由于链增长和链转移是一对竞争性反应，所以反应主体链自由基、单体和溶剂的活性以及温度是影响链转移反应的 4 个重要因素。

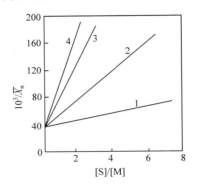

图 3-6　不同溶剂对聚苯乙烯聚合度的影响(100℃热聚合)
1. 苯；2. 甲苯；3. 乙苯；4. 异丙苯

　　1) 不同单体比较

　　由于前述"活泼单体产生不活泼自由基，不活泼单体产生活泼自由基"以及"自由基参与的反应中，自由基活性起决定性作用"两条规律，所以活泼单体向溶剂的链转移倾向较小，不活泼单体向溶剂的链转移倾向较大。

3-22-y
　　2) 不同溶剂比较

含有活泼氢或其他活泼原子如硫、氯等链转移剂容易发生链自由基转移，并使聚合度大大降低。

　　含有活泼氢或卤素原子的溶剂容易发生链转移反应，其链转移常数也较大，如图 3-6 所示。溶剂链转移常数大小顺序为异丙苯 > 乙苯 > 甲苯 > 苯。多数卤代烃如四氯化碳和烷基硫醇等的链转移常数更大，它们往往作为专门的链转移剂或相对分子质量调节剂使用。一般溶剂的链转移常数可从聚合物手册中查到，使用时必须注意相关单体、溶剂和温度等条件。表 3-12 列出 3 种单体在一些溶剂和链转移剂中进行自由基聚合的链转移常数。

表 3-12　一些溶剂和链转移剂的链转移常数($C_S \times 10^4$)

| 溶剂 | 苯乙烯 | | MMA 80℃ | 乙酸乙烯酯 60℃ | 溶剂 | 苯乙烯 | | MMA 80℃ | 乙酸乙烯酯 60℃ |
	60℃	80℃				60℃	80℃		
苯	0.023	0.059	0.075	1.2	丙酮			0.40	117
环己烷	0.031	0.066	0.10	7.0	乙酸			0.20	10
正庚烷	0.42			17(50)	正丁醇			0.40	20

续表

溶剂	苯乙烯		MMA 80℃	乙酸乙烯酯 60℃	溶剂	苯乙烯		MMA 80℃	乙酸乙烯酯 60℃
	60℃	80℃				60℃	80℃		
甲苯	0.125	0.31	0.52	21.6	氯仿	0.5	0.9	1.40	150
乙苯	0.67	1.08	1.35	55.2	三乙胺	7.1			370
异丙苯	0.82	1.30	1.90	89.9	四氯化碳	90	130	2.39	9 600
1-氯代丁烷	0.04			10	四溴化碳	22 000	23 000	3 300	28 700
1-溴代丁烷	0.06			50	正丁硫醇	21 000			480 000
1-碘代丁烷	1.85			800					

4. 向链转移剂转移与相对分子质量调节

在聚合物生产过程中常常需要加入适量链转移剂以调节产物的相对分子质量。例如，合成丁苯橡胶用十二碳硫醇；生产低相对分子质量的聚氯乙烯用巯基乙醇或三氯乙烯；乙烯或丙烯聚合时加入氢气来控制相对分子质量等。如果需要用乙烯合成聚合度不高于 10 的所谓"人造石蜡"，往往采用在四氯化碳中的溶液聚合。这种在链转移常数很大的溶剂中进行、以获得低聚物为目的的聚合反应，有时又称为"调聚反应"。如果在溶液聚合中再添加适量相对分子质量调节剂，则聚合度公式按理应该有 5 项，以双基歧化终止为例：

$$\frac{1}{\overline{X}_n} = \frac{1}{\nu} + C_M + C_I \frac{[I]}{[M]} + C_S \frac{[S]}{[M]} + C_{S'} \frac{[S']}{[M]} \tag{3-27}$$

式(3-27)中最后一项代表链转移剂对聚合度倒数的贡献。虽然将加入量很少的链转移剂视作溶剂似有不妥，不过这里仅仅是为了使公式的表达形式更简单一些而已。即使在本体聚合时使用链转移剂的聚合度公式与溶液聚合的聚合度公式完全相同，我们仍然必须理解这两种情况下的所谓"溶剂"的含义并不相同。

5. 向大分子转移

链自由基向大分子转移的反应往往发生于聚合反应中后期。转移的结果是在大分子主链上形成活性中心之后再进行链增长，最后生成支链甚至发生交联。这种链自由基向别的大分子进行的分子间转移反应多生成长支链，如下式。

$$\begin{array}{c} \sim CH_2{-}CH_2\sim \\ \sim CH_2{-}\dot{C}H_2 \end{array} \longrightarrow \begin{array}{c} \sim CH_2{-}CH_3 \\ \sim CH_2{-}\dot{C}H\sim \end{array} \xrightarrow{+(n+1)CH_2=CH_2} \begin{array}{c} CH_2CH_2{-}[CH_2CH_2]_{\overline{n}}\sim \\ \sim CH_2{-}CH\sim \end{array}$$

与此不同的是有一种所谓分子内链转移反应，多生成短支链。例如，高压聚乙烯除含有少量长支链外，还含有大量乙基和丁基等短支链。这是链自

3-23-y
高压聚乙烯
自由基向大分子
转移产生支链。

由基利用 σ 键的内旋转形成环状过渡态，再向相邻的第 1 或第 2 个结构单元进行质子转移，最终生成短支链如下式。

$$\sim CH_2CH \quad \dot{C}H_2 \longrightarrow \sim CH_2\dot{C}H$$

$$\xrightarrow{+CH_2=CH_2} \sim CH_2CHCH_2CH_2CH_2CH_2 \sim$$

聚乙烯大分子链支链的多少和长短主要取决于聚合反应温度及其他条件，有时可以达到每 100 个结构单元含有 6 个支链。表 3-13 列出 6 种单体进行均聚时链自由基向大分子转移的链转移常数。这些数据不能用于两种或两种以上单体进行共聚的情况。

表 3-13　几种链自由基向大分子转移的链转移常数($C_p \times 10^4$)

温度	PB	PS	PMMA	PAN	PVAC	PVC
50℃	1.1	1.9	1.5	4.7		5
60℃		3.1	2.1		2~5	

目前还无法对链自由基向大分子转移反应进行定量测定和表征。不过定性研究结果对于了解向大分子链转移反应对聚合速率与相对分子质量分散度的影响却颇有价值。实践证明下面两条结论在一般情况下都是正确的：链自由基向大分子转移不改变聚合反应速率；向大分子转移产生支链的结果将使自由基型聚合物的分散度大大增加。因为支链聚合物对于测定相对分子质量所依赖的聚合物的溶液特性(如黏度、渗透压等)的贡献远大于线型聚合物。

综上所述，链自由基向单体、向引发剂、向溶剂的转移反应均使相对分子质量降低，向大分子的转移反应则使分散度增加。

3-24-y
自由基向单体、引发剂、溶剂转移均使相对分子质量降低，向大分子转移使分散度增加。升高温度使链转移加速、聚合度降低。

6. 温度的影响

由于前述 4 种链转移反应的活化能均比链增长反应活化能高 17~63 kJ/mol，因此升高温度对所有链转移反应速率的增加要比对链增长速率的增加大许多。而向单体、向引发剂、向溶剂的转移反应均导致聚合度降低，由此可见，升高温度的最终结果将显著降低聚合度。

3.5　自加速过程

在讲述了自由基聚合反应最重要的聚合历程、动力学、聚合速率和聚合度之后，本节再补充讲述自由基聚合反应中经常会遇到的自加速过程、阻聚和缓聚现象。

如前所述，自由基聚合反应大体分为诱导期、匀速期、加速期和减速期

4 个阶段，其转化率与时间的关系曲线呈 S 形。本节将着重讲述聚合反应中期聚合速率突然增加的所谓"自加速过程"产生的原因和结果。

3.5.1　实验现象

在自由基聚合反应初期，由于稳态的存在，聚合反应速率与单体浓度以及引发剂浓度的平方根成正比。随着聚合反应的进行，单体和引发剂的浓度逐渐降低，按照动力学方程对聚合反应速率的预期结果应该呈现逐渐降低的趋势。然而，大多数自由基聚合反应特别是本体聚合达到一定转化率以后，聚合反应速率不但没有降低，反而会迅速增加，转化率也迅速升高，显著偏离稳态阶段的动力学方程。由于聚合反应属于放热反应，聚合速率的增加必然导致聚合体系温度迅速升高，因此也称为自动升温过程。自加速过程中的另一个实验现象是聚合体系的黏度迅速升高，这与体型缩聚反应的凝胶化过程有些相似，故也称为凝胶效应。所不同的是 α 烯类单体的自由基聚合一般不会生成不溶、不熔的交联聚合物。

3.5.2　产生原因和结果

1) 自加速过程产生的原因

研究结果表明，聚合反应体系黏度随转化率增加而急速升高是产生自加速过程的外部原因，而自由基聚合反应的双基终止机理则是自加速过程发生的关键内因。自加速过程产生并发展的过程如下：单体-聚合物体系的黏度随着转化率的升高而升高，大分子链及其末端活性自由基的运动能力随之降低，自由基容易被非活性的分子链包围甚至被包裹，两个自由基之间的碰撞机会减少，双基终止变得困难，自由基进行链增长反应的时间(自由基寿命)大大延长。然而低分子引发剂的分解反应受黏度的影响相对较小，于是体系中自由基的消耗速率减少而产生速率却变化不大，最终导致自由基浓度迅速升高。按照动力学方程，自由基浓度升高的影响大大超过单体浓度降低的影响，其净结果是聚合反应速率迅速增大。由于聚合反应是放热反应，所以聚合反应速率升高必然伴随聚合反应体系温度升高，其结果又反馈回来使引发剂分解速率增加，其影响超过引发剂浓度降低的影响，这就导致自由基浓度的进一步升高。于是就形成如下所示的循环正反馈过程。

转化率 ↑→黏度 ↑→双基终止速率 ↓→自由基浓度 ↑→聚合速率 ↑→温度 ↑
→引发速率 ↑↗

该正反馈过程的发生与不断强化最终导致自加速过程的产生。表 3-14 列出有关甲基丙烯酸甲酯聚合反应的实验数据为上述解释提供了有力证据。

表 3-14　甲基丙烯酸甲酯聚合反应动力学实验数据(25℃)

转化率/%	聚合速率 / (单体%/h)	k_p/[L/(mol·s)]	$k_t \times 10^{-5}$ /[L/(mol·s)]	$k_p/k_t^{1/2}$ /(×10^2)	τ/s
0	3.5	384	442	5.78	0.89
10	2.7	234	273	4.58	1.14

3-25-y
黏度随转化率升高而急速升高是自加速产生的外因，双基终止则是关键性内因。

续表

转化率/%	聚合速率 / (单体%/h)	k_p/[L/(mol · s)]	$k_t \times 10^{-5}$ /[L/(mol · s)]	$k_p/k_t^{1/2}$ /($\times 10^2$)	τ/s
20	6.0	267	72.6	8.81	2.21
30	15.4	303	14.2	25.2	5.0
40	23.4	368	8.93	38.9	6.3
50	24.5	258	4.03	40.6	9.4
60	20.0	74	0.498	33.2	26.7
70	13.1	16	0.0564	21.3	79.3
80	2.8	1	0.0076	3.59	216

表 3-14 的结果显示，当转化率从 0 升高到 80%，链增长速率常数降低到不足正常值的 0.3%，链终止速率常数减小近 5 个数量级，而自由基寿命却增长 230 倍。$k_p/k_t^{1/2}$ 出现峰值的过程反映了聚合反应速率增加的过程。既然体系黏度的增加是产生自加速过程的根本原因，那么凡是可能影响体系黏度的因素如溶剂的存在及其浓度、温度和聚合度等都可能影响自加速过程产生的早晚和程度。

图 3-7 为不同单体浓度的甲基丙烯酸甲酯溶液聚合反应的转化率-时间关系曲线。图 3-8 为采用不同溶剂的甲基丙烯酸甲酯溶液聚合反应的转化率-时间关系曲线。图 3-7 显示，单体浓度在 40%以下时未出现自加速过程，证明体系在此浓度时的黏度不足以导致自由基浓度因双基终止困难而急剧增加的正反馈过程，因此不会出现自加速过程。当单体浓度达到 60% 时开始显现出比较温和的自加速过程。当浓度达到 80%～100%时自加速过程变得相当明显。

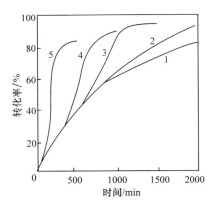

图 3-7 单体浓度对自加速过程的影响

PMMA 聚合转化率-时间关系(PMMA+苯、BPO、50℃)，单体浓度 1～5 分别为 10%、40%、60%、80% 和 100%

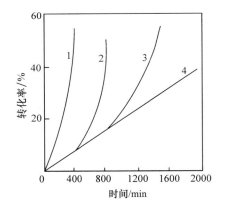

图 3-8 溶剂对自加速过程的影响

PMMA+溶剂，1、2、3、4 分别为硬脂酸丁酯(非溶剂)、环己烷、乙酸丁酯(不良溶剂)、二氯甲烷(良溶剂)

图 3-8 显示，聚合物在良溶剂体系中的黏度较低而自加速过程可以不出现。其在非溶剂体系中的黏度高而自加速过程出现较早，而且表现严重。由此证明聚合反应体系黏度的急剧增加是产生自加速过程的根本原因。温度对自加速过程的影响直接体现为温度对聚合体系黏度的影响。由于在较低温度下聚合体系的黏度较高，因此自加速过程出现较早而且比较明显。不过此时转化率难以达到很高，如在 25℃和 85℃时甲基丙烯酸甲酯自由基聚合能够达到的最高转化率分别为 80%和 97%。

2）自加速过程导致的结果

自加速过程产生的结果可以归纳为以下 3 个方面。

(1) 使聚合反应速率急速增加，体系温度迅速升高，这是聚合反应中期自加速过程产生的直接结果。

(2) 导致聚合物相对分子质量和分散度都升高，这是由于自加速过程中链自由基寿命增长，链增长反应能使更多的单体进入大分子链，所以这个阶段生成的大分子的相对分子质量要远高于自加速过程前后生成的大分子，如图 3-9 所示。

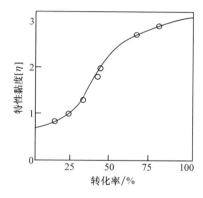

图 3-9　MMA 本体聚合相对分子质量与转化率之间的关系

(3) 如果自加速过程控制不当，容易因发生局部过热，影响产品质量，甚至导致喷料或暴聚等严重事故。

3.5.3　不同聚合条件下的自加速过程

深刻理解体系黏度是自加速过程产生的根本原因，就不难解释不同单体或不同聚合反应类型出现自加速过程的早晚和程度上的差异。下面分别以苯乙烯、甲基丙烯酸甲酯、丙烯腈和氯乙烯 4 种分别属于典型良溶剂型聚合、非良溶剂型聚合和非溶剂沉淀聚合为例予以说明。

(1) 良溶剂聚合体系。例如，苯乙烯的本体聚合，由于单体苯乙烯是聚苯乙烯的良溶剂，链自由基处于比较舒展的状态，致使体系黏度相对较低，因此自加速过程往往出现得比较晚(转化率在 30% 以上)，而且表现得比较温和。

(2) 非良溶剂聚合体系。例如，甲基丙烯酸甲酯的本体聚合，由于单体甲基丙烯酸甲酯并非其聚合物的良溶剂，链自由基呈现一定程度的卷曲和包

3-26-y
3 种不同溶解状态的聚合体系的自加速程度和早晚大有不同。

裹,此时体系的黏度相对较高,因此自加速过程出现较早(转化率 10%～15%),表现程度也比聚苯乙烯明显。

(3) 非溶剂沉淀聚合体系。例如,丙烯腈、氯乙烯的本体聚合,由于丙烯腈和氯乙烯分别是各自聚合物的非溶剂即沉淀剂,在聚合反应过程中大分子链一旦生成,就处于高度卷曲状态,而且很快沉淀析出,其中也包溶大量单体。由于自由基被高度包裹,聚合物沉淀内部黏度极高,因此自加速过程在聚合反应开始阶段就可能出现,而且可以持续到转化率很高的聚合反应后期,因此沉淀聚合反应产物的聚合度通常都相当高。

3.5.4 聚合反应速率类型及其控制

通常情况下,聚合反应整个过程的速率由稳态条件下动力学方程描述的速率与自加速过程的速率叠加结果决定。随着聚合反应的进行,体系中单体和引发剂的浓度逐渐降低,动力学方程所决定的速率将逐渐变慢。而自加速过程中的聚合反应速率则是由小到大,再由大到小的过程,因此两者叠加的结果使单体转化率与时间的关系曲线具有 3 种不同的形态,如图 3-10 所示。

3-27-y
3 种聚合反应速率类型:S 型、线型和突型产生的原因解释——关键是引发剂活性和自加速过程。

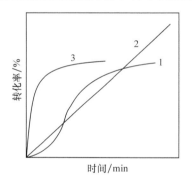

图 3-10　几种类型转化率-时间曲线

1. S 型;2. 线型;3. 突型

1) S 型即匀/快/慢型

如图 3-10 中的曲线 1 所示。这是采用低活性引发剂最常见的聚合反应速率类型。由于半衰期较长的引发剂的分解速率较慢而接近匀速分解,因此动力学方程所决定的聚合反应速率的降低主要归因于单体浓度降低。然而这种聚合反应速率的降低远不及自加速过程引起的速率增加,所以两者叠加的结果仍然大体保留自加速过程的 S 型转化率-时间关系曲线的特征。

2) 线型即大体匀速型

如图 3-10 中的曲线 2 所示。如果选择半衰期适当的引发剂,使正常聚合反应速率的衰减与自加速过程中反应速率的增加相互抵偿,有可能实现在大部分聚合反应过程中的匀速反应。工业上氯乙烯悬浮聚合选择半衰期为 2 h 的引发剂可以实现大体匀速聚合。在有些情况下如果将低活性引发剂与高活性引发剂配合使用,也可以弥补引发剂种类不足带来的选择困难,同样可以实现大体匀速聚合,这是高分子合成工业努力实现的目标。

3) 突型即前快后慢型

如图 3-10 中的曲线 3 所示。如果不适当地选择高活性引发剂，聚合反应初期引发剂快速分解而使聚合反应速率非常快，同时引发剂以很快的速率分解消耗，在聚合反应初期便所剩无几，此时单体浓度已经较低，还没有等到自加速过程出现，聚合反应速率已经降低很多，甚至转化率并不很高时反应实际上已经停止。对于这种情况的较好解决办法是将引发剂分批加入，控制反应速率在较小的范围内振荡，最后完成聚合反应。

3.6　阻聚与缓聚

3.6.1　阻聚与缓聚作用

所谓阻聚系指阻止或停止聚合反应的进行，具有阻聚功能的物质称为阻聚剂。所谓缓聚系使聚合反应以较低速率进行，具有缓聚功能的物质称为缓聚剂。烯烃单体在储存和精制过程中为防止其在夏天或受热情况下发生热引发聚合就必须加入适量阻聚剂，使用之前再采用适当方法将阻聚剂除去。本质上，阻聚剂和缓聚剂都属于链转移常数很大的链转移剂。通常将它们的链转移常数($C_s = k_{tr}/k_p$)分别称为"阻聚常数"和"缓聚常数"。

图 3-11 系分别有阻聚和缓聚物质存在时苯乙烯热聚合的转化率-时间关系曲线。图中 4 条曲线分别代表：①纯净单体聚合时反应无诱导期，聚合反应速率正常。②阻聚剂苯醌的存在消耗掉引发剂初期分解产生的自由基之前，并未引发单体开始聚合，因而产生诱导期。诱导期的长短与阻聚剂的含量成正比。阻聚剂消耗完毕以后才开始达到正常聚合反应速率。③缓聚剂硝基苯的存在能与自由基发生链转移反应生成活性较低的自由基，其再进行链增长反应，因此无诱导期，但聚合反应速率却低于正常值。④兼具阻聚和缓聚作用的亚硝基苯的存在既产生诱导期，同时也使聚合反应速率降低。

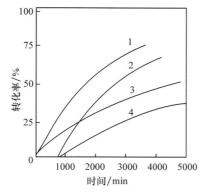

图 3-11　阻聚、缓聚作用对苯乙烯热聚合的影响
1. 纯单体；2. 0.1%苯醌；3. 0.5%硝基苯；4. 0.4%亚硝基苯

3.6.2　阻聚剂类型

1) 分子型阻聚剂

这是目前广泛使用的阻聚剂，包括苯醌类、硝基苯类、芳胺类、亚硝基类、

酚类和醛类等。其中对苯二酚、*p*-特丁基苯酚、苯醌、硝基苯等比较常用。

2) 自由基型阻聚剂

典型代表为 2，2-二苯基-2，4，6-三硝基苯肼自由基(DPPH)，是高效阻聚剂的典型代表，能够定量捕捉自由基而立即终止聚合反应。另外，三苯甲基类自由基及其衍生物也属于自由基型阻聚剂。

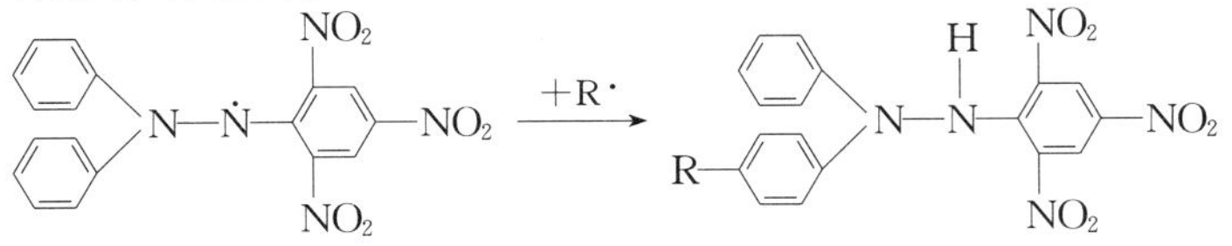

3.6.3 阻聚机理

目前尚未建立普遍适用的自由基阻聚机理。唯有对常用的苯醌类化合物的阻聚机理研究得较多，其中能够得到广泛认同的即所谓氢醌歧化机理如下式。

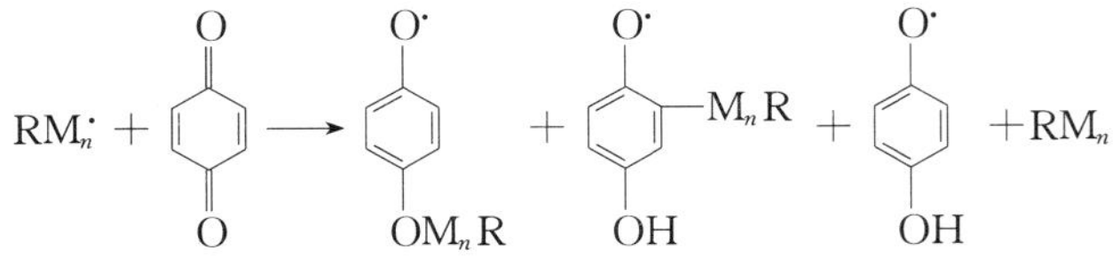

该转移反应生成的 3 种自由基都相当稳定，很难引发单体再进行聚合，只能进行自身歧化反应。所生成的苯醌继续发挥阻聚作用，对苯二酚在空气中会逐渐氧化成苯醌从而也发挥阻聚作用，这样就可以将阻聚作用一直维持下去。

3.6.4 阻聚剂选择原则

阻聚剂选择的一般原则有如下两条：

(1) 带有吸电子取代基或共轭取代基的单体，多选择供电型阻聚剂，如对苯二酚、对特丁基苯酚和芳胺等。自由基型聚合反应的单体绝大部分属于这一类。

(2) 带有推电子取代基的单体多选择吸电型阻聚剂，如苯醌、硝基苯等。这一类单体种类较少，只有能够进行阳离子聚合反应的乙烯基醚类等少数单体属于这一类。

3.6.5 烯丙基类单体的自阻聚作用

> 3-28-y 烯丙基型单体：$CH_2{=}CH{-}CH_2{-}X$ 由于链自由基容易向单体转移而生成稳定的烯丙基，因此只能得到低聚物。

所谓烯丙基类单体，系指带有以—CH_2X(X 是除烃基外的其他基团)为通式的取代乙烯。这类单体进行自由基聚合反应往往只能得到低聚物，其原因在于链自由基向单体的转移反应与链增长反应的竞争中，占有相当大的比例，如下式。

$$R^{\cdot} + CH_2{=}CH{-}CH_2{-}X \xrightarrow{\text{链增长}} RCH_2{-}\dot{C}H{-}CH_2{-}X \xrightarrow{+\,n\,M} R{+}CH_2{-}\underset{\underset{CH_2-X}{|}}{CH}{+}_n CH_2{-}\dot{C}H{-}CH_2{-}X$$

$$R^{\cdot} + CH_2{=}CH{-}CH_2{-}X \xrightarrow{\text{链转移}}$$

$$CH_2{=}CH{-}\dot{C}H{-}X + RH \rightleftharpoons \dot{C}H_2{-}CH{=}CH{-}X + RH$$

(烯丙基自由基的共振式)

由于烯丙基自由基分子中 π-p 共轭体系对独电子具有稳定作用，大大增

加了链转移反应的倾向。有研究报告称大约每进行 10 步链增长反应即进行一步向单体的链转移反应，所以这类烯丙基型单体就只能得到低聚物。

　　然而，正如本章 3.1 节中所讲述过的，如果从降低聚合反应熵值减小幅度的角度考虑，使这类烯丙基型单体与别的单体进行共聚，则可以由于所得共聚物结构单元排列的无序程度大于均聚物而使聚合反应所导致的熵值减小值相对变小，这样就有可能得到聚合度较高的烯丙基型单体共聚物。

3.6.6　氧的阻聚和引发作用

　　一般自由基聚合反应在相对较低的温度下(如低于 100℃)进行，氧分子具有双自由基特性而对聚合反应显示轻微的阻聚作用，生成在该温度条件下相当稳定的过氧自由基或过氧化合物。当温度远高于 100℃以后，生成的过氧键逐渐发生分解而生成活泼自由基并引发单体聚合，犹如加入过氧类引发剂一样。目前工业上高压聚乙烯生产中便是采用严格计量的纯氧作引发剂。除此以外，对于高活性单体以及聚合物性能要求严格的聚合反应，有时必须采用惰性气体事前将反应器中的空气置换除去，并使反应始终维持在惰性气氛中进行，也是为了避免空气中氧的阻聚作用。

3.6.7　阻聚剂在引发反应速率测定中的应用

　　3.2.2 节曾讲述引发剂 AIBN 可以借助测定其分解反应放出氮气的体积来测定引发剂分解反应动力学数据。其他类型引发剂分解动力学的研究则可以采用加入高效阻聚剂的方法。如前所述，DPPH 能够定量捕捉自由基，将其定量加入单体-引发剂体系以后，只需测定聚合反应诱导期的长短，即可测得引发剂的分解速率。

$$v_i = \frac{-d[I]}{dt} = \frac{-d[DPPH]}{dt} = \frac{[DPPH]}{诱导期}$$

3.7　相对分子质量及其分布控制

　　2.3.1 节在讲述线型缩聚物相对分子质量控制时曾提及，可以采用控制两种单体官能团物质的量配比或者加入单官能团端基封锁剂的方法控制缩聚物的聚合度，还可以根据对聚合物相对分子质量的具体要求，定量计算两种单体官能团的准确配比或单官能团化合物的准确加入量。然而这些方法却无法用于自由基聚合反应，原因之一就是自由基聚合 3 个基元反应的速率常数本身很难测定，易受温度等反应条件的影响。

3.7.1　相对分子质量控制

　　虽然在 3.3 节和 3.4 节中也曾讲述过自由基聚合反应产物聚合度的定量计算公式，然而在实际应用中却发现，按照这些公式计算的结果与实际情况相差甚远。所以，到目前为止自由基聚合物的相对分子质量主要还是凭经验定性或半定量控制。不过尽管如此，了解影响自由基型聚合物聚合度的各种因素，对于更有效地控制其相对分子质量依然具有指导意义。归纳本章影响自由基型聚合物相对分子质量(聚合度)的所有因素，将其相对分子质量控制原则总结于后。

影响自由基聚合物相对分子质量的因素包括单体浓度和纯度、引发剂浓度、温度和压力、以及聚合反应方法 4 个方面，下面逐一简单讨论。

3-29-y
影响聚合度的因素：单体浓度、引发剂浓度、温度和聚合方法。

1. 单体浓度和纯度

式(3-19)表明，与聚合度直接关联的动力学链长与单体浓度成正比，而式(3-21)也表明，有机溶剂尤其是含有活泼氢或卤素原子的化合物容易与链自由基发生链转移反应，导致聚合度降低。由此可见，如果希望得到尽可能高的聚合度，首先必须保证使用不含任何链转移杂质的高纯度单体，同时还必须选择除单体和引发剂以外不添加溶剂的本体聚合或悬浮聚合方法，以保证尽量高的单体浓度。

2. 引发剂浓度

式(3-19)还表明，与聚合度直接相关的动力学链长与引发剂浓度的平方根成反比。不仅如此，从式(3-21)还可获知，提高引发剂浓度将加大链自由基向引发剂转移，对聚合度造成负面影响。所以如果希望得到尽可能高的聚合度，就必须控制较低的引发剂浓度。不过如果引发剂浓度太低，可能使聚合反应速率太慢甚至不能进行。除此以外，选择不容易发生诱导分解的引发剂如AIBN 对于提高聚合度也是有利的。

3. 温度和压力

温度对聚合反应的影响包括聚合速率、聚合度和大分子微观结构等 3 个方面。

1) 温度对聚合速率的影响

在式(3-13)中，$k_p' = k_p (f k_d / k_t)^{1/2}$，对其 Arrhenius 方程取自然对数即得

$$\ln A - \frac{E}{RT} = \ln A_p + \frac{1}{2}\ln \frac{A_d}{A_t} - \frac{E_p + E_d/2 - E_t/2}{RT}$$

计算聚合反应综合活化能

$$E = E_p + E_d/2 - E_t/2 = 29.4 + 126/2 - 16.8/2$$
$$= 84 \text{ (kJ/mol)}$$

结果表明，聚合反应总活化能中，引发剂分解活化能占主导地位(约占80%)，所以升高温度将直接加速引发剂分解，导致聚合反应速率升高。另一方面，选择高活性(低活化能或短半衰期)引发剂，同样能够提高聚合速率，而且其效果优于升高温度，原因在于升高温度将导致聚合度降低。采用低活化能的氧化还原引发体系能够在较低温度下同时获得较高的聚合速率和聚合度就是这个道理。

2）温度对聚合度的影响

按照式(3-13)中与聚合度相关的综合常数

$$k'' = \frac{k_p}{2(f\,k_d k_t)^{1/2}}$$

对其 Arrhenius 方程取自然对数，即得

$$\ln A' - \frac{E'}{RT} = \ln \frac{A_p}{A_d A_t} - \frac{E_p - E_d/2 - E_t/2}{RT}$$

计算与聚合度相关的综合活化能

$$E' = E_p - E_d/2 - E_t/2 = 29.4 - 126/2 - 16.8/2$$
$$= -42 \text{ (kJ/mol)}$$

由此可见，与动力学链长或聚合度相关的综合活化能为负值，可见升高温度将导致聚合度降低。比较该活化能的几个组成部分可以发现，温度升高使引发剂分解加快是导致聚合度降低的主要因素。与此同时，在式(3-21)中，3 个链转移常数均随温度升高而增大，也使聚合度进一步降低。综上所述，温度对于自由基聚合反应速率和聚合度具有相反的影响，在实际控制中应该予以综合考虑。

3）温度对大分子微观结构的影响

总体而言，自由基聚合反应的许多副反应都具有较高的活化能，所以升高温度将导致影响大分子微观结构改变的副反应的显著加剧，具体表现为下述 4 点。

(1) 升高温度有利于生成支链。例如，高压聚乙烯，其正常链增长和能导致生成支链的向大分子转移反应的活化能分别为 25 kJ/mol 和 63 kJ/mol，可见升高温度有利于向大分子转移。

(2) 升高温度有利于分子链上结构单元的头-头联结。例如，聚苯乙烯结构单元正常头-尾联结和头-头联结的活化能分别为 25 kJ/mol 和 40 kJ/mol。大分子链中反常的头-头联结是大分子结构的薄弱环节，加工和使用过程中苛刻条件造成的大分子局部破坏往往从这里开始。

(3) 升高温度有利于生成顺式异构体。例如，丁二烯聚合反应中，生成顺式异构体的活化能要比反式异构体的活化能高 12.6 kJ/mol，所以合成顺丁橡胶需要较高的聚合反应温度。不言而喻，较低温度有利于反式异构体的生成。

(4) 对单取代烯烃而言，较低聚合温度将有利于稳定性较好的间同立构结构单元的生成。有关聚合物全同立构和间同立构的概念将在本书第 5 章中讲述。

压力对乙烯和丙烯等气态单体聚合速率和聚合度的影响很大，影响结果也基本一致，即升高压力能使聚合速率和聚合度同时增加。不过一般液态烯类单体的聚合反应受压力的影响不如缩聚反应那样明显，因此不作详细讨论。

4. 聚合反应方法的影响

如果以获得高相对分子质量聚合物为目的，在选择聚合反应方法时应遵守下述两原则。

(1) 优先选择本体聚合或悬浮聚合，避免溶液聚合以减小链转移对聚合速率和聚合度的负面影响。

(2) 尽量选择乳液聚合或下一节讲述的活性/可控自由基聚合等方法，它们是根据降低自由基浓度并延长其寿命、减少双基终止机会以提高聚合度而设计出来的特殊聚合反应方法。

3.7.2 相对分子质量分布

2.3.2 节曾讲述线型缩聚物相对分子质量分布的统计学推导过程和结果。本节将直接引用该结果表征具有双基终止历程的自由基聚合物的相对分子质量分布，而不再重复与第 2 章几乎完全相同的推导过程。有链转移反应存在时的相对分子质量分布情况更为复杂，本书也不作讨论。

1) 双基歧化终止

按照统计学推导结果，对于双基歧化终止的自由基聚合反应，聚合物的物质的量分数分布函数与线型缩聚物的物质的量分数分布函数完全相同。

$$N_n / N = p^{n-1}(1-p)$$

$$N_n / N_0 = p^{n-1}(1-p)^2$$

式中，N_n、N 和 N_0 分别是体系中聚合度为 n 的大分子物质的量、聚合物同系物总物质的量和起始单体物质的量。这里有必要说明，对两种不同历程的聚合反应而言，上式中 p 的含义完全不同。在缩聚反应中 p 是官能团的反应程度，在自由基聚合反应中 p 则是单体的转化率。

由于缩聚反应中间产物稳定而难于彻底分离，在测定和计算缩聚物相对分子质量及其分布时，常常将包含单体、低聚物和聚合物的混合体系作为测量和计算对象，因此以官能团反应程度 p 为基础推导出的分布函数应该与实际情况基本相符。然而在自由基聚合反应中，链自由基极不稳定、寿命极短而无法直接测定，聚合体系中只有聚合物和单体稳定存在而可以彻底分离，所以如下一节在描述自由基聚合反应特点时，有"聚合反应初期生成大分子的相对分子质量快速增长而达到很高的数值"。事实上这只是从聚合体系中将聚合物沉淀分离出来之后测定的结果。可见上述分布函数式中的 p 代表单体转化率。

如果以自由基聚合反应的单体转化率代替缩聚反应的反应程度，就必须假定聚合物相对分子质量的测定和计算对象应该是单体与聚合物的混合体系。对于加聚物而言，除非转化率很高时这种假定才与实际情况相符，否则在低转化率时与实际情况相去甚远。基于此，该分布函数仅有理论意义而无太大实用价值。

通过类似推导，也可分别得到双基歧化终止自由基聚合物的质量分数分布函数、数均聚合度、重均聚合度和分散指数与转化率之间的对应关系式。

$$W_n / W = n\, p^{n-1}(1-p)^2$$

$$\overline{X}_n = \frac{N_0}{N} = \frac{1}{1-p}$$

$$\overline{X}_w = \sum \frac{nW_n}{W} = \frac{1+p}{1-p}$$

$$\frac{\overline{X}_{\mathrm{w}}}{\overline{X}_{\mathrm{n}}} = 1 + p \leqslant 2$$

2) 双基偶合终止

双基偶合终止自由基聚合物的物质的量分数分布函数和质量分布函数在形式上更为复杂。不过由此推导出的分散指数却只有 1.5，甚至小于缩聚物和歧化终止加聚物的分散指数 2，这显然与实际情况大不相符，因此这些公式的实用价值并不大。

$$\frac{N_{\mathrm{n}}}{N} = np^{n-2}(1-p)^2$$

$$\frac{N_{\mathrm{n}}}{N_0} = \frac{1}{2}np^{n-2}(1-p)^3$$

$$\frac{W_{\mathrm{n}}}{W} = \frac{1}{2}n^2 p^{n-2}(1-p)^3$$

$$\overline{X}_{\mathrm{n}} = \frac{2}{1-p}$$

$$\overline{X}_{\mathrm{w}} = \frac{3}{1-p}$$

$$\frac{\overline{X}_{\mathrm{w}}}{\overline{X}_{\mathrm{n}}} = 1.5$$

按照表 1-5 的数据，高转化率聚 α-烯烃和存在自加速过程的自由基聚合物的分散度分别为 2～5 和 5～10，尤其是支链聚合物的分散度高达 20～50。可见，导致自由基聚合物实际分散度远高于上述理论计算值必然另有原因。

3.7.3　导致自由基聚合物分散度升高的原因

1) 两种聚合反应各个阶段生成大分子的条件不同

在缩聚反应过程中，同系物分子链系同步开始、同步增长和同步结束的节奏历经整个聚合过程。虽然缩聚初期、中期和后期的单体浓度变化巨大，但是所有同系物分子链的生成条件却始终相同，因此其相对分子质量差异较小、分布较窄、与按照统计学推导出的结果基本相符。

在自由基聚合反应过程中，时刻进行着分子链的引发、增长和终止反应，而反应初期、中期和后期生成大分子的条件却存在巨大差异。初期生成的大分子是在单体和引发剂浓度都很高的条件下生成；中期生成的大分子受自加速影响而使相对分子质量升高；后期生成的大分子是在高黏度、单体和引发剂浓度已经很低的条件下生成，此时自由基向大分子的转移反应又导致支链的生成。由此可定性推断各个阶段生成的大分子存在巨大差异，其分散度远大于统计学推导结果也就不难理解。

2) 副反应对分散度的影响不同

虽然这两类聚合反应的副反应(主要指自由基聚合反应中的链转移反应和缩聚反应中的链交换反应)所导致的结果都使聚合度降低，但是自由基聚合

3-30-y
自由基聚合物分散度大的主要原因：自加速、支化和交联、不同阶段大分子生成条件不同。

反应中发生的向大分子的转移反应生成支链聚合物,已经知道支链聚合物对于溶液黏度、渗透压等性能的贡献特别大,从而导致重均相对分子质量的大大升高,所以自由基型聚合物特别是高转化率条件下的聚合物的分散度很宽。

相比之下,缩聚反应中的链裂解和链交换反应由于发生于长链大分子的概率(因为其可能发生链裂解的部位较多)大于发生于短链大分子的概率,因此链裂解和交换反应在一定程度上具有使缩聚物相对分子质量趋于平均化的作用。而自由基聚合反应中的链转移反应却没有这种作用。

总而言之,自加速过程和向大分子的链转移反应是导致自由基聚合物分散度增加的主要原因。

3.8　自由基聚合与逐步聚合的特点比较

本章和第 2 章分别讲述了自由基聚合与逐步聚合反应,归纳这两类聚合反应的主要特点比较如表 3-15 所列。图 3-12 和图 3-13 分别为自由基聚合、线型缩聚和第 5 章即将讲述的活性阴离子聚合 3 种不同类型聚合反应过程中,转化率-时间关系示意图和相对分子质量与缩聚反应程度(或自由基聚合转化率)之间的动态关系示意图。

表 3-15　两类聚合反应的主要特点比较

聚合反应类型	逐步聚合	自由基聚合
单体类型	特定双、多官能团化合物	烯烃、共轭二烯烃等
反应类型	含若干种不同类型	单一烯烃加成反应
反应历程	系单一或两反应历程之重复	含链引发、增长、终止三基元反应
热力学	一般属可逆平衡反应	一般属不可逆、非平衡反应
动力学	聚合速率相对平稳	三基元反应速率显著不同
中间产物	较稳定	不稳定
副反应	链裂解、交换、环化和分解	含多种链转移反应
转化率增长	快速	平稳
相对分子质量增长	缓慢(试样含单体和低聚物)	快速(试样一般不含单体和低聚物)
产物再聚合能力	一般有	一般无
相对分子质量分布	相对分子质量较低,分布较窄	相对分子质量较高,分布较宽

3-31-y
对照表 3-15 和图 3-13 与图 3-14 比较两类聚合反应的特点。

对于表 3-15 所列两种聚合反应的多数特点不难理解。不过,比较图 3-12 和图 3-13 可以发现,对线型缩聚反应而言,单体的转化率在反应初期增长快速,中后期则逐渐趋缓。原来,缩聚反应初期单体两两缩合为二聚体的速率极为迅速,故其初期转化率增长极快,如图 3-12 曲线 1。另外,在缩聚反应过程中,体系中所有同系物均稳定而无法彻底分离,故在测定和计算其相对分子质量时,通常都包含单体在内的所有同系物。正是由于每步缩合反应过程都相对缓慢而可逆,逐步聚合过程中同系物相对分子质量的增长相对缓慢。实践证明,单体转化率达到约 0.9 之前相对分子质量的增长都相当缓慢,其后才随转化率的微小增加而迅速增加,如图 3-13 曲线 1。

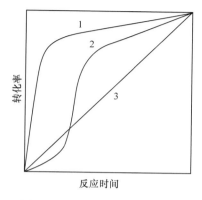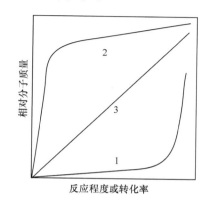

图 3-12　单体转化率-时间曲线　　　　　图 3-13　相对分子质量-反应程度/转化率曲线
1. 缩聚;2. 自由基聚合;3.活性阴离子聚合　　　1. 缩聚;2. 自由基聚合;3. 活性阴离子聚合

在自由基聚合反应初期,单体转化率增长的快慢很大程度上依赖于自由基的产生速率,而引发剂浓度通常较低而且分解较慢,因此再考虑自加速过程的影响之后,单体转化率的增长趋势如图 3-12 中的曲线 2 所示。与此同时,自由基聚合反应中间体即链自由基极不稳定,聚合体系中只有单体和聚合物稳定存在,两者通常容易分离。所以在测定聚合物相对分子质量时,均需将聚合物从体系中沉淀分离以后再进行。自由基聚合反应生成每个大分子虽然都必须经历链引发、链增长和链终止 3 步反应,但是由于其反应速率相对于缩聚反应而言要快得多,因此自由基聚合物的相对分子质量增长极为快速,如图 3-13 曲线 2 所示。

如前所述,自由基聚合反应基于自加速过程的影响,单体转化率与聚合时间之间呈 S 形增长态势。对活性阴离子聚合反应而言,单体转化率与相对分子质量在整个聚合反应过程中大体呈线性增长趋势,如图 3-12 和图 3-13 中的直线 3,其中原因将在第 5 章详细讲述。

高分子小常识

通用塑料和工程塑料

近半个世纪以来,合成塑料工业的年均增长率达到 10%～15%,远远超过其他材料。目前世界上已经工业化的塑料品种达 300 余个,年产量近亿吨。其中美国和德国的塑料产量如按体积计已经超过各自的钢铁产量。人们习惯上将塑料分为通用塑料和工程塑料两大类。所谓"通用"的含义首先是指产量高、价格低。所谓"工程"的含义是将少数具有优良性能、可以作为结构材料使用的某些特种塑料从普通塑料中独立出来,两者并无明确的界限。通用塑料最重要的品种包括所谓"4 烯、3 醛和 2 酯"。

以石油化学工业生产的 α-烯烃单体为原料生产的聚乙烯、聚氯乙烯、聚丙烯和聚苯乙烯是通用塑料的 4 大品种，俗称"4 烯"，其总产量约达到全部塑料总产量的 80 %。它们被广泛用于包装、建筑、电子电器、家具、玩具、运输等部门。产量仅次于 4 烯的通用塑料是 3 种热固性树脂即"3 醛"：酚醛、脲醛、密醛树脂(melamine resin，三聚氰胺-甲醛树脂，也称密胺树脂)。所谓"2 酯"即不饱和聚酯和聚氨酯。这类通用塑料的价格也比较便宜，使用也相当广泛。就最终产品性能而言，热固性塑料的模量、抗张强度、热变形温度等都优于 4 烯，但其加工性能较差。

目前产量最大的 5 种工程塑料是聚酯、尼龙、聚碳酸酯、聚甲醛和改性聚苯醚。它们的机械强度和热变形温度都高于一般通用塑料，其综合性能优良，可作为传动、密封、电绝缘、耐腐蚀等结构部件。例如，由工程塑料制作的齿轮、轴承具有耐磨、抗腐蚀、自润滑、低噪音、成型加工容易等优点，广泛用于汽车、电器、仪表等领域。工程塑料的产量只占塑料总产量的 5%～7%，其价格却远高于通用塑料，其发展速度也明显超过通用塑料。

在工程塑料中有一类具有特殊分子链和聚集态结构、性能特别优异的聚合物，常被称为特种工程塑料。例如，聚酰亚胺的耐热性能超过铝，可以在 310℃的高温条件下长期使用，同时由于它们比一般金属轻，可以部分取代铝、锌、铜等有色金属而用于火箭、导弹组件和防弹衣等。由于合成特种工程塑料的原料单体价格昂贵，聚合、加工都比较困难，因此产量少，价格也更高。

本 章 要 点

1. 连锁聚合热力学：取代基数目、位置和大小决定其能否聚合，取代基共轭与电负性决定其聚合历程。位阻、共轭和溶剂化使聚合热降低，氢键和强电负性取代基使聚合热升高。

2. BPO 和 AIBN 分解引发机理，自由基聚合 3 基元反应特点。

3. 聚合速率和动力学链长公式：

$$v_p = k'_p [M][I]^{1/2} \quad ; \quad v = k''_p [M][I]^{-1/2}$$

4. 偶合终止、歧化终止和 4 种链转移反应对聚合速率以及聚合度的影响；要求掌握 PS、PMMA 和 PVC 的聚合度公式。

5. 自加速产生的原因及其在不同聚合类型和不同单体浓度的不同表现。

6. 导致自由基聚合物相对分子质量和分散度均较高的原因。

习　题

1. 试说明下列烯类单体能够按何种机理进行聚合，并解释理由。

(1) $CH_2=CHCl$　　　　　　　　　　　(2) $CH_2=CCl_2$

(3) $CH_2=CHCN$　　　　　　　　　　　(4) $CH_2=C(CN)_2$

(5) $CH_2=CHCH_3$　　　　　　　　　　(6) $CH_2=C(CH_3)_2$

(7) $CH_2=CHC_6H_5$　　　　　　　　　　(8) $CF_2=CF_2$

(9) $CH_2=C(CN)COOR$　　　　　　　　(10) $CH_2=CHC(CH_3)=CH_2$

2. 判断下列单体能否进行自由基型聚合反应，分别说明理由。

(1) $CH_2=C(C_6H_5)_2$　　　　　　　　　(2) $ClCH=CHCl$

(3) $CH_2=C(CH_3)C_2H_5$　　　　　　　　(4) $CH_3CH=CHCH_3$

(5) $CH_2=C(CH_3)COOCH_3$　　　　　　(6) $CH_3CH=CHCOOCH_3$

(7) $CH_2=CHOCOCH_3$　　　　　　　　(8) $CH_2=CHCH_2Cl$

(9) CH₂=CHCH₂OCOCH₃　　　　　　　(10) CF₂=CFCl

3. 试解释下列高分子概念。

(1) 聚合极限温度　　　　　　　　　　(2) 动力学链长

(3) 链转移常数　　　　　　　　　　　(4) 自加速过程

(5) 诱导期　　　　　　　　　　　　　(6) 调聚反应

(7) 通用塑料与工程塑料

4. 问答题。

(1) 试说明哪些因素对烯类单体连锁聚合反应的聚合热产生影响。简要说明影响的结果和原因。

(2) 试按照表 3-2 中所列的 $-\Delta H$ 和 $-\Delta S$ 数据分别计算甲基丙烯酸甲酯在 77℃、127℃ 和 227℃ 进行自由基聚合时的平衡单体浓度，并以此判断该聚合反应在化学热力学上是否可以正常进行。

(3) 试分别举例说明最常用的至少 4 类自由基引发剂(或引发体系)各自的特点，并分别写出它们的分解反应式。

(4) 试说明引发剂选择的一般原则，并扼要解释其原因。

(5) 试说明自由基聚合反应进程通常分为哪几个阶段。解释其中原因以及各个阶段的特点。

(6) 试分别说明苯乙烯、甲基丙烯酸甲酯和氯乙烯 3 种单体在自由基聚合反应中的链终止反应及其对聚合度的影响有何不同。

(7) 在推导自由基聚合反应动力学方程时作了哪些基本假定？试分别说明这些假定对动力学方程的推导过程和结果有何影响。

(8) 试全面比较自由基聚合反应与线型平衡缩聚反应的不同特点。

(9) 试总结影响自由基聚合反应速率和产物聚合度的各种因素及其影响结果。

(10) 试总结获得高相对分子质量的自由基聚合物的基本条件。

(11) 叙述自由基聚合反应自加速过程发生的过程与现象，解释产生原因并比较苯乙烯、甲基丙烯酸甲酯和氯乙烯 3 种单体分别进行自由基本体聚合时产生自加速的早晚及程度。

(12) 自由基聚合反应动力学方程可以用下面的通式表示：$v_p = k'[M]^p [I]^q$，试分别说明 p 和 q 可能的数值及其所代表的反应机理。

(13) 分别说明自由基向单体、引发剂、溶剂发生链转移反应的规律，并分别举例予以解释。

(14) 活泼单体苯乙烯和不活泼单体乙酸乙烯酯分别在苯和异丙苯中进行自由基溶液聚合反应，试从单体和溶剂的活性比较所合成的 4 种聚合物的相对分子质量大小。

(15) 试简要说明导致自由基聚合物分散指数远大于缩聚物的主要原因。

(16) 试解释为什么聚氯乙烯的聚合度仅与聚合温度有关而与引发剂浓度无关。

5. 计算题。

(1) 测得双基终止的自由基聚合物的每个大分子链端带有 1.30 个引发剂残基，假设无链转移反应，试计算歧化终止和偶合终止的相对比例。

(2) 以 BPO 引发苯乙烯聚合，各基元反应的活化能分别为 E_d=125 kJ/mol、E_p=32.6 kJ/mol、E_t=10 kJ/mol，试分别比较温度从 50℃ 升高到 60℃，以及从 80℃ 升高到 90℃ 聚合速率和聚合度的变化。

(3) 以过氧化二特丁基作引发剂，苯作溶剂，在 60℃ 进行苯乙烯的溶液聚合。已知单体和引发剂的浓度分别为 1 mol／L 和 0.01 mol／L，引发速率和链增长速率分别为 $4.0×10^{-11}$ mol/(L·s) 和 $1.5×10^{-7}$ mol/(L·s)。试计算动力学链长和聚合度。

补充条件：苯和苯乙烯在该温度的相对密度分别为 0.839 g/mL 和 0.887 g/mL。假定聚合体系为理想溶液。链转移常数：$C_M = 8.0×10^{-5}$、$C_I = 3.2×10^{-4}$、$C_S = 2.3×10^{-6}$。

(4) 按照上题给出的条件合成的聚苯乙烯的聚合度仍然比较高，如果要将相对分子质量降低到 83200，需要加入多少相对分子质量调节剂正丁硫醇($C_S = 21$)？

(5) 在 60℃以 BPO 作引发剂作苯乙烯自由基本体聚合动力学研究，测得：$v_p = 2.55×10^{-4}$ mol/(L · s)、$\bar{X}_n = 2460$、$f = 80\%$、$\tau = 0.82$ s。已知该温度下苯乙烯的相对密度为 0.887 g/mL, BPO 的加入量为单体质量的 0.109 %。试计算 3 个速率常数 k_d、k_p、k_t 和自由基浓度[M·]以及 3 个速率 v_i、v_p、v_t，最后分别对单体和自由基浓度、3 个速率常数、3 个速率进行比较。

第 4 章　自由基共聚合与聚合方法

由两种及两种以上单体进行的聚合反应称为共聚合,得到的聚合物称为共聚物。多数均聚物的性能总是存在一定缺陷,不同均聚物的性能缺陷有所不同。因此,往往需要对某些均聚物进行改性,聚合物改性方法除共聚外,还包括共混和化学转化等。

4-01-y
聚合物改性的 3 种方法:共聚、共混和化学转化。

虽然迄今发现的有机物多达数百万种,但是真正能够作为合成高分子原料的单体种类却相当有限,最多不过数百种。因此,利用两种或两种以上单体以不同方式和不同比例进行搭配共聚,便可以得到种类繁多、性能各异的共聚物,以满足不同的使用要求。

通过共聚可以改进聚合物的诸多性能,如机械强度、弹性、塑性、柔软性、玻璃化温度、塑化温度、熔点、溶解性能、染色性能、表面性能等。其性能改变的程度取决于参加共聚的第 2、第 3 种单体的种类、用量及其结构单元的排列方式等因素。表 4-1 列出利用二元共聚改性的典型例子。

表 4-1　典型二元共聚物

主单体	第 2 单体	共聚类型	性能改进和用途
乙烯	乙酸乙烯酯	无规	软塑料,增加柔性,用于 PVC 加工
乙烯	丙烯	无规	破坏结晶,增加柔性,乙丙橡胶
异丁烯	异戊二烯	无规	引入双键易于硫化,丁基橡胶
苯乙烯	丁二烯	无规	25%+75%,增强,丁苯橡胶
		嵌段	SBS,15%+70%+15%,阴离子共聚弹性体
		接枝	70%+30%,高抗冲 PS,强韧互补
丁二烯	丙烯腈	无规	提高耐油性能,丁腈橡胶
苯乙烯	丙烯腈	无规	提高抗冲强度,增韧 PS
氯乙烯	乙酸乙烯酯	无规	改善塑性和溶解性,可作涂料
丙烯腈	衣康酸等	无规	提高柔软性能和染色性能

在表 4-1 中,除乙丙橡胶采用配位离子聚合反应、丁基橡胶采用阳离子聚合反应、SBS 弹性体采用阴离子聚合反应合成以外,其余均采用自由基共聚合反应合成。共聚物的性能与均聚物及其混合物的性能均不相同,它综合了均聚物的性能特点,具有更广泛的用途。例如,聚苯乙烯是硬度很高但抗冲击强度和耐溶剂性能较差的塑料。不过,将其与丙烯腈或丁二烯共聚,共聚物的抗冲强度大大提高,同时具有弹性而作为橡胶材料使用,这就是丁腈橡胶和丁苯橡胶。

另外，如 3.1.1 节所述，某些结构特殊的二取代乙烯不能均聚而无法得到其聚合物。1,2-二苯乙烯和顺丁烯二酸酐即为两例，前者不能聚合而后者只能得到低聚物。然而这两种单体却很容易共聚，得到组成 1∶1 的所谓交替共聚物。除此以外，3.1.2 节曾讲过 α-甲基苯乙烯由于其聚合热太小使其聚合极限温度仅 40～50℃，即使得到均聚物也无实际使用价值。3.6.5 节还讲述过烯丙基型单体由于存在向单体转移的强烈倾向而只能得到低聚物。不过，如果将这种热力学上并不有利的均聚反应改变为与别的单体进行共聚，这就为聚合反应的顺利进行创造了热力学方面的有利条件。原因在于两种结构单元组成的共聚物分子链的无序程度恒大于单一结构单元组成的均聚物，从而使共聚过程熵减量恒小于均聚过程熵减量，最终使聚合极限温度得以显著提升。由此可见，共聚反应可以大大增加可聚合单体及其聚合物的种类和应用范围。

1. 共聚物类型

4-02-y
共聚物 4 种类型：无规、交替、嵌段和接枝。

可以按照构成共聚物的单体种类数分为二元共聚物、三元共聚物和多元共聚物等类型，其分别由 2 种、3 种及以上单体共聚而成。其中，二元共聚物是最重要而普遍的一类，三元共聚反应虽然也常有采用，但是由于其动力学和组成研究很复杂，本书仅作简单介绍。对于二元共聚物，按照两种结构单元在大分子链上排列的方式的不同可以分为以下几种类型：无规共聚物(random copolymer)、交替共聚物(alternative copolymer)、嵌段共聚物(block copolymer)和接枝共聚物(graft copolymer)等。

共聚物的相态结构不仅与含有的结构单元种类有关，也与结构单元在大分子链上的分布有关。通常情况下无定形均聚物属于均相结构，无规共聚物和交替共聚物也属于均相体系，其性能介于两种均聚物的性能之间，而嵌段共聚物和接枝共聚物则属于非均相结构。

2. 共聚物命名

共聚物的命名方法是在两种单体的名称之间加一短横，前面冠以"聚"字，或者在后面冠以"共聚物"。例如，聚苯乙烯-丁二烯或苯乙烯-丁二烯共聚物。按照 IUPAC 命名法，常常要求在两种单体名称之间插入表明共聚物类型的英文字节，如-co-、-alt-、-b-和-g-分别表示无规、交替、嵌段和接枝共聚物。

至于两种单体在无规共聚物名称中的前后次序，则取决于它们相对含量的多少，一般含量多的单体名称在前，含量少的单体名称在后。对于嵌段共聚物而言，由于两种单体是在先后不同的聚合反应阶段依次加入的，因此其名称中前面的应是先加入的单体，后面的应是后加入的单体。对接枝共聚物而言，一般将构成大分子主链的单体名称放在共聚物名称前面，构成支链的单体名称放在后面。接枝共聚物和交替共聚物将在第 7 章讲述。本章主要讲述由两种单体合成无规和交替共聚物的自由基型共聚反应，重点讲述二元共聚物组成微分方程、组成曲线和组成控制，单体活性、自由基活性及其与共聚物结构的关系。

4.1 二元共聚物组成微分方程

两种单体由于彼此间化学结构的差异，在共聚反应中的活性肯定有所不同，得到共聚物的组成与单体配料比也不一定相同。另外，正是由于单体参加聚合反应的活性不同，可以想象活性高的单体在聚合反应初期消耗得较快，进入共聚物的量也比较多；活性低的单体消耗得较慢，进入共聚物的量比较少。其结果就造成共聚反应过程前后生成的共聚物组成不可能相同。由此可见，共聚物组成具有随转化率升高而改变的特点。

为了获得组成较为均匀的共聚物，要求在共聚反应过程中进行组成控制。除此以外，有些容易均聚的两种单体难于共聚，而另一些不容易均聚的单体却能够很好共聚。要解决这些问题，都需要对共聚物组成与单体组成之间的关系进行研究，找出两者之间的基本规律及其与单体结构的联系。

4.1.1 二元共聚物组成方程的推导

20 世纪 40 年代早期，Mayo 等就对共聚物组成进行了系统的研究，他们从共聚反应动力学的概率研究出发，推导出二元共聚物组成与单体组成之间的定量关系，即共聚物组成微分方程。采用共聚动力学推导须作如下基本假设。

(1) 等活性假设。与第 3 章自由基均聚反应中引入的等活性假设相同，在自由基共聚反应过程中，仍然假设链自由基的活性只与链端独电子所在结构单元的化学结构有关，而与该结构单元以外的链结构和链长无关。这就是等活性假设在共聚反应中的两层含义。

4-03-y
共聚物组成微分方程推导的基本条件：等活性、长链、稳态和无副反应。

(2) 长链假设。当共聚物的聚合度很高时，链增长反应是消耗单体并决定共聚物组成的最主要过程。链引发反应和链终止反应对共聚物组成基本上无影响。

(3) 稳态假设。假设共聚反应是在稳态条件下进行，至少共聚反应初期如此。共聚反应体系中两种自由基各自的浓度及其总浓度均保持不变。显而易见，要满足该假设除要求链引发反应与链终止反应速率相等外，还要求两种自由基之间相互转变的速率也相等。

(4) 无解聚等不可逆副反应发生。上述假设实际上是第 3 章推导自由基均聚反应动力学方程的基本假设在共聚反应中的具体表述。下面从二元共聚基元反应，即 3 个链引发反应、4 个链增长反应和 3 个链终止反应的动力学方程入手。

3 个链引发反应：

$$I \longrightarrow 2R^{\cdot}$$

$$R^{\cdot} + M_1 \longrightarrow RM_1^{\cdot}(M_1^{\cdot})$$

$$R^\cdot + M_2 \longrightarrow RM_2^\cdot (M_2^\cdot)$$

4 个链增长反应：

$$\sim M_1^\cdot + M_1 \longrightarrow \sim M_1^\cdot \qquad v_{11} = k_{11}[M_1^\cdot][M_1]$$

$$\sim M_1^\cdot + M_2 \longrightarrow \sim M_2^\cdot \qquad v_{12} = k_{12}[M_1^\cdot][M_2]$$

$$\sim M_2^\cdot + M_1 \longrightarrow \sim M_1^\cdot \qquad v_{21} = k_{21}[M_2^\cdot][M_1]$$

$$\sim M_2^\cdot + M_2 \longrightarrow \sim M_2^\cdot \qquad v_{22} = k_{22}[M_2^\cdot][M_2]$$

3 个链终止反应(式中 P 代表共聚物大分子)：

$$\sim M_1^\cdot + \sim M_1^\cdot \longrightarrow P$$

$$\sim M_1^\cdot + \sim M_2^\cdot \longrightarrow P$$

$$\sim M_2^\cdot + \sim M_2^\cdot \longrightarrow P$$

按照前述假设(2)，链终止反应只消耗自由基而不消耗单体；而与链增长反应相比较，链引发反应仅消耗极少量单体，可见共聚物组成与链引发和链终止反应无关。基于此，在推导共聚组成方程时，就只需考虑决定共聚物组成的 4 个链增长反应动力学方程即可。在方程推导过程中，注意链增长速率及其速率常数的下标，前面的数字为自由基序号，后面的数字为单体序号。于是两种单体的消耗速率为

$$-d[M_1]/dt = v_{11} + v_{21} = k_{11}[M_1^\cdot][M_1] + k_{21}[M_2^\cdot][M_1]$$

$$-d[M_2]/dt = v_{12} + v_{22} = k_{12}[M_1^\cdot][M_2] + k_{22}[M_2^\cdot][M_2]$$

两式相除，即两种单体消耗速率之比等于共聚物分子链内两种结构单元之比

$$\frac{d[M_1]}{d[M_2]} = \frac{v_{11} + v_{21}}{v_{12} + v_{22}} = \frac{k_{11}[M_1^\cdot][M_1] + k_{21}[M_2^\cdot][M_1]}{k_{12}[M_1^\cdot][M_2] + k_{22}[M_2^\cdot][M_2]}$$

再按稳态假设，两种自由基相互转变速率相等 $v_{21} = v_{12}$，将两者位置交换，即得

$$\frac{d[M_1]}{d[M_2]} = \frac{v_{11} + v_{21}}{v_{12} + v_{22}} = \frac{k_{11}[M_1^\cdot][M_1] + k_{12}[M_1^\cdot][M_2]}{k_{21}[M_2^\cdot][M_1] + k_{22}[M_2^\cdot][M_2]}$$

$$= \frac{[M_1^\cdot]k_{11}[M_1] + k_{12}[M_2]}{[M_2^\cdot]k_{21}[M_1] + k_{22}[M_2]}$$

再次用稳态假设，从 $v_{21} = v_{12}$ 求解两自由基浓度之比，$k_{12}[M_1^\cdot][M_2] = k_{21}[M_2^\cdot][M_1]$，得 $[M_1^\cdot]/[M_2^\cdot] = k_{21}[M_1]/k_{12}[M_2]$，代入上式并将 $r_1 = k_{11}/k_{12}$、$r_2 = k_{22}/k_{21}$ 分别定义为两种单体的竞聚率，则上式最后简化为

$$\frac{d[M_1]}{d[M_2]} = \frac{[M_1]}{[M_2]} \cdot \frac{k_{21}}{k_{12}} \cdot \frac{k_{11}[M_1] + k_{12}[M_2]}{k_{21}[M_1] + k_{22}[M_2]}$$

$$= \frac{[M_1]}{[M_2]} \cdot \frac{k_{11}/k_{12}[M_1] + [M_2]}{[M_1] + k_{22}/k_{21}[M_2]}$$

$$= \frac{[M_1]}{[M_2]} \cdot \frac{r_1[M_1] + [M_2]}{[M_1] + r_2[M_2]} \tag{4-1}$$

这就是以两种单体物质的量浓度(摩尔浓度)表示的二元共聚物组成微分方程。该方程描述二元共聚物瞬时组成与单体瞬时组成之间的定量关系，即与两种单体的竞聚率及其瞬时浓度有关。在该方程中，两种单体均聚速率常数与共聚速率常数之比即竞聚率是本章最重要的概念和共聚反应参数。

4.1.2　二元共聚物组成方程的物质的量分数式

以单体物质的量浓度(摩尔浓度)表示的二元共聚物组成微分方程在实际使用时存在诸多不便，所以可以将其转化为以物质的量分数表示的形式。为此，令 f_1 和 f_2 分别为某瞬时单体 M_1 和 M_2 在单体总量中的物质的量分数，即

$$f_1 = [M_1]/([M_1]+[M_2]) = 1 - f_2$$
$$f_2 = [M_2]/([M_1]+[M_2]) = 1 - f_1$$

再令 F_1 和 F_2 分别为结构单元 M_1 和 M_2 在共聚物结构单元总量中的物质的量分数，即

$$F_1 = \frac{d[M_1]}{d[M_1]+d[M_2]} = 1 - F_2$$

$$F_2 = \frac{d[M_2]}{d[M_1]+d[M_2]} = 1 - F_1$$

于是，通过简单数学推演，式(4-1)即可转化为以物质的量分数表示的形式

$$F_1 = \frac{r_1 f_1^2 + f_1 f_2}{r_1 f_1^2 + 2 f_1 f_2 + r_2 f_2^2} \tag{4-2}$$

虽然还有以单体质量比或质量分数表示的共聚物组成微分式，甚至也有组成积分式，不过其形式相当复杂，使用不便，所以不作讲述。

4.2　典型二元共聚物组成曲线

如果给出两种单体共聚反应的竞聚率 r_1 和 r_2，通常很难根据式(4-1)和式(4-2)得出其共聚物组成究竟是多少，更难想象共聚物组成随转化率升高而变化的趋势。如果按照式(4-2)对两种单体的竞聚率和一系列不同的组成组合作图，图形中的曲线(俗称 F_1－f_1 曲线)不仅能够清楚显示两种单体瞬时组成所对应的共聚物瞬时组成，同时也很直观地显示出共聚物组成随转化率升高而变化的趋势。因此，学会绘制二元共聚物组成曲线并能根据组成曲线理解不同类型共聚物组成随转化率升高而变化的趋势，是高分子工作者必须具备的能力。

在讲述典型共聚物组成曲线之前，有必要首先理解竞聚率在不同数值范围的意义。按照竞聚率的定义，它是一种单体的自由基与该单体发生链增长反应的速率常数(均聚反应链增长速率常数)与该自由基同别的单体进行链增长反应的速率常数(共聚反应链增长速率常数)之比值。

$$\left.\begin{array}{l} r_1 = k_{11} / k_{12} \\ r_2 = k_{22} / k_{21} \end{array}\right\} \tag{4-3}$$

4-04-y
物质的量分数表示的组成方程是本章最重要的公式，必须熟记：
$$F_1 = \frac{r_1 f_1^2 + f_1 f_2}{r_1 f_1^2 + 2 r_1 f_2 + r_2 f_2^2}$$

4-05-g
竞聚率是共聚反应最重要的概念及其相关计算的参数。

下面解释不同数值竞聚率所表达出这对单体的共聚反应趋势。

(1) $r_1=0$：分子 $k_{11}=0$，分母 k_{12} 不为 0，表明该单体不能均聚，只能共聚。

(2) $r_1<1$：即 $k_{11}<k_{12}$，表明该单体的共聚倾向大于均聚倾向。

(3) $r_1=1$：即 $k_{11}=k_{12}$，表明该单体均聚和共聚的倾向完全相同。

(4) $r_1>1$：即 $k_{11}>k_{12}$，表明该单体的均聚倾向大于共聚倾向。竞聚率数值越大，表明这种单体的均聚能力比共聚能力大得越多。由此可见，如果以改善聚合物性能为目的，希望两种单体能较好共聚，则要求两种单体的竞聚率起码不应大于 1，最好小于 1、接近零或等于零。

学习本节的基本要求：①按照给定的竞聚率正确绘制二元共聚物组成曲线；②明确各类共聚反应中共聚物组成随转化率升高而变化的趋势(理解图形中箭头的意义)。下面分别介绍 4 类典型二元共聚物的组成曲线。

4.2.1　恒比共聚

恒比共聚($r_1=r_2=1$)曾经称为恒份共聚，近年来又有将其称为理想恒比共聚，原因在于它是后面将要讲述的理想共聚的一个特例，也满足 $r_1r_2=1$ 的关系。这是一种特殊情况，按照式(4-2)，当 r_1 和 r_2 均为 1，且将 $f_1=1-f_2$ 代入该式，则该式便简化为 $F_1=f_1$，即无论单体配比如何，也不管转化率是多少，共聚物的组成始终恒等于单体组成。这就是所谓恒比共聚或恒份共聚名称的由来。如果将式(4-1)中 r_1 和 r_2 均代为 1，该式简化为 $d[M_1]/d[M_2]=[M_1]/[M_2]$，同样得到共聚物结构单元瞬时物质的量浓度之比等于单体瞬时物质的量浓度之比的结论。

分别以 F_1 和 f_1 为坐标轴，在直角坐标系中作恒比共聚物的组成曲线，即得到如图 4-1 的对角线。提醒注意的是由于共聚物组成与单体组成始终相等，任何一个具体配方一旦确定，则在整个聚合反应过程中，共聚物组成和单体组成都始终维持于对角线上某个确定点上，这个组成点不随转化率的升高而改变。

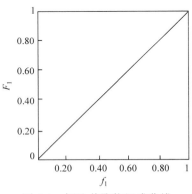

图 4-1　恒比共聚物组成曲线

$r_1=r_2=1$

由此可见，与下面讲述的其他类型共聚物组成曲线不同，这条对角线事实上是由恒比共聚反应所有可能选取的单体配比得到的共聚物组成点共同构成。属于这类恒比共聚的单体组合仅甲基丙烯酸甲酯-偏二氯乙烯，四氟乙烯-三氟氯乙烯等不多几对。

4.2.2 交替共聚

交替共聚($r_1=r_2=0$)是另一种极端情况，当两种单体都不能均聚而只能共聚时，可以想象生成大分子链中两种结构单元只能严格交替排列，而不可能出现相同结构单元连续排列的情况，这就是交替共聚名称的由来。如果将 $r_1=r_2=0$ 代入式(4-1)和式(4-2)，得 $d[M_1]/d[M_2]=1$，$F_1=0.5$。在 F_1-f_1 坐标系中，交替共聚物的组成曲线是 F_1 为 0.5 的一条水平线，如图 4-2 所示。

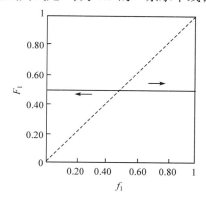

图 4-2 交替共聚物组成曲线

$$r_1 = r_2 = 0$$

4-06-t
重点要求对图 4-1、图 4-2、图 4-9 和图 4-10 的理解和绘制。

图 4-2 显示，交替共聚物的组成曲线与对角线相交于 $F_1=f_1=0.5$，在这一点，即当两种单体为等物质的量配比时，生成共聚物的分子链中两种结构单元也是等物质的量配比，所以单体和共聚物的瞬时组成均不随转化率升高而改变。但是在该点以外，即当两种单体不等物质的量配比时，由于共聚物分子链中两种结构单元必须严格交替排列，显然两种单体系等物质的量消耗，所以单体组成将随着转化率的升高而变化，即物质的量较少的单体的物质的量分数必然逐渐减少，而物质的量较多的单体的物质的量分数必然逐渐升高。当物质的量少的单体消耗殆尽时，聚合反应就将停止，此时体系中就只剩下物质的量较多的单体。这就解释了图形中箭头的含义。不过，从经济性考虑，对于两种完全不能均聚单体的交替共聚反应，两种单体采用等物质的量配比最合理。完全满足交替共聚条件的实际例子并不多，只有如顺丁烯二酸酐-乙酸-2-氯烯丙基酯以及顺丁烯二酸酐-1,2-二苯基乙烯这两对单体，它们各自都不能均聚而只能进行交替共聚，才属于绝对交替共聚的类型。

相对普遍的情况是一种单体的竞聚率等于零，另一种单体的竞聚率只是接近零；或者两种单体的竞聚率均接近零。本书将这类共聚反应归类为"接近交替共聚"似更为确切。将 $r_2=0$ 代入式(4-1)，即得

$$d[M_1]/d[M_2]=1 + r_1 [M_1]/[M_2] \tag{4-4}$$

按照式(4-4)，只要控制不能均聚而只能共聚的单体 M_2 的物质的量分数足够大，而使具有一定均聚倾向的单体 M_1 的物质的量分数尽量小，式(4-4)第 2 项$[M_1]/[M_2]$就趋于零，也就可能生成接近交替组成的共聚物。如果两种单体的物质的量分数接近，则共聚物中 M_1 的含量将多于 M_2。M_1 的竞聚率

越大，要想获得接近交替共聚物就必须使其物质的量分数越小。例如，在60℃时苯乙烯与顺丁烯二酸酐的共聚(r_1=0.01，r_2=0)就属于这种情况。显然，控制苯乙烯单体的物质的量分数(f_1)小于 0.5 就可以获得接近交替结构的共聚物。这类共聚物的组成曲线见图 4-3～图 4-5。

如果一种单体的竞聚率等于 0，而另一种单体的竞聚率远大于 0，甚至等于或大于 1，严格而论这类共聚物不属于接近交替共聚。不过，如果按照上述接近交替共聚物的组成控制原则，只要控制单体组成合理，即大大增加只能共聚而不能均聚单体的物质的量分数，同时尽量降低能够均聚单体的物质的量分数，同样可以得到两种结构单元相对接近交替排列的共聚物。基于这个原因，本书将这种类型的共聚反应归类于"衍生交替共聚"，它们的特殊组成曲线如图 4-6～图 4-8 所示。

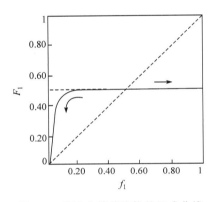

图 4-3　接近交替共聚物的组成曲线

r_1=0，r_2=0.05

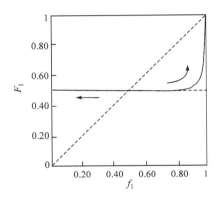

图 4-4　接近交替共聚物的组成曲线

r_1=0.05，r_2=0

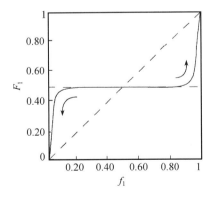

图 4-5　接近交替共聚物的组成曲线

r_1 = 0.05，r_2 = 0.05

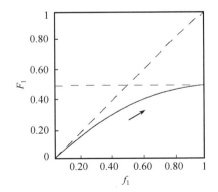

图 4-6　衍生交替共聚物的组成曲线

r_1 = 0，r_2 = 1

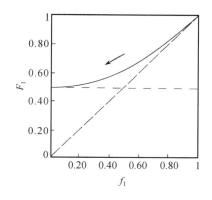

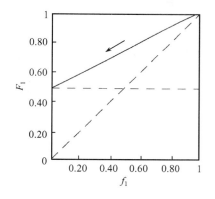

图 4-7　衍生交替共聚物的组成曲线

$r_1 = 1，r_2 = 0$

图 4-8　衍生交替共聚物的组成曲线

$r_1 = 2，r_2 = 0$

由此可见，透彻理解两种单体竞聚率的大小对共聚物组成曲线形态的影响，以及共聚物组成随转化率升高而变化的趋势，对于正确绘制共聚物组成曲线、特别是合理控制共聚物组成是十分重要的。

4.2.3　有恒比点共聚

有恒比点共聚($r_1 < 1$，$r_2 < 1$)曾称无序共聚，也称为有恒比点的非理想共聚。当两种单体的竞聚率均小于 1，即共聚能力均大于均聚能力时，其共聚物组成曲线具有如图 4-9 所示的反 S 形态，曲线与对角线的交点为恒比点。在此点共聚物组成与单体组成相等，$F_1=f_1$，分别代入式(4-2)和式(4-1)，则

$$F_{1A}=f_{1A}=(1- r_2)/(2-r_1-r_2) \qquad (4-5)$$

或 $$[M_1] / [M_2]=(1-r_2)/(1-r_1) \qquad (4-6)$$

在绘制这类有恒比点共聚物组成曲线时，还需注意：①当 $r_1 = r_2 < 1$ 时，恒比点为 0.5，曲线上下对称。具体的例子并不多，如丙烯腈-丙烯酸甲酯共聚体系($r_1 = 0.83$, $r_2 =0.84$)等；②当 $r_1 > r_2$ 时，恒比点处于对角线的右上部分，当 $r_1 < r_2$ 时，恒比点则处于对角线的左下部分；③r_1 和 r_2 越接近于 0，其组成曲线中部平坦部分越宽，也就越接近于交替共聚。这类共聚的例子比较普遍，如苯乙烯-丙烯腈($r_1 = 0.41$, $r_2 = 0.04$)，丁二烯-丙烯腈($r_1 = 0.30$, $r_2 = 0.20$)等。

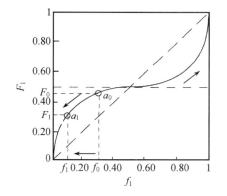

4-07-j
恒比点计算公式是本章重要公式，在判断和计算该类共聚物组成对应单体配方时必须用该公式。

图 4-9　有恒比点共聚物组成曲线

$r_1 < 1，r_2 < 1$

有恒比点共聚物组成曲线的两端一定分别在坐标原点和对角线的另一端点与对角线相交。有些教科书中的曲线绘制或印刷欠规范，阅读时须特别注意。了解以上诸点对于初学者准确绘制和理解这种类型的共聚物组成曲线相当必要。除此之外，还必须对该类型曲线的两个部分分别进行解释。只要两种单体的起始配比不在恒比点上，就一定处于曲线的左下侧或右上侧。无论属于哪种情况，共聚物组成和单体组成都必然会随着转化率的升高而同步发生变化。

如图 4-9 所示，假设两种单体的起始配比处于曲线左下侧的 a_0 点。由于聚合反应过程中进入共聚物的结构单元 M_1 的物质的量分数 F_1 始终大于单体中 M_1 的物质的量分数 f_1(因为这一段曲线始终处于对角线的上侧，即 $F_1 > f_1$)，这就必然造成体系中单体 M_1 物质的量分数的持续减少(f_1 按箭头方向持续减小)。结果便导致继续生成的共聚物中结构单元 M_1 的物质的量分数持续降低(F_1 按箭头方向持续降低)，但却始终维持 $F_1 > f_1$。这就如图 4-9 中所示，共聚反应从 $a_0 \rightarrow a_1$，共聚物组成 $F_0 \rightarrow F_1$，单体组成 $f_0 \rightarrow f_1$。共聚物组成和单体组成的这种持续性变化存在于聚合反应的整个过程，直到单体 M_1 消耗完毕为止。此后体系中就只剩下单体 M_2，继续聚合生成的将只是 M_2 的均聚物。

曲线右侧部分的情况正好与此相反，共聚物中结构单元 M_1 始终少于 M_2，即 $F_1 < f_1$(这一段曲线始终处于对角线的下侧)。随着反应的进行，F_1 和 f_1 均持续增大，直至达到 1，此后生成的则是单体 M_1 的均聚物。从以上解释不难理解共聚物组成曲线旁边的箭头表征出共聚物组成随转化率升高而改变的趋势。

4.2.4　无恒比点共聚

无恒比点共聚($r_1 > 1$，$r_2 < 1$)又称为嵌均共聚或非理想共聚，其共聚物组成曲线如图 4-10 和图 4-11 所示，是一条中间部分不与对角线相交、处于对角线上方的上凸形曲线或对角线下方的下凹形曲线。

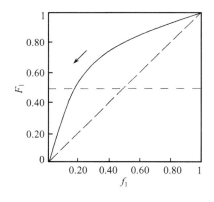
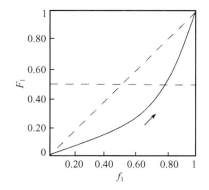

图 4-10　无恒比点共聚物组成曲线　　　　图 4-11　无恒比点共聚物组成曲线

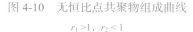
$r_1 > 1$，$r_2 < 1$　　　　　　　　　　　　$r_1 < 1$，$r_2 > 1$

嵌均共聚物组成曲线上凸或下凹的程度取决于两单体竞聚率大小悬殊的程度，悬殊越大则上凸或下凹越厉害。从两种单体的竞聚率一个大于1、另一个小于1可以想象，这种所谓的"共聚物"事实上只是"镶嵌"着少许竞聚率小于1的第2结构单元的第1单体(竞聚率大于1)的"均聚物"，这就是"嵌均共聚"名称的由来。其大分子链可以用下式来表示：

$$\sim M_1M_2M_1M_1M_1M_1M_1\ M_1M_1M_1M_2M_1M_1\ M_1M_1M_1M_1\sim$$

该类共聚反应的实际例子很多，如：

氯乙烯-乙酸乙烯酯 (r_1=1.68，r_2=0.23)

甲基丙烯酸甲酯-丙烯酸甲酯 (r_1=1.91，r_2=0.50)

苯乙烯-乙酸乙烯酯 (r_1=55，r_2=0.01)

当苯乙烯与乙酸乙烯酯共聚时，前期产物是镶嵌着少许乙酸乙烯酯结构单元的聚苯乙烯，而后期产物则差不多是乙酸乙烯酯的均聚物。在这类无恒比点共聚反应中，有一种特殊情况，即当 r_1r_2 = 1 时，被冠以一个漂亮的名称"理想共聚"。其本意是在此情况下的共聚物组成，具有与理想混合气体各组分分压或理想溶液各组分蒸气分压相类似的数学形式

$$d[M_1]/d[M_2] = r_1\,[M_1]\,/\,[M_2] \qquad (4\text{-}7)$$

式(4-7)显示一个重要结论，即随着两种单体竞聚率差值的增大，要获得两种结构单元含量都较高的共聚物就越发困难。由于理想共聚只是无恒比点共聚的一个特例，其组成曲线与一般无恒比点共聚物组成曲线并无不同。不过有时为了突出其所谓"理想"的特点，将其画为如图 4-12 的对称形态。此时应该明确，对角线下方的曲线是以结构单元 M_2 的物质的量分数组成，即以 F_2 为纵坐标绘制的。这类共聚反应的实际例子有

丁二烯-苯乙烯(r_1=1.39，r_2=0.78)；r_1r_2 = 1.08

偏二氯乙烯-氯乙烯(r_1=3.2，r_2=0.3)；r_1r_2 = 0.96

研究结果表明，离子型共聚合反应一般都具有理想共聚的特征。

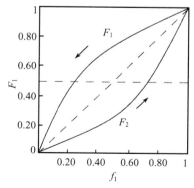
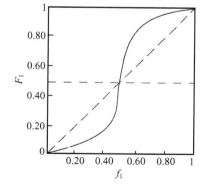

图 4-12　理想共聚组成曲线　　　　　图 4-13　嵌段或混均共聚组成曲线

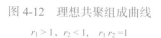
　　$r_1 > 1$，$r_2 < 1$，$r_1r_2 = 1$　　　　　　　　$r_1 > 1$，$r_2 > 1$

4.2.5　嵌段或混均共聚

嵌段或混均共聚($r_1 > 1$，$r_2 > 1$)是两种单体都倾向于均聚而不容易共聚的情况，极端情况下就只能生成两种单体均聚物的混合物，或者生成完全无规的短嵌段结构的共聚物，两种链段的长短取决于两种单体竞聚率的相对大小。不过，由于所生成的嵌段链段一般不长且无法控制，因此很难获得具有商业意义的嵌段共聚物。这种所谓共聚物的组成曲线的形态是 S 形，与有恒比点共聚组成曲线的反 S 形态正好相反，如图 4-13。这种类型的共聚反应实例也不多，如苯乙烯-异戊二烯(r_1 =1.38，r_2 =2.05)就属于这种情况。

4.3　共聚物组成控制

正如前述，共聚是改善聚合物性能的重要方法之一，共聚物的性能不仅与相对分子质量及其分布有关，同时与共聚物的组成及其分布有关。这就提出共聚物组成控制与组成分布控制两方面的要求，下面分别予以简单讲述。

4.3.1　转化率与组成控制

根据各种类型共聚物组成曲线，可总结共聚物组成控制的几点规律。

(1) 不存在组成控制问题的 3 种情况。恒比共聚($r_1 = r_2 = 1$)、完全交替共聚($r_1 = r_2 = 0$)和在恒比点进行的有恒比点共聚，即

$$F_{1A}=f_{1A}=(1-r_2)/(2-r_1-r_2) \tag{4-8}$$

对于这 3 种情况，由于共聚物组成与单体组成完全相同，其组成不随转化率升高而变化，所以既无必要也不可能进行控制。

(2) 存在组成控制的 3 种情况。①接近交替共聚($r_1 = 0$, $r_2 \approx 0$)。如果目的是控制共聚物组成尽量接近交替共聚物，则单体配比中应该减少竞聚率不为 0 的那种单体而增加竞聚率为 0 的那种单体。至于一种单体减少和另一种单体增加的多少，则要取决于第二单体的竞聚率较 0 大的程度，大得越多则两单体物质的量分数的差值越大。②在恒比点以外进行的有恒比点共聚。③无恒比点共聚。事实上，这才是普遍存在组成控制问题的两种共聚反应类型。其组成控制的关键是建立共聚物组成与转化率之间的关系。

要获得共聚物的瞬时组成或平均组成与转化率之间的函数关系，必须将共聚物组成微分方程式(4-1)或式(4-2)进行积分。虽然早在 1946 年 Skeist 就提出了积分方案，但是其过程和结果都显得过于繁琐，本书仅给出在特定情况下的简单结果。例如，可以根据积分结果绘制出共聚物的组成-转化率曲线如图 4-14 和图 4-15 所示。显而易见，在恒比点进行的共聚反应得到的共聚物的组成不随转化率而变化。在恒比点附近，当转化率在 90 %以下时共

聚物组成的变化也不大。配料组成偏离恒比点越远，共聚物组成随转化率升
高而变化的程度也越大，而且要得到组成比较均一的共聚物也就越困难。

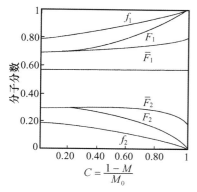

图 4-14 不同配料的共聚物组成-转化率
关系

St, r_1=0.53; MMA, r_2=0.56; f_1^0=0.80, f_2^0=0.20; 恒
比共聚点为 F_1=f_1=0.484

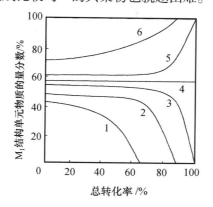

图 4-15 苯乙烯-反丁烯二酸二乙酯共聚物
瞬时组成与转化率关系

r_1=0.30, r_2=0.07; 1～6 转化率分别为 0.2, 0.4, 0.5,
0.57, 0.60, 0.80

4.3.2 组成控制方法

1) 控制转化率

当两种单体属于嵌均共聚类型($r_1 > 1$，$r_2 < 1$)，且对共聚物的组成控
制要求是一种单体占主体，另一种单体的含量并不高时，宜采用这种方
法。例如，对聚氯乙烯改性往往加入乙酸乙烯酯进行共聚(r_1=1.68，r_2=
0.23)，单体配方中以氯乙烯为主，乙酸乙烯酯的含量只要求控制在 3%～
15%，控制转化率在接近 90%时停止反应，即可保证共聚物的组成与要
求值接近。

2) 补加消耗得快的单体

对于有恒比点共聚或嵌均共聚，如果要求严格控制共聚物的组成，或要
求的共聚物组成距离恒比点较远，最好采用补加单体的方法。目的是在聚合
反应过程中尽量保持单体组成基本不变，共聚物组成也就基本不变。具体做
法如下。

(1) 如果所要求的共聚物组成就在恒比点附近，可以采用间隔一定时间
补加一定量消耗得快的单体的方法。当要求的共聚物组成处于恒比点的左下
侧(小于恒比点)时，应补加单体 M_1；如果要求的共聚物组成处于恒比点的
右上侧(大于恒比点)时，则应补加单体 M_2。

(2) 如果是嵌均共聚或者所要求的共聚物组成距离恒比点较远，则可
以连续补加消耗得快的单体。嵌均共聚一定是补加竞聚率大于 1 的那种单
体。这种方法广泛用于氯乙烯-丙烯腈、氯乙烯-偏二氯乙烯等共聚反应中
的组成控制。

4-08-y
要求掌握共聚
物组成控制的两种
方法。

4.3.3　竞聚率的影响因素与测定

既然竞聚率是同一自由基均聚链增长速率常数与共聚链增长速率常数的比值，那么影响链增长速率常数的因素如温度、压力和溶剂等条件对竞聚率均存在一定影响，下面逐一简单讨论。

1) 温度的影响

按照竞聚率定义

$$r_1 = k_{11}/k_{12}$$

$$\ln r_1/dT = (E_{11} - E_{12})/RT^2$$

式中，E_{11} 和 E_{12} 分别为自由基 $M_1^{\cdot}$ 与单体 M_1 和 M_2 进行链增长反应的活化能。第 3 章曾讲述过自由基聚合反应的链增长活化能本身就比较小(21～34 kJ /mol)，均聚活化能与共聚活化能的差值更小。由此可见，温度变化对竞聚率的影响并不大，如表 4-2 所示。

表 4-2　温度对竞聚率的影响

M_1	M_2	共聚类型	$T/℃$	r_1	r_2
苯乙烯	甲基丙烯酸甲酯	有恒比点共聚	35	0.52	0.44
			60	0.52	0.46
			131	0.59	0.54
苯乙烯	丙烯腈	有恒比点共聚	60	0.40	0.04
			75	0.41	0.03
			99	0.39	0.06
苯乙烯	丁二烯	嵌均共聚	5	0.44	1.40
			50	0.58	1.35
			60	0.78	1.39

表 4-2 中的规律归纳如下：当单体的竞聚率小于 1 时，温度升高使其数值逐渐增大而趋近于 1；当单体的竞聚率大于 1 时，温度升高使其数值逐渐减小，并最终也趋近于 1。由此可见，温度升高将使一般嵌均共聚和有恒比点共聚向着理想恒比共聚的方向逐渐趋近。

2) 压力的影响

压力对竞聚率的影响与温度的影响相似，增加压力也使嵌均共聚和有恒比点共聚向着理想恒比共聚的方向转变。

3) 溶剂的影响

目前已经了解，离子型共聚合反应的竞聚率受溶剂极性的影响较显著，而自由基型共聚合反应的竞聚率受溶剂极性的影响较小，见表 4-3。除此以外，pH、某些盐类和聚合方法等因素对竞聚率也有一定影响。

表 4-3　苯乙烯-甲基丙烯酸甲酯在不同溶剂中共聚时的竞聚率

溶剂	苯	苯甲腈	苯甲醇	苯酚
r_1	0.57 ± 0.03	0.48 ± 0.05	0.44 ± 0.05	0.35 ± 0.02
r_2	0.46 ± 0.03	0.49 ± 0.05	0.39 ± 0.05	0.35 ± 0.02

4) 竞聚率的测定

竞聚率是计算共聚物组成的重要参数，其测定方法按照式(4-1)系在 ≤

5%的低转化率条件下测定不少于两个单体配料比的共聚物组成或残留单体组成，最好两者同时测定。然后求解二元一次方程组，即可得到两种单体的竞聚率。共聚物组成测定方法可以选择红外、紫外光谱法或元素分析等。残留单体分析可以采用气相色谱法。式(4-1)中有两个未知数 r_1 和 r_2，按理由两组不同配比的单体进行共聚实验即可求得，不过这样测得的结果不够准确，通常需要进行多组实验。事实上，为了使竞聚率测定结果更准确，已经建立包括曲线拟合法、直线交点法、截距斜率法和积分法等多种数据处理方法，具体过程读者可参考有关专著。

4.4 单体活性与自由基活性

自由基均聚反应中，仅从链增长速率常数的大小很难判断两个反应主体单体和自由基的活性。例如，苯乙烯和乙酸乙烯酯的均聚反应链增长速率常数分别为145 和 2300，能够说单体乙酸乙烯酯更活泼吗？事实上苯乙烯才是典型的活泼单体，而乙酸乙烯酯是典型的不活泼单体。原来要比较单体的活性，就必须比较其与同一自由基进行链增长反应的速率常数；要比较自由基的活性，就必须比较其与同一单体进行链增长反应的速率常数，这就涉及共聚反应的问题。

4.4.1 单体的相对活性

竞聚率的倒数($1/r_1=k_{12}/k_{11}$)表示自由基与别的单体进行共聚反应链增长速率常数与其自身均聚链增长速率常数的比值，可用其比较这两种单体的相对活性。表 4-4 即按此原则制作，其中纵列各数值为不同单体对同一自由基的相对活性。

表 4-4 乙烯基单体对各种链自由基的相对活性($1/r_1$)

链自由基 $1/r_1$ 乙烯基单体	B·	S·	VAC·	VC·	MMA·	MA·	AN·
单体 B	—	1.7	—	29	4	20	50
S	0.4	15	100	50	2.2	6.7	25
MMA	1.3	1.9	67	10	—	2	6.7
甲基乙烯酮	—	3.4	20	10	—	1.2	1.7
AN	33	2.5	20	25	0.82	—	—
MA	1.3	1.4	10	17	0.52	—	0.67
VDC	—	0.54	10	—	0.39	—	1.1
VC	0.11	0.06	4.4	—	0.1	0.25	0.37
VAC		0.02	—	0.59	0.05	0.11	0.24

对表 4-4 中 7 个纵列单体竞聚率倒数的变化规律分别进行比较，可以发现除几处偏离外，9 种单体对于 7 种自由基的相对活性自上而下依次降低。由此可见，苯乙烯和丁二烯确是其中最活泼的单体，氯乙烯和乙酸乙烯酯是最不活泼的单体。一取代乙烯 $CH_2=CHX$ 的活性顺序与取代基 X 的关系如下：

$$-C_6H_5, \quad -CH{=}CH_2 > -CN, \quad -COR > -COOH, \quad COOR > -Cl >$$
$$-OCOR, \quad -R > -OR, \quad -H$$

4.4.2 自由基的相对活性

一种自由基与别的单体共聚链增长速率常数 k_{12} 的大小，可以直接用来比较自由基的相对活性，结果见表 4-5。

4-09-y
单体活性与自由基活性规律：
1. 共轭单体活泼，非共轭单体不活泼；
2. 活泼单体产生不活泼自由基，不活泼单体产生活泼自由基；
3. 活泼单体均聚速率常数小，不活泼单体均聚速率常数大；
4. 自由基聚合反应所涉及的各种反应中，自由基的活性都起决定性作用。

表 4-5　各种自由基与一取代乙烯反应的相对活性 $k_{12}[(10^{-2}$ L/(mol · s)]

一取代乙烯基单体 ＼ 链自由基 k_{12}	B·	S·	MMA·	AN·	MA·	VAC·	VC·
单体 B	1	2.5	28	980	418	—	3570
S	0.4	1.5	16	490	140	2300	6150
MMA	1.3	2.8	7.1	131	42	1540	1230
AN	3.3	4.4	5.8	20	25	460	1780
MA	1.3	2.0	3.7	13	21	230	2090
VC	0.1	0.09	0.7	7.2	5.2	101	123
VAC	—	0.03	0.35	2.3	2.3	23	78

对表中 7 个横行所列速率常数的变化规律分别进行比较可以发现，7 种自由基分别对于 7 种单体的相对活性自左而右依次增加。由此可见，这 7 种自由基中丁二烯和苯乙烯自由基的活性最低，氯乙烯和乙酸乙烯酯自由基的活性最高。

从表 4-4 和表 4-5 可得到如下结论：活泼单体的自由基不活泼，不活泼单体的自由基活泼。原来，决定自由基聚合反应活泼程度的最重要因素是单体的取代基与 π 键共轭的程度，共轭程度越高则单体越活泼，共轭程度越低则单体越不活泼。自由基的活性也由共轭程度决定，共轭程度越高的自由基越不活泼，共轭程度越低的自由基越活泼。自由基活性与单体活性正好相反。

4.4.3 单体的均聚速率常数

单体均聚时系其与自身自由基进行链增长反应，该反应属 2 级反应。按照化学反应速率的普遍规律，其速率常数应与单体和自由基的活性都有关。现在的问题是在自由基聚合反应中，链增长速率常数究竟与单体活性的关系大，还是与自由基活性的关系大。表 4-5 列出的数据已经给出明确答案。

在表 4-5 中的左上-右下对角线的两端，分别是活泼单体与不活泼自由基的链增长速率常数和不活泼单体与活泼自由基的链增长速率常数：活泼单体苯乙烯和不活泼单体乙酸乙烯酯的均聚速率常数分别为 1.5 和 23。由此可见，决定自由基聚合链增长速率常数大小的关键因素是自由基活性而不是单体活性。其直接结果是：烯类单体均聚时，活泼单体的链增长速率常数较小(因为其自由基不活泼)；不活泼单体的链增长速率常数较大(因为其自由基活泼)。

4-10-y
活泼单体均聚链增长速率常数小(自由基不活泼)；
不活泼单体的均聚链增长速率常数大(自由基活泼)

4.4.4　极性和位阻效应对共聚的影响

在单体与自由基活性顺序表中，强极性单体如丙烯腈等往往表现反常。原来，吸电性取代基使烯烃 β 碳原子带正电荷，推电子取代基使 β 碳原子带负电荷。这两类单体比较容易进行共聚，而且往往表现交替共聚的倾向，这就是极性效应。极性效应能够提高单体共聚活性的原因，系带着相反电荷的烯烃 β 碳原子之间的静电作用，大大降低了共聚反应活化能。

如在 3.1.2 节中所讲述，除氟取代外的 1,2-二取代和三、四取代烯类单体由于位阻因素而不能均聚。不过，这些因位阻效应不能均聚的单体却容易与别的单体进行共聚，如表 4-6 所列。

表 4-6　各种氯取代乙烯与三种链自由基的反应速率常数

链自由基 反应速率常数 氯取代乙烯	乙酸乙烯酯	苯乙烯	丙烯腈
氯乙烯	10 100	8.7	720
偏二氯乙烯	23 000	78	2 200
顺式-1,2-二氯乙烯	370	0.6	
反式-1,2-二氯乙烯	2 300	3.9	
三氯乙烯	3 450	8.6	29
四氯乙烯	460	0.7	4.1

表 4-6 显示，与作为比较基准的氯乙烯相比，其下面 5 种 1,2-二取代和三、四取代的氯乙烯均可以与乙酸乙烯酯和苯乙烯等进行共聚。其中偏二氯乙烯的共聚活性甚至超过氯乙烯。其余 4 种氯代乙烯与别的单体进行共聚的活性顺序是：三氯乙烯 ＞ 反式-1,2-二氯乙烯 ＞ 四氯乙烯 ＞ 顺式-1,2-二氯乙烯。

4.5　$Q\text{-}e$ 概念和方程

竞聚率是共聚反应与共聚物组成控制最重要的概念和参数。如果通过实验测定 100 种单体的所有两两组合共聚体系的竞聚率，需要测定 4950 对竞聚率，由此可以想象其实验和计算工作量将非常巨大。那么有没有办法不做或少做实验，利用与单体结构及其活性相关联的某些参数就可以计算出它们的竞聚率呢？Alfrey 和 Price 于 1947 年建立的 $Q\text{-}e$ 概念和 $Q\text{-}e$ 方程就是为了解决这一问题而提出的。

4.5.1　$Q\text{-}e$ 概念

首先讲述 $Q\text{-}e$ 概念遵循的三条基本原则。

(1) 烯烃 π 键与取代基间的共轭程度(含 π－π 和 π－p 共轭)，是决定单

4-11-yj
　要求明确单体 Q 值和 e 值的含义——分别为共轭程度和取代基电负性强弱，并能用其计算竞聚率。

体转变为自由基并参加聚合反应难易程度的指标，即单体的活性指标，用大写英文字母 Q 表示。取代基共轭程度越高，Q 值越大，表明单体越活泼，如苯乙烯、丁二烯、异戊二烯等就属于活泼单体。与此相反，取代基的共轭程度低，Q 值小，则单体不活泼，如乙酸乙烯酯就属于不活泼单体。

(2) 单体在聚合过程中转化为自由基后，π 键转化为 σ 键，其与取代基之间的共轭与活性随之改变，用大写英文字母 P 表示自由基的共轭程度或活性。

(3) 自由基聚合反应过程中，取代基极性不随单体转化为自由基而改变。用小写英文字母 e 作为其极性指标，e 值为正时表示带吸电性取代基，e 值为负时表示带给电性取代基。

4.5.2　$Q\text{-}e$ 方程

按照上述原则，分别在 Q 值和 e 值的右下角标明单体和自由基序号，再将聚合反应链增长速率常数与单体及其自由基的共轭指标和极性指标联系起来，这就是 $Q\text{-}e$ 方程。

$$k_{12} = P_1Q_2\mathrm{e}^{-e_1e_2}$$
$$k_{21} = P_2Q_1\mathrm{e}^{-e_2e_1}$$
$$k_{11} = P_1Q_1\mathrm{e}^{-e_1e_1}$$
$$k_{22} = P_2Q_2\mathrm{e}^{-e_2e_2}$$

按照竞聚率的定义并经过适当数学处理即可得到

$$r_1 = \frac{Q_1}{Q_2}\mathrm{e}^{-e_1(e_1-e_2)} \qquad\qquad r_2 = \frac{Q_2}{Q_1}\mathrm{e}^{-e_2(e_2-e_1)}$$

两式相乘并取自然对数即得

$$\ln(r_1r_2) = -(e_1-e_2)^2 \tag{4-9}$$

最后将苯乙烯的 Q 值和 e 值作为度量其他单体 Q 值和 e 值的相对标准，分别定为 1.0 和 -0.80。只要分别测定苯乙烯与这些单体进行共聚反应的竞聚率，就可以按照 $Q\text{-}e$ 方程分别计算出这些单体的 Q 值和 e 值。然后就可以按照上述公式计算出这些单体的任意两两组合进行共聚反应的竞聚率，而可以不必进行共聚实验。这就是 $Q\text{-}e$ 方程的用途。表 4-7 列出了一些常见单体的 Q 值和 e 值。

> 4-12-j
> 竞聚率与取代基极性指标的关系式。

表 4-7　一些常见单体的 Q 值和 e 值

单体	Q 值	e 值	单体	Q 值	e 值
丁二烯	2.39	−1.05	顺丁烯二酸酐	0.23	2.25
苯乙烯	1.00	−0.80	偏二氯乙烯	0.22	0.36
甲基丙烯酸甲酯	0.74	0.40	叔丁基乙烯基醚	0.15	−1.58
甲基乙烯基酮	0.69	0.68	氯乙烯	0.044	0.20
反丁烯二酸二乙酯	0.61	1.25	乙基乙烯基醚	0.032	−1.17
丙烯腈	0.60	1.20	乙酸乙烯酯	0.026	−0.22
丙烯酸甲酯	0.42	0.60			

　　表 4-7 系按照单体 Q 值即活性递减顺序排列,常见单体中丁二烯和苯乙烯的 Q 值最大，是最活泼单体；乙酸乙烯酯和氯乙烯的 Q 值最小，是最不活泼单体。根据表中 e 值的大小可以看出顺丁烯二酸酐分子中的两个取代基是最强的吸电子基，丙烯腈的腈基也是较强的吸电子取代基；乙烯基醚类单体的取代基具有强烈推电子性，按照 3.1.1 节讲述的原理这类单体不能自由基聚合而只能阳离子聚合。乙酸乙烯酯的取代基具有一定推电子倾向，即使能够自由基聚合，其活性也很低。

　　$Q\text{-}e$ 方程并未考虑取代基的位阻，而竞聚率的测定也有一定实验误差，所以 $Q\text{-}e$ 方程仅是半经验性的，用该公式计算竞聚率会有一定误差，这是理论和实验都存在不完善所致。即使如此，$Q\text{-}e$ 方程仍然不失为共聚物组成计算的重要关系式。

4.5.3　单体的 Q 值和 e 值与共聚类型

　　实践和理论都证明，烯类单体的 Q 值和 e 值与它们能否进行共聚，以及所生成共聚物的类型有关，一般情况下述规律均适用：①Q 值相差较大的单体难于共聚；②Q 值和 e 值分别接近的单体容易进行理想共聚，如苯乙烯-丁二烯、氯乙烯-乙酸乙烯酯等；③e 值相差较大的一对单体进行交替共聚的倾向较大，如苯乙烯-顺丁烯二酸酐、苯乙烯-丙烯腈等。

4.6　序列结构、多元共聚与共聚交联

　　共聚物组成微分方程实质是宏观讨论共聚物的组成，却不能反映共聚物分子链上的微观组成情况。共聚物分子链上两种结构单元排列的规律，即共聚物的序列分布是本节研究的内容。对严格交替共聚和嵌段共聚而言，其共聚物分子链的序列分布是明确的。其余类型共聚物如恒比、有恒比点、嵌均等类型共聚物的分子链的序列分布都是不规则、不明确的。所以就两种结构单元在大分子链中的排列而言,许多时候人们都习惯于将这些类型的共聚物称为"无序共聚物"。

　　本节内容仅需一般性了解。

　　研究发现,具有组成相同而序列结构不同的共聚物可能具有大不相同的性能，如交替共聚物由于其结构的高度规整性而有利于提高结晶度；无序共聚物的性能倾向于两种均聚物性能的平均化并与两种结构单元的相对含量相关；嵌段共聚物的性质与两种均聚物的共混物的性质接近。事实上，二嵌段共聚物往往表现类似于表面活性剂的性能。

4.6.1　二元共聚物序列结构

　　共聚物的序列结构(sequence structure of copolymer)也称序列分布，定义为两种结构单元的序列长度分布。采用统计学方法研究共聚物的序列结构与 Flory 推导线型缩聚物相对分子质量分布的方法相似，通常都以比较简单的理想共聚为对象。首先定义两种结构单元的各种序列：

M_{11} 序列——分子链中 1 个独立的 M_1 结构单元；

M_{21} 序列——分子链中 1 个独立的 M_2 结构单元；

M_{12} 序列——分子链中 2 个连续 M_1 结构单元构成的链段；

M_{22} 序列——分子链中 2 个连续 M_2 结构单元构成的链段；

M_{1n} 序列——分子链中 n 个连续的 M_1 结构单元构成的链段；

M_{2n} 序列——分子链中 n 个连续的 M_2 结构单元构成的链段。

可见所谓"序列"系共聚物中两种结构单元之间彼此联结的方式，"序列结构"或"序列分布"就是其彼此联结方式的规律。

设自由基 $M_1^\cdot$ 与单体 M_1 和 M_2 进行链增长反应的速率分别为生成一个 M_{11} 序列和 M_{12} 序列的概率 P_{11} 和 P_{12}。按照在线型缩聚物相对分子质量分布推导中采用的所谓"成键概率"和"不成键概率"相类似的思路，要生成一个 M_{11} 序列必须包括一步自由基 $M_1^\cdot$ 与 M_1 的反应和一步 $M_1^\cdot$ 与 M_2 的反应，即 M_{11} 序列的"成列反应"和"非成列反应"。这两步反应发生的概率分别由对应链增长速率表示，因此下面的关系式应成立。

$$P_{11} = \frac{k_{11}[M_1^\cdot][M_1]}{k_{11}[M_1^\cdot][M_1] + k_{12}[M_1^\cdot][M_2]}$$

$$= \frac{r_1[M_1]}{r_1[M_1] + [M_2]}$$

$$= 1 - P_{12}$$

$$P_{12} = \frac{k_{12}[M_1^\cdot][M_2]}{k_{11}[M_1^\cdot][M_2] + k_{12}[M_1^\cdot][M_2]}$$

$$= \frac{[M_2]}{r_1[M_1] + [M_2]}$$

同理可以得到生成一个 M_{21} 序列和 M_{22} 序列的概率 P_{21} 和 P_{22}，即

$$P_{21} = \frac{[M_1]}{r_2[M_2] + [M_1]}$$

$$P_{22} = \frac{r_2[M_2]}{r_2[M_2] + [M_1]} = 1 - P_{21}$$

若要生成由 n 个连续的 M_1 结构单元组成的 M_{1n} 序列，必然经历 $n-1$ 次自由基 $M_1^\cdot$ 与单体 M_1 反应过程和 1 次自由基 $M_1^\cdot$ 与单体 M_2 反应过程，其生成概率

$$P_{1n} = P_{11}^{n-1} P_{12} = P_{11}^{n-1}(1 - P_{11})$$

$$= \left(\frac{r_1[M_1]}{r_1[M_1] + [M_2]} \right)^{n-1} \frac{[M_2]}{r_1[M_1] + [M_2]}$$

同理可以得到 M_{2n} 序列的生成概率

$$P_{2n} = P_{22}^{n-1} P_{21} = P_{22}^{n-1}(1 - P_{22})$$

$$= \left(\frac{r_2[M_2]}{r_2[M_2] + [M_1]} \right)^{n-1} \frac{[M_1]}{r_2[M_2] + [M_1]}$$

上述公式不能直观反映各种序列在大分子链中的分布情况，按照该公式

计算的结果却要直观得多，见表 4-8。

表 4-8　等物质的量配比二元共聚物的序列分布数据/%(r_1=5，r_2=0.2)

序列长	序列概率	序列中结构单元 M_1 物质的量分数	序列中结构单元 M_1 物质的量总数	序列长	序列概率	序列中结构单元 M_1 物质的量分数	序列中结构单元 M_1 物质的量总数
1	16.7	2.76	16.7	8	4.63	6.17	37.0
2	13.0	4.63	27.8	9	3.85	5.64	33.8
3	11.5	3.75	34.5	10	3.21	5.35	32.1
4	9.6	6.06	39.4	20	0.52	1.74	10.4
5	8.0	6.67	40.0	30	0.084	0.42	2.52
6	6.67	6.67	40.0	$\sum$	100	100	600
7	5.55	6.49	38.9				

表 4-8 中的数据显示，在理想共聚物分子链中，竞聚率大于 1 的那种单体的结构单元的各种序列 M_{1n} 出现的概率随序列长度的增加而递减，其平均序列长度为 6。研究发现，只有当共聚物的聚合度大于 5000 时上述计算的序列分布才比较接近于实际情况，聚合度小于 1000 时共聚物的序列分布与计算结果相差较大。

4.6.2　多元共聚

两种以上单体进行的共聚为多元共聚，多元共聚被广泛用于聚合物改性。一般而言，多元共聚物的主要性能由二元共聚物决定，少量第 3、第 4 单体的加入达到特殊改性或综合改性的目的。例如，在氯乙烯-乙酸乙烯酯共聚时加入 1%～2%的顺丁烯二酸酐可提高共聚物的黏接能力；丙烯腈-丙烯酸甲酯共聚时加入 1%～2%的衣康酸(α-羧基丁烯酸)可改善其染色性能；乙烯和丙烯共聚合成乙丙橡胶时加入 2%～3%的共轭二烯烃，则基于分子链上双键的引入而使这种新型橡胶的硫化性能大大改善。ABS 树脂就是一种典型三元共聚物，其结构既含无规共聚成分，也含接枝共聚部分。

三元共聚物组成微分方程的推导过程与二元共聚物组成微分方程的推导相类似，总共含 3 个链引发反应、9 个链增长反应和 6 个链终止反应，有 6 个竞聚率。Alfrey-Goldfinger 作适当稳态假设后，推导出三元共聚物组成微分方程非常复杂，可定性了解其含义，其组成微分方程如下：

$$d[M_1]:d[M_2]:d[M_3]=[M_1]([M_1]+[M_2]/r_{12}+[M_3]/r_{13}):$$

$$r_{21}/r_{12}[M_2]([M_1]/r_{21}+[M_2]+[M_3]/r_{13}):$$

$$r_{31}/r_{13}[M_3]([M_1]/r_{31}+[M_2]/r_{32}+[M_3]) \tag{4-10}$$

如果 1 种单体不能均聚则其竞聚率为 0，不能使用上式进行组成计算。不过如果已知 3 种单体之间两两共聚的竞聚率，则可以采用式(4-10)计算三元共聚物的微分组成，如表 4-9 所列。

表 4-9 几组三元共聚物的组成实测值与计算值

体系	单体组成		共聚物组成/%(物质的量分数)		
	单体	%(物质的量分数)	实测值	按式(4-10)计算值	按 V-S 式计算值*
1	苯乙烯	31.24	43.4	44.3	44.3
	MMA	31.12	39.4	41.2	42.7
	偏二氯乙烯	37.64	17.2	15.5	13.0
2	MMA	35.10	50.8	54.3	56.6
	丙烯腈	28.24	28.3	29.7	23.5
	偏二氯乙烯	36.66	20.9	16.0	19.9
3	苯乙烯	34.03	52.8	52.4	53.8
	丙烯腈	34.49	36.0	40.5	36.6
	偏二氯乙烯	31.48	10.5	7.1	9.6
4	苯乙烯	35.92	44.7	43.6	45.2
	丙烯腈	36.03	26.1	29.2	33.8
	氯乙烯	28.05	29.2	26.2	21.0
5	苯乙烯	20.00	55.2	55.8	55.8
	MMA	20.00	40.3	41.3	41.4
	丙烯腈	60.00	4.5	2.9	2.8

*Valvassori-Sartori 三元共聚物组成微分方程(V-S 式)本书未列出。

表 4.9 的数据显示，按照两种组成微分方程计算的结果与实测结果都比较接近，由此可见，实践中如果遇到类似问题，采用该微分组成方程进行配方设计和组成预测是完全可行的。

4.6.3 共聚交联与互穿网络

1) 共聚交联

如果参加共聚的烯类单体中至少一种含 2 个或 2 个以上双键时,将生成具有三维交联网络结构的体型聚合物。例如，在离子交换树脂生产第 1 道工序苯乙烯-二乙烯基苯(DVB)交联共聚珠粒的合成。研究发现，自由基型交联体型聚合与体型缩聚反应相类似，也是分阶段进行，即在聚合反应初期按照线型自由基聚合反应进行，当转化率达到一定程度时，同样存在凝胶化过程即"相分离"过程。由于二乙烯基苯第 1 双键的活性要比第 2 双键的活性高得多，所以聚合初期它们首先在线型聚苯乙烯大分子链上生成许多所谓"悬挂双键"。一旦这些悬挂双键开始聚合则意味凝胶化过程开始，立刻生成交联体型聚合物。这个反应通常作为悬浮聚合的典型实验而为初学者开设。

线型聚合物一旦在分子间以化学键的形式发生交联以后，其力学性能和耐热性能等将大大提高，因此高分子材料工作者对聚合物的交联特别感兴趣。本书第 7 章将讲述能够使聚合物发生交联的各种方法。

2) 互穿网络

聚合物互穿网络(interpenetrating polymer network, IPN)，有时也称互贯网络，是一种高分子合金，其独特之处在于两种或两种以上的组分共聚物各自独立进行交联共聚反应，形成两个或两个以上相互贯穿的三维交联共聚网络。

两个交联网络的合成可以同时进行，也可分步进行。第一种方法可以使缩聚型交联网络与加聚型交联网络进行互穿。当两类单体相容性较好时，可以将生成两个网络的各种单体、交联剂、催化剂和引发剂等充分混合，在适当条件下即可各自独立按照不同的聚合机理进行共聚交联，所形成的交联网络彼此互相贯穿，这称为"同时 IPN"。第二种方法是将先期合成的交联网络置于第二网络的单体中溶胀并聚合，最后生成所谓"顺序 IPN"。采用乳液聚合得到的顺序 IPN 网络具有核-壳双层网络结构，每一粒乳胶粒都是由两层网络组成，无论使用性能还是加工性能，乳液聚合 IPN 都优于本体聚合 IPN。

与其他高分子合金一样，IPN 也呈两相或多相结构，这种相互贯穿的特殊结构有利于各相之间发挥良好的协同效应而赋予 IPN 共聚物许多优异性能。例如，整个聚合物制品由均匀分布的尺寸大约 10 μm 的细胞状微相态结构组成，双相态和双网络连续形成组分之间的强迫相容结构，对聚合物的增塑作用甚为有利，因而 IPN 型增塑聚合物如 PS / PB (85.6∶14.4)的抗冲强度高达 2.69 J/cm²，比接枝法合成的高抗冲 PS (HIPS)高得多。由高低不同玻璃化温度的两种聚合物组成的半互溶 IPN 由于两个玻璃化温度 T_g 的内移和增宽，聚合物在整个玻璃化温度范围内对声音和震动具有良好的阻尼作用。目前 IPN 在人造心脏、压敏渗透膜、涂料、胶黏剂、纳米高分子材料等方面具有广泛用途。

4.7　自由基聚合方法

自由基聚合方法通常包括本体聚合、溶液聚合、悬浮聚合和乳液聚合 4 种。虽然不少单体可以选择 4 种聚合方法中的任何一种进行聚合，但是实际上从聚合物的性能要求、实施聚合的难易和生产成本的高低等因素考虑，往往仅有一两种方法最适合该种单体聚合。另外，本体聚合和溶液聚合方法也适用于离子型聚合，只是其具体的聚合反应条件如引发剂(催化剂)、溶剂的选择以及温度的确定等与自由基聚合有所不同,本书第 5 章将系统讲述有关内容。主要针对自由基聚合的 4 种方法的基本配方和特点列于表 4-10。

表 4-10　各种聚合方法的基本配方和特点

聚合方法	本体聚合	溶液聚合	悬浮聚合	乳液聚合
主要配方	单体 引发剂	单体 引发剂 溶剂	单体 引发剂(油溶性) 分散剂(悬浮剂) 介质水	单体 引发剂(水溶性) 乳化剂 介质水
聚合场所	单体中	溶液中	单体液滴中	胶束中

4-13-y
重点要求熟悉
4 种聚合反应方法
的配方和特点。

聚合方法	本体聚合	溶液聚合	悬浮聚合	乳液聚合
聚合机理	本体、溶液、悬浮聚合均服从一般机理			机理特殊
相对分子质量	高	低	较高	很高
分散度	较宽	较窄	中	较宽
聚合物纯度	较纯净	含溶剂	含少量分散剂	乳化剂难分离
生产效率	高	低	中	低
散热	困难	容易	容易	容易
后处理	简单	溶液使用	较容易	困难

4.7.1　本体聚合

所谓本体聚合，系指不用溶剂和介质，仅有单体和少量引发剂(或热、光、辐照等引发条件)进行的聚合反应。根据产品的需要有时可以加入适量色料、增塑剂和相对分子质量调节剂等。本体聚合与第 2 章讲述的熔融缩聚并无本质区别，事实上一些教科书也把熔融缩聚归类于本体聚合。不过本体聚合的温度并未严格界定，可以在聚合物熔点以上，也可以在聚合物熔点以下；然而熔融聚合的温度一定在聚合物熔点以上，这就是这两种聚合方法的细微区别。

1) 实验室本体聚合

在进行一种聚合物的开发应用研究时，往往首先会遇到单体聚合能力和聚合反应条件的初步判定，少量聚合物的试验性合成，聚合反应动力学研究，速率常数和竞聚率的测定等，本体聚合往往是最优先选择的聚合方法。在实验室实施本体聚合的容器可以选择试管、玻璃安瓿封管、玻璃膨胀计、玻璃烧瓶、特定的聚合模等。除玻璃烧瓶可以采用电动搅拌外，其余均可不用搅拌而置于恒温水浴或烘箱中即可。需要注意的是，如果没有采用机械搅拌，则聚合之前必须将单体和引发剂充分混合均匀。

2) 工业本体聚合

工业本体聚合包括不连续和连续聚合两种，前者聚合设备为聚合釜，后者聚合设备多为长达数百米乃至上千米的聚合管。工业本体聚合生产控制的关键是聚合反应温度的控制——即聚合热的及时排散问题。一般而言，烯烃单体的聚合热(55～95 kJ/mol)并不算高，在聚合反应初期转化率不高、黏度不大时散热并无困难。但是，当转化率超过 20%～30% 以后，体系黏度增大造成散热困难，此阶段的自加速过程往往导致温度的急速上升，从而引起局部过热和相对分子质量分布变宽，严重时发生暴聚事故。曾有人测定烯烃单体绝热聚合的最高温升可以达到 100℃，可见大型聚合装置散热的重要性。解决大型本体聚合反应器散热问题的有效办法有两个，即采用分段聚合或悬浮聚合。

4.7.2 溶液聚合

溶液聚合与本体聚合相比,聚合体系的黏度较低、传质和传热容易、温度控制方便有效、不易发生自加速过程和自由基向大分子的链转移反应,所以采用溶液聚合得到的聚合物的分散度较窄。但是溶液聚合也存在固有的缺点,即由于链自由基向溶剂的转移反应,聚合物相对分子质量较低、聚合物与溶剂的彻底分离难度较大,因而纯度较低、设备生产效率较低等。由于这些缺点,除非以下特殊情况,一般不采用溶液聚合。这些情况包括:聚合物以其溶液形式出售和使用,如涂料、胶黏剂等;采用溶液纺丝的聚合物的合成。另外,如果还需要以聚合物溶液的形式进行化学转化,采用溶液聚合得到的聚合物溶液就可以直接进入下一步操作而省去聚合物的再溶解过程。

1) 溶剂选择的一般原则

(1) 化学惰性。化学惰性系指不参与聚合反应或其他副反应,以及尽量低的链转移常数。

(2) 良好的溶解性。选择能够同时溶解单体和聚合物的溶剂进行的聚合反应属于真正的溶液聚合;采用只能溶解单体而不溶解聚合物的溶剂进行的聚合反应属于"沉淀聚合"反应。溶度参数是溶剂对聚合物溶解能力的重要指标,在有机物和聚合物的有关手册中可以查到。

(3) 适宜的沸点。溶剂的沸点必须高于聚合反应温度若干度,以减少溶剂的挥发损失和造成的空气污染。

(4) 安全性和经济性。溶剂的毒性和价格尽可能低一些。

2) 离子型聚合对溶剂的特殊要求

离子型聚合反应的溶剂选择除需要综合考虑上述原则外,还必须考虑以下特殊要求。

(1) 高纯度。高纯度是离子型聚合反应溶剂的基本条件。

(2) 非质子性。不得含水、醇、酸等质子性物质和氧、二氧化碳等能够破坏离子型聚合反应引发剂的一切活性物质。

(3) 适当极性。按照对聚合物的相对分子质量及其分布、聚合速率等具体要求选择极性适当的溶剂。一般而言,溶剂极性强则聚合反应速率快,但聚合物结构规整性较差。溶剂极性较弱,则聚合反应速率较慢,而聚合物结构规整性较好。

4.7.3 悬浮聚合

所谓悬浮聚合,系指非水溶性单体(或在水中溶解度很低)在溶有分散剂(或称悬浮剂)的水中借助于搅拌作用分散成细小液滴而进行的聚合反应。水溶性单体(包括缩聚反应单体)在溶有油溶性分散剂的有机介质中借助搅拌作用而进行的悬浮聚合通常称为反相悬浮聚合,其应用较少。

1) 悬浮聚合特点

悬浮聚合体系黏度较低,散热和温度控制比较容易,产物相对分子质量高于溶液聚合而与本体聚合接近,相对分子质量分布小于本体聚合;聚合物纯净度高于溶液聚合而稍低于本体聚合;悬浮聚合生产的聚合物呈珠粒状,

4-14-y

重点要求了解悬浮聚合基本配方和操作要点。

后处理和加工使用比较方便，生产成本较低，特别适宜于合成离子交换树脂的母体。由于悬浮聚合具有以上突出优点而成为最重要的自由基聚合反应方法，许多聚合物都是通过悬浮聚合制得的，如 PS、PVC、PMMA 和离子交换树脂母体等。

2) 基本配方

表 4-11 悬浮聚合基本配方

组分	水相		油相	
	水	分散剂	单体	引发剂(油溶性)
用量/份	100	0.5～2	30～100	0.5～2

3) 分散剂和分散作用

悬浮聚合所用的分散剂(有时也称为悬浮剂或悬浮分散剂)的主要作用是提高单体液滴在聚合反应过程中的稳定性，避免含有聚合物的液滴在反应中期发生黏结。通常用于悬浮聚合的分散剂以天然高分子明胶和合成高分子聚乙烯醇最为重要，也最为常用。其他如聚丙烯酸盐类、蛋白质、淀粉、高细度的无机粉末(如轻质碳酸钙、滑石粉、高岭土等)也可以作为悬浮分散剂，但只在特殊情况下使用。两类分散剂的分散机理有所不同，高分子分散剂一方面能够降低界面张力而有利于单体的分散，同时在单体液滴表面形成一层保护膜以提高其稳定性。粉末型分散剂主要是起机械隔离作用。

4) 悬浮聚合操作要点

(1) 单体的水溶解度必须很小。悬浮聚合要求单体在水中的溶解度必须很低(一般应小于 1%)，否则由于同时进行溶液聚合而导致聚合成球困难、产率降低、污染严重等一系列问题。对于水溶解度高于 1%的单体如甲基丙烯酸酯类，应在水相中加入适量无机盐，利用盐析作用降低单体的溶解度。

(2) 必须选择油溶性引发剂。在单体液滴中进行的悬浮聚合反应必须选择油溶性引发剂。事先分别配制水相和单体相(油相)，将引发剂溶解在单体之中，同时将分散剂溶解在水中(明胶和聚乙烯醇都必须加热溶解)。通常水相和油相的体积比(称为液比)在 1∶1～5∶1 相对较宽的范围内。

(3) 水相中加入适量聚合反应进程指示剂。为监控聚合反应进程，减轻聚合过程中单体在水相中同时进行溶液聚合而导致的过度乳化，以及便于观察和调控单体液滴的粒度，通常在水相中加入少许水溶性芳胺类阻聚剂次甲基蓝水溶液。

(4) 耐心调控搅拌速度。将单体加入水相以后必须耐心、缓慢、由慢到快地调节搅拌速度，并反复取样观察直至单体液滴的直径在 0.3～1 mm。一定要避免搅拌速度由快到慢或大起大落地变化。这样才能够得到粒度比较均匀的聚合物颗粒。

(5) 梯度调控反应温度。单体液滴的粒度基本达到要求以后开始慢慢升高温度，并始终维持搅拌速度基本恒定，特别注意在液滴内单体开始聚合、珠粒发黏时段不得停止或改变搅拌速度，否则液滴的粒度均匀性变差甚至发生黏结成块。

一般悬浮聚合在 80℃ 左右聚合 1～2 h，液滴经过发黏阶段以后慢慢变硬，此时搅拌速度的恒定已不特别重要，只要能够维持搅拌以避免非均相液体过分猛烈的喷沸即可。升高温度到 95℃ 以上继续反应 4～6 h 即可结束反应。为了除去聚合物珠粒表面残留的分散剂，需采用热水和冷水反复多次洗涤。

总之，悬浮聚合本质上属于在较小空间内进行的本体聚合，其聚合反应机理与本体聚合相同，服从一般自由基聚合动力学规律，引发剂浓度和温度对聚合速率和聚合度的影响是相反的。此外，悬浮聚合有效地解决了一般自由基聚合的散热困难问题，从而大大减轻了自加速过程对聚合物性能的负面影响，所得聚合物的分散度较小。决定液滴(产物)粒径的主要因素是分散剂种类、用量和搅拌强度，另外温度以及水相与单体相的相对比例也有一定影响。一般情况下聚合物的相对分子质量与粒径无关。

4.7.4　乳液聚合

4-15-y
乳液聚合要点：
1. 配方、乳化剂与乳化过程；
2. 聚合场所与机理、各阶段聚合速率与一般自由基聚合的异同；
3. 能够同时提高聚合速率和聚合度的原因。

所谓乳液聚合是指非或低水溶性单体借助搅拌以乳状液形式进行的聚合反应。由于具有特殊的聚合反应机理，可以获得特高相对分子质量的聚合物而特别适用于合成橡胶生产，同时用于乳胶涂料和胶黏剂等的合成。

1. 基本配方

表 4-12　乳液聚合基本配方

组分	水相			油相
	水	乳化剂(水溶性)	引发剂(水溶性)	单体
用量/份	100	0.5～2	0.5～2	20～80

实际乳液聚合的配方要比表 4-12 更复杂一些。乳液聚合多采用氧化还原引发体系，其氧化剂可以是水溶性的，也可以是油溶性的，但是其还原剂却均为水溶性(多组分还原剂中至少有一种是水溶性的)。除此之外，往往还需加入助分散剂(如明胶等)、相对分子质量调节剂、pH 缓冲剂等以保证乳液聚合顺利进行。

2. 乳化剂与乳化作用

乳化剂是一类分子中同时带亲水基团和亲油(疏水)基团的物质，如肥皂(硬脂酸钠)和洗衣粉(烷基磺酸钠)等。乳化过程是将不相溶的油水两相转化为热力学稳定的乳状液的过程，乳化过程的基本要素是乳化剂和搅拌。

1) 乳化剂在水中的存在形态

疏水性单体与水混合终将分层，原因是两者的极性和表面张力相差太远而互不相溶。在水中加入适量乳化剂后，乳化剂在水中以分子分散和胶束两种形式均匀分散其中。以分子分散形式溶解于水中的乳化剂多少取决于其在水中的溶解度，超过溶解度的乳化剂则以胶束形式稳定存在于水中。每个胶束都是 50～100 个乳化剂分子按照相似相溶原理，亲油基向内、亲水基向外而形成的微小的"袋状体"。在较低乳化剂浓度(1%～2%)下胶束呈球形；在较高乳化剂浓度下胶束呈较大棒状，长度 100～300 nm。将能够形成胶束的最低乳化剂浓度称为临界胶束浓度(CMC)。很显然，CMC 越小的乳化剂的乳化能力越强。多数乳化剂的相对分子质量在 300 左右，设乳化剂浓度为 30 g/L，计算表明水中胶束浓度约为 6×10^{16} 个胶束/cm^3。

　　2) 单体在乳化剂水溶液中的存在形态

　　将不溶或难溶于水的单体加入含有乳化剂的水中同时搅拌，达到平衡后单体将以表 4-13 中所列 3 种形态存在。

表 4-13　油溶性单体在乳化剂水溶液中的存在状态

存在形态	分子分散	进入胶束	单体液滴
绝对量/份	< 1	1～5	> 95
粒子浓度/(个/cm^3)	10^{18} 分子	10^{16} 增溶胶束	10^{10}～10^{12} 液滴
粒子直径/nm	10^{-1}	5	> 10^4
粒子总表面积/(m^2/cm^3)	—	80	3

　　表 4-13 的数据表明，单体饱和溶解于水后，相当部分单体将按照相似相溶原理进入胶束，这种包容有单体的胶束称为增溶胶束，属于热力学稳定状态。由于乳化剂的存在而增大了难溶单体在水中溶解度的现象称为胶束增溶现象。如果没有乳化剂存在，多数烯烃单体在水中的溶解度都很低，例如，室温下苯乙烯、丁二烯、氯乙烯、甲基丙烯酸和乙酸乙烯酯在水中的溶解度分别为 0.07 g/L，0.8 g/L，7 g/L，16 g/L 和 25 g/L。在乳化剂水溶液中，苯乙烯的溶解度可达到 1%～2%，提高 3～4 个数量级，由此可见胶束增溶作用十分显著。

　　虽然表 4-13 的数据表明绝大部分单体仍然以液滴的形态存在于水中，但是通常乳状液中的单体液滴远小于悬浮液中的单体液滴，两者直径分别为 0.1～100 μm 和 100～1000 μm。这些单体液滴的表面同样被乳化剂分子覆盖(亲油基向里而亲水基向外)，因而相当稳定。由于乳状液中增溶胶束的数目要比单体液滴的数目大 4～6 个数量级，因此其表面积远远高于单体液滴的总表面积。这就是乳液聚合得以按照独特的机理进行的本质原因。

　　3) 乳化剂选择原则

　　临界胶束浓度、亲水亲油平衡值(HLB)和三相平衡点是乳化剂最重要的性能指标。亲水亲油平衡值的大小分别反映乳化剂的亲水性倾向或亲油性倾向的相对大小。三相平衡点则是乳化剂在水中能够以分子分散、胶束和未完全溶解凝胶 3 种状态稳定存在的最低温度。高于此温度时凝胶完全溶解成胶束，体系中只存在分子分散和胶束两种分散状态的乳化剂，此时的乳液就相当稳定；低于此温度凝胶析出，胶束浓度大大降低从而失去乳化作用。因此，三相平衡点低于聚合温度的乳化剂才能保证乳液聚合顺利进行。表 4-14 为各种表面活性剂的不同 HLB 值范围和用途,表 4-15 为常用乳化剂的临界胶束浓度与三相平衡点。

表 4-14 表面活性剂的 HLB 值范围及用途

HLB 值范围	3～6	7～9	8～18	13～15	15～18
用途类型	油包水	润湿剂	水包油	洗涤剂	增溶剂
	(W/O)型乳化剂		(O/W)型乳化剂		

表 4-15 常用乳化剂的临界胶束浓度和三相平衡点

名称或分子式	相对分子质量	三相平衡点/℃	使用温度/℃	CMC(50℃) /(mol/L)	/(g/L)
$C_{11}H_{23}COONa$	222	36	20～70	0.05	5.6
$C_{13}H_{27}COONa$	250	53	50～70	0.006 5	1.6
$C_{15}H_{31}COONa$	278	71	50～60	0.000 44	0.13
$C_{12}H_{25}SO_4Na$	288	20	35～60	0.009	2.6
$C_{12}H_{25}SO_3Na$	272	33	35～80	0.011	2.3
$C_{12}H_{25}C_6H_4SO_3Na$	349		50～70	0.001 2	0.4

非离子型乳化剂不存在三相平衡点而只有浊点。所谓浊点,系指非离子型乳化剂具有乳化作用的最高温度,高于此温度乳化剂与水发生相分离,不再具有乳化作用。因此,选择非离子型乳化剂时必须选择浊点高于聚合反应温度的乳化剂。

3. 乳液聚合场所

在讲述乳液聚合机理和动力学之前,明确乳液聚合反应过程中链引发、链增长和链终止 3 基元反应发生的场所很有必要。

(1) 链引发在水相中开始。由于乳液聚合多采用水溶性引发剂,因此引发剂分解和初级自由基生成肯定是在水中。即使是不溶于水的单体,其在水中也有极少量溶解,无疑会被溶解在水中的引发剂所引发而发生水相溶液聚合。然而由于溶解于水中的单体浓度极低,聚合以后比单体更疏水,因此其在相对分子质量很低时就必然从水中沉淀而停止聚合。

(2) 溶于水的单体和单体液滴均非乳液聚合主要场所。正如表 4-13 中有关乳液中增溶胶束与单体液滴的表面积比较结果显示,单体液滴尽管拥有 95%以上的单体总量,但是液滴数目仅仅是增溶胶束数目的百万分之一,其表面积大约仅是胶束表面积的 4%。因此,产生于水相的初级自由基和短链自由基必须通过增溶胶束表面才能进入其内部开始链增长反应。

(3) 乳液聚合场所在增溶胶束内。疏水的初级自由基或短链自由基一旦进入胶束内开始链增长反应,随着其分子链的增长和亲水性的进一步降低,它们将更不可能从胶束内部重新进入水相之中。

4. 乳液聚合历程

1) 两种成核过程

乳液聚合历程
模拟动画

一种成核过程即增溶胶束转变为胶粒的过程，是指溶解在水中的初级自由基和短链自由基进入增溶胶束以后而开始的链增长反应过程。胶粒是指内部含有活性链自由基或大分子的胶束。水溶性引发剂分解产生的初级自由基或单体自由基进入增溶胶束引发其内部单体聚合并使之转变为胶粒，称为胶束成核。

另一种成核过程是溶解于水中的单体在水相中进行溶液聚合生成的短链自由基从水中沉淀出来，通过吸附水中的乳化剂分子而稳定，再接纳由单体液滴扩散而来的单体在其内部积聚，最后形成内部有单体和链自由基，外部被乳化剂分子包裹的活性胶粒，这便是均相成核。乳液聚合反应中，胶束成核和均相成核究竟哪种占主导地位主要取决于单体在水中的溶解度。一般水溶性低的单体如苯乙烯的乳液聚合主要是胶束成核；水溶性高的单体如乙酸乙烯酯的乳液聚合主要是均相成核。

2) 3 个动力学阶段

假设聚合体系纯净而无诱导期，乳液聚合过程将依次显示分别为加速期、恒速期和减速期 3 个动力学阶段，如图 4-16 所示。而在相似条件下，一般自由基聚合过程却对应为匀速期、加速期和减速期 3 个阶段。

4-16-y
按照图 4-16 理解乳液聚合 3 个阶段：加速期、恒速期、减速期。对比图 3-3 自由基聚合 3 个阶段：匀速期、加速期、减速期。

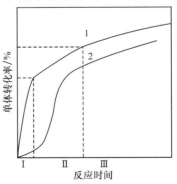

图 4-16 乳液聚合动力学示意图

1. 乳液聚合(Ⅰ.加速期；Ⅱ.恒速期；Ⅲ.减速期)；2. 一般自由基聚合

(1) 加速期。其特点是胶粒、增溶胶束和单体液滴三者共存于乳液中。该过程也称为成核期。乳液聚合开始后，水中的自由基源源不断地产生并进入增溶胶束形成胶粒。按照统计学原理，聚合反应开始阶段数目浩瀚的增溶胶束都有受自由基进攻而转变为胶粒的可能，但是受到引发剂分解速率的限制，它们实际上是逐步受初级自由基或短链自由基进攻而转变为胶粒的。结果是胶粒数目呈逐渐增加趋势，聚合场所的增加意味着聚合速率的增加。

同时可以想象，正在进行着链增长反应的胶粒同样可能受到来自水相自由基的进攻。由于胶粒内部空间极小，不能同时容纳两个正进行链增长的"活"自由基，因此两者只可能立刻双基终止，转变成含大分子和单体而不含活性链的"死"胶粒。由于聚合开始阶段未被引发聚合的增溶胶束数目远大于胶粒数，因此由增溶胶束转变成胶粒的数目逐渐增加。另外，胶粒内进行的链增长较引发剂分解反应快得多，所以胶粒内部的单体消耗非常快，必然导致单体液滴内的单体源源不断通过水相扩散而进入胶粒，以补充快速消耗的单体，这是维持胶粒内聚合反应得以快速进行的第一"原料库"。

与此同时，随着胶粒体积不断增大，需要更多乳化剂分子对其表面进行包覆。这些乳化剂分子来源于体积慢慢变小的单体液滴表面，同时来源于那些尚未被引发的增溶胶束表面。实验结果表明，乳液中真正能够转化成胶粒的增溶胶束毕竟是极少数，其绝大部分尚未被引发聚合即被先期聚合的胶粒所"分化瓦解"——其所含单体和乳化剂均被胶粒所利用，从而成为单体和乳化剂的另一个"原料库"。有研究报告称，一般情况下乳液中大约仅有 0.1% 的增溶胶束最终能够被引发而形成胶粒，其余绝大部分都被先期引发聚合的胶粒所瓦解利用。

当所有未被引发的增溶胶束消耗殆尽，乳液中只有胶粒和单体液滴存在时，则意味着加速期结束。达到加速期结束时的转化率为 2%～15%，视单体种类而定。一般水溶性高的单体如乙酸乙烯酯达到加速期结束的时间短而转化率低；水溶性低的单体如苯乙烯达到加速期结束的时间长而转化率高。

(2) 恒速期。其特点是胶粒和单体液滴共存于乳液中，未转化为胶粒的增溶胶束已消耗殆尽。由于体系中的胶粒数目已恒定不变，从统计学判断其中一半应是正在进行着链增长的活胶粒，另一半则是已发生链终止的死胶粒。此时单体液滴的存在为胶粒内的聚合反应提供稳定的单体补充和包覆胶粒表面的乳化剂补充，所以聚合反应速率基本保持恒定。

随着聚合反应的进行，胶粒体积不断增大，单体液滴体积不断缩小直至最后消失，意味着恒速期结束。此时的胶粒直径可达到 50～150 nm，体积比初期胶束增大数百倍。恒速期结束时的转化率高低也视单体的水溶性高低而定，一般水溶性低的单体恒速期结束时的转化率高，水溶性高的单体恒速期结束时的转化率低，如氯乙烯为 70%，苯乙烯为 40%，甲基丙烯酸甲酯为 25%，乙酸乙烯酯为 15%。

(3) 减速期。其特点是体系中只有胶粒存在，单体液滴已经消耗殆尽。单体液滴的消失意味着进行聚合反应的胶粒已没有补充单体的可能，所以胶粒内单体必然越来越少，聚合速率自然会逐渐降低。不过有一点必须明确，即在水中的引发剂和胶粒内部的单体消耗完毕之前，体系中所有胶粒均有一半是正在聚合的活胶粒，另一半则是已终止的死胶粒，两者处于动态平衡。原因是此时引发剂仍然源源不断地分解出自由基进攻着这些活的或死的胶粒，其结果是使活胶粒变死，死胶粒变活。这个过程一直进行到水相中的引发剂分解殆尽，胶粒内的单体完全转化成聚合物为止。可见，胶粒内部的单体浓度因无法继续获得补充而逐渐降低是此阶段聚合反应速率降低的直接原因。

5. 乳液聚合动力学

下面简要讲述乳液聚合在恒速阶段的聚合反应速率和聚合度。一般而言，乳液聚合反应也服从于自由基聚合的普遍规律，如聚合反应速率由链引发速率决定，温度对聚合速率和聚合度具有相反的影响等。但是与均相的本体聚合和溶液聚合相比较，乳液聚合具有其独特的地方——通过对乳化程度的强化可以同时达到较高聚合反应速率和聚合度的目的，这是乳液聚合的最大特点。

1) 聚合反应速率

如前所述，乳液聚合的链引发、链增长和链终止反应是在胶粒内进行，而增溶胶束是一个充满单体的极小空间，所以当其中已有一个自由基正在进行链增长时，第 2 个自由基的进入必然导致双基终止而使这个胶粒立刻停止链增长反应。当聚合反应从加速期进入恒速期以后，乳液中只有胶粒和单体液滴而没有增溶胶束。按照统计学，乳液体系中的全部胶粒有一半正进行着链增长，另一半则是内部没有活性的"死"胶粒。因此，不难建立聚合反应速率与胶粒数之间的关系

$$v_p = k'_p [M] \frac{N}{2} \quad \text{个分子/} (mL \cdot s)$$

式中，[M]为胶粒中的单体浓度(mol/L)；N 为每毫升乳液中的胶粒数(个/mL)；$N/2$ 为活胶粒数即活性自由基数目(个/mL)，现在将自由基浓度单位换算为规范浓度(mol/L)，需引入阿伏伽德罗常数 N_A，于是

$$v_p = k_p [M] \frac{N}{2N_A} \quad mol/(L \cdot s) \tag{4-11}$$

其实 $N/2N_A$ 相当于自由基聚合反应动力学方程中的自由基浓度[M·]。由此可见，虽然乳液聚合与一般自由基聚合动力学方程的表达形式稍有不同，但是二者的实际意义是相同的。假如将聚合反应速率常数视为常数，而单体液滴的存在又可以保证胶粒内的单体供给源源不断，因此胶粒内的单体浓度可以视为不变，这样恒速的聚合反应速率完全由胶粒数目决定。换言之，对于乳液聚合反应而言，除一般自由基聚合反应决定聚合速率的 4 个因素即单体浓度、引发剂浓度、温度和链转移剂外，还拥有第 5 个控制聚合反应速率的因素，即胶粒数目或乳化程度。根据式(4-11)，引发剂种类所决定的链引发速率对乳液聚合反应速率的影响仅存在于对综合速率常数 k_p 的影响之中。

2) 聚合度

按照聚合度为单体消耗速率即链增长速率与自由基消失速率之比的定义，再引入稳态假设，则聚合度等于链增长速率与自由基产生速率之比

$$\overline{X}_n = k_p [M] N/\rho \tag{4-12}$$

式中，ρ 为自由基产生速率[个/(mL·s)]；N/ρ为胶粒数与自由基产生速率之比，即两个自由基先后进入同一个胶粒的平均时间间隔，也就是胶粒内自由

基的寿命。

可见乳液聚合物的聚合度与单体浓度成正比,与自由基寿命成正比,而与自由基产生速率成反比。从表面上看这似乎与一般自由基聚合物的聚合度并无不同,但是由于在决定自由基寿命的两个基本参数 N 和 ρ 中,胶粒数可通过提高乳化程度(如选择高效乳化剂、增加用量并强化搅拌)得以提高,即可通过增加胶粒数目以达到同时提高聚合速率和聚合度的目的。当然,适当降低引发剂浓度或降低其分解速率也可以增加自由基寿命以达到提高聚合度的目的,不过这与一般自由基聚合反应一样所产生的另一个结果是导致聚合速率降低。

这里列举一组实验数据具体说明乳液聚合能够达到相当高聚合度的原因。50℃时,引发剂过硫酸钾(浓度 0.175%)的自由基产生速率为 10^{13} 个/(mL·s),胶粒浓度约为 10^{15} 个/mL,由此计算自由基寿命大约为 100 s。这与一般自由基聚合反应中自由基寿命为数秒相比要长得多。胶粒内的自由基在如此长时间内一直进行着链增长反应,同时所需单体又得到了从单体液滴和增溶胶束源源不断地补充,所以其聚合度远高于一般自由基聚合物。研究证明,乳液中的胶粒数与乳化剂的质量和用量关系密切,同时与引发剂浓度有一定关系,即 $N \propto [\text{I}]^{2/5}[\text{E}]^{3/5}$

$$v_{\text{p}} = k_{\text{p}} [\text{M}] [\text{I}]^{2/5} [\text{E}]^{3/5} \tag{4-13}$$

式中,[M]、[I]、[E]分别为胶粒内单体浓度、乳液中的引发剂和乳化剂浓度,单位均为 mol/L。在单体液滴消失之前胶粒内的单体浓度保持基本不变,所以在乳液聚合恒速期聚合速率由引发剂浓度和乳化剂浓度决定。乳液聚合的聚合度公式为

$$\overline{X}_{\text{n}} = k_{\text{p}} [\text{M}] [\text{I}]^{-2/5} [\text{E}]^{3/5} \tag{4-14}$$

式(4-13)和式(4-14)显示,引发剂浓度对乳液聚合反应速率和聚合度的影响与对一般自由基聚合反应的影响相似,即增加引发剂浓度可提高聚合速率却使聚合度降低。而乳化剂浓度对聚合速率和聚合度的影响却是一致的——即增加乳化剂浓度可同时提高聚合速率和聚合度,这是乳液聚合的最大特点。如果将两式中的乳化剂浓度[E]代换为实际乳化剂浓度与 CMC 的差值,则计算结果就与实际结果相当吻合。

6. 乳液聚合操作与特点

以丁苯橡胶乳液聚合反应为例,简要说明乳液聚合基本配方及主要操作过程。

	苯乙烯	丁二烯	水	乳化剂(皂片)	过硫酸钾+硫酸亚铁	
用量/份	30	70	200	4.5	0.3	0.03

首先将水、硫酸亚铁和乳化剂加入 500 mL 磨口三颈瓶,开启搅拌使乳化剂充分溶解,再将充分混合的单体缓慢滴入瓶中,使单体充分乳化。控制反应温度达 50℃时将过硫酸钾水溶液缓慢滴入瓶中,乳液聚合即平稳进行。控制氧化剂滴加速率即可控制聚合速率。实际进行乳液聚合时,往往还需根

据具体情况加入适当的 pH 缓冲剂、络合剂、相对分子质量调节剂等助剂。

乳液聚合的主要特点包括：①以水作分散介质安全廉价，散热和温度控制相对容易；②即使在较低温度下，也可同时达到较高的聚合反应速率和聚合度；③如合成橡胶之类的特高相对分子质量的聚合物，乳液聚合时的黏度都很低，这给大规模工业生产提供了许多方便；④除合成橡胶以外，乳液聚合也是合成水性乳胶、水性涂料、胶黏剂等的最好方法。不过乳液聚合也存在聚合物与乳化剂的彻底分离困难、聚合物的电绝缘性等较差等缺陷。

4.7.5　自由基聚合新方法

1) 超临界 CO_2 溶液聚合

随着世界范围内对绿色与环境友好化学合成的呼声日渐高涨，以超临界 CO_2 为溶剂的溶液聚合受到更多重视。该方法可在部分自由基聚合、阳离子聚合、开环聚合以及部分缩聚反应中获得应用。CO_2 的超临界温度 31.1℃，压力 73.8×10^5 Pa。CO_2 在此条件下呈对自由基稳定的低黏度液体，不发生链转移，能溶解含氟单体及其聚合物，既适用于均相溶液聚合，也适用于沉淀溶液聚合。前者单体包括四氟乙烯和全氟取代醇的丙烯酸酯等，后者单体包括乙烯、苯乙烯和甲基丙烯酸甲酯等。该方法的最大优势在于溶剂安全、无毒、阻燃，聚合完成以后泄压即可彻底清除溶剂，制得的聚合物相对分子质量较高，无支链，微粒直径在微米范围，后续加工成型方便。

2) 无皂乳液聚合

采用常规乳液聚合制得的乳胶粒表面残留极难除尽的乳化剂，使其在生物医学材料领域的应用受到限制。为此人们设计无皂乳液聚合予以解决，所谓"无皂"实质上系采用引发剂或极性单体与之共聚，将极性或可电离基团直接连接于聚合物分子链上，使之起到表面活性剂的作用。表 4-16 列出几种可以作为无皂乳液聚合参与共聚的单体和表面活性剂。

表 4-16　可用于无皂乳液聚合的单体和表面活性剂

非离子型	丙烯酰胺等
弱或强离解型	丙烯酸系、马来酸、烯丙基磺酸钠、对苯乙烯磺酸钠等
离子与非离子复合型	羧酸-聚醚复合物等
可聚合的表面活性剂	烯丙基型离子表面活性共聚单体等

采用过硫酸盐作引发剂时—SO_4 就成为大分子端基，具有一定乳化作用。不过其浓度较低、作用有限。如果同时加入可离解的极性单体如丙烯酸等参与共聚，即可在大分子上引入足够的极性端基或侧基，便能大大促进乳液聚合的顺利进行。所制得的聚合物粒度分散度良好、表面洁净、带有适量功能基团的微球，在生物医学材料和载体领域具有广泛用途。

3) 微乳液聚合

微乳液聚合制得的乳胶粒粒径仅 8～80 nm，属于热力学稳定的纳米级微粒，具有各向同性，外观清亮透明。而常规乳液聚合得到的乳胶粒粒径为

100～150 nm，外观乳白不透明，属热力学不稳定体系。微乳液聚合配方特点是：单体用量少(<10%)，乳化剂用量多超过单体量，同时加入大量戊醇作为助乳化剂。乳化剂与戊醇形成复合胶束及保护膜，同时降低水的表面张力，可以将单体分散到 10～80 nm 的微液滴进行聚合，最终也能制得热力学稳定的透明乳胶涂料。

4) 种子乳液聚合

常规乳液聚合得到的乳胶粒粒径一般为 50～200 nm，而普通悬浮聚合得到的聚合物珠粒粒径为 0.1～3 mm。如果需要粒径在乳液胶粒和悬浮珠粒之间，即 0.001～0.1 mm 的聚合物微粒，建议采用种子乳液聚合工艺。

首先使严格限量的乳化剂与少量单体进行先期乳液聚合，获得乳胶粒径 50～100 nm 的所谓种子乳胶。然后再进行常规乳液聚合，其配方中加入 1%～3%的种子乳胶。聚合前需让种子乳胶在单体中充分溶胀，这样得到的乳胶粒径将变大。按照需要的粒径，可能需要进行多级种子乳液聚合，即可得到粒径为 0.001～0.05 mm 的大粒径乳胶。

研究结果显示，采用种子乳液聚合获得的聚合物乳胶粒粒径分布接近单分散，如图 4-17 所示。如果在聚合体系中加入粒径不同的第 1 代和第 2 代(或第 3 代)种子乳胶，则可以得到具有双峰粒径分布的胶粒。

图 4-17　种子乳液聚合物电镜照片

近年来，接近单分散的聚合物微球在生物医学材料与工程领域以及临床介入放疗或化疗领域展现出诱人的发展前景。

5) 反相悬浮聚合与反相乳液聚合

常规悬浮聚合和乳液聚合均针对非水溶性或微水溶性单体，以水作分散介质。当需要对水溶性单体进行聚合时，则可考虑选择以油溶性表面活性剂作分散剂的反相悬浮聚合或反相乳液聚合。例如，在合成酚醛系列离子交换树脂时，往往首先按照第 2 章讲述的方法制备线型酚醛树脂预聚物，然后在溶解有 HLB<5 的油溶性表面活性剂的机油或透平油中进行悬浮交联固化成型。反相乳液聚合原理与此类似，所制得的乳胶粒粒径更小。用该方法制得的聚丙烯酰胺的相对分子质量高达千万以上，广泛用于絮凝剂和采油助剂等。

4.8 重要自由基聚合物

本节介绍几种最重要的加聚物的聚合方法、特性和用途，希望为初学者提供较为具体的重要聚合物合成方面的参考资料。

4.8.1 高压聚乙烯

目前工业上生产聚乙烯的方法包括高压法、中压法、低压法 3 种。下面讲述的高压法属于自由基聚合历程，中压法和低压法均属于离子型配位聚合历程。高压法合成聚乙烯是在 100～200 MPa 压力和 160～300℃温度条件下，以纯氧作引发剂的本体聚合反应。之所以采用如此高温、高压的条件完全在于乙烯是没有取代基、分子完全对称、反应活性极低的单体，一般情况下无法进行聚合。另外，乙烯的沸点很低(-104℃)，常温条件下分子间距离很大而不利于聚合反应。当施以高压时其相对密度可达 0.5 g/mL。

在高温、高压条件下乙烯本体聚合的主要工艺过程如下：纯度 99.9% 的乙烯经多级压缩到 150 MPa，经预热以后送入聚合反应器，同时准确导入 5～300 g/m^3 的纯氧作引发剂，在 200℃进行聚合。聚合反应器包括釜式和管式两种，其中管式反应器结构简单而不需搅拌，可以用水进行外部冷却以除去聚合反应产生的热量。生成的熔融状的聚乙烯经减压后先后进入高、低压分离器以分离出聚乙烯和未聚合的乙烯。未聚合的乙烯再经压缩回到反应器，聚乙烯经造粒最后包装入库。乙烯的单程转化率为 15% 。

高压聚乙烯的数均相对分子质量为 20 000～50 000，分散度为 3～20。由于高压聚乙烯容易发生链自由基的分子内转移反应而生成较多的短支链，其结晶度较低(50%～70%)，相对密度较低(0.91～0.93)，所以常称为低密度聚乙烯(low density polyethylene，LDPE)。聚乙烯是无味、无毒、无嗅的白色半透明蜡状材料，其电绝缘性能优良，可与目前已知的所有介电材料媲美，其化学稳定性也极好。高压聚乙烯的抗张强度、刚度、耐磨性、软化温度等都较低，不过正是由于其具有柔软、耐冲击、透明等性能才使它成为目前最重要的薄膜和电气绝缘材料。

4.8.2 聚氯乙烯

聚氯乙烯虽然问世于 1931 年，不过只有伴随近 80 年来氯碱工业的快速增长，其大规模合成和应用才得到飞速发展。原来，基础无机重化工——氯碱工业产生的氯气除了生产盐酸以外，如果没有与之相匹配的聚氯乙烯工业相配套，缺乏广泛出路的氯气就无法平衡，氯碱工业也就无法发展到今天这样的生产规模。单体氯乙烯的合成路线主要包括电石-乙炔法和碳 2 氯化法等途径。聚氯乙烯的聚合方法包括悬浮聚合和本体聚合，其中悬浮聚合的产量约占总产量的 80%。

1) 悬浮聚合工艺

首先将准确计量的去离子水泵入聚合釜，加入分散剂明胶(或聚乙烯醇)，升温搅拌使其完全溶解。然后进行聚合釜的气密性试验，在 20 min 内压力降低不大于 0.01 MPa 即为合格。通入氮气置换聚合釜中的空气，然后通过计量泵加入单体，开启搅拌器，用高压水加入引发剂——过氧化二碳酸二异丙酯。逐步升温到 51～60℃，控制压力在 0.69～0.83 MPa 完成聚合反应。聚合反应完毕后将釜内残余气体经泡沫捕集器排入气柜，捕集下来的粉末树脂流入沉降池，定期打捞起来作次品处理。将釜内聚氯乙烯悬浮液放入沉析槽，加入 75～80℃的热碱溶液搅拌洗涤 1.5～2 h，目的是破坏和去除残留的引发剂、分散剂和低分子物，以提高产品质量。将聚氯乙烯离心脱水后再送入热风干燥塔进行干燥，最后包装入库。

为了减轻聚合反应过程中聚合物在聚合釜壁上的黏附，往往在水相中加入适量硫化钠和硫酸钠。聚氯乙烯最容易发生链自由基向单体的链转移反应，而链转移常数 C_M 通常随温度的升高而增大，所以聚合反应温度对相对分子质量的影响很大，温度控制极为严格。如果聚合反应温度过高，将使聚氯乙烯的相对分子质量大大降低。

2) 本体聚合工艺

由于氯乙烯的聚合热较高(91 kJ/mol)，本体聚合的主要困难是如何有效散热的问题，近 20 年来采用两段聚合才较好地解决了这个技术难题。采用本体聚合法生产的聚氯乙烯结构疏松，纯净而无皮膜，用途更为广泛。第 1 段聚合即预聚合是在立式不锈钢聚合釜中进行。将单体的一部分和高活性引发剂如过氧化乙酰基磺酰加入釜内，在 50～70℃预聚至 7%～11%转化率。采用涡轮式搅拌器快速搅拌以形成疏松的颗粒骨架。采用冷却夹套和釜顶冷凝器带走聚合热，并根据测算带走的聚合热量估算单体的转化率。由于高活性引发剂的加入量有限，所以还没等到单体转化率过高而引发剂就已经消耗完毕，从而有效地避免了聚合釜内的过热。将第 1 段聚合得到的预聚物、单体的另一部分和二段聚合引发剂加入另一个聚合釜，采用低速搅拌器使转化率达到 70%～90%。聚合物颗粒在预聚阶段已经形成，所以在这一阶段表现为颗粒增大。两个阶段分别耗时 1～2 h 和 5～9 h。产品只需简单筛分而不必其他后处理工序即可包装入库。

聚氯乙烯具有良好的机械强度、化学稳定性和电绝缘性能，可以根据需要加工成各种规格和各种形状的型材和容器，也可以加工成纤维、泡沫塑料及胶黏剂等。在化工厂里许多盛装腐蚀性液体的小型容器或大型容器衬里都采用聚氯乙烯制作。不过，由于聚氯乙烯的软化点较低，所以在温度超过 80℃的场合一般不宜采用。

4.8.3　聚苯乙烯

聚苯乙烯也是一种相当重要的通用塑料,其电绝缘性、化学稳定性、光学性能和加工成型性能十分优良,机械强度较高,生产工艺成熟,价格低廉,所以在许多领域得到广泛的应用。单体苯乙烯主要采用乙苯催化脱氢而获得。工业上和实验室合成聚苯乙烯主要采用悬浮聚合或本体聚合,其中悬浮聚合应用更为广泛。

1) 低温悬浮聚合

这是一种采用引发剂的常规悬浮聚合,具体配方和操作过程如下:将 1300 kg 去离子水加入 2500 L 聚合釜中,再加入聚乙烯醇 0.286 kg,升温到 80℃搅拌溶解大约 30 min。在配料釜中加入 650 kg 已除去阻聚剂的苯乙烯和 2.76 kg 过氧化二苯甲酰(纯度 75%),搅拌溶解。将溶解了引发剂的单体加入聚合釜,调节搅拌速度使单体液滴粒度符合要求。缓慢升温到 85℃聚合 2～3 h,当单体液滴转化成绵软鱼卵状珠粒以后,升温至 98～100℃继续聚合 4 h 以获得较高的单体转化率,同时在高温下使未反应的单体和一部分杂质挥发除去。为了补充高温条件下釜内水的挥发损失,聚合反应后期往往采用蒸气直接加热,这种加热方式同时可以加强物料的翻腾,以减轻聚合物在釜壁的黏附现象。无色透明、珠粒状的聚苯乙烯产品经过滤、水洗、干燥最后包装入库。

这种悬浮聚合工艺生产的聚苯乙烯的相对分子质量约为 20 万,通常用于加工泡沫聚苯乙烯的原料——在珠粒内均匀加入适量低沸点有机溶剂如戊烷即可。用这种悬浮聚苯乙烯珠粒加工的泡沫聚苯乙烯的密度很小(20～50 kg/m³),机械强度较高,已经成为目前最为广泛的家电、仪器等的内包装材料,也用于建筑隔热隔音材料以及沙漠、冻土、盐层等地带修筑公路的底层隔离材料。

2) 高温悬浮聚合

这是一种不加引发剂的热聚合过程,具体配方和操作过程如下: 在 6000 L 聚合釜内加入 2500 L 预热至 90℃的深井水,加入浓度 16% 碳酸钠溶液 160 kg,在 78℃时加入浓度 16% 硫酸镁溶液 200 kg,搅拌 30 min 以后再加入 SM-Na(苯乙烯-顺丁烯二酸酐共聚物钠盐)300 g 配制的水溶液,关闭料孔,升温至 95℃,停止搅拌 0.5 h。其目的是利用蒸发的水蒸气排除釜内的空气。然后关闭所有釜孔,降温至 75℃,此时产生 26 700 Pa 的负压。将已经溶解有抗氧剂 2,6-二叔丁基对甲苯酚 500 g 的苯乙烯 1800 kg 加入釜内,升温到 90℃,通入氮气达到 0.15 MPa,以防止在高温条件下釜内剧烈翻腾。逐步升温至 150℃,此时釜内压力为 0.59 MPa,搅拌聚合 2 h,聚苯乙烯珠粒开始变硬。再升温至 155℃,此时釜内压力为 0.69～0.74 MPa,再继续搅拌聚合 2 h,降温至 125℃维持 30 min,目的是防止料液暴沸和喷出。再升温到 140℃熟化 4 h,促进珠粒内部的残余单体进一步聚合,最后降温出料。

显而易见，该聚合反应特别选择深井水作分散介质是很有考究的，就是利用深井水中含量很高的钙镁离子与加入的碳酸钠生成碳酸钙和氢氧化镁沉淀作为悬浮分散剂。采用该工艺得到的聚苯乙烯珠粒表面附着有这些无机沉淀物，必须加入稀硫酸调节至 pH 3～4，可以将其洗涤除去。最后水洗至中性，出料，离心脱水，气流干燥，得到透明度高、珠粒均匀的产物，可以作为加工聚苯乙烯型材的原料。

3) 本体聚合

本体聚合由于熔体黏度很高，散热困难，容易引起暴聚而发生事故，所以工业上苯乙烯的本体聚合常采用两步法，分别在聚合釜和聚合塔中完成。

(1) 第 1 步预聚。在预聚釜中加入已溶解有引发剂 BPO 的苯乙烯 1500 kg，搅拌升温至 75～90℃进行预聚。用折光仪测定单体中聚合物的含量达到 22%～24%时，可以按 10～20 kg/h 的速度将预聚物转入聚合塔。转化率达到 28%～35%以后可以将放料速度提高到 65～90 kg/h。在放料的同时必须连续向预聚釜中补充等量的单体。

(2) 第 2 步聚合。聚合塔是不锈钢质圆柱形，由 6 节塔节、塔盖、塔底和螺旋挤出机组成。各塔节和塔底外部都有加热套管，2～6 节塔节内部还有不锈钢加热盘管。夹套和盘管内通入耐高温的有机热载体，各塔节的温度由各自独立的循环载热体来控制。聚合物由塔底螺旋挤出机挤出。操作稳定时，控制塔底出料速度与塔顶进料速度基本相等。物料在塔中的平均停留时间为 16～22 h。在预聚和聚合的整个过程中都应该通入氮气以防止反应物与空气接触。螺旋挤出机挤出的聚苯乙烯呈熔融的细带状，经冷却以后再切成粒状装袋入库。

4.8.4 有机玻璃板材

有机玻璃(聚甲基丙烯酸甲酯)的透光率高达 92%，其光学性能甚至超过普通无机玻璃，常用于航空、航天领域。采用常规本体聚合工艺生产有机玻璃常遇到散热困难、体积收缩、易产生气泡等诸多问题。为此将整个生产工艺分成预聚、聚合和高温后处理 3 个阶段。

(1) 预聚。在普通聚合釜中进行。将单体、引发剂 AIBN、适量增塑剂、脱模剂等加入聚合釜，在 90～95℃聚合一定时间，达到 10%～20%的转化率，即获得黏度适当的聚合物-单体溶液，用冰水冷却使聚合反应停止。

由于在这个阶段体系黏度并不高，自加速过程并不严重，散热并无困难，而且已经完成了部分体积收缩，因此对以后的聚合反应非常有利。此外，常将加工有机玻璃的边角废料加入预聚反应的单体中，以提高体系的黏度，从而使自加速过程提前，这样既充分利用了资源又可以缩短聚合时间。

(2) 浇模、聚合与高温后处理。将黏稠的预聚物料浇灌入无机玻璃平板模具中，再移入空气或水浴中，缓慢升温至 40～50℃进行低温聚合。在此温度条件下聚合若干天(如 5 cm 厚板材需要 7 d)，使转化率达到 90%左右。采用低温聚合的目的在于使聚合热的产生速度与散热速度平衡。甲基丙烯酸甲酯的沸点为 100.5℃，如果聚合温度过高，极易产生气泡而直接影响产品质量。聚合过快也会造成散热困难，从而影响相对分子质量分布和产品强度。在模具之间嵌以橡皮条压紧以保证聚合过程中有足够的收缩余地。当转化率达到 90%以上后，再将温度升高到有机玻璃的玻璃化温度(105℃)以上(如 120℃)，再进行一定时间的聚合，使单体充分转化聚合。最后经冷却脱模，即成为平整光洁、无色透明的有机玻璃板材。其相对分子质量可以达到 10^6，而注塑加工用悬浮聚合产品的聚合度一般在 10^5。有机玻璃机械强度高，尺寸稳定性好，透光、耐光性能好，耐候性和耐化学药品性能好，但不耐有机溶剂。广泛用于飞机窗玻璃、仪表铭牌、光导纤维和牙托粉等。

4.8.5　聚丙烯腈

聚丙烯腈(polyacrylonitrile, PAN)主要用于纺制合成纤维"腈纶"——其外观和手感很像羊毛，故有"合成羊毛"之称。腈纶的耐光、耐候性能仅次于含氟纤维而优于所有其他天然及合成纤维。有研究报告称，将各种纤维置于室外暴露 1 年以后再测定，发现尼龙、黏胶纤维、醋酸纤维、蚕丝的强度完全丧失，棉纤维的强度损失 95%，而腈纶的强度却只损失 20%。除此以外，腈纶质轻、防霉、防蛀、保暖性能良好。其主要缺点是吸湿性、染色性和耐磨性欠佳。单体丙烯腈的工业合成路线主要是丙酮与氢氰酸反应的所谓丙酮氰醇流程。

聚丙烯腈虽然问世于 1929 年，但是由于其无法采用熔融纺丝工艺进行纺丝，所以直到 1950 年找到聚丙烯腈的溶剂——二甲基甲酰胺(DMF)或硫氰酸钠饱和水溶液，腈纶的工业化才得以实现。原来，将聚丙烯腈加热到 280～300℃也无法使其熔融，此时它却已经开始分解，本书第 7 章将讲述其原因。为了改善腈纶的脆性及染色困难，往往加入少量其他单体与之进行共聚。由于聚丙烯腈的主要用途是纺制纤维，纺制腈纶的方法是溶液纺丝，因此采用溶液聚合是最合理的选择。下面简单介绍基本配方和主要的工艺过程。

单体(份)：丙烯腈(91.7)+丙烯酸甲酯(7)+衣康酸钠(1.3)

引发剂：AIBN 0.75%

染色改进剂：氧化硫脲 0.75%

相对分子质量调节剂：异丙醇 1%～3%

溶剂：浓度 49 %的硫氰酸钠水溶液

将物料混合均匀并调节到 pH 5 之后加入聚合釜，在 80℃进行连续聚合。物料在釜内的停留时间大约为 15 h，转化率达到 70%～75%以后再从釜上部连续导出，新鲜料液则从釜底连续加入。在 90 700 Pa 真空条件下将导出料浆中的未反应单体蒸出，并在冷凝器中采用饱和硫氰酸钠水溶液喷淋方式冷凝吸收，最后返回配料桶。

脱除回收单体以后的料浆含聚丙烯腈 12.5%，相对分子质量 6 万～8 万，含硫氰酸钠 44%。经混合、脱泡、过滤即得到纺丝原液，经计量泵、过滤器和喷丝头最后被压入凝固浴。凝固浴为温度 10℃、硫氰酸钠浓度 10% 的水溶液。由于聚丙烯腈只溶解于高浓度硫氰酸钠溶液而不溶于低浓度的该溶液，因此在凝固浴中聚丙烯腈得以凝固成型。成型后的丝带在预热浴内进一步凝固脱水和适度牵伸，然后在蒸气浴中进行高倍数牵伸，再通过水浴彻底洗去纤维上的硫氰酸钠。最后经上油、干燥、定型、卷曲、切断即成为短纤维。

以上是目前广泛采用的腈纶湿法溶液纺丝工艺。另外也可以采用干法溶液纺丝，所采用的溶剂为二甲基甲酰胺，纺丝温度为 153℃。虽然干法纺丝得到的纤维性能较好，但是由于其溶剂昂贵、设备复杂、污染严重、生产效率较低，目前已很少采用。

4.8.6　聚丙烯酰胺

聚丙烯酰胺是目前应用最广泛的水溶性合成聚合物之一，其在自来水生产、城市及工业污水处理、油气开采、高吸水性树脂合成等领域均获得大规模应用。例如，相对分子质量超过 10^6 或具有阳离子侧基结构的聚丙烯酰胺对水中带负电荷的尘土等微细悬浮杂质具有高效絮凝沉降作用，用量仅需数十 mg/L 即可达到快速絮凝的目的。

1) 单体合成

丙烯酰胺于 19 世纪末由丙烯酰氯氨解反应而被首次合成。美国氰氨公司于 1954 年采用丙烯腈硫酸水解路线实现工业生产。不过，丙烯酰胺的大规模工业化则始于日本三井公司 20 世纪 70 年代开发的骨架铜催化丙烯腈水合流程，以及 80 年代东化公司研发的生物催化丙烯腈水合工艺。

2) 水溶液聚合

丙烯酰胺是高水溶性单体，工业上多采用自由基型水溶液聚合或反相乳液聚合流程，引发剂多选用水溶性过硫酸盐或氧化还原体系。由于空气中的氧有明显阻聚作用，配料和聚合反应过程均需在氮气中进行。除此之外，聚丙烯酰胺工业生产必须妥善解决下列 3 个技术难题。

(1) 散热问题。由于丙烯酰胺的聚合热高达 82.8 kJ/mol，如何及时导出聚合热成为生产控制的关键之一，选择水溶液聚合能够很好地解决这个问题。

(2) 降低单体残留。由于丙烯酰胺单体具有一定毒性，如何降低聚合物中残余单体含量就成为必须解决的技术关键。特别是用于自来水处理时，要求残留单体含量小于 0.1%；

(3) 相对分子质量控制。实验测定丙烯酰胺在 25℃、pH 为 1 的水溶液中的链增长速率常数 k_p 与链终止速率常数 k_t 分别为 $1.72×10^4$ 和 $16.3×10^6$ L/(mol·s)，与动力学链长或聚合度正相关的 $k_p/k_t^{1/2} = 4.2$。计算结果显示，不考虑链转移时，产物的相对分子质量将超过 $2×10^7$。除此之外，丙烯酰胺水溶液自由基聚合时可能发生交联副反应，生成水不溶聚合物。当聚合反应温度过高时，交联更为严重。

理论和实践都认为，双基歧化终止分子链端产生的双键，以及在较高温度下酰胺键脱氨生成酰亚胺结构，是导致聚丙烯酰胺大分子发生交联的主要原因。可见聚合反应条件控制至关重要。表 4-17 列出聚丙烯酰胺链自由基对几种化合物的链转移常数。

表 4-17　聚丙烯酰胺链自由基的链转移常数

链转移剂	温度/℃	链转移常数 /×10⁴	链转移剂	温度/℃	链转移常数 /×10⁴
单体	25	0.0786	$K_2S_2O_8$	25	4.12
单体	40	0.120	$K_2S_2O_8$	40	26.3
聚丙烯酰胺	<50	可忽略	H_2SO_3	75	1700
水	25	接近 0	CH_3OH	30	0.13
H_2O_2	25	5	$(CH_3)_2CHOH$	50	19

表 4-17 显示，聚丙烯酰胺链自由基向水和大分子的链转移常数很小，却容易向引发剂和异丙醇等转移。因此，工业上多采用加入适量异丙醇以控制相对分子质量。另外，氧化还原引发剂体系对单体和水中微量金属离子如 Fe^{3+}、Cu^{2+} 等非常敏感，因此单体须经离子交换纯化以除去微量金属离子杂质，反应溶剂水也必须采用去离子水。除此之外，在水中加入适量螯合剂 EDTA，以屏蔽水中可能存在的微量重金属对聚合反应速率和聚合度产生的负面影响。

为了降低残余单体含量，推荐采用过硫酸盐和亚硫酸盐组成的氧化还原引发剂，再加适量水溶性偶氮引发剂组成的三元引发体系。在初期低温条件下氧化还原引发剂发挥作用，聚合反应后期物料温度升高后，偶氮引发剂则开始发挥引发作用。可以使残余单体含量降低到 0.02%。水溶性偶氮引发剂多选用 4,4′-偶氮双-4-氰基戊酸或 2,2′-偶氮双-4-甲基丁氰硫酸钠。

计算表明，如果单体浓度为 25%～30%，在 10℃开始绝热聚合，中后期体系温度很容易升高到 100℃以上。此时将有大量交联不溶物生成。由此可见，如何散热是聚丙烯酰胺工业生产的关键问题。生产低相对分子质量产品时，多采用釜式聚合间歇操作或多釜串联生产。水冷夹套维持温度 20～25℃，控制单体转化率达 95%～99%时停止反应。如果要求相对分子质量超过百万，反应后期体系呈冻胶状而无法搅拌。为了及时导出反应热，反应后期将物料分装入聚乙烯小袋之后置于水槽中冷却降温。

3) 反相乳液聚合

以加入油溶性表面活性剂的芳烃或饱和脂肪烃作为连续相，以配入适量氧化还原引发剂和水溶性表面活性剂、单体丙烯酰胺浓度为 30%～60%的水溶液作为分散相进行反相乳液聚合。水相中也加少量螯合剂 EDTA 和 Na_2SO_4。后者的作用是防止乳胶粒黏结。连续相与分散相的比例通常为 70/30。聚合生成的乳胶粒径为 0.1～10 μm，与表面活性剂用量有关。聚合温度 40℃，6 h 转化率可达 98%。此方法的优点是散热容易、物料黏度较低、产品可不经干燥直接使用。

4.8.7 聚四氟乙烯

聚四氟乙烯(PTFE)1938 年被美国杜邦公司的一位博士在研究含氟制冷剂试验中偶然发现。性能测定结果表明，PTFE 具有滑润而不溶于任何酸碱及有机溶剂，即使熔融也不发生流动的宝贵特性，恰好能满足当时正急切寻求的曼哈顿原子弹研发计划对铀 235 中间体六氟化铀的纯化处理设备对于内衬和密封材料的特殊要求，于是相关技术被美国政府严格保密直到第二次世界大战结束，才得以公布于世。

1) 单体合成

四氟乙烯最早于 1933 年发现存在于四氟化碳的电弧热分解产物中，次年人们用锌粉从悬浮于乙醇中的 1,2-二氯四氟乙烷通过脱氯反应而制得。10 年之后，终于成功开辟以二氟一氯甲烷通过热裂解反应制备四氟乙烯的技术路线。该工艺由于起始原料氯仿容易获得，因此为世界各国广为采用至今。

2) 聚合反应

工业上多采用纯水中的悬浮聚合或分散聚合生产聚四氟乙烯，引发剂多采用无机过氧化物如过硫酸钾等。两种工艺的差异仅在于前者不用分散剂，后者在水中加入少量表面活性剂；前者必须剧烈搅拌，后者仅需中速搅拌。将气态单体四氟乙烯通入事先加入电阻率在 18 MG 以上纯水的聚合釜中，控制温度 40～90℃和压力 0.03～3.5 MPa 进行聚合，呈微细颗粒状的聚四氟乙烯即沉淀于釜底。

3) 结构特点与性能

聚四氟乙烯虽然属于热塑性聚合物，但是熔融状态下不发生流动。经烧结后缓慢冷却能得到超过 90% 的结晶度。耐低温(即使−196℃也维持 5% 伸长率)；聚四氟乙烯是所有合成聚合物中老化寿命最长、摩擦系数最小和表面张力最小的固体材料；极耐腐蚀，不溶于任何无机和有机溶剂；无毒并具有生理惰性，可以作为理想的生物医学材料植入人体。

值得提醒的是，聚四氟乙烯虽然能在 260℃以下温度长期使用，在熔融温度 327～340℃以上，能够解聚生成较高比例的单体四氟乙烯，但是高温裂解同时生成极毒的氟光气和全氟异丁烯，因此使用聚四氟乙烯的最大禁忌是接触明火以及温度超限。

高分子小常识

高分子合金与聚合物共混

高分子合金(polymer alloy)被用于通称塑料与塑料或塑料与少量橡胶共混的产物。聚合物共混的最大特点是采用十分简便经济的方法大幅度提高塑料的物理机械性能和加工性能，是近 20 年来塑料研究的重要方向。一般而言，高分子合金的性能不仅与组分聚合物的种类有关，而且受该合金结构形态的影响。例如，均相合金的性能常服从于性能加和性原理，多相合金的力学性能则在很大程度上由连续相的性能决定。大多数高分子合金属于多相结构，为了避免加工使用过程中发生宏观的相分离，应该采取必要措施使各相之间具有足够的结合力。目前产量最大的高分子合金包括 4 大类：ABS、改性尼龙、PPO(聚苯醚)/PS、PP/EPOM 等，其总产量约占全部高分子合金的 84%。

ABS 是丙烯腈、丁二烯和苯乙烯的三元共混体系，是目前产量最大的一类高分子合金，其实在 20 世纪 40 年代就已经开发成功，已经有 70 余个品种。实际上这是一类橡胶增韧的通用塑料，具有广泛的用途，如机械、电子器件、仪表、家用电器、电脑机壳、汽车部件等。其综合性能十分优良，其韧性和耐寒性来源于橡胶组分 B(顺丁橡胶 B 或丁腈橡胶 NBR)，抗冲击强度达到 2.52 J/cm^2，其硬度主要来源于聚苯乙烯。再如，聚丙烯与乙丙橡胶共混以后抗冲强度提高 7～8 倍，耐寒性能大大提高，使用温度从−5℃降低到−50℃。

苯乙烯类共混物的生产多采用接枝共聚，即在聚苯乙烯与顺丁橡胶共混过程中采用特殊措施使聚苯乙烯分子链上生成一部分接枝的橡胶分子共聚物，能够起到增加两相界面黏附力的作用。其他种类的两种塑料与橡胶之间难以接枝，一般只能采用熔融共混的方法生产。

早期共混的目的主要是塑料的增韧，目前已经扩展到综合改善聚合物的各方面性能。例如，聚苯醚(PPO)的模量、强度和耐热性都很好，但是其软化点高、黏度大而难于加工。与苯乙烯共混以后可大大改善其加工性能，同时成本也得以降低，是目前五大工程塑料之一。另外，聚碳酸酯(PC)与聚丙烯酸酯制成的共混合金具有美丽的珍珠光泽和金属光泽，作为制作无毒珠光食品盒、化妆品盒、人造珍珠等的材料。

本 章 要 点

1. 二元共聚物组成微分方程，即 F-f 方程的推导及应用。

2. 熟悉并掌握恒比共聚、交替共聚、有恒比点共聚和无恒比点共聚 4 种二元共聚物组成曲线的绘制，以及组成随转化率升高而变化的趋势。

3. 掌握共聚物组成控制的两种方法及其原理。

4. 掌握单体与自由基活性的决定因素，以及不同活性单体均聚速率常数大小。

5. 了解 Q-e 方程的意义和用途。

6. 掌握本体聚合、溶液聚合、悬浮聚合和乳液聚合的特点、基本配方和操作要点。

习 题

1. 解释下列高分子概念。

(1) 竞聚率

(2) Q-e 方程

(3) 共聚物的序列结构

(4) 恒比点

(5) 悬浮聚合与反相悬浮聚合

(6) 乳液聚合与反相乳液聚合

(7) 胶束增溶原理

(8) 乳化剂的三相平衡点

(9) 表面活性剂的 HLB

(10) 非离子乳化剂的浊点

2. 简要回答下列问题。

(1) 推导二元共聚物组成微分方程的基本假设有哪些？它们与推导自由基聚合动力学方程时的基本假设有何异同？

(2) 在自由基聚合反应中，决定单体与自由基活性的因素是什么？试比较苯乙烯和乙酸乙烯酯及其自由基的活性。

(3) 在自由基聚合链增长反应中，是单体活性对聚合速率的影响大，还是自由基活性的影响大？

(4) 自由基均聚反应中，活泼单体的速率常数大还是不活泼单体的速率常数大？为什么？

(5) 对合成聚合物进行改性的方法有哪几种？

(6) 乳液聚合过程通常分为哪几个阶段？与一般自由基聚合如本体聚合或悬浮聚合比较有何明显不同？试解释其中原因。

(7) 试解释乳液聚合初期的胶粒成核与均相成核过程，并说明它们分别属于何种溶解性质的单体所特有的乳液聚合成核过程？

(8) 试列出自由基聚合反应各种实施方法所需要的主要原料名称、用量范围以及对各种原料的基本要求。分别说明决定悬浮聚合物珠粒大小和乳液聚合物相对分子质量高低的主要因素。

3. 试说明绘制二元共聚物组成曲线的基本步骤，并按此步骤绘制下列 6 种二元共聚物的组成曲线，同时说明其所属的共聚类型。

(1) $r_1=1$, $r_2=1$

(2) $r_1=0$, $r_2=0$

(3) $r_1=0.40$, $r_2=0.55$

(4) $r_1=2.60$, $r_2=0.11$

(5) $r_1=0.10$, $r_2=0$

(6) $r_1=0$, $r_2=2.0$

4. 说明控制共聚物组成的主要方法有几种，如果两种单体共聚的竞聚率为 $r_1=0.40$，$r_2=0.60$，要求所得共聚物中两种结构单元之比为 $F_1=0.50$，试设计两种单体的合理投料配比，并说明如何控制共聚物组成达到要求。

5. 计算题：

(1) 已知苯乙烯和甲基丙烯酸甲酯的 Q 值分别为 1.00 和 0.74，e 值分别为 -0.80 和 0.40，试计算这两种单体进行共聚时的竞聚率，并说明共聚类型。

(2) 试以二元共聚物组成微分方程的物质的量浓度表达式(4-1)为起点，推导二元共聚物组成微分方程的物质的量分数表达式，即式(4-2)。提醒注意稳态原理的二次引用。

(3) 氯乙烯和乙酸乙烯酯共聚，$r_1=1.67$，$r_2=0.23$，如果期望获得初始共聚物瞬时物质的量组成为 5% 乙酸乙烯酯，以及转化率达 85% 时共聚物的物质的量平均组成为 5% 乙酸乙烯酯，分别计算两组配方单体的初始配比。

第5章 离子型聚合与配位聚合

顾名思义,离子型聚合反应的活性中心是带电荷的离子或离子对。按照活性中心离子或离子对电荷的不同分为阴离子聚合、阳离子聚合和配位聚合3类。虽然多数烯类单体都能进行自由基聚合,但是离子型聚合反应对单体有特殊要求,只有为数不多的单体符合要求。各类离子型聚合需要不同引发剂,其中阴离子聚合需用强碱性引发剂,阳离子聚合需用路易斯酸引发剂,配位聚合则需要络合引发剂,或称为配位引发剂或催化剂。迄今为止离子型聚合机理和动力学的研究远不及自由基聚合成熟,这与离子型聚合所需条件极为苛刻、通常需在低温下进行、聚合反应速率很快、引发体系多为非均相体系、介质对产物性能具有很大影响等因素有关,所以离子型聚合的实验重现性往往较差。

多数合成橡胶以及一些重要聚合物,如丁基橡胶(异丁烯与丁二烯或异戊二烯的阴离子共聚物)、异戊橡胶(合成天然橡胶)、聚甲醛、聚氯醚等都只能通过离子型聚合制备。除此以外,一些常见单体如苯乙烯和丁二烯等可以通过离子型聚合合成性能与自由基型聚合物截然不同的聚合物,如可得到活性聚合物、遥爪聚合物、嵌段共聚物、接近单分散聚合物等。因此,离子型聚合反应在现代高分子科学和高分子材料领域越来越显示出其重要性。

5.1 阴离子聚合

阴离子聚合是以带负电荷的离子或离子对为活性中心的一类连锁聚合反应。多数情况下 α-烯烃的阴离子聚合的活性中心是负碳离子或离子对,一些羰基化合物和杂环化合物也能进行阴离子聚合,其活性中心是氧负离子或离子对。

5.1.1 单体和引发剂

能进行阴离子聚合的单体包括3种类型:①带吸电子取代基的 α-烯烃;②带共轭取代基的 α-烯烃;③某些含杂原子(如 O、N 杂环)的化合物如环氧乙烷、四氢呋喃等。其中前2种是最重要和常见的单体类型。

阴离子聚合反应的引发剂也称催化剂,也有3种类型:①碱金属烷基化合物,如正丁基锂(n-LiBu)等;②碱金属,如 Li, Na, K 等;③碱金属络合物,如萘钠、苯基锂等。这3种引发剂中以丁基锂和萘钠最为重要也最常用。在确定阴离子聚合的单体-引发剂组合时,必须考虑它们之间的活性匹配,即强碱性引发剂能够引发各种活性的单体,而弱碱性引发剂就只能引发高活性单体。表 5-1 列出 4 类不同活性等级的单体和引发剂,以及它们之间的合理

5-01-y
阴离子聚合的 2 种单体类型和 3 种引发剂类型。

匹配原则。

表 5-1　常见阴离子聚合单体和引发剂的反应活性

单体活性类别	单体	Q 值	引发剂活性类别	引发剂	备注
高活性	硝基乙烯 偏二氰基乙烯	100	低活性	吡啶 NR_3	
次高活性	丙烯腈 甲基丙烯腈	2.70 3.33	中活性	ROK NaOH	高活性引发剂能够引发各种活性单体
中活性	丙烯酸甲酯 甲基丙烯酸甲酯	1.33 1.92	次高活性	RMgX t-BuOLi	低活性引发剂只能引发高活性单体
低活性	苯乙烯 丁二烯	1.00 1.28	高活性	Li、Na、K Li-R	

5.1.2　聚合反应机理

　　阴离子聚合反应也包括链引发、链增长和链终止 3 个基元反应。比较表 5-1 和表 4-7 的数据可以发现，同一种单体在不同类型聚合反应中的活性并不一致。例如，具有共轭取代基的苯乙烯和丁二烯在自由基聚合反应中属于典型活泼单体，但是在阴离子聚合反应中却属于低活性单体。从两表中列出的同一种单体在两种聚合反应中的不同 Q 值和相同 e 值可以发现两条重要规律：

　　取代基的极性指标 e 值(表 4-7)大小是决定单体参加阴离子聚合反应活性的决定因素；而取代基的共轭程度即 Q 值大小则是决定单体参加自由基聚合反应活性的决定因素。换言之，e 值大的单体是阴离子聚合的活性单体，Q 值大的单体是自由基聚合的活性单体。

　　1. 链引发

　　阴离子聚合反应中，采用不同引发剂具有不同的链引发反应机理。
　　1) 碱金属烷基化合物引发

$$\text{LiBu} + \overset{\delta+}{\text{CH}_2}\!=\!\overset{\delta-}{\text{CH}} \longrightarrow \text{C}_4\text{H}_9\!-\!\text{CH}_2\!-\!\text{CH}^-\cdots\text{Li}^+$$
$$\qquad\qquad\quad |\qquad\qquad\qquad\qquad\quad |$$
$$\qquad\qquad\quad \text{CN}\qquad\qquad\qquad\qquad\text{CN}$$

　　如上式所示，具有共价键结构的碱金属烷基化合物在极性溶剂的作用下，其带负电荷的烷基进攻 α-烯烃分子中带部分正电荷的 β-碳原子，带正电荷的 Li^+ 则作为反离子与带部分负电荷的 α-碳原子形成离子对，从而完成链引发过程。

　　2) 碱金属引发

　　Li、Na、K 等碱金属原子能够直接将其 1 个外层电子转移给烯烃单体而生成极不稳定的自由基型阴离子，再通过自由基偶合反应以双阴离子的形式引发聚合反应，如此引发反应又称为电子转移引发。

5-02-y
　　取代基的极性指标 e 值大小是单体参加阴离子聚合反应活性的决定因素；
　　取代基的共轭程度即 Q 值的大小却是单体参加自由基聚合反应活性的决定因素。

5-03-f
　　正确书写 3 种阴离子链引发反应式是本节基本要求之一。

$$2Na + 2CH_2 =\!\!\!=\!\!\!= CH \longrightarrow 2[\cdot CH_2 - CH^- \cdots Na^+] \longrightarrow$$

$$^+Na \cdots {}^- CH - CH_2 CH_2 - CH^- \cdots Na^+$$

金属钠引发丁二烯按照阴离子聚合反应历程生成所谓丁钠橡胶,第二次世界大战期间纳粹德国曾经被禁运而采用该方法大规模生产。不过丁钠橡胶的性能欠佳,目前已不生产。由于碱金属一般不溶于烯烃单体和溶剂,所以该聚合反应属于非均相反应,引发效率不高。

3) 碱金属络合物引发

利用碱金属在某些溶剂中能够生成有机络合物并降低其电子转移活化能的特点,人们发现在金属钠引发的苯乙烯阴离子聚合反应中,加入萘能够使聚合反应很容易进行。为了与碱金属直接引发的电子转移机理相区别,这种引发方式称为间接电子转移引发。

$$Na + \bigotimes \xrightarrow{+THF} \Big[\bigotimes\Big]^{\dot{-}} \cdots Na^+ \xrightarrow{+St}$$

$$^+Na \cdots {}^- CH - CH_2 CH_2 - CH^- \cdots Na^+$$

萘钠能够溶解于极性溶剂形成均相体系,如将钠片和萘加入四氢呋喃中,将很快溶解生成绿色溶液,原因是金属钠原子将外层电子转移给萘分子的最低空轨道,生成自由基型萘阴离子(方括号内),它与 Na^+ 形成的离子对成为阴离子聚合活性中心。此时加入苯乙烯,绿色溶液立刻变为鲜艳的红色,这是苯乙烯阴离子特有的颜色,聚合反应立刻开始。由于属于均相反应,金属钠的引发效率和聚合反应速率都较高。除此以外,锂-液氨体系也属于间接电子转移引发机理。

2. 链增长

被极化的 α-烯烃单体分子遵循电荷相反相互吸引原则,与被丁基锂引发的活性阴离子首先形成四元环过渡态,即下式方括号内的部分。最后单体以插入碳负离子与反离子之间离子对的形式,完成加成链增长反应。

$$C_4H_9 - CH_2 - CH^- \cdots Li^+ + CH_2 \overset{\delta+}{=\!\!=} \overset{\delta-}{CH} \longrightarrow \Bigg[C_4H_9 - CH_2 - \overset{\delta+}{CH^-} \cdots \overset{\uparrow CN}{Li^+} \Bigg]$$

$$\underset{CN}{} \qquad \underset{CN}{} \qquad \qquad \overset{\delta+}{CH_2} - \overset{\delta-}{CH} \atop CN$$

$$\longrightarrow C_4H_9 - CH_2 - \underset{CN}{CH} - CH_2 - \underset{CN}{CH^-} \cdots Li^+ \xrightarrow{+nAN}$$

$$C_4H_9 - [CH_2 - \underset{CN}{CH}]_{n+1} CH_2 - \underset{CN}{CH^-} \cdots Li^+$$

如此链增长反应连续不断进行，即生成聚合度很高的阴离子活性链。不过，由于在不同极性的溶剂中起引发作用的活性阴离子存在不同的离子形态，因此它们引发的阴离子聚合链增长反应方式有所不同。通常情况下，随着溶剂极性增加，离子对结合的紧密程度降低，链增长速率增加，大分子结构规整性降低，如表 5-2 所示。

表 5-2   溶剂极性与阴离子聚合

溶剂极性	非极性或无溶剂	弱极性	较强极性	强极性
溶剂举例	苯，甲苯	二氧六环	四氢呋喃	DMF
离子对书写	RLi 或 R-Li	R^-Li^+	$R^-\cdots Li^+$	$R^- + Li^+$
活性中心形态	共价键	紧离子对	松离子对	自由离子
链增长速率	极慢或不进行	慢	快	很快
大分子结构	很规整	较规整	较不规整	最不规整

5-04-y
阴离子聚合中的 4 种离子形态：共价键、紧离子对、松离子对和自由离子。

表 5-2 显示，阴离子聚合引发剂与单体形成的活性中心可能存在 4 种类型的离子形态，即共价键、紧离子对、松离子对和自由离子。事实上在大多数阴离子聚合反应体系中，活性中心往往以两种或两种以上的离子对形态存在，这些活性中心都按照自己的方式和速率进行链增长，其结果显然要比单一自由基引发的聚合反应复杂得多。

如果体系非常纯净，不存在任何能使活性阴离子链终止的杂质，在单体消耗完毕以后活性阴离子链仍然保持活性，则称为"活性聚合物"。此时再加入另一种符合条件的单体，聚合反应将继续进行，生成具有嵌段结构的共聚物。根据所用引发剂不同，可以得到二嵌段(用丁基锂引发)或三嵌段共聚物(用萘钠引发)。

补加第 2 单体合成嵌段共聚物必须符合的条件是：如果将 α-烯烃都视作质子酸，则第 1 单体的离解常数必须大于第 2 单体的离解常数。换言之，碱性强(或 pK_d 大)的单体生成的活性聚合物可以引发碱性弱(或 pK_d 小)的单体，而碱性弱的单体生成的活性聚合物则不能引发碱性强的单体。通常用单体离解常数的负对数即 pK_d 值($-\lg K_d$)的大小表示其碱性强弱，如表 5-3 所示。

5-05-y
活性阴离子链引发第 2 单体生成嵌段聚合物的条件。

表 5-3   阴离子聚合单体的活性与 pK_d 值

单体	单体活性	单体 Q 值	单体 pK_d	阴离子活性
苯乙烯,丁二烯	低	1	40~42	高
丙烯酸酯	中	1.33~3.33	24	中
丙烯腈	中	2.70	25	中
硝基乙烯	高		11	低

将表 5-1 和表 5-3 的结果与 4.4 节有关单体活性与自由基活性的内容进行比较，可以得到如下 3 点结论。

(1) 聚合机理不同，单体聚合活性不同。例如，苯乙烯在阴离子聚合反应中属于不活泼单体，而在自由基聚合反应中则是活泼单体。丙烯腈在阴离子聚合反应中属于活泼单体，而在自由基聚合反应中则并不活泼。硝基乙烯在阴离子聚合反应中非常活泼，却不能进行自由基聚合。

(2) 单体转化为活性中心过程的活性倒置规律相同。在自由基聚合反应中，活泼单体产生不活泼自由基，不活泼单体产生活泼自由基。与此相类似，在阴离子聚合反应中，活泼单体产生的阴离子链不活泼，不活泼单体产生的阴离子链活泼。只有活泼的阴离子活性链(即不活泼单体产生的阴离子链)才能引发活泼单体进行聚合反应，最后生成嵌段共聚物。

(3) 两种单体的活性或 pK_d 值接近时，它们生成的活性聚合物可以相互引发生成嵌段共聚物。例如，苯乙烯、丁二烯和异戊二烯之间可以相互引发，生成不同的嵌段共聚物。

3. 链终止

第 3 章曾讲述自由基聚合链终止多以双基歧化或双基偶合的方式进行，原因在于带独电子的活泼自由基具有配对成键的强烈倾向。在阴离子聚合反应中，由于带相同负电荷的两个阴离子之间不可能双基终止，所以只能与体系中的其他杂质进行所谓"单基终止"，即发生转移反应而终止。这是离子型聚合与自由基聚合链终止反应的最大区别。

1) 向质子性物质转移终止

由于阴离子聚合反应活性中心具有与活泼氢反应的强烈倾向，因此凡是含有活泼氢的物质如醇、酸、水等均能够使活性阴离子链发生转移反应而终止，如

$$\sim CH_2—CH^-\cdots Li^+ + CH_3OH \longrightarrow \sim CH_2—CH_2 + CH_3OLi$$
$$\underset{CN}{|} \qquad\qquad\qquad\qquad \underset{CN}{|}$$

$$\sim CH_2—CH^-\cdots Li^+ + HOH \longrightarrow \sim CH_2—CH_2 + LiOH$$
$$\underset{CN}{|} \qquad\qquad\qquad\qquad \underset{CN}{|}$$

转移反应的结果是生成活性低于原有引发剂的醇-碱金属化合物或者碱金属氢氧化物，其在多数情况下起阻聚作用而使聚合反应停止。

2) 与特殊化合物链终止

在现代高分子合成领域，利用有限种类单体获得多样化的聚合物是学术界和产业界不断追求的目标。利用活性阴离子聚合物能够与许多种类质子性或非质子性物质发生链终止反应，生成结构特殊、带有某种特定活性官能团的高分子化合物，即遥爪聚合物，进而按照分子设计合成各种嵌段及异形结构聚合物。

5.1.3　聚合反应动力学

单就 3 个基元反应速率相对大小而言，自由基聚合反应的特点是慢引发、快增长、速终止，而阴离子聚合反应的特点是快引发、平稳增长、不终止(限定体系纯净时)。对于这两类聚合反应的上述特点，必须按照下面两点

说明理解。首先，并非是对这两类聚合反应之间的横向比较，而是两类聚合反应 3 个基元反应相对速率的纵向比较。事实上，一般情况下阴离子聚合反应的链增长反应同样非常快。其次，对阴离子聚合反应而言，仅限定于体系十分纯净、不含任何可能使反应终止的质子性物质的条件下进行的，所以才会具有"不终止"这一特点。

按照推导自由基聚合反应速率类似的过程和结果，无链终止反应时的阴离子聚合反应速率可以表达为

$$v_p = k_p [P^-][M] = k_p [C][M] \tag{5-1}$$

式中，$[P^-]$ 和 $[M]$ 分别为活性链阴离子浓度和单体浓度。如果将引发剂的引发效率视为 100 %，则 $[P^-]$ 就等于引发剂浓度 $[C]$。

然而如前所述，一般阴离子聚合体系活性中心都存在一种以上的离子形态，即同时存在松离子对、紧离子对和自由离子等。这些具有不同离子形态的活性中心进行链增长反应时的速率常数差别很大，所以式(5-1)仅表达所有活性中心链增长反应速率的综合结果。下面讲述几种特殊情况下的阴离子聚合动力学。

1) 纯粹离子对引发的阴离子聚合

以丁基锂或萘钠作引发剂，在弱极性溶剂二氧六环中进行苯乙烯阴离子聚合反应，用电导法测定溶液不导电，证明无自由离子存在，体系中只有活性离子对引发的聚合，其动力学方程为式(5-1)。正如前述，阴离子聚合过程中链引发反应进行得很快，全部引发剂几乎能在瞬间即可转变成离子对活性中心，然后开始相对较慢的链增长反应，同时阴离子聚合反应又不存在双基终止反应，所以生成活性聚合物的平均聚合度为

5-06-y, j
阴离子聚合
速率和聚合度公
式都十分简单。

$$\overline{X}_n = [M] / [C] \quad \text{（单阴离子活性中心引发）} \tag{5-2}$$

或

$$\overline{X}_n = 2 [M] / [C] \quad \text{（双阴离子活性中心引发）} \tag{5-3}$$

式(5-2)和式(5-3)表明，对于纯粹离子对引发的活性阴离子聚合反应，生成聚合物的聚合度等于单体浓度或 2 倍单体浓度与引发剂浓度之比值。可以想象，几乎同时快速生成的活性中心差不多按照相对较慢的速率同步增长，最后生成的活性聚合物大分子链应该大体等长。换言之，具有快引发、平稳增长、不终止特点的活性阴离子聚合是获得接近单分散聚合物的最好方法。所得聚合物的相对分子质量分布服从 Flory 统计分布，也接近泊松分布。

$$\overline{X}_w / \overline{X}_n = 1 + \overline{X}_w / (\overline{X}_n + 1)^2 \approx 1 + 1/ \overline{X}_n \tag{5-4}$$

当聚合度足够大时，该活性阴离子聚合物的相对分子质量分布接近于 1。由此可见，活性阴离子聚合反应可以通过控制单体和引发剂浓度达到控制聚合物相对分子质量和分布的目的，所以有时也称为"计量聚合"。例如，苯乙烯在二氧六环中用丁基锂引发的阴离子聚合，如果保证体系绝对纯净，同时控制单体与引发剂物质的量浓度之比为 1000，则可以得到聚合度为 1000、理论分散度为 1.001 的接近单分散的聚苯乙烯。这种相对分子质量分布非常窄的聚合物常常用作聚合物红外光谱分析和凝胶渗透色谱的标样，其售价很高。除此以外，由于聚合反应体系很纯时活性阴离子对也不发生链转

移，所以生成的聚合物没有支链。

2) 离子对和自由离子共存时的阴离子聚合

这是普遍存在的情况，如苯乙烯在强极性溶剂四氢呋喃(THF)中进行阴离子聚合，用电导法测定溶液有一定导电性，证明自由离子存在。一般而言，单体与自由离子进行链增长速率常数要远大于以离子对进行的链增长速率常数，而聚合反应总速率应等于这两种链增长反应速率之和。实验测得，以萘钠作引发剂，苯乙烯在四氢呋喃中聚合时，其活性离子对和自由离子进行链增长速率常数的相对数值分别为 80 和 6500，可见后者较前者快两个数量级。

5.1.4　阴离子聚合影响因素

在阴离子聚合反应中，活性中心离子的存在形态是影响聚合反应速率和聚合物结构的最重要因素，因此在下面讨论溶剂、温度和反离子等因素的影响时，将始终围绕这些因素对活性中心离子对形态的影响进行分析。

1) 溶剂的影响

阴离子聚合常根据不同需要选用不同极性的非质子性溶剂，如四氢呋喃、二氧六环、苯以及其他芳烃、烷烃、醚类等溶剂。一般质子性溶剂如水、醇、酸和胺等都不能作为阴离子聚合的溶剂，它们恰恰是阴离子聚合的阻聚剂。

5-07-y
溶剂极性的影响：极性↑，聚合速率↑，结构规整性↓。

溶剂对离子型聚合反应的影响首先表现为溶剂对引发剂、单体以及活性离子对的溶剂化作用。所谓溶剂化作用，系指溶剂分子通过范德华力和氢键与带电荷的离子、离子对或不带电荷的极性分子之间的相互作用。阴离子聚合反应中溶剂化作用的实质是，碳负离子与带正电荷的碱金属反离子构成的离子对在介电常数较大的溶剂中彼此距离被扩大，经历紧离子对、松离子对、直至最终离解成为自由离子的过程。

溶剂的基本性质包括极性和溶剂化能力等方面。溶剂极性通常以介电常数表征，溶剂化能力通常以给电子指数表征。一般情况下，溶剂的介电常数越大，极性越强，离子对的离解越容易进行，体系中的松离子对和自由离子就越多。极性溶剂的溶剂化作用都很强烈，能够使阴离子聚合的活性中心成为松离子对甚至自由离子，因此在极性溶剂中阴离子聚合反应速率较快，聚合物的结构规整性较差。非极性溶剂的溶剂化作用较弱，活性中心多为紧离子对，聚合反应速率较慢而聚合物的结构规整性较好。表 5-4 列出几种溶剂的介电常数与萘钠引发苯乙烯阴离子聚合链增长速率常数的关系。

表 5-4　萘钠引发苯乙烯阴离子聚合速率常数与溶剂介电常数(25℃)

溶剂名称	苯	二氧六环	四氢呋喃	1, 2-二甲氧基乙烷
溶剂极性	非	弱	强	强
介电常数	2.2	2.2	7.6	5.5
k_p / [L /(mol · s)]	2	5	550	3800

表 5-4 显示，溶剂介电常数增加导致自由离子和松离子对增加，聚合反应速率增加。由于带取代基的 α-烯烃是以插入活性中心离子对的方式进行链增长，当离子对较松或者完全是自由离子时，这种插入在空间方位上不受任何限制，因而聚合物的结构规整性较差。与此相反的是在非极性或弱极性溶剂中，活性中心多为紧离子对，单体的插入受到空间方位的限制，聚合物的结构规整性较好。

2) 反离子的影响

既然活性中心离子的形态对阴离子聚合反应速率和聚合物结构规整性具有决定性影响，而引发剂的碱金属离子作为活性中心负碳离子的反离子，同样是影响离子形态的一个重要因素。表 5-5 列出在不同极性溶剂中各种碱金属引发阴离子聚合反应的速率常数比较。

表 5-5　苯乙烯阴离子聚合的链增长速率常数
$k_{p(+\cdots)}[L/(mol \cdot s), 25℃]$

反离子	Li⁺	Na⁺	K⁺	Rb⁺	Cs⁺
四氢呋喃中	160	80	60~80	50~60	22
二氧六环中	0.94	3.4	19.8	21.5	24.5

5-08-y
反 离 子 的
影响：
1.非极性溶
剂中，反离子半
径↑，聚合速率
↑，聚合物规整
性↓；
2. 极 性 溶
剂中，反离子半
径↑，聚合速率
↓，聚合物规整
性↑。

表中的数据显示如下规律：在非极性溶剂中，阴离子聚合链增长速率常数随反离子半径增加而增加；在极性溶剂中，链增长速率常数随反离子半径增加而降低。这是什么原因呢？原来非极性溶剂中溶剂化作用十分微弱，活性中心负碳离子与反离子之间的库仑力对离子对的形态起决定性作用。这种库仑力随反离子半径的增加而减弱，因而离子对转变成松离子对甚至自由离子，单体在其中的插入式链增长反应也就变得更容易，聚合速率也就随反离子半径的增加而增加，聚合物结构规整性随反离子半径增加而降低。

与此不同的是在极性溶剂中，溶剂化作用对活性中心离子形态起着决定性作用，而碳负离子与反离子之间的库仑力就显得次要。另一方面，溶剂分子与反离子之间的溶剂化作用随反离子半径的增加而变弱，也可以理解为较大的反离子需要更多溶剂分子才能使之与负碳离子分开。于是离子对就变成紧离子对，单体的插入式链增长反应也就变得更困难，聚合反应速率降低，聚合物的结构规整性同时得以提高。

3) 温度的影响

温度对阴离子聚合的影响包括对聚合反应本身的影响以及对链转移副反应的影响两方面，下面分别进行讨论。首先，与一般化学反应一样，温度对阴离子聚合反应的影响趋势和程度可以根据阴离子聚合反应活化能的大小进行判断。表 5-6 列出苯乙烯分别进行阴离子聚合和自由基聚合的有关热力学和动力学参数。

表 5-6　苯乙烯聚合反应的热力学和动力学参数(萘钠，THF)

聚合反应类型	阴离子聚合			自由基聚合
活性中心	自由离子	松离子对	紧离子对	自由基
增长速率常数/[L/(mol·s)]	130 000	55 000	24	165
增长活化能/(kJ/mol)	16.6	19.7	36	26
增长频率因子/[10^6 L/(mol·s)]	100	208	63	4.5

　　表 5-6 显示，一般烯类单体阴离子聚合的活化能与自由基聚合的活化能处于相同数量级，而且都是正值，因此温度对阴离子聚合的影响与对自由基聚合的影响大体相同，即温度升高使聚合反应速率升高，同时使聚合物结构规整性降低。除活性中心为紧离子对外，阴离子聚合的活化能稍低于自由基聚合反应的活化能，所以温度对阴离子聚合反应的影响也稍小于对自由基聚合的影响。

　　其次，由于活性阴离子容易与质子性物质或一些带活泼原子的物质发生链转移而终止，而这种链转移反应的活化能又高于链增长活化能，升高温度会使链转移反应加剧。因此，一般阴离子聚合必须选择低于一般自由基聚合所采用的温度，前者通常在 30~60℃，后者通常在 50~100℃。

　　4) 烷基锂的缔合作用

　　研究发现，烷基锂在苯、甲苯和己烷等非极性溶剂中存在不同程度的缔合倾向而不具引发活性，唯有单分子态的烷基锂才具有引发阴离子聚合的功能。因此，了解阴离子聚合常用引发剂的缔合特点及其影响因素是必要的。下列诸点系有关烷基锂引发阴离子聚合的一般规律归纳。

　　(1) 只有烷基锂才有缔合作用，其他碱金属烷基化合物并不存在缔合作用。

　　(2) 只有在非极性溶剂中烷基锂才有明显的缔合作用，在极性溶剂中由于强烈的溶剂化作用而使缔合变得不显著甚至完全消失。

　　(3) 正丁基锂浓度很低时，缔合作用并不显著。

　　(4) 当丁基锂浓度很高，特别是在芳烃溶剂中，由于烷基锂的缔合作用，苯乙烯阴离子聚合反应表现特殊的动力学行为。即链引发速率与丁基锂浓度的 1/6 次方成正比，链增长速率却与丁基锂浓度的 1/2 次方成正比。由此证明，在此条件下 6 个丁基锂分子构成一个缔合体，两个活性链离子对构成长链缔合体。

　　(5) 异丁基锂和特丁基锂由于位阻存在，其缔合分子数从 6 减少为 4。

　　(6) 由于缔合作用的存在，聚合反应速率显著降低。

　　(7) 加入路易斯酸可以破坏丁基锂的缔合作用，这是路易斯酸在锂原子上配位的结果。

　　(8) 升高温度能够破坏丁基锂的缔合作用。采用丁基锂引发的阴离子聚合反应，上述诸点具有很强的指导意义。

5.1.5 聚合物的结构规整性

同自由基聚合反应比较,阴离子聚合反应更容易得到立体结构规整的聚合物。概而论之,在阴离子聚合反应中,溶剂极性和反离子种类对产物立构规整性具有决定性影响,如表 5-7 所示。

表 5-7 聚合反应类型、溶剂和反离子对聚丁二烯立体结构的影响(聚合温度 0℃)

聚合反应	溶剂	引发剂	顺式 1,4-加成/ %	反式 1,4-加成/ %	反式 1,2-加成/ %
阴离子聚合	戊烷	Li	35	52	13
		Na	10	25	65
		K	15	40	45
		Rb	7	31	62
		Cs	6	35	59
	THF	Li-萘	0	4	96
		Na-萘	0	9	91
		K-萘	0	18	82
		Rb-萘	0	25	75
		Cs-萘	0	25	75
自由基聚合(50℃)			15	68	17

从表 5-7 中的数据可以得到下面两点结论:①自由基聚合反应得到的聚丁二烯主要为反式 1,4-加成结构,大约占 2/3,顺式和 1,2-加成聚丁二烯大约各占 1/6;②在非极性溶剂中,以丁基锂作引发剂进行阴离子聚合,可以得到 1,4-加成百分比最高的聚丁二烯,其中顺式结构占 35%。由于一般合成橡胶都要求较高的顺式结构,因此都选择丁基锂作引发剂,饱和烷烃作溶剂。如果用戊烷作溶剂,丁基锂引发异戊二烯进行阴离子聚合,可得到顺式 1,4-加成结构高达 94%的聚合物,这就是合成天然橡胶的工艺条件。有关丁基锂在非极性溶剂中对二烯烃聚合的定向机理将在下一节讲述。

5.2 阳离子聚合

5-09-y
了解阳离子聚合的 2 种单体类型、2 种引发剂类型及其反应式。

阳离子聚合虽然历史悠久,但是其发展很缓慢。早在 1839 年就有以 $SnCl_4$ 作引发剂使苯乙烯聚合的报道,1893 年有用酸或金属卤化物引发使乙烯基醚聚合的报道。不过直到 1945 年对异丁烯聚合反应进行系统研究以后,才逐步建立阳离子聚合的概念和机理。然而迄今为止,阳离子聚合的研究远没有阴离子聚合深入,实际应用也没有阴离子聚合广泛,唯一实现大规模工业生产的阳离子聚合就只有聚异丁烯和丁基橡胶 2 例。

5.2.1 单体和引发剂

能够进行阳离子聚合的单体包括 3 种类型:①带给电子取代基的 α-烯烃;②带共轭取代基的 α-烯烃和共轭二烯烃;③某些含杂原子化合物既可进行阴离子聚合,也可进行阳离子聚合。其中前 2 类是最重要和最常见的,异丁烯和烷基乙烯基醚最容易进行阳离子聚合。阳离子聚合反应的引发剂属于亲电试剂，包括质子酸、路易斯酸和高能辐射等 3 类。

5.2.2　聚合反应机理

阳离子聚合反应也具有典型连锁聚合反应机理，同样包括链引发、链增长和链终止 3 个基元反应。

1. 链引发

不同引发剂的链引发反应机理稍有不同，其引发反应通式如下式。

$$H^+A^- + CH_2 \!=\! \overset{\displaystyle CH_3}{\underset{\displaystyle CH_3}{C}} \xrightarrow{} CH_3 \!-\! \overset{\displaystyle CH_3}{\underset{\displaystyle CH_3}{C^+}} \cdots A^-$$

1) 质子酸引发

$HClO_4$、H_2SO_4、H_3PO_4 和三氯乙酸等无机质子酸原则上都可以作为阳离子聚合引发剂。不过研究发现，质子酸引发阳离子聚合的活性高低，不仅取决于其提供质子的能力，同时与其酸根负离子的亲核性强弱有关。例如，卤化氢不能引发阳离子聚合的真正原因并非其不能提供质子，而是其酸根卤原子的亲核性太强，极容易与碳正离子生成共价键，事实上进行的是卤化氢与单体双键的加成反应。

由于含氧酸中氧的电负性大于卤素，因此其酸根的亲核性均较卤素低，可以引发阳离子聚合。在所有含氧无机酸中，高氯酸最能同时满足酸性强和酸根亲核性弱这两个条件，是最常使用的无机酸引发剂。而硫酸和磷酸的酸性虽强，但是酸根负离子的亲核性并不弱，用这些无机酸作引发剂一般只能得到低聚物。

2) 路易斯酸引发

这是阳离子聚合反应最重要的引发剂类型，它们属于缺电子的 Friedel-Crafts 引发剂。用于阳离子聚合反应最重要的引发剂包括 BF_3、$AlCl_3$、$TiCl_4$ 和 $SnCl_4$ 等，其引发活性呈递减趋势。与阴离子聚合引发剂不同的是路易斯酸必须与助引发剂配合才具有引发作用。助引发剂的作用是为主引发剂路易斯酸提供质子，如下式。

$$BF_3 + H_2O \longrightarrow [BF_3{\leftarrow}OH_2] \longrightarrow H^+[BF_3\,OH]^-$$

$$AlCl_3 + HCl \longrightarrow H^+[Al\,Cl_4]^-$$

不同主引发剂配合使用的助引发剂活性顺序有所不同。例如，异丁烯以 $SnCl_4$ 为主引发剂时，聚合速率随助引发剂酸性增加而增加。

$$HCl > HAc > C_6H_5OH > H_2O > CH_3OH > (CH_3)_2CO$$

虽然助引发剂对于引发阳离子聚合反应是必需的，但其用量必须严格控制。过量助引发剂不仅会使主引发剂中毒，同时是活性阳离子链的终止剂。多数阳离子聚合反应的主-助引发剂体系都存在一个聚合速率最快、产物相对分子质量最高的最佳比例。例如，用 $SnCl_4$-H_2O 引发体系在四氯化碳中引发苯乙烯聚合，当 $H_2O/SnCl_4$ 物质的量之比为 0.002 时，聚合速率最快，如图 5-1 所示。若以硝基苯作溶剂，两者等物质的量配比聚合反应速率最快。

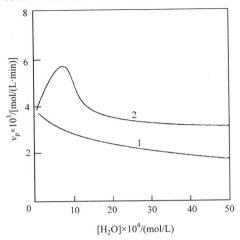

图 5-1　水含量对苯乙烯阳离子聚合的影响(SnCl₄,CCl₄,25℃)

1 和 2[SnCl₄]分别为 0.08mol/L 和 12mol/L

3) 高能辐射引发

1957 年，有学者发现在-78℃的低温条件下，异丁烯受 Co^{60} 辐射可以按照阳离子机理进行聚合，通常认为γ射线激发出单体α-碳原子上的电子而生成自由基型阳离子，这种独电子在β-碳原子上的不稳定自由基立刻发生偶合而形成双阳离子活性中心。采用高能辐射引发的阳离子聚合反应由于无反离子存在，因此可以很方便地研究单一自由阳离子链增长的聚合反应机理和动力学。

2. 链增长

与阴离子聚合链增长反应类似，阳离子聚合链增长也是单体分子经过极化、取向后再插入由碳正离子与反离子构成的离子对，最后生成新的化学键并完成链增长反应，如下式所示。

由于阳离子聚合单体是带给电子取代基或共轭取代基的α-烯烃，所以其β-碳原子必然带部分负电荷，或者在受到活性中心离子对作用时，其β-碳原子容易被极化而带部分负电荷。这样被极化的单体必然按照"带相反电荷的原子之间相互吸引"的原则进行取向，其 β-碳原子与活性中心的碳正离子靠近，其 α-碳原子与活性中心的反离子靠近，最后经过四元环过渡态并最终插入离子对之中。上述链增长反应连续进行的结果便生成带有活性离子对的长链。

与阴离子聚合反应类似，阳离子聚合反应速率和聚合物的立体结构规整性同样受溶剂极性、反离子和温度等因素的影响，其实质都是影响活性中心离子对的松紧程度。具体规律将在下一节讨论。在阳离子聚合链增长反应中，常发生原子或原子团的重排过程，也称异构化过程。这是阳离子聚合最大的特点。例如，在极性溶剂二氯乙烷中用三氯化铝引发 3-甲基丁烯的聚合反应。

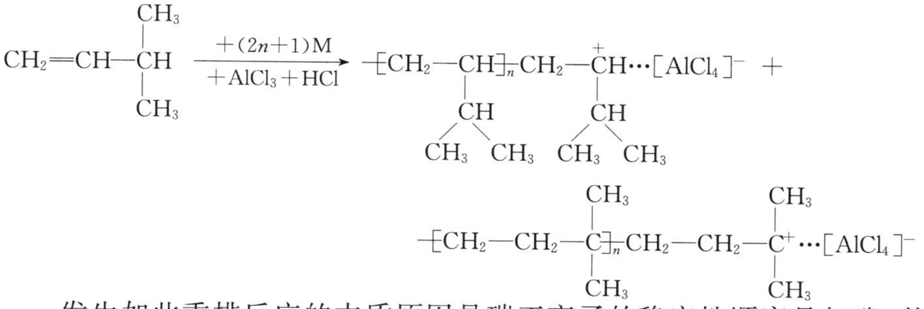

发生如此重排反应的本质原因是碳正离子的稳定性顺序是叔碳>仲碳>伯碳。在聚合反应链增长过程中，总是倾向于生成热力学更加稳定的结构，其间是该单体正常聚合方式生成的较不稳定的结构通过 3 位上的氢以负离子的形式转移到 2 位(α 位)来实现的。如此链转移的结果相当于 2 位碳原子上的正电荷转移到 3 位碳原子上。由于正常链增长反应和重排反应是一对竞争性反应，竞争的结果究竟哪一种趋势占优势则取决于碳正离子的稳定性和聚合温度的高低。通常情况下这种重排反应并不一定占优势，更不可能达到 100%的程度，所以在书写这类聚合反应式时最好将两种结构单元都写出来。

与此相似的是在-100℃进行 4-甲基戊烯的阳离子聚合，同样可能发生类似重排反应，生成两种结构单元构成的聚合物。显而易见，发生重排反应的阳离子聚合反应生成的两种结构单元并非一定分别连接成两种聚合物分子，也可以共同构成由两种结构单元组成的大分子。

3. 链终止

与阴离子聚合一样，阳离子聚合反应也是由于带相同电荷链离子之间的排斥作用而不存在双基终止的可能，只能与别的物质进行链转移终止。因此，阳离子聚合与阴离子聚合一样不存在自加速过程。下面从两个方面进行讨论。

1) 动力学链不终止

阳离子聚合反应过程的动力学链与第 3 章讲述的自由基聚合动力学链的定义相同，即活性中心从产生到最后消失所生成的分子链。按照这一定义，阳离子活性链向单体和向反离子的转移反应均属于动力学链不

5-10-y,f
链增长的
重排反应是
阳离子聚合的最
大特点。

终止的反应。

$$H\text{--}[CH_2\text{--}\underset{\underset{CH_3}{|}}{\overset{\overset{CH_3}{|}}{C}}]_n CH_2\text{--}\underset{\underset{CH_3}{|}}{\overset{\overset{CH_3}{|}}{C^+}}\cdots[BF_3OH]^- \xrightarrow{+M}$$

$$H\text{--}[CH_2\text{--}\underset{\underset{CH_3}{|}}{\overset{\overset{CH_3}{|}}{C}}]_n CH_2\text{--}\underset{\underset{CH_3}{|}}{\overset{\overset{CH_3}{|}}{CH}} + CH_2\text{=}\underset{\underset{CH_3}{|}}{\overset{\overset{CH_3}{|}}{C}}\text{--}CH_2^+\cdots[BF_3OH]^-$$

阳离子活性链向单体的转移过程是活性链端结构单元 β-碳原子上的 1个氢以正离子的形式转移到单体的 β-碳原子上，从而使聚合物主链末端的结构单元产生 1 个双键。当然还存在另一种转移方式，即单体甲基上的 1个氢以负离子的形式转移到活性链端结构单元的 α-碳原子上，这样重新生成的单体阳离子就带有双键，同时生成的大分子链端却是饱和的。

研究证明，阳离子聚合反应向单体转移的链转移常数 $C_M = k_{tr,M}/k_p$ 为 $10^{-2}\sim10^{-4}$，远大于自由基聚合反应过程向单体转移的链转移常数 $10^{-4}\sim10^{-5}$ 的数值。由此可见，阳离子聚合虽然可以很方便地利用向单体转移来控制相对分子质量，但是由于这种转移反应实在太容易发生，以至于聚合反应必须在很低的温度下进行才能够得到合格聚合度的聚合物，否则只能得到低聚物。

动力学链向溶剂分子的转移，如果新生成的阳离子对仍然具有引发单体聚合的活性，则也属于动力学不终止的反应。但是许多质子性物质如水、醇和酸等事实上起着阻聚作用，它们的存在往往造成聚合反应提前停止。除此之外，活性阳离子链还可以发生向反离子转移而自动终止，如下式所示。

$$H\text{--}[CH_2\text{--}\underset{\underset{CH_3}{|}}{\overset{\overset{CH_3}{|}}{C}}]_n CH_2\text{--}\underset{\underset{CH_3}{|}}{\overset{\overset{CH_3}{|}}{C^+}}\cdots[BF_3OH]^- \longrightarrow H\text{--}[CH_2\text{--}\underset{\underset{CH_3}{|}}{\overset{\overset{CH_3}{|}}{C}}]_n CH_2\text{--}\underset{\underset{CH_3}{|}}{\overset{\overset{CH_2}{\|}}{C}} + H^+[BF_3OH]^-$$

该转移反应使引发剂-助引发剂络合物得到再生，可以继续引发单体进行聚合，所以也属于动力学链不终止的转移反应。由于阳离子聚合反应极容易发生链转移反应而终止，因此得到的聚合物的相对分子质量一般都不高，工业上能够大规模生产的阳离子聚合物目前只有聚异丁烯和丁基橡胶，更多的是用于合成某些低聚物。

2) 动力学链终止

活性阳离子链与水、醇、酸、醚和胺等质子性化合物都容易发生转移反应，活性链失去活性，而新生成的化合物一般也不具有再引发聚合的能力。另外，有些情况下活性中心向反离子转移以后，新生成的主引发剂以共价键形式存在而不再具有引发活性。所有这些发生转移反应以后无活性中心产生的反应，均属于动力学链的终止反应。

$$H\text{--}[CH_2\text{--}\underset{\underset{CH_3}{|}}{\overset{\overset{CH_3}{|}}{C}}]_n CH_2\text{--}\underset{\underset{CH_3}{|}}{\overset{\overset{CH_3}{|}}{C^+}}\cdots[BF_3OH]^- \longrightarrow H\text{--}[CH_2\text{--}\underset{\underset{CH_3}{|}}{\overset{\overset{CH_3}{|}}{C}}]_n CH_2\text{--}\underset{\underset{CH_3}{|}}{\overset{\overset{CH_3}{|}}{C}}\text{--}OH + BF_3$$

阳离子聚合反应很难像阴离子聚合反应那样生成活性聚合物，其原因在于体系中很难做到绝对不含上述能使链终止的质子性物质。例如，助引发剂水的稍微过量就只能得到低聚物。苯醌作为自由基聚合反应的特征性阻聚剂同样能够阻聚阴离子和阳离子聚合反应，其阻聚机理是苯醌从活性链获得质子以后生成 2 价正离子而稳定，所以不能用它来检测一个正在进行的未知聚合机理的反应究竟属于自由基型、阴离子型或者阳离子型。

5.2.3 聚合反应动力学

概而论之，阳离子聚合反应的最显著特点是快引发、快增长、易重排转移。阳离子聚合反应动力学研究比自由基聚合和阴离子聚合困难得多，原因之一是阳离子聚合体系多为非均相体系，链引发和链增长速率很快，微量杂质的存在对聚合反应速率影响都很大。其次是阳离子聚合虽然并不存在真正的链终止反应，但是活性中心浓度不变的稳态假定却难于建立。只有考虑设定特殊的反应条件，才可以比较勉强地利用稳态假定来建立动力学方程。因此，本节不准备介绍阳离子聚合反应动力学方程的推导过程，而仅给出用处并不太大的结果。

1) 聚合反应速率

参考自由基聚合反应动力学，推导出阳离子聚合反应速率公式。

$$v_p = \frac{K\, k_i k_p}{k_t}[C][RH][M]^2$$
$$= k_p'[C]\,[RH]\,[M]^2 \tag{5-5}$$

式中，K 为引发剂-助引发剂的络合平衡常数；k_i、k_p、k_t 分别为链引发、链增长和链终止反应速率常数；$[C]$ 和 $[RH]$ 分别为引发剂和助引发剂的物质的量浓度；k_p' 为与 K、k_i、k_p、k_t 有关的综合动力学常数。

式 (5-5) 是以 $SnCl_4$ 为引发剂，苯乙烯阳离子聚合单基终止的情况，即聚合反应速率与引发剂、助引发剂浓度的一次方、单体浓度的 2 次方成正比。研究发现上述动力学方程并不适用于其他阳离子聚合反应体系，由此可见阳离子聚合反应的理论研究还并不十分成熟。

2) 聚合度

$$1/\bar{X}_n = k_t/k_p[M] + C_M + C_S[S]/[M] \tag{5-6}$$

式中，C_M 和 C_S 分别为向单体、向溶剂(链转移剂)的链转移常数；$[S]$ 为溶剂(链转移剂)的浓度。显而易见，阳离子聚合物的聚合度公式与存在链转移反应时自由基聚合反应的聚合度公式有些相似。

5.2.4 阳离子聚合影响因素

影响阳离子聚合反应的主要因素如溶剂极性和反离子种类，都是通过影响活性中心离子对的存在形态而实现对聚合反应速率以及聚合物立体规整性产生影响的，这与阴离子聚合反应类似。

1) 溶剂极性

与阴离子聚合反应相似，阳离子聚合反应活性中心也可能存在共价键、紧离子对、松离子对和自由离子 4 种形态。活性中心离子对的存在形态直接影响聚合反应速率和聚合物的立体结构规整性。一般而言，呈共价键形态的引发剂不能引发阳离子聚合；以紧离子对形态进行的聚合反应速率较慢而聚合物的立体结构规整性较好；以松离子对形态进行的聚合反应速率较快而聚合物的立体结构规整性较差；以自由离子形态进行的聚合反应速率很快而聚合物的立体结构规整性很差。在大多数阳离子聚合体系中，活性中心都是以一种以上的离子形态同时存在。

阳离子聚合还有一个特点，即以自由离子形态进行聚合反应的速率常数，要比以离子对形态进行聚合反应的速率常数大 1～3 个数量级，即使自由离子浓度仅占很小部分，其对聚合反应速率的贡献也要比离子对大得多。

与阴离子聚合反应类似，溶剂的极性指标介电常数同样是影响阳离子聚合活性中心离子形态的重要参数。介电常数大的溶剂能够使阳离子聚合活性中心离子对变得更松甚至变成自由离子，这样聚合速率将增加，聚合物的立体结构将变差；与此相反，在介电常数小的溶剂中离子对将以紧离子对的形式与单体进行链增长反应，聚合反应速率较慢而聚合物的立体结构规整性较好。这一点与对阴离子聚合反应的影响相同。表 5-8 列出苯乙烯在几种溶剂中进行阳离子聚合的速率常数。

表 5-8　溶剂对苯乙烯阳离子聚合反应速率的影响($HClO_4$引发，25℃)

溶剂	介电常数	k_p/ [L /(mol · s)]	溶剂	介电常数	k_p/ [L /(mol · s)]
CCl_4	2.3	0.0012	CCl_4/ $C_2H_4Cl_2$ (20/80)	7.0	3.2
CCl_4/$C_2H_4Cl_2$(40/60)	5.16	0.40	$C_2H_4Cl_2$	9.72	17.0

阳离子聚合反应选择溶剂的基本标准是：具有一定极性，不与活性中心离子对发生反应，低温下能够溶解反应物，在低温下有很好的流动性等。按此标准，通常选择较低极性的卤代烃而不用强极性的含氧化合物，如四氢呋喃等。

2) 反离子

在阳离子聚合中，反离子的亲核性大小对聚合反应能否进行具有很大影响。如果反离子的亲核性太强，则将使链增长反应无法进行。典型例子是亲核性很强的卤素负离子能够与质子或碳正离子生成稳定共价键结构的 HCl 或～CR_2—Cl，前者不能作为阳离子聚合的引发剂，后者无法进行链增长反应。

反离子的体积大小对聚合反应速率的影响表现为体积大的反离子与碳正离子之间的库仑力较弱，反离子的亲核性较差，离子对变松，聚合反应速率较快。表 5-9 列出 3 种反离子对阳离子聚合反应速率的影响比较。

表 5-9　反离子对阳离子聚合反应速率影响(苯乙烯在 $C_2H_4Cl_2$ 中，25℃)

反离子	体积大小序	离子对形态	k_p / [L /(mol · s)]
I_2	小	紧离子对	0.003
$SnCl_4$-H_2O	中	松离子对	0.42
$HClO_4$	大	接近自由离子	1.70

3) 温度

按照 Gibbs 自由能公式 $\Delta G = \Delta H - T\Delta S$，无论自由基聚合还是离子型聚合，其聚合焓 ΔH 和聚合熵 ΔS 大体都相等，原因是烯类单体在各类连锁聚合反应中都是 π 键转变成 σ 键的过程。不过，不同连锁聚合反应的活化能却存在一定差异。按照与自由基聚合类似的处理方法，可以得到与阳离子聚合反应速率和聚合度相关的综合活化能分别为

$$E_v = E_i + E_p - E_t \quad ; \quad E_{X_n} = E_p - E_t \text{ 或 } = E_p - E_{tr}$$

阳离子聚合链引发反应的活化能 E_i 一般都较小，同时在多数情况下链引发活化能 E_i、链终止活化能 E_t 和链转移活化能 E_{tr} 都大于链增长活化能 E_p，而聚合反应的总活化能 $E_v = -21 \sim 42 \text{ kJ/mol}$，如果将溶剂化过程的活化能(均为负值)都考虑进去，则大多数阳离子聚合反应的综合活化能都为负值，因此往往出现温度降低反而使聚合反应加速的情况。这就是阳离子聚合最重要的特点之二。

另外，阳离子聚合反应与聚合度相关的综合活化能 E_{X_n} 常为负值 ($-12.5 \sim -29 \text{ kJ/mol}$)，因此多数情况下聚合度均随聚合反应温度的降低而增加。这就是为什么阳离子聚合反应往往都要求在很低的温度下进行的原因。

5.3　离子型共聚

5.3.1　离子型共聚的特点

自由基共聚组成微分方程同样适用于离子型共聚，只是下面几点有所不同。

(1) 离子型共聚对单体有较高选择性。阳离子共聚仅限于带供电子取代基单体，阴离子共聚则限于带吸电子取代基单体。显而易见，能够进行离子型共聚的单体要比能进行自由基共聚的单体种类少得多。

(2) 能进行离子型共聚的单体之间的极性往往比较接近，存在理想共聚倾向，即 $r_1r_2 \approx 1$；只有少数单体配对的 $r_1r_2 > 1$，所以较难合成两种单体单元含量都很高的离子型共聚物。不过加入少量第二单体对聚合物改性很普遍，如在异丁烯中加入 3%异戊二烯共聚合成丁基橡胶。少量双键的引入能为共聚物提供硫化交联部位。离子型共聚反应发生交替共聚的倾向很小，原因是交替共聚要求两种单体的极性差异很大，其中一种单体必须易于进行阳

离子聚合,而另一种单体则易于进行阴离子聚合,因此很难同时满足它们都能够顺利聚合的条件。

(3) 同一对单体在不同类型共聚反应中,竞聚率和共聚物组成均有很大差别,如表 5-10 所示。

表 5-10　苯乙烯与甲基丙烯酸甲酯进行 3 类共聚反应的条件和竞聚率

共聚类型	引发剂	聚合温度/℃	r_1	r_2
阳离子聚合	SnCl$_4$	20	10.5	0.1
自由基聚合	BPO	60	0.52	0.46
阴离子聚合	Na(液氨中)	−30	0.12	6.4

(4) 离子型共聚反应中,溶剂和反离子的种类、性质以及聚合反应温度等都对竞聚率和共聚物组成产生很大影响。

5.3.2　离子型共聚影响因素

1) 取代基与共聚活性

常见单体的阳离子聚合活性顺序为:乙烯基醚类 > 异丁烯 > 苯乙烯、异戊二烯。在阳离子聚合反应中,以间、对位取代苯乙烯作为参比单体与其他取代苯乙烯类单体进行共聚反应,得出苯环上不同位置取代基对单体进行阳离子聚合反应活性的影响大小顺序如下。

$$p\text{-OCH}_3 > p\text{-CH}_3 > p\text{-H} > p\text{-Cl} > m\text{-Cl} > m\text{-NO}_2$$

有关阴离子聚合单体活性的数据不多,一般认同取代基使单体参加阴离子聚合反应活性增加的顺序如下。

$$-\text{CN} > -\text{COOR} > -\text{C}_6\text{H}_5 > -\text{CH}=\text{CH}_2 > -\text{H}$$

取代基位阻效应对单体参加离子型共聚反应的类型和共聚物组成都会产生显著影响。一般规律是位阻较大的单体导致交替共聚的倾向增加,如表 5-11 所示。

表 5-11　取代基对共聚类型的影响

单体 1	单体 2	r_1	r_2	r_1r_2	共聚类型
苯乙烯	α-甲基苯乙烯	5.3	0.003	0.01	接近交替共聚
苯乙烯	p-对甲基苯乙烯	5.3	0.18	0.95	接近理想共聚

2) 溶剂和反离子的影响

与自由基共聚反应能力、共聚类型和共聚物组成主要取决于单体性质有所不同,在离子型共聚反应中,溶剂极性及溶剂化能力、反离子性质等因素对单体的竞聚率产生很大影响。而且在许多情况下表现为多种因素综合影响的结果,表 5-12 和表 5-13 就显示了多种因素对离子型共聚反应影响的复杂性。

表 5-12　溶剂和反离子对异丁烯与对氯苯乙烯阳离子型共聚反应竞聚率的影响(0℃)

溶剂	介电常数	引发剂	r_1	r_2	$r_1 r_2$	共聚类型
己烷	1.8	AlBr$_3$	1.0	1.0	1.0	恒比共聚
硝基苯	36	AlBr$_3$	14.7	0.15	2.21	嵌均共聚
硝基苯	36	SnCl$_4$	8.6	1.2	10.3	嵌均共聚

表 5-13　溶剂和反离子对苯乙烯-异戊二烯阴离子型共聚物组成的影响(PS/%)

溶剂	介电常数	溶剂化能力	反离子 Li$^+$	反离子 Na$^+$
本体聚合		弱	15	66
苯	2.2	弱	15	66
三乙胺		中	59	77
乙醚		稍强	68	75
四氢呋喃	7.6	强	80	80

3) 温度的影响

自由基型共聚反应中，温度对竞聚率的影响较小，升高温度总会使竞聚率趋近于 1，即使共聚反应更接近恒比共聚。在离子型共聚反应中，温度对竞聚率的影响较大，其变化倾向随聚合体系不同而各不相同。

5.4　配位聚合

20 世纪 50 年代，德国的 Ziegler 和意大利的 Natta 分别采用 TiCl$_4$-AlEt$_3$ 和 TiCl$_3$-AlEt$_3$ 复合引发剂体系，在相对较低的温度和压力条件下制得性能优异的聚乙烯和立体结构规整的聚丙烯，自此高分子科学产生了配位聚合和定向聚合两个新的概念和领域。时至今日，聚乙烯和聚丙烯已经成为生产量最大、用途最广的合成高分子材料。为了表彰二人对高分子科学与工业的杰出贡献，1963 年度的诺贝尔化学奖授予了他们。

所谓配位聚合系采用金属有机化合物与过渡金属化合物的络合体系作为引发剂的聚合反应。单体在聚合反应过程中通过向活性中心进行配位，而后再插入活性中心离子与反离子之间，最后完成聚合反应过程。配位聚合有时也称为络合聚合。定向聚合是指能够生成立构规整性聚合物为主(≥75 %)的聚合反应。由此可见配位聚合着眼于聚合反应的机理，而定向聚合着眼于聚合物产物的立体结构特征。一般而言配位聚合反应能够得到以立构规整性聚合物为主的产物，但是立构规整性聚合物并不一定都需要采用配位聚合反应来合成。

例如，采用 TiCl$_4$-AlEt$_3$ 作引发剂引发异戊二烯进行聚合，可以得到顺式-1, 4-结构含量高达 95%～97%的聚异戊二烯，即合成天然橡胶。后来发现，采用金属锂或丁基锂等阴离子聚合引发剂也可以得到顺式-1, 4-结构含

5-11-g
配位聚合和定向聚合分别着眼于聚合反应机理和聚合物立体结构。

量高达 90%～94%的聚异戊二烯。采用钛、钴、镍、钨、钼等络合引发剂体系可以合成顺式-1，4-加成物含量高达 94%～97%的顺丁橡胶。目前，各种合成橡胶的年产量已达数千万吨。采用不同类型聚合反应合成的聚合物不仅合成条件不同，得到的聚合物的各种性能也相差很大，这些差别产生的原因完全来源于它们的大分子链具有不同的立体结构。表 5-14 列出不同类型聚合反应合成聚乙烯的条件及主要物性。

表 5-14　不同聚合类型聚乙烯的主要物性

聚合类型	自由基型	经典配位型	茂金属配位型
引发(催化)剂	纯氧	$TiCl_4\text{-}AlEt_3$	$Cp_2\text{-}ZrCl_2\text{-}MAO$
聚合温度/℃	180～200	50～80	50～80
压力/MPa	180～200	0.4～2	0.4～2
密度/(g/cm³)	0.91～0.93	0.94～0.96	0.86～0.96
结晶度/%	50～70	80～90	>90
熔点/℃	105～110	125～135	105～135
俗称	低密度聚乙烯	高密度聚乙烯	窄分布低密度聚乙烯
别称	高压聚乙烯	低压聚乙烯	茂金属聚乙烯
英文缩写	LDPE	HDPE	LLDPE
面世时间	1938 年	1953 年	1980 年

5.4.1　聚合物的立构规整性

1) 结构异构

源于原子或原子团以不同连接方式而产生的异构称为结构异构。例如，化学组成为～$[C_2H_4O]_n$～的聚合物可能具有下列 3 种化学结构，系性质迥异的 3 种聚合物。

$$\sim CH_2\!-\!CH \sim \qquad \sim CH\!-\!O \sim \qquad \sim CH_2\!-\!CH_2\!-\!O \sim$$
$$\quad\quad\ \ |\qquad\qquad\qquad |$$
$$\quad\quad OH\qquad\qquad\quad CH_3$$

聚乙烯醇　　　　　聚乙醛　　　　聚氧化乙烯或聚环氧乙烷

2) 几何异构(顺反异构)

在共轭二烯(丁二烯、氯丁二烯和异戊二烯等)进行 1,4-加成聚合时，可能生成顺式和反式两种异构体；同时还可能进行 1,2-加成聚合，生成具有手性碳原子的几种异构体。

3) 手性异构(镜像异构或光学异构)

这是含 1 个或多个手性原子连接不同原子或原子团空间排列不同而产生的异构现象。许多 α-烯烃聚合物大分子的每个结构单元都含一个手性碳原子，如聚苯乙烯、聚丙烯和聚 1,2-丁二烯。需要解释的是为了突出取代烯烃结构单元中手性碳原子所连接 4 个基团的不同，下列 3 式均标出 2 个结构单元，即

$$\sim CH_2-\underset{\underset{\displaystyle \bigcirc}{\overset{\displaystyle H}{|}}}{C^*}-CH_2-CH\sim \qquad \sim CH_2-\underset{\underset{\displaystyle CH_3}{\overset{\displaystyle |}{|}}}{C^*}-CH_2-CH\sim$$

聚苯乙烯　　　　　　　　聚丙烯

$$\sim CH_2-\underset{\underset{\displaystyle CH=CH_2}{\overset{\displaystyle H}{|}}}{C^*}-CH_2-CH\sim$$
$$CH=CH_2$$

聚1,2-丁二烯

按照 IUPAC 命名原则,应该用"手性中心"代替原来所称谓的"不对称中心",用表示绝对构型的符号"R"和"S"型取代原用的 D 和 L 型。然而研究发现,大多数含有手性碳原子的聚合物并不具有光学活性,也不会使偏振光发生偏振面的偏转。原来,大分子链中连接在 1 个手性碳原子上两个长度不等的分子链段对手性碳原子产生的影响差别实在太小,无法显示出其光学活性。因此,在高分子化学中有时将这种作为聚合物立体构型中心而又不使聚合物具有光学活性的手性碳原子称为"假手性碳原子"。真正具有光学活性的聚合物称为光活性聚合物,那些取代基上带有手性原子的聚合物往往都具有光学活性。

4) 立构规整性聚合物

所谓立构规整性聚合物,是指由一种或两种构型的结构单元(手性中心)以单一顺序重复排列的聚合物。凡是以含单一 R 或单一 S 构型的手性碳原子的结构单元重复排列构成的聚合物称为全同立构聚合物,也称为等规聚合物。而以分别含 R 和 S 构型的手性碳原子的结构单元交替、重复排列构成的聚合物称为间同立构聚合物,也称为间规聚合物。

立构规整性聚合物结构上的特点是所有结构单元上的取代基都处于主链平面的同一侧或交替出现于平面的两侧。前者称为全同立构聚合物(等规聚合物),后者称为间同立构聚合物(间规聚合物)。如果大分子链上一种或两种构型结构单元的排列完全无规则,即取代基完全无规地出现在主链平面的两侧时,这种聚合物称为无规立构聚合物。

由此可见,一取代 α-烯烃的配位聚合物一般具有全同、间同和无规 3 种立构异构体。而共轭二烯烃的配位聚合物则可能具有顺式-1,4-加成、反式-1,4-加成两种几何异构体,以及全同 1,2-加成、间同 1,2-加成和无规 1,2-加成 3 种手性异构体。

5) 立构规整度及其测定方法

立构规整度又称为定向度或定向指数,是具有立构规整性聚合物组分在整个聚合物试样中所占的质量分数,用以表征聚合物分子主链上结构单元手性碳原子排列规整的程度,或者聚合反应能够使聚合物立体构型达到的规整程度。聚合物立构规整度的测定方法最早采用溶剂溶解法。例如,用沸腾的正庚烷萃取聚丙烯样品,不溶解部分所占的质量分数即是聚丙烯的立构

5-12-g
立构规整性聚合物定义:
　含一种或两种构型的结构单元以单一顺序排列的大分子。

5-13-g
立构规整度是立构规整性聚合物组分在整个聚合物试样中所占的质量分数。

规整度。目前,多采用现代仪器分析手段如红外、核磁等,其他如测定相对密度、熔点等方法也可以采用。

5.4.2　立构规整聚合物的特殊性能

立构规整聚合物的性能与无规聚合物存在很大差异,不同立构异构体之间的性质也不相同。聚合物立构规整性的不同首先对大分子堆砌紧密程度和结晶能力构成影响,直接表现为对相对密度、熔点、溶解度和机械强度等都产生巨大影响。总体而言,立构规整性聚合物在使用温度、强度和高弹性等物理机械性能方面都优于无规异构体,因而具有更高、更广泛的使用价值。表 5-15 和表 5-16 列出一些不同立构异构体聚 α-烯烃和共轭二烯烃的不同性质和用途。

表 5-15　不同立构规整性聚合物的性质和用途比较

聚合物及其构型		相对密度	熔点/℃	玻璃化温度/℃	材料用途
聚丙烯	全同	0.92	176	−18～−110	塑料
	无规	0.85		−14～35	作添加剂
聚丁二烯	顺 1,4-	1.01	2～4	−108(−95)	弹性体
	反 1,4-	0.93～1.02	148	−83 (−18)	塑料
	全同	0.96	120	−4	塑料
	间同	0.96	154	−85	塑料
聚异戊二烯	顺 1,4-	0.91～0.93	28	−73	弹性体
	反 1,4-	1.04	74	−60	似皮革性能
聚苯乙烯	全同	1.27	240	100	塑料
	无规	1.05		100(105)	塑料
有机玻璃	全同	1.22	160	45(55)	塑料
	间同	1.19	>200	115(105)	塑料
	无规	1.19	105	105	塑料

表 5-16　不同立构异构体聚 α-烯烃和共轭二烯烃的物理性质

聚烯烃	相对密度	熔点/℃	聚烯烃	相对密度	熔点/℃
高密度聚乙烯	0.95～0.96	120～130	全同聚 4-甲基-1-戊烯		250
无规聚丙烯	0.85	75	顺式-1,4-聚丁二烯	1.01	
全同聚丙烯	0.92	175	反式-1,4-聚丁二烯	0.97	146
全同聚 1-丁烯	0.91	136	全同-1,2-聚丁二烯	0.96	126
全同聚 3-甲基-1-丁烯		304	间同-1,2-聚丁二烯	0.96	156

表 5-15 和表 5-16 的数据表明,全同或间同立构聚合物的相对密度和熔点明显高于无规立构的同类聚合物,它们的使用性能将更优良。

5.4.3　配位聚合引发剂

"配位聚合"一词最早源于 Natta 用以解释 Ziegler-Natta 引发剂体系引发 α-烯烃聚合机理而提出的新概念。客观而论，配位聚合本质上属于离子型聚合历程，因此称配位离子型聚合更确切。按照活性中心离子的电荷类别，原则上可分为配位阴离子聚合和配位阳离子聚合两类。不过由于配位聚合活性中心离子多数是以带正电荷金属为反离子，以带负电荷的碳原子为活性中心，单体则是首先通过在金属正离子上配位而开始链引发和增长，所以配位聚合多数属于配位阴离子聚合机理。α-烯烃只能进行配位阴离子聚合，共轭二烯烃也可进行配位阳离子聚合。例如，用 $CoCl_2$-$AlEt_2Cl$-H_2O 引发剂体系引发丁二烯进行的聚合反应被认为属于配位阳离子聚合机理。

1. 经典 Ziegler-Natta 引发剂体系

最早使用的配位聚合引发剂是 Ziegler 使用的 $TiCl_4$-$AlEt_3$ 和 Natta 使用的 $TiCl_3$-$AlEt_3$ 复合引发剂体系。后来发现由元素周期表中ⅣB～Ⅷ族过渡金属化合物与ⅠA～ⅢA 主族金属烷基化合物组成的二元体系差不多都具有引发 α-烯烃配位聚合的活性，于是将这一大类复合体系通称为 Ziegler-Natta 引发剂体系，有时又称为 Ziegler 引发剂或 Natta 引发剂。其中ⅣB～Ⅷ族过渡金属化合物是主引发剂，ⅠA～ⅢA 主族金属烷基化合物是助(副)引发剂。

5-14-g
Ziegler-Natta 引发体系的主、助引发剂范围分别是ⅣB～Ⅷ族过渡金属化合物和ⅠA～ⅢA 主族金属烷基化合物。

过渡金属元素 Ti、V、Cr、Co 和 Ni 的卤化物是最常用的主引发剂，Al、Zn、Mg、Be 和 Li 的烷基化合物或烷基卤化物(如 $AlEt_3$、$AlEt_2Cl$ 和 $AlEtCl_2$ 等)是最常用的助引发剂。采用两组分引发剂进行配位聚合时，聚合物的立构规整度主要取决于主引发剂所含过渡金属的种类。迄今为止，仅双组分 Ziegler-Natta 引发剂体系的不同组合就达千种以上，按照它们在烃类溶剂中的溶解情况可以分为均相引发剂和非均相引发剂两大类。

1) 均相引发剂体系

高价态过渡金属卤化物如 $TiCl_4$、VCl_5 等与 $AlEt_3$、$AlEt_2Cl$ 等的组合是最经典的均相 Ziegler 引发剂。在$-78℃$条件下，两者按 1:1 物质的量比加入正庚烷或甲苯等非极性溶剂中，则形成暗红色络合物溶液。该溶液能够引发乙烯很快聚合，但是引发丙烯聚合的活性很低。将该溶液加热到$-30～25℃$则生成棕红色沉淀，转变为非均相引发体系，对丙烯和丁二烯的引发活性有所提高，但是产物的立构规整性仍然不高。

2) 非均相引发剂体系

低价态过渡金属卤化物如 $TiCl_3$、$TiCl_2$、VCl_4 等是不溶于非极性烃类溶剂的结晶固体，与 $AlEt_3$、$AlEt_2Cl$ 等助引发剂反应后仍是固体。典型的 Natta 引发剂体系 $TiCl_3$-$AlEt_3$ 就属于此类，这类引发剂对α-烯烃聚合具有高活性和高定向性的特点，而且对二烯烃聚合也有活性。按此推测，配位聚合引发剂体系的定向作用与其非均相的存在状态具有一定相关性。

2. Ziegler-Natta 引发剂体系的结构

研究发现，在 $TiCl_4$ 和 $TiCl_3$ 的 4 种晶型(α、β、γ 和 δ 型)中，除β晶型

以外其余 3 种都具有八面体层状结构而具有配位聚合引发活性。由此可见，具有八面体结构的钛原子是 Ziegler-Natta 引发剂体系的核心。助引发剂烷基铝在 Ziegler-Natta 引发剂体系中起着下述 3 方面重要作用。

(1) 还原高价态主引发剂 Ti 并使其烷基化，从而产生配位聚合活性中心所必需的八面体 Ti—C 键结构。

$$TiCl_4 + AlEt_3 \longrightarrow Et—TiCl_3 + AlEt_2—Cl \longrightarrow Et_2TiCl_2 + AlEt_2Cl$$

该反应的生成物十分复杂，上式仅列出其中两种可能的形式。

(2) 高活性烷基铝能与体系中的有害物质反应并将其除去，保证聚合反应能够顺利进行。烷基铝的化学性质极为活泼，能与水、氧以及含活泼氢的物质发生剧烈反应，在潮湿空气中甚至能自燃，因此保存和使用都必须特别小心。

(3) 调控引发剂的活性及其定向能力。研究发现，对同一主引发剂而言，不同烷基铝化物对引发体系的活性和产物定向度都具有显著影响，如表 5-17 所示。

表 5-17　烷基铝对聚丙烯立构规整度的影响(α 型 $TiCl_3$，70℃)

烷基铝	AlEt$_3$	AlEt$_2$-Cl	AlEt$_2$-Br	AlEt$_2$-I
规整度/%	80～85	91～94	94～96	96～98

3. 高活性配位引发剂体系

自 20 世纪 50 年代末以来，为了提高非均相 Ziegler-Natta 引发剂的活性，高分子工作者进行了不懈努力，开发出一代又一代引发效率和产物立构规整度不断提高的新型高效 Ziegler-Natta 引发体系。

(1) 超细研磨。研究发现，采用特殊工艺将固体主催化剂研磨成极端细微的分散状态，不仅可以将活性较低的 α 型和 γ 型 $TiCl_4$ 转化成活性较高的 δ 型，而且大大增加引发剂的表面积，从而使其活性显著提高。

(2) 加入适量带有孤对电子的第 3 组分。例如，醚、酯、醇、醛、酮或羧酸等带孤对电子的有机物能有效提高引发剂的活性。有关第 3 组分能够提高配位聚合引发剂活性的原因，一般认为其既能除去体系中的杂质，也能改变烷基铝对高价 Ti 的还原能力，从而使引发剂络合物中的 Ti 处于最佳价态参与引发聚合反应过程。

(3) 负载型高活性引发剂。这是 20 世纪 60 年代以来得到飞速发展的高性能配位聚合引发剂体系。原理是采用浸渍负载工艺将微细状的钛附着在微细或多孔状的无机或有机高分子基体材料表面，从而大大增加引发剂参与引发聚合的场所和机会。如此得到的引发剂的比表面积从数 m^2/g 提高到 100 m^2/g 以上，活性增加万倍以上。目前，作为负载 Ziegler-Natta 引发剂最好的无机材料是无水 $MgCl_2$、$Mg(OH)_2$ 或 $Mg(OH)Cl$ 等。也有采用多孔高分子材料作负载基材的研究报道，可以预期用这种高效引发剂合成的聚合物应该具有更好的电绝缘性能。表 5-18 列出已实现工业化丙烯配位聚合采用的各代 Ziegler-Natta 引发剂体系组成、效率以及后处理要求。

表 5-18 各代 Ziegler-Natta 引发剂体系的组成、效率以及后处理要求

代序	代表性组成	引发活性/kg · PP/ g · Cat(Ti)	定向度 /%	后续纯化要求	形态控制
1	δ-TiCl$_3$ +0.33 AlCl$_3$+DEAC	0.8～1.2 (3～5)	90～94	脱灰、无规 PP	否
2	δ-TiCl$_3$ +Ether+ DEAC	3～5 (12～20)	94～97	脱灰	能
3	TiCl$_4$/Ester/MgCl$_2$+AlR$_3$/Ester	5～10 (～30)	90～95	脱无规	能
4	TiCl$_4$/diester/MgCl$_2$+TEA/Silane	10～25(3～6 × 10^2)	95～99	无	能
5	TiCl$_4$/diester/MgCl$_2$+TEA/Silane	25～35 (7～12 × 10^2)	95～99	无	能
6	茂金属+MAO	(5～9 × 10^3) 以锆计	90～99	无	可能

结果表明，以 Ti/g 计的引发剂生产 PP 的效率已从 20 世纪 60 年代的第 1 代大约 1 t/g，迅速提升到如今大约 100 t/g。可见引发剂在产品中的残留量已经低于 0.1 ppm 痕量级，完全没有脱灰除去的必要。

5.4.4 丙烯配位聚合机理

乙烯和丙烯的配位聚合已经有半个世纪的历史，其聚合反应机理研究开展得最早，也最成熟。乙烯作为 α 取代烯烃母体似乎无立构规整性可言，但是用 Ziegler 引发剂合成的聚乙烯要比高压法(自由基聚合反应历程)聚乙烯的结构规整得多。首先，由于这种聚乙烯的支链密度分别仅为 1～3 个/ 500 个结构单元，而高压聚乙烯的支链密度高达 10～20 个/ 500 个结构单元，所以其结晶度、密度、强度、熔点等都比后者高得多。基于对 Ziegler-Natta 引发剂活性中心的结构、链增长场所和定向原因的研究，曾提出过多种配位聚合机理，本书按照时间先后顺序仅就其要点简述于后。

丙烯配位聚合
历程模拟动画

1) 早期理论——自由基和离子型机理解释

早在 20 世纪 50 年代中期，人们依据当时并不太多的实验现象和数据，企图沿用经典的自由基型和离子型聚合机理来解释配位聚合历程。

Nenitzescu 曾于 1956 年提出自由基聚合机理，认为主引发剂过渡金属卤化物被助引发剂部分烷基化后会发生分解，生成的自由基再引发单体聚合。但是，乙烯和丙烯在低压条件下很难进行自由基聚合的事实并不支持配位聚合的自由基聚合机理。不仅如此，诸如胺和醚等自由基捕捉剂不但不能阻聚配位聚合，反而能够使之加速，这是自由基机理无法解释的。此后 Anderson 和 Sinn 等学者又先后提出阴离子机理和阳离子机理，终因实验证据不足而未被认同。

2) 中期理论——双金属活性中心模型

1959 年 Natta 提出配位聚合的双金属活性中心模型，主要依据于下列实验事实。主引发剂 TiCl$_3$ 必须在助引发剂 AlEt$_3$ 存在时才具有引发活性和定向能力。曾获得双环戊二烯基二氯化钛(Cp$_2$TiCl$_2$)$_2$-AlEt$_2$ 可溶性配位引发剂的蓝色结晶，X 射线衍射分析推测其具有所谓"缺电子 3 中心键"和"氯桥"结构。用 ^{14}C 标记的烷基铝与主引发剂组合引发乙烯聚合过程中，分析聚合物端基 ^{14}C 含量的结果支持大分子链是连接在铝原子上。按照上述实验事实，Natta 提出配位聚合的双金属活性中心模型，丙烯按照该模型进行配位聚合的过程如下所示。

5-15-y
扼要了解双金属活性中心和单金属活性中心模型的要点。

（1）均相的助引发剂被非均相的主引发剂吸附，形成具有缺电子的所谓"桥式 3 中心键"(Ti⋯Cl⋯Al)活性中心。

（2）α-烯烃在缺电子的钛原子与铝原子之间发生极化、取向和配位(或称 π 络合)，从而在钛原子上引发单体聚合。

（3）单体插入 Ti—C 键形成六元环过渡态，随着该过渡态瓦解并重新恢复四元环状的缺电子桥式 3 中心结构,单体随即插入于主引发剂金属原子(Ti)与烷基之间。

如此反复进行下去,则聚丙烯链从连接于引发剂根部 Ti—C 键之间不断地进行链增长反应,犹如毛发从头皮上生长出来一样。其实 Natta 最初在提出双金属活性中心机理的时候，曾经建议的是丙烯在 Al—C 间插入，在 Ti 原子上进行链引发，在 Al 原子上进行链增长，现在看来显然是矛盾的。

3) 近代理论——单金属活性中心模型

Cossee 于 1960 年首先提出单金属活性中心机理，主张带有 5 个配位体和 1 个"空位"的八面体 Ti 原子就是独立的配位聚合活性中心，按照该模型丙烯进行配位聚合的历程如下所示。

(1) 丙烯分子被主引发剂吸附并发生极化和取向，进而利用 π 电子在八面体 Ti 原子的 "空位"(空轨道)上进行配位生成 π 络合物(上式中 a)。

(2) 丙烯与钛原子形成的 π 络合物受到各个原子所带不同电荷力(其中 α-碳、β-碳、Ti 和烷基配体碳 4 个原子依次带正、负、正、负电荷)的作用而发生位移，最后形成四元环过渡态 (上式中 b)，从而完成单体在 Ti—C 键之间的插入过程。丙烯分子上的甲基由于位阻效应而取向于非均相引发剂晶格所限制的外侧。

(3) 四元环过渡态中原有的 Ti—C 键发生断裂，在引发剂原有烷基配体的位置(轨道)产生新的 "空位"(上式中 c)，而原有的空位则成为新的 Ti—C 键，直接与钛原子相连的碳原子则是刚刚加成上去的丙烯 β-碳原子。这样活性中心又可以开始下 1 个单体的配位和插入过程。如此过程反复进行，犹如头发从头皮向外生长一样，在钛原子空位上就不断 "生长出" 聚丙烯大分子链来。

不过按照 Cossee 等的传统解释，四元环过渡态断裂以后新生成的 "空位" 必须 "跳回" 或 "飞回" 到原来的位置，才能够开始下 1 个丙烯单体的配位和插入过程。至于所谓 "空位" "跳回" 到原来位置所涉及的主体物质及其能量来源，迄今仍然没有提出更明确的解释。最近有人提出，如果将丙烯分子在八面体 Ti—C 键之间进行的链增长过程，形象地想象为类似一个人在双脚下顺序用砖块垫高而升高自己位置的过程，并将每个垫入的砖块设想为 "插入" Ti—C 键之间的丙烯分子，则左、右脚下暂时缺砖块的状态便可以理解为 Ti 原子上的 "空位"。于是就不难想象，"空位" "跳回" 的过程实际上就是刚刚 "插入" Ti—C 键的前一个丙烯结构单元中 β-碳原子与钛原子之间 σ 键断裂(四元环断裂)、在 Ti 原子上重新 "产生" 的 "空位"。

综上所述， α-烯烃单体的配位聚合过程包括以下 3 个步骤：①单体在 Ti 原子空轨道上配位并形成 π 络合物；②单体上的 α 位和 β 位的碳原子与原来的 Ti—C 键组成四元环过渡态；③四元环过渡态从 β 位结构单元上的 β-碳原子与钛原子之间断裂，最后完成单体在 Ti—C 键之间 "插入" 过程。这就是配位阴离子聚合单金属活性中心机理的全部过程。然而到目前为止，上述单金属活性中心机理虽然已经得到普遍认同，但是配位聚合引发剂的定向机理研究却并不成熟，还有待进一步完善和发展。

5.4.5　茂金属催化配位聚合

茂金属催化剂是指以ⅣB 族过渡金属 Ti、Zr、Hf 元素的配合物为主催化剂，以甲基铝氧烷(MAO)或有机硼化物[如 $B(C_6F_5)_3$]为助催化剂组成的复合催化体系。它是继第三代负载型高效 Ziegler-Natta 催化剂之后配位聚合领域里程碑式的跨越。

早在 20 世纪 50 年代，人们即已发现可溶性的双环戊二烯-氯化钛-三烷基铝(Cp_2-$TiCl_2$)-AlR_3 可用作乙烯配位聚合引发剂，不过其活性较低，只能得到相对分子质量 2 万～3 万的蜡状物。进入 80 年代以后，德国学者 Kaminsky 改用二茂基氯锆(Cp_2-$ZrCl_2$)作主催化剂，甲基铝氧烷(MAO)作助催化剂，发现其在甲苯溶液中引发乙烯聚合具有超高活性，自此新型高活性茂金属催化剂得到蓬勃发展。

1. 结构

茂金属主催化剂的 3 种典型结构如图 5-2 所示，其中过渡金属元素 M 的配体中至少须含有 1 个环戊二烯基(简称茂基 Cp)或其衍生物。

5-16-y
了解茂金属催化剂的结构和特点。

图 5-2 茂金属主催化剂的 3 种典型结构

M 为 Zr、Ti 或 Hf；X=Cl 或 CH_3；R=H 或 CH_3；R′= C_2H_4，H_3C—CH—CH_2 或 H_3C—Si—CH_3；
$(ER_2)_m$ 为亚硅烷基

继续研究发现，最简单的茂金属引发剂二氯二茂锆(Cp_2-$ZrCl_2$)为四面体结构，过渡金属 Zr 位于四面体中心，2 个茂基 Cp 和 2 个 Cl 原子分别位于四面体的 4 个顶点。这类茂金属引发剂的活性主要表现在 2 个 Cl 原子上。

研究显示，MAO 是由 6～20 个 $\left[O-(Me)-Al\right]$ 重复单元组成的低聚物，具有线型和环状两种结构，其精确结构却至今尚无定论。MAO 是通过 $Al(CH_3)_3$ 在含结晶水无机盐如 $Al_2(SO_4)_3 \cdot 18H_2O$ 或 $CuSO_4 \cdot 5H_2O$ 等存在下的特殊水解反应而获得。

线型结构 $R-\left[Al-O\right]_m-AlR_2$ 环状结构 $\left[Al-O\right]_n$ R

2. 特点

(1) 具有极高活性。茂金属催化剂的活性高达 3×10^7 g/mol(Zr)·h，是第 3 代高活性负载型 Ziegler-Natta 催化剂的 30 倍。能够合成几乎所有聚烯烃产品，如高密度 PE、低密度 PE、高全同 PP、间同 PP、高相对分子质量无规 PP、高性能乙丙橡胶以及高间同 PS 等。这是常规 Ziegler-Natta 催化剂无法比拟的。聚合物中如此低于 ppm 的引发剂残留，基本上不影响聚合物产品的性能，因此已无必要进行后续分离。

(2) 具有极好的立体化学功能。均相茂金属催化剂具有立体化学控制的重要特征，其本质源于茂金属催化剂具有特定的空间立体构型，赋予其催化手性和立体刚性。

(3) 可进行活性聚合，其活性种寿命长达 5 d，可像活性阴离子聚合那样合成窄分散度聚合物和嵌段共聚物。

(4) 可实现聚合物性能如相对分子质量及其分散度、相对密度、共聚物组成分布、支化度以及支链分布等的有效控制。

(5) 可以催化现在已知的所有烯烃进行聚合。

不过，茂金属催化剂也存在一个显著缺点，即助催化剂 MAO 的用量高达茂金属主催化剂的 400～5000 倍，均值 2000 倍。即使采用负载手段，MAO 的用量也为 200～300 倍。加之 MAO 对空气和水极为敏感，价格昂贵，这给该技术的大规模推广带来困难。

3. 聚合机理

链引发：$Cp_2ZrCl_2 + MAO \longrightarrow [Cp_2ZrCH_3]^+ [CH_3MAO]^-$

链增长：$[Cp_2ZrCH_3]^+ [CH_3MAO]^- + (n+1)CH_2 = CH_2 \longrightarrow$

$$[Cp_2ZrCH_2CH_2]^+ [CH_2CH_2]_n CH_3 [CH_3MAO]^-$$

由此可见，链增长活性中心是过渡金属阳离子，显然属于单金属活性中心。具体历程首先是乙烯单体在活性中心金属 Zr 原子上配位，再经历四元环过渡态，最后乙烯单体以插入 Zr—C 键的形式完成一步链增长。如此过程连续重复进行即完成链增长，这与传统的 Ziegler-Natta 引发剂的单金属活性中心链增长历程很类似。

链终止：$[Cp_2ZrCH_2CH_2]^+ [CH_2CH_2]_n CH_3 [CH_3MAO]^- \longrightarrow$

$$CP_2ZrH + CH_2 = CH[CH_2CH_2]_n CH_3 + MAO$$

可见链终止反应主要以 β 氢负离子的转移得以完成，而传统 Ziegler-Natta 引发剂的链终止反应则以裂解终止为主。

4. 工业化应用

鉴于茂金属催化剂的超高活性与广泛适应性，可以预期其超越传统 Ziegler-Natta 催化剂而成为配位聚合的主打催化剂仅仅是时间早晚的问题。

1) 聚乙烯的优质化

采用茂金属催化体系可以合成相对密度为 0.864～0.968 g/cm^3 所需要的、由单一活性中心催化生成、限定立体构型以及分散度更窄的聚乙烯，即 LLDPE，使聚乙烯的质量得到显著提高。

2) 丙烯的均聚和共聚

采用不同的茂金属主催化剂-助催化剂组合，可以很方便地合成无规聚丙烯、间同聚丙烯、全同聚丙烯和嵌段聚丙烯等，大大丰富了聚丙烯的种类，改善其性能，扩展其应用领域。

3) 间同聚苯乙烯

源于普通自由基聚合聚苯乙烯(GPPS)的耐热性和耐化学性能较差(软化温度仅为 240℃)，大大限制了其用途。然而，采用茂金属催化剂合成的间同聚苯乙烯(SPS)的熔点高达 270℃，相比之下，GPPS 的软化温度为 240℃。从而使之成为唯一一种由单一单体合成、熔点最高的聚烯烃类耐热工程塑料。

5.4.6　共轭二烯烃配位聚合

共轭二烯烃如丁二烯、异戊二烯等的均聚物或与其他 α-烯烃的共聚物是合成橡胶的重要品种，主要通过配位聚合生产。共轭二烯烃聚合物的立构规整性比 α-烯烃更为复杂，原因有 3 个：①共轭二烯烃单体本身就包括顺、反两种几何构型；②共轭二烯烃单体的聚合反应包括 1,4-加成和 1,2-加成两种方式；③在共轭二烯烃增长链的末端包括 σ-烯丙基和 π-烯丙基两种键型。

$$\sim CH_2-CH=CH-CH_2^- \cdots M^+ \longrightarrow \sim CH_2-[CH-CH-CH_2]^- \cdots M^+$$

$$\quad\quad\sigma\text{-烯丙基} \quad\quad\quad\quad\quad\quad\quad \pi\text{-烯丙基}$$

共轭二烯烃配位聚合的引发剂包括 3 类：Ziegler-Natta 引发剂体系、π-烯丙基型引发剂和烷基锂引发剂，分别简述如下。

(1) Ziegler-Natta 引发剂。尽管 Ziegler-Natta 引发剂有许多种组合，但是以获得高顺式 1,4-加成聚合物为目的的合成橡胶，多采用 Ti、Co、Ni 和稀土系列引发剂体系。不同主-助引发剂的组合对聚合物立构异构物组成的影响列于表 5-19。

表 5-19　不同主-助 Ziegler-Natta 类引发剂组合对二烯烃聚合物立构异构物组成的影响

主引发剂	助引发剂	Al / M	顺式 /%	反式 /%	1,2-加成 /%
TiCl$_4$	AlR$_3$		6	91	3
TiCl$_4$	AlEt$_3$ / AlEt$_2$I	8	93		
TiI$_4$	AlR$_3$		95	2	3
CoCl$_2$	AlEt$_2$Cl	5～20	93～98	1～3	1～4
8-羟基喹啉钴	t-BuCl / AlR$_3$		99	0.6	0.4
Co(CO)$_8$MoCl$_5$					96～100
NiCl$_4$	AlEt$_2$Cl	1～20	93～96	2～4	2～3
二辛酸镍	AlEt$_3$ / HF	$\frac{1}{3}$/3～6	96～98	1	1
二环烷酸镍	Al(i-Bu)$_3$/BF$_3$.OEt$_3$	Al/B 0.3～0.6	96～98	1	1

(2) π-烯丙基镍类引发剂。不同的主-助引发剂组合对于聚合物立构异构物组成的影响列于表 5-20。

表 5-20　不同主-助 π-烯丙基镍类引发剂组合对二烯烃聚合物立构异构物组成的影响(%)

主引发剂	助引发剂	顺式 1,4-	反式 1,4-	1,2-加成
(π-C$_3$H$_5$)$_2$Ni		得 1,3,5-环十二碳三烯环状化合物		
(π-C$_3$H$_5$NiCl)$_2$		92	6	2
(π-C$_3$H$_5$NiI)$_2$	CF$_3$COOH	87	5	8
π-C$_3$H$_5$NiOCOCF$_3$		94	4	2

(3) 烷基锂引发剂。研究发现，用丁基锂分别引发异戊二烯和丁二烯聚合可得到顺式 1,4-聚异戊二烯(合成天然橡胶)高达 90%～94%和顺式 1,4-聚丁二烯(顺丁橡胶)达 35%～40%。该聚合反应表面上看应属阴离子聚合，而实质上却属配位聚合机理。在非极性溶剂如烷烃中，用丁基锂引发异戊二烯

进行配位聚合历程如下所示。

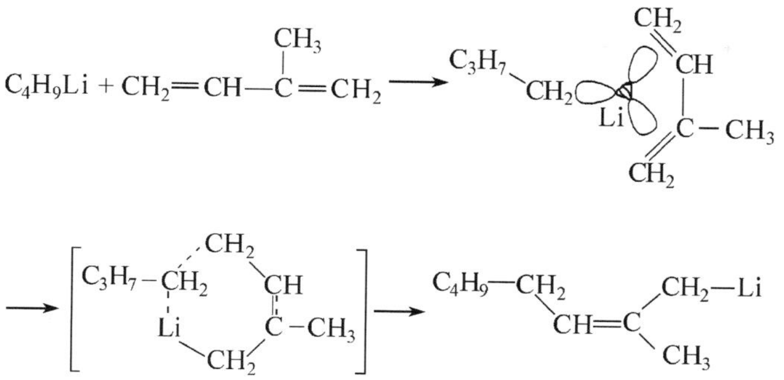

采用 NMR 等方法研究发现，共轭二烯单体中，只有顺式结构的异构体才能够与 Li 原子内 sp³ 杂化构型的缺电子空轨道进行配位而形成 π 络合物，经六元环过渡态最后完成单体在 C—Li 离子对之间的插入。由此可见，以丁基锂作引发剂进行共轭二烯烃的阴离子型配位聚合主要生成顺式结构就不难理解了。

5.5　各种连锁聚合反应的特点比较

至此本书已经讲述了自由基型、阴离子型、阳离子型和配位型 4 种连锁聚合反应的单体、引发剂、聚合机理等内容，现在应该对这些聚合反应类型进行全面总结。表 5-21 便是从 10 个方面扼要列出这些聚合反应的典型特点比较。

表 5-21　4 种连锁聚合反应的特点比较

聚合类型	自由基	阴离子	阳离子	配位
单体取代基	吸电、共轭	吸电、共轭	供电、共轭	吸电、共轭
引发剂	过氧、偶氮等	碱金属等	路易斯酸等	Ziegler-Natta 引发剂
基元反应速率	慢引发、快增长、速终止	快引发、平稳增长、不终止	快引发、快增长、易重排、易转移、难终止	
过渡态		四元环	四元环	六元环、四元环
动力学过程	有自加速	无自加速	无自加速	无自加速
相对分子质量与分布	增长快、宽	增长平稳、窄	增长快	增长快、很宽
聚合温度	高	中	低	较低
阻聚剂	对苯二酚等	质子性物质	质子性物质	氢气
聚合方法	本体、溶液、悬浮、乳液	本体、溶液	本体、溶液	非均相体系
典型特点	双基终止水不影响聚合、存在自加速	活性聚合物、单基终止、不存在自加速	链增长重排、单基终止、不存在自加速	立体异构、极少支链

5-18-y

比较 4 种连锁聚合反应的不同特点。

5.6 重要离子型与配位聚合物

5.6.1 聚丙烯生产工艺概述

自 20 世纪 50 年代末期以来的半个多世纪，作为石油炼厂副产尾气 C_3 和 C_2 组分综合利用的主打产品聚丙烯(PP)和聚乙烯，已经毫无争议地成为世界范围内产量最大和用途最广的高分子材料。下面简要讲述工业化生产聚丙烯的主要工艺类别。

1) 溶液法

溶液法系早期生产结晶 PP 所采用的工艺流程。该工艺采用 Eastman 公司独家享有经特殊改进的催化剂-氢氧化锂体系，以适应较高温度溶液聚合的工艺要求。催化剂、单体和溶剂连续加入聚合反应器，从反应器导出的物料经减压分离溶剂和未反应单体之后再返回反应器。往物料中补加溶剂降低黏度之后，滤除催化剂残留，再经多级蒸馏去除并回收溶剂，最后经高温挤压成带、切粒并继续去除残留溶剂。用庚烷或类似烃类溶剂分离无规 PP，即获得产品。该工艺的特点是聚合工艺复杂、温度较高、生产成本较高，目前已很少采用。

2) 淤浆法

自 1957 年至 20 世纪 80 年代末期，在近 30 年时间里曾是欧美国家各大公司生成 PP 的主导工艺。采用第 1 代催化剂和立式搅拌釜反应器，产品需脱灰和无规 PP。截至目前该工艺仍然约占据世界 PP 总产能的 13%，不过大多换用第 2 代催化剂。

3) 本体法

该工艺于 20 世纪 70 年代首先在日本住友和美国 Phillips 公司研发并采用。按照聚合设备分为釜式和管式反应器两种类型；按照工艺可分为间歇式和连续式两种。

间歇式本体聚合工艺系我国独立开发成功的工艺，具有对原料丙烯质量要求不是很高、工艺安全可靠、所需催化剂在国内有保证、投资小、见效快、工艺相对简单的特点，比较适合我国国情。缺点是生产规模较小、自动化水平较低、产品质量欠稳定。目前采用间歇工艺的产能约占我国 PP 总产能的 24%。

连续式本体聚合工艺由美国 Phillips 公司开发，采用立式搅拌聚合反应器，原料丙烯以丙烷质量浓度 10%～30%的溶液形式进入聚合反应器。产物采用己烷-异丙醇恒沸液进行脱灰，残余催化剂和无规 PP 从溶剂精馏塔底部排出。该工艺历经催化剂更新换代、采用高效 HY-HS 系列催化剂以后，最终达到提高聚合效率、降低催化剂用量的目的，取消脱灰工序，也能保证全同指数 96%～97%的质量要求。

4) 气相法

该工艺系用于聚乙烯生产比较成熟的工艺，自 20 世纪 70 年代开始用于 PP 聚合。目前该工艺仅在欧洲、美国、日本等地区和国家的部分公司小规模生产采用。其发展前景远不及本体-气相组合法。

5) 本体-气相组合法

该工艺由荷兰 Basell 聚烯烃公司开发，于 1982 年获得工业化应用，是迄今为止最为成功、应用最为广泛的 PP 生产工艺。该工艺采用高效催化剂和液相环管聚合反应器，系液相均聚与气相共聚相结合的配位聚合工艺。产品 PP 为均匀球粒状，采用该工艺生产的 PP 均聚物和无规共聚物(如乙丙橡胶和 PPR 等)纯净度高、光学性能好。目前该工艺已发展到第 2 代，采用双环管聚合反应器，采用第 4 代或第 5 代 Ziegler-Natta 催化剂，操作压力和温度显著提高，同时增加氢气分离回收单元，在显著提高产品质量的同时，进一步降低了单体耗损、能耗和生产成本。

6) 国内 PP 生产现状

截至 2008 年，国内生产 PP 的厂家或公司大约有 80 家，生产装置超过 100 套，年总产能约 700 万吨，我国成为仅次于美国的 pp 世界第二生产大国。基本格局是大中小、溶液法、本体-气相组合法、间歇液相本体法和气相法并举的格局。其中连续工艺总产能占绝对优势(近 82%)，不过，也不乏产能不足万吨的装置依然维持运转。20 世纪 90 年代以来，国内引进或自主开发先进的双环管本体-气相组合法，截至 2008 年，已有 7 套单产 30 万吨的大型装置投入运转。近年来我国国产 PP 始终存在相当程度的供需矛盾，每年进口总量维持在 200 万～300 万吨，可见国产化潜力依然巨大。

5.6.2　丙烯共聚物

1) 乙丙橡胶

乙丙橡胶是采用 Ziegler-Natta 引发剂合成的乙烯和丙烯的新型橡胶类共聚物。由于大分子主链上大量甲基的存在破坏了聚乙烯的高度结构对称性，从而大大降低了共聚物的结晶能力，结果使其具有橡胶弹性，因此得名乙丙橡胶。乙丙橡胶与其他天然及合成橡胶相比，最大的特点是分子链上不含可供硫化的双键，所以只能采用过氧化合物进行自由基型的链转移硫化。正是由于不含双键，它是所有合成橡胶中耐臭氧、耐化学品、耐老化、耐候性最佳的品种。同时乙丙橡胶的相对密度又是弹性体中最小的，其优异的绝缘性能和耐油性能使它在电线电缆、汽车部件、耐热密封件、传送带和日用生活品等方面都得到广泛应用。乙丙橡胶的缺点是硫化速度较慢、黏接性能较差。

合成乙丙橡胶的单体乙烯和丙烯是石油化学工业的廉价副产物，来源丰富，所以乙丙橡胶是合成橡胶中价格相对较低的。为了改善乙丙橡胶的硫化性能，可以采用加入少量非共轭双烯作为第 3 单体进行三元共聚，这样使第 3 单体的 1 个双键参加共聚，剩下 1 个双键可供硫化，这就是三元乙丙橡胶。合成乙丙橡胶的引发剂多采用钒化物-卤化烷基铝类的可溶性引发剂体系，如双乙酰丙酮基钒-AlEt$_2$Cl。工业上多采用以苯或庚烷作溶剂的溶液聚合工艺，聚合温度为 0～25℃，可采用加入氢气的方法控制相对分子质量。

2) PPR 新型管材

PPR 又名无规聚丙烯或三型聚丙烯管材,系采用挤压或注塑分别加工成型的管材或管件。PPR 是欧洲于 20 世纪 90 年代开发应用的一种新型塑料管道产品,21 世纪初开始在国内被广泛用于家庭生活用冷热水管道,以及化工类液体物料的输送管道。PPR 具有高强度、较好抗冲击性、耐受长期蠕变性、以及抗腐蚀和易于热成型加工等性能,使用寿命长达 50 年。毫不夸张地说,目前尚无任何材料能够拥有如此高的性价比将其取而代之。

PPR 是采用气相共聚工艺合成的乙烯-丙烯无规共聚物,两种结构单元的质量百分比为 1%~7%:99%~93%,最佳比例为 5:95。对共聚物的微观序列结构分析结果显示,在共聚物分子链中,大约 75%的乙烯结构单元独立镶嵌于两个连续的丙烯结构单元之间;其余 25%的乙烯结构单元则以 2 联方式镶嵌于 2 联丙烯结构单元之间。正是由于少量乙烯结构单元的无规嵌入,聚丙烯的高度结晶能力得到恰到好处的抑制。虽然其刚性较全同 PP 均聚物有所下降,但是换得了良好的抗冲击性能以及便捷的热加工成型性能。

事实上,聚丙烯管材包括均聚 PPH、嵌段 PPB 和无规 PPR 3 类,其刚性依次降低,抗冲击性能则递增。目前在家庭装修中普遍用作厨房和卫生间热水管道的首选材料,PPR 具有如下显著优越特点:

(1) 环保节能。其生产能耗仅为普通碳钢的 20%,导热系数仅为碳钢的 0.5%。在提倡环保、低碳、节能的 21 世纪,即使现时购买外加安装总成本略高于镀锌碳钢管,然而其长达 50 年使用过程所带来的节能效益完全可以抵偿并绰绰有余。

(2) 安全、无毒、不结垢、不腐蚀。由此避免了沿袭数十年来惯用镀锌水管在热水环境下易于结垢和锈蚀等弊端,有效消除或降低了生活用水的二次污染。

(3) 耐热、耐压、寿命长。PPR 管可在 95℃条件下长期使用,允许短时承受 125℃。额定在 70℃和 1.2 MPa 环境下使用 50 年。

(4) 安装简便快捷。采用热熔热合连接、转角或变向等加工和安装非常简便快捷,省去了传统镀锌管异常繁琐的铰丝、各型弯头、接头等的加工和安装程序。

5.6.3　嵌段共聚物 SBS

第 1 个同时具有橡胶和热塑性塑料特性的嵌段共聚物就是 1965 年采用活性阴离子聚合成功合成的 SBS 树脂,也称 SBS 热塑性弹性体。室温条件下其性能与硫化橡胶并无显著差异,但是可以很方便地采用一般塑料的加工方法(如熔融注射或挤压成型),用途极为广泛。目前合成 SBS 的方法分为 3 步法和 2 步法两种。

5-19-y
了 解 SBS
热塑性弹性体
的合成方法与
操作步骤。

1) 3 步法

在纯净的己烷中依次加入丁基锂和苯乙烯,聚合一定时间之后加入丁二烯,继续聚合一定时间后再加苯乙烯,聚合反应完成后加入甲醇进行链终止。

先后加入 3 部分单体的比例约为 15：70：15，最后生成的三嵌段共聚物中苯乙烯-丁二烯-苯乙烯链段相对分子质量为(1~1.5)万+(5~10)万+(1~1.5)万=(7~13)万。

整个聚合反应过程中，从体系颜色的变化就能直观反映聚合反应的进程。开始阶段，己烷中的丁基锂无色，加入苯乙烯后立刻变成鲜艳的红色，这是苯乙烯负离子的特征颜色。聚合一定时间后加入丁二烯，红色立刻消失，因为丁二烯负离子无色。再聚合一定时间后加苯乙烯，溶液重新变为红色，加入甲醇终止聚合反应，红色立刻消失，白色 SBS 沉淀立刻析出。因为甲醇既是链终止剂，又是聚苯乙烯的沉淀剂。采用 3 步法合成的嵌段共聚物虽然不含无规共聚物链段，但是含有一些苯乙烯均聚物和二嵌段共聚物。

2) 2 步法

在纯净的己烷中依次加入能够产生双阴离子的引发剂如 Li—R—Li 和单体丁二烯，聚合一定时间之后再加入单体苯乙烯继续聚合，最后用甲醇进行链终止。由于萘钠仅适用于极性溶剂，而极性溶剂不利于丁二烯的 1,4-加成聚合，因此不能选择它作合成 SBS 的引发剂。

5.6.4　聚异丁烯和丁基橡胶

相对分子质量较低的聚异丁烯($\bar{M}_n < 5 \times 10^4$)是黏稠的液体或半固体，常被用作黏接剂和密封材料等。相对分子质量增高到 10^6 的聚异丁烯呈橡胶状固体，主要用作加工高分子密封材料的添加剂。聚异丁烯的相对分子质量主要通过聚合温度来控制。例如，以 $AlCl_3$ 作引发剂在-40~0℃聚合得到低相对分子质量的聚合物，在-100℃聚合即得到高相对分子质量的聚合物。

丁基橡胶是异丁烯与少量异戊二烯(1%~6%)的阳离子共聚物。它以 $AlCl_3$ 作引发剂、氯甲烷作稀释剂，在-100℃进行连续聚合得到。首先将单体和引发剂分别溶解于氯甲烷中，然后再分别导入聚合反应器中，聚合反应几乎在瞬间完成，聚合物以粉状从氯甲烷中沉淀出来，分离出的单体和氯甲烷再返回反应器。在聚异丁烯中加入少量抗凝剂硬脂酸锌、NaOH 和抗氧剂等助剂以后，即可挤压成粒包装入库。丁基橡胶的相对分子质量至少要达到 20 万以上才不至于发黏，低温条件下也不结晶，-50℃也保持柔软，是制造各种轮胎内胎的最好材料。

5.6.5　离子型开环聚合

第 2 章讲述过一些环状化合物如己内酰胺等可以按照逐步聚合反应机理进行聚合，而多数环状单体的开环聚合事实上遵循离子型连锁聚合历程，如环烷烃、环醚、环酯和环酰胺等均可按照离子型聚合机理进行开环聚合。目前已经实现工业化的包括环氧乙烷、环氧丙烷、己内酰胺、三聚甲醛等环状单体的离子型开环聚合。这类环状单体究竟按何种聚合反应机理聚合，主要取决于聚合反应的条件。

影响环状单体进行离子型开环聚合反应活性的因素主要包括热力学因素和动力学因素。热力学因素中以环张力大小以及环内 C-杂键的键能大小最为重要，在动力学因素中聚合反应条件是主要影响因素。为了避免与第 2 章的内容重复，本节将以几种重要的离子型开环聚合为例，让读者了解其开环聚合的一般规律。

1. 己内酰胺的开环聚合

分别用碱、酸和水作引发剂均可引发己内酰胺按照不同的机理进行聚合。例如，第 2 章讲述的用水引发，即按照常规逐步聚合机理聚合，是工业上大规模采用的聚合工艺。如果以强碱作引发剂，则属于具有活性聚合特点的阴离子聚合机理，单体被引发以后可直接浇入特制的模型中进行聚合，最后得到所谓"铸型尼龙"制品。如果以酸作引发剂，则属于阳离子聚合机理，单体转化率和相对分子质量都不是很高，很少采用。

碱引发条件下的阴离子聚合机理如下：

(1) 链引发反应。

$$\text{碱金属引发}\quad [(CH_2)_5\overset{O}{\overset{\|}{C}}-NH] + M \rightleftharpoons [(CH_2)_5\overset{O}{\overset{\|}{C}}-N^-\cdots M^+ + 0.5\,H_2$$

$$\text{强碱引发}\quad [(CH_2)_5\overset{O}{\overset{\|}{C}}-NH] + M^+B^- \rightleftharpoons [(CH_2)_5\overset{O}{\overset{\|}{C}}-N^-\cdots M^+ + HB$$

(2) 二聚体阴离子活性种生成。

$$[(CH_2)_5\overset{O}{\overset{\|}{C}}-N^-\cdots M^+ \quad [(CH_2)_5\overset{O}{\overset{\|}{C}}-NH \longrightarrow [(CH_2)_5\overset{O}{\overset{\|}{C}}-N-(CH_2)_5-\overset{O}{\overset{\|}{C}}-N^-H\,M^+$$

(3) 链增长和链转移反应。

$$[(CH_2)_5\overset{O}{\overset{\|}{C}}-N-(CH_2)_5-\overset{O}{\overset{\|}{C}}-N^-HM^+ + [(CH_2)_5\overset{O}{\overset{\|}{C}}-NH]$$

$$\xrightarrow{\text{快速}} \underset{\text{二聚体}}{[(CH_2)_5\overset{O}{\overset{\|}{C}}-N-\overset{O}{\overset{\|}{C}}-(CH_2)_5-NH_2} + [(CH_2)_5\overset{O}{\overset{\|}{C}}-N^-\cdots M^+$$

$$\longrightarrow \underset{\text{预聚体阴离子}}{[(CH_2)_5\overset{O}{\overset{\|}{C}}-N-\overset{O}{\overset{\|}{C}}-(CH_2)_5-\underset{M^+}{N^-}-\overset{O}{\overset{\|}{C}}-(CH_2)_5-NH\cdots}$$

$$\xrightarrow{\text{单体}} [(CH_2)_5\overset{O}{\overset{\|}{C}}-N-\overset{O}{\overset{\|}{C}}-(CH_2)_5-NH-\overset{O}{\overset{\|}{C}}-(CH_2)_5-NH\cdots + [(CH_2)_5\overset{O}{\overset{\|}{C}}-N^-\cdots M^+$$

由此可见，己内酰胺在碱引发条件下的阴离子聚合反应机理比水催化的缩聚反应复杂得多。除此之外，该聚合反应一般情况下不存在链终止反应，产物聚合物拥有活性分子链。

2. 羰基化合物的开环聚合

羰基化合物中的羰基经极化以后可以按照阴离子或阳离子机理进行聚合，生成缩醛类聚合物。不过除甲醛以外，其他醛类化合物的聚合极限温度都很低，聚合反应相当困难，即使得到聚合物也无实际使用价值。乙醛难以聚合的原因是：聚合极限温度太低($-31℃$)，甲基的诱导效应使羰基正电荷降低，从而使活性中心稳定。丙酮不容易聚合的原因是：两个甲基的诱导效应和位阻效应。不过它可以在配位引发剂的作用下与甲醛进行离子型共聚。

3. 三元环醚的阴离子开环聚合

遵照 2.1.3 节有关环状化合物环张力大小与开环聚合反应能力的规律可知，三元环的张力较大、稳定性较差，因而三元环醚(如环氧乙烷、环氧丙烷、环氧丁烷和环氧氯丙烷)均容易进行离子型开环聚合，它们的结构式如下。

$$CH_2—CH_2 \qquad CH_2—CH—CH_3 \qquad CH_2—CH—C_2H_5 \qquad CH_2—CH—CH_2—Cl$$

一般而言，这类三元环醚在酸、碱甚至水的催化下都很容易从 C—O 键处开环，分别按照阳离子型、阴离子型和逐步聚合历程实现开环聚合。产物的相对分子质量一般可达 3 万～4 万，不过如果用碱金属氧化物或配位引发剂则可达百万以上。

1) 聚环氧乙烷合成

工业上通常以氢氧化物、烷氧基化合物为引发剂(也称起始剂)，以带有活泼氢的化合物为催化剂进行环氧化合物的阴离子开环聚合，制备聚醚类非离子表面活性剂以及合成聚氨酯的重要原料聚醚二元醇。环氧化合物阴离子开环聚合的机理如下所示。

链引发：$A^-M^+ + CH_2—CH_2 \longrightarrow ACH_2—CH_2O^- \cdots M^+$

链增长：$ACH_2—CH_2O^- \cdots M^+ + nCH_2—CH_2 \longrightarrow$
$$A\text{-}\!\left[CH_2—CH_2O\right]_{\!n}\!CH_2—CH_2O^- \cdots M^+$$

就其本质而言，许多环氧化合物的开环聚合反应均属于链不终止的聚合反应，具有活性聚合物的特征，加入另一种环氧单体即可继续聚合，最后生成嵌段共聚物。例如，环氧乙烷-环氧丙烷嵌段共聚物便是聚醚类表面活性剂的重要品种。

2) 非离子表面活性剂合成

聚醚类非离子型表面活性剂是相对分子质量仅为数百范围的低聚物。其分子链的疏水端由聚合反应的起始剂如烷基酚、长链脂肪醇或脂肪酸等提供，亲水端则为聚合度在数十以内的氧化乙烯重复单元(—OCH$_2$CH$_2$—)，或者其与环氧丙烯的嵌段共聚链段构成。

研究发现，环氧化合物的阴离子聚合反应带有部分逐步聚合反应的特点，如聚合物的相对分子质量随转化率增加而逐步增加，但是其聚合反应速率和聚合度的表达式却与活性阴离子聚合极为相似。在环氧丙烷的阴离子聚合反应中，由于存在向单体的链转移反应，结果聚合物的相对分子质量降低。与此同时，生成的单体阴离子又很快开环，生成稳定而带有不饱和端基的烯丙基醚阴离子。按照 3.6.5 节有关烯丙基具有自动阻聚倾向的特点，可以预见聚环氧丙烷的相对分子质量不会很高。

$$\sim CH_2\overset{\displaystyle CH_3}{—CH}O^- \cdots Na^+ \quad + \quad CH_2—CH—CH_3 \longrightarrow$$

$$\sim CH_2\overset{\displaystyle CH_3}{—CH}—OH + CH_2—CH—CH_2^- \cdots Na^+ \xrightarrow{\text{很快}} CH_2{=}CH—CH_2O^- \cdots Na^+$$

4. 四元和五元环醚的阳离子开环聚合

四元环醚及其衍生物可用路易斯酸引发阳离子开环聚合。其中 3,3′-二 (氯亚甲基)环丁醚(也称丁氧环)用 BF_3 作引发剂可制得氯化聚醚树脂，其机械性能甚至优于氟树脂，电绝缘性能优良，耐化学品性能和尺寸稳定性良好，吸水率很低，是具有广泛用途的工程塑料。

$$n CH_2{-}\underset{\underset{O{-}CH_2}{|}}{\overset{\overset{CH_2Cl}{|}}{C}}{-}CH_2Cl \xrightarrow{BF_3} {+}O{-}CH_2{-}\underset{\underset{CH_2Cl}{|}}{\overset{\overset{CH_2Cl}{|}}{C}}{-}CH_2{+}_{\overline{n}}$$

四氢呋喃属于五元环醚，就环张力而言，五元环的稳定性较高，其开环聚合应该较困难。不过由于醚键相对于酰胺键和酯键而言更弱，因此依然可以进行阳离子开环聚合，只是对单体纯度和引发剂活性要求较高。通常选用 PF_5 等高活性引发剂，还需要加入适量开环活性较高的环氧乙烷作为促进剂，可以增加四氢呋喃生成三级氧鎓离子的能力，在 30℃聚合 6 h，产物相对分子质量可达 30 万。这类环醚的阳离子型聚合物也具有活性聚合物的性质，其相对分子质量分布较窄。如果加入别的环醚如环氧丙烷，即可得到具有嵌段结构的共聚物。

$$n \underset{\underset{O}{\underset{\diagdown\diagup}{CH_2\quad CH_2}}}{\overset{\overset{CH_2{-}CH_2}{|\qquad|}}{}} \xrightarrow{BF_3} {+}O{-}CH_2CH_2CH_2CH_2{+}_{\overline{n}}$$

高分子科学人物传记

诺贝尔化学奖获得者、配位聚合的开创者
Ziegler 和 Natta

德国人 Ziegler 生于 1898 年，22 岁获得 Marburg 大学博士学位，先后任教于 Frankford、Heideberg 等大学，1936 年任 Halle 大学化学系主任，后任校长。1943 年任 Mak Planck 煤炭研究院院长，1946 年以后兼任联邦德国化学会会长。

Ziegler 早年对烷基金属化合物与乙烯的反应就产生了浓厚的兴趣，1947 年他用 $LiAlH_4$ 代替乙基锂与乙烯反应，得到几乎不带支链的高级烯烃，于是他认为烷基铝比烷基锂更容易使乙烯反应。在 1953 年的一次实验中他发现乙基铝能够使乙烯加成，但是只生成二聚体而不能生成高级烷烃，他推测可能是体系中的某种杂质抑制了乙烯的聚合反应。后来发现是反应釜中残留的痕量镍对反应产生了未预料到的影响。进一步的研究证明，事实恰恰与他预料的相反，他最终得到了过渡金属卤化物与烷基铝组成的催化剂体系——$TiCl_4$-$AlEt_3$，即后来以他的名字命名的催化剂。这种催化剂能够在室温和较低压力条件下使乙烯迅速聚合成为高相对分子质量的聚乙烯。Ziegler 催化剂就这样诞生了。

由于 Ziegler 在配位聚合领域的开创性工作，Natta 在 Ziegler 催化剂的基础上发展了一大类新型配位聚合引发剂体系——Ziegler-Natta 引发剂。从此开创了 α-烯烃、共轭二烯烃和其他不饱和单体立构规整聚合物的新纪元。无论从科学还是产业的观点看，这都是高分子科学和工业领域的一项革命性成果，基于此，他们二人共同获得 1963 年诺贝尔化学奖。Ziegler 的学术成就是多方面的，其中最重要的包括：①发现金属-碳键与碳碳键

的加成反应并由此发展成为制备碱金属有机化合物的重要方法；②发明了由烯烃、氢气和活性铝粉直接制备三烷基铝的方法。

Ziegler 一生治学严谨，重视理论与应用相结合，实验技术娴熟，常常亲自进行危险实验。一生发表学术论文 200 余篇。

意大利人 Natta 生于 1903 年，17 岁就读米兰大学，21 岁获得化学工程博士学位，先后任教于 Pavia、罗马、都灵等大学，1938 年任米兰大学工业化学研究所所长。20 世纪 50 年代以前，他在一氧化碳化学领域已经取得许多重大成果，为意大利、瑞士、南美洲等国家和地区提供甲醇、甲醛的生产技术路线。30 年代以来他受高分子科学创始人 Staudinger 和 Mark 等学者的影响，开始进行高分子结构的研究。1952 年在德国 Frankford 参加 Ziegler 组织的学术报告会期间，被 Ziegler 关于烷基铝与乙烯反应的研究工作深深地打动，那时作为 Montecatini 公司顾问的他说服公司与 Ziegler 合作，签订了使用 Ziegler 催化剂的合同，同时成立研究小组先后将催化剂用于乙烯、丙烯和其他烯烃的聚合研究。

1954 年 3 月他用 Ziegler 催化剂获得少量聚丙烯，其中大部分为橡胶状物质，还有少量结晶成分 —— 经分离以后可以纺制成丝。他动用研究所的一切条件和手段鉴定该结晶聚合物，经 X 射线衍射研究发现这种纤维的结晶度很高，轴向重复距离为 0.65～0.67 nm，这与一般完全伸展的线性长链烃的平面锯齿状结构不符。他由此推测结晶聚丙烯链上所有手性碳原子都具有相同的构型，并将这种结构称为"全同立构"。由于所有甲基都处于主链平面的同一侧，因此其位阻很大，迫使聚丙烯分子链呈现螺旋状结构。

他发现用 $TiCl_3$ 代替 $TiCl_4$ 进行丙烯的聚合可以使全同立构体的产率大大增加。与此同时，一系列出乎意料的研究成果很快诞生，如间同立构聚丙烯、"双全同"和"双间同"聚丙烯、环烯及乙炔的聚合、一些非烯烃单体的立构规整性聚合等，其中不少成果很快便实现工业化。Natta 对于高分子科学的首要贡献在于他提出的新型配位聚合引发剂体系对聚合物结构的影响方式，对控制聚合过程链增长反应能力发生了革命性的变化。1963 年他和 Ziegler 共同获得诺贝尔化学奖前后，还获得许多国家的大学和科学机构的最高荣誉称号和奖励。

Natta 一生高度重视学术和工业开发，发表论文 700 多篇，获得专利约百项。20 世纪 50 年代末他患神经性疾病而瘫痪，仍然坚持工作相当长一段时间，在与疾病搏斗 20 年以后终于在 1979 年与世长辞，享年 76 岁。

本 章 要 点

1. 阴离子、阳离子和配位聚合反应的单体与引发剂类型。

2. 阴离子聚合的 3 种、阳离子聚合的 2 种和配位聚合的 2 种链引发反应。

3. 离子型聚合活性中心的 4 种离子形态及其链增长特点。

4. 活性阴离子聚合、接近单分散聚合物、遥爪聚合物、阳离子链重排聚合和立构规整性聚合物。

5. 阴离子聚合反应溶剂与反离子对聚合速率和聚合物结构规整性的影响。

6. 配位聚合与定向聚合，配位聚合引发剂(含 Ziegler-Natta 引发剂和茂金属催化体系)与聚合历程。

习　　题

1. 试解释下列高分子术语。

(1) 活性聚合物

(2) 配位聚合和定向聚合

(3) 立构规整性聚合物与立构规整度

(4) 计量聚合

(5) Ziegler-Natta 催化剂

(6) 茂金属催化剂

(7) 遥爪聚合物

(8) 双金属活性中心模型

(9) 单金属活性中心模型

(10) 全同立构和间同立构聚合物

(11) 乙丙橡胶

(12) LLDPE

2. 写出合成下列聚合物的反应式，并注明主要条件。

(1) SBS 弹性体　　　　　　　　(2) 丁基橡胶

(3) 聚丙烯　　　　　　　　　　(4) 分散指数为 1.001 的聚苯乙烯

(5) 聚四氢呋喃　　　　　　　　(6) 苯乙烯-尼龙三嵌段共聚物

(7) $\left[CH_2-CH_2-\underset{CH_3}{\overset{CH_3}{C}}\right]_n$

(8) $\left[O-CH_2-\underset{CH_2Cl}{\overset{CH_2Cl}{C}}-CH_2\right]_n$

(9) $HO\left[COC_6H_4COO(CH_2)_2O\right]_n C\overset{O}{\parallel}\left[CH-CH_2\right]_m C_4H_9$（苯基）

3. 简要回答下列问题。

(1) 在离子型聚合反应中，活性中心有哪几种存在形态？决定活性中心离子形态的主要因素是什么？

(2) 离子型聚合反应中是否也会出现双基终止和自加速过程？为什么？

(3) 如何鉴别正在进行的自由基、阴离子和阳离子型 3 种聚合反应？所依据的原理是什么？你准备添加什么试剂、按什么步骤进行鉴别？

(4) 反离子对阴离子聚合反应速率和聚合物立构规整性有何影响？试分别以非极性和极性溶剂中以碱金属 Li、Na、K⋯引发为例予以详细说明。

(5) 试对自由基、阴离子、阳离子和配位 4 种聚合反应的突出特点进行总结和比较。

(6) 试解释在利用活性阴离子聚合物合成嵌段共聚物时，必须遵守"只有碱性强的单体生成的活性聚合物才能引发碱性弱的单体进行聚合"这一原则？

(7) 丁二烯的聚合物有多少种异构体？其配位聚合催化剂有几种类型？试分别写出它们的结构式和聚合反应式。

(8) 试说明茂金属催化剂的基本组成及其作为配位聚合催化剂的主要特点。

第6章 活性/可控聚合

所谓"活性聚合"是指无链转移和链终止反应存在的连锁聚合反应。早在 20 世纪 50 年代中期，美国著名学者 Szware 首次发现在低温和极端纯净条件下的活性阴离子聚合，随后活性阳离子聚合也得以实现。经历了近半个世纪的发展之后，活性自由基聚合研究也取得了重大进展，先后发现并创立了引发/转移/终止(iniferter)活性聚合、可逆加成-断链转移(RAFT)自由基聚合和原子转移自由基聚合(ATRP)等多种活性自由基聚合反应机理和体系。与传统连锁聚合相比，活性聚合具有如下 4 个特点。

6-01-g
理解活性聚合与可控聚合的内涵与特点。

(1) 活性聚合物的聚合度或相对分子质量正比于初始单体浓度$[M]_0$与引发剂浓度$[I]_0$之比，并与单体转化率 C 呈线性正相关，如式(6-1)。

$$X_n=nC[M]_0/[I]_0 \tag{6-1}$$

(2) 链引发速率应远大于链增长速率，即要求引发剂快速转化为数量确定的活性中心，而由引发剂加入量决定的活性中心数在聚合过程中始终保持恒定。由此可见，各种类型活性聚合均应服从简单的一级反应动力学方程，如式(6-2)。

$$v_p=k_p[I]_0[M]_0 \tag{6-2}$$

(3) 聚合体系内数量确定的大分子活性链具有同步引发与同步增长的特征，获得聚合物的分散度通常处于 1.1～1.3。

(4) 聚合物分子链拥有活性端基，具有再引发单体聚合的能力，进而可以合成各种类型的嵌段共聚物，以及具有复杂结构的星状与环状聚合物。

在常规连锁聚合如自由基聚合和离子型聚合反应过程中，由于链终止和链转移反应的普遍存在，聚合物的相对分子质量及其分布的随机属性表现显著，常规自由基聚合物和离子型聚合物的相对分子质量分布$(\bar{M}_w/\bar{M}_n)$往往为理论统计值的数倍甚至数十倍(参阅表 1-4)。

所谓"可控聚合"系特指分子链结构、相对分子质量及其分布可以实现人为控制的聚合反应。截至目前，满足活性聚合条件的连锁聚合(含活性阴离子聚合、活性阳离子聚合以及活性自由基聚合)都能达到聚合物分子链结构、相对分子质量及其分布的有效可控。由此可见，活性聚合是实现聚合物分子设计目标的重要手段。

对于缩聚反应而言，如 2.3.1 节所述，只有聚合体系纯净，同时控制双官能团单体的官能团等物质的量配比，才能保证缩聚同系物分子链端官能团的反应活性依然存在。不过，通常情况下由于链裂解和链交换等副反应的存在，导致普通缩聚物的相对分子质量及其分布具有随机属性，难以实现有效目标控制。

由此可见，活性连锁聚合的核心问题是如何消除链转移和链终止反应滋生的条件；实现可控缩聚的最终目标是有效控制缩聚物分子链的结构，以及相对分子质量及其分布的有效控制。本章重点讲述活性阴离子聚合与活性自由基聚合，扼要介绍活性阳离子聚合，以及近年来刚刚展露端倪的可控缩聚的基本原理、主要特点及其实施方法。

6.1 活性阴离子聚合

如本书第 5 章所述，离子型聚合反应的活性中心是带电荷的离子或离子对，按照活性中心离子或离子对电荷的不同而分为阴离子聚合、阳离子聚合和配位聚合等 3 类。离子型聚合反应对单体有特殊的要求，只有部分单体符合离子型聚合的要求。与此同时，各类离子型聚合需要不同类型的引发剂，其中阴离子聚合需用强碱性引发剂，阳离子聚合需用路易斯酸引发剂。

常规离子型聚合反应难以避免某些链转移和链终止反应的发生，如常规阴离子聚合反应的活性中心离子对(负碳离子/碱金属离子对)极易与质子性杂质如水等发生链转移；常规阳离子聚合反应的活性中心离子对(碳正离子/Lewis酸离子对)的稳定性更差，不仅容易发生链转移反应，同时还容易发生自动链终止反应。由此可见，要顺利实现可控的活性离子型聚合，如何避免或者尽可能减轻链转移和链终止反应在聚合条件设计时就显得至关重要。

活性阴离子聚合是最早发现，也最容易实施的一类活性/可控连锁聚合反应。早在 20 世纪 50 年代中期，美国学者 Szwarc 在非极性溶剂四氢呋喃(THF)中，以萘钠引发苯乙烯进行阴离子聚合过程中，发现只要保证足够低的温度，保证无水、无氧、无杂质等绝对纯净条件，得到的聚合物溶液在高真空和低温条件下存放数月之久，聚合物活性链依然维持活性。如果继续加入单体苯乙烯，即可制得相对分子质量更高的聚苯乙烯；如果加入第二种单体如丁二烯，即可制得苯乙烯-丁二烯的二嵌段共聚物。在此基础上，Szwarc首次提出无链转移和链终止的聚合反应即为活性聚合(living polymerization)的概念，制得的聚合物即活性聚合物(living polymer)。

Szwarc 创立的活性聚合概念与方法被学界公认为开创了聚合物分子设计的新纪元。时隔 10 年之后，美国 Shell 公司就实现了苯乙烯(15%)-丁二烯(70%)-苯乙烯(15%)三嵌段共聚物(SBS 弹性体)的大规模工业化。兼备橡胶和热塑性塑料性能的 SBS 弹性体的成功合成，推动了合成橡胶工业的一次重大变革。

6.1.1 活性阴离子聚合单体与条件

一般而言，不同类型的单体实施活性阴离子聚合的难易有所不同。对于苯乙烯和丁二烯之类的非极性单体，活性聚合的实施相对容易，只要保证聚合反应在低温、无水、无氧、无杂质等纯净条件下进行，即可有效避免链转移和链终止反应的发生。然而，对于如丙烯酸酯、甲基乙烯酮和丙烯腈等极性单体而言，实施活性阴离子聚合相对困难一些。主要原因在于这类单体的极性取代基(酯基、酮基和氰基等)很容易与体系中的碱性引发剂以及阴离子活性链发生副反应，最终导致链终止。

为了顺利实现极性单体的活性阴离子聚合，必须采用适当方法使活性中心趋于稳定,目的是尽可能降低链转移副反应发生的概率。目前常用的方法包括采用空间位阻较大的引发剂,或者在聚合体系中添加适量能与活性中心离子生成络合物的配体化合物。

对于第一种方法,多采用 1,1-二苯基己基锂或三苯基甲基锂等空间位阻较大的引发剂。按照 5.1.2 节对阴离子聚合动力学过程的描述:"单体插入碳负离子与反离子之间,并以四元环过渡态的形成与解离完成链增长反应过程",可见大位阻引发剂不仅大大限制了链转移和链终止反应的发生,同时也会导致链增长速率显著降低。为了更有效限制链终止和链转移副反应的发生,常常还需要更低的聚合温度(一般低于-78℃)。大位阻引发剂 1,1-二苯基庚基锂或三苯基甲基锂的化学结构如下。

$$C_6H_{13}-\overset{\displaystyle C_6H_5}{\underset{\displaystyle C_6H_5}{C}}Li \qquad \overset{\displaystyle C_6H_5}{\underset{\displaystyle C_6H_5}{C_6H_5-C}}Li$$

对于第二种方法,常用的配体化合物如烷氧基锂、氯化锂、烷基铝或冠醚等,加入体系后借助同离子效应,可以使极性单体的阴离子活性链更趋稳定,抑制链转移和链终止副反应的发生。结果表明,这是实施极性单体活性阴离子聚合最有效、单体适应范围更广的方法。

6.1.2　活性阴离子聚合的应用

1. 指定聚合度与窄分散聚合物的合成

虽然高分子科学的创立已有近百年,然而按照传统缩聚或连锁聚合方法要合成指定聚合度的聚合物却极难实现,要制备窄分散乃至单分散相对分子质量的聚合物几乎不可能。然而,活性聚合方法的创立与不断改进完善,为这两个目标的实现提供了可行的途径。

如前所述,在低温和绝对纯净条件下用萘钠引发苯乙烯阴离子聚合,引发剂瞬间即转化为活性中心离子对,然后开始相对较慢却几乎同步的链增长过程,直到单体消耗完毕,生成聚合物的分子链基本等长,分散度为 1.04～1.10,接近单分散。虽然共轭单体苯乙烯可以进行 4 种类型的连锁聚合,不过目前只有采用活性阴离子聚合比较容易合成接近单分散的聚苯乙烯。

归纳合成窄分散聚合物必须满足的 4 个条件如下:①必须保证低温和体系绝对纯净,不含任何可能导致链终止的杂质;②在保证聚合反应顺利进行的前提下,控制尽量低的引发剂浓度,以使聚合物的分散度接近泊松分布;③链引发速率必须足够快,一般要求是链增长速率的 10 倍以上;④必须保证良好的搅拌,使物料快速均匀扩散,保证链增长反应可以基本同步进行。

2. 合成活性端基聚合物

在现代高分子合成领域,利用有限种类的单体获得多样化的聚合物是学术界和产业界不断追求的目标。利用活性阴离子聚合物能与多种质子性或非

6-02-g
了解活性阴离子聚合反应的核心条件。

质子性物质发生链终止反应，生成结构特殊、带有某种指定官能团的高分子化合物，即遥爪聚合物。下面以苯乙烯的活性阴离子聚合为例予以说明。

1) 高级一元醇和二元醇

分别利用丁基锂和萘钠引发的阴离子活性链与环氧乙烷反应，即可分别制得具有加聚物分子链的大分子一元醇和二元醇。

$$C_4H_9-[CH_2-CH]_n-CH_2-CH^-\cdots Li^+ + CH_2-CH_2$$
(环氧乙烷 O)

$$\longrightarrow C_4H_9-[CH_2-CH]_n-CH_2-CH-CH_2-CH_2O^-\cdots Li^+$$

$$\xrightarrow{+CH_3OH} C_4H_9-[CH_2-CH]_n-CH_2-CH-CH_2-CH_2OH$$

这是用丁基锂引发合成所谓"单爪"聚合物的例子。显而易见，这种遥爪聚合物的末端增加了两个亚甲基是该反应的特点。如果用金属钠或萘钠作引发剂，则可以合成所谓"双爪"聚合物，其两端各增加了两个亚甲基。

$$^+Na\cdots CH-CH_2-[CH-CH_2]_n-[CH_2-CH]_n-CH_2-CH^-\cdots Na^+ \xrightarrow{O\ CH_2-CH_2}$$

$$\xrightarrow{+CH_3OH} HOCH_2CH_2-[CH-CH_2]_{n+1}-[CH_2-CH]_{n+1}-CH_2CH_2OH$$

2) 高级一元酸和二元酸

分别利用丁基锂和萘钠引发的阴离子活性链在酸性条件下与二氧化碳反应，即可分别制得具有加聚物分子链的大分子一元酸和二元酸。

$$C_4H_9-[CH_2-CH]_n-CH_2-CH^-\cdots Li^+ \xrightarrow{CO_2+H^+} C_4H_9-[CH_2-CH]_n-CH_2-CH-COOH$$

$$^+Na\cdots CH-CH_2-[CH-CH_2]_n-[CH_2-CH]_n-CH_2-CH^-\cdots Na^+$$

$$\xrightarrow{+CO_2+H^+} HOOC-[CH-CH_2]_{n+1}-[CH_2-CH]_{n-1}-COOH$$

3) 带活性端氨基的聚合物

利用丁基锂引发的阴离子活性链与二异氰酸酯反应，即可生成带有活性端氨基的聚合物。

$$C_4H_9-[CH_2-CH]_n-CH_2-CH^-\cdots Li^+ + OCN-R-NCO \xrightarrow{-CO_2} C_4H_9-[CH_2-CH]_{n+1}-\overset{O}{\overset{\|}{C}}-HN-R-NH_2$$

该反应的生成物带有酰胺结构和氨基，可以与单体二异氰酸酯进行缩聚，生成聚苯乙烯-聚脲的二嵌段共聚物。如果用萘钠引发的活性聚苯乙烯与二异氰酸酯反应，则可得到具有聚脲-聚苯乙烯-聚脲结构的三嵌段共聚物。

3. 合成加聚-缩聚嵌段共聚物

这类加聚物大分子链的末端带有可以进行缩合反应的官能团，它们能够与聚酯或聚酰胺等缩聚物进行缩合反应，生成由加聚物链段和缩聚物链段组成的二嵌段或三嵌段共聚物。下面给出两种嵌段共聚物的缩合反应式：

$$HOOC\!-\!\!\left[CH\!-\!CH_2\right]_n\!\left[CH_2\!-\!CH\right]_n\!\!-\!\!COOH \xrightarrow{\ +涤纶\ }$$

$$HO\!-\!\!\left[OCC_6H_4CO_2(CH_2)_2O\right]_m\!C\!-\!\!\left[CH\!-\!CH_2\right]_n\!\left[CH_2\!-\!CH\right]_n\!\!-\!C\!-\!\!\left[O(CH_2)_2O_2CC_6H_4CO\right]_m\!\!-\!\!OH$$

该反应是以金属钠作引发剂生成的活性聚苯乙烯与二氧化碳反应，再与涤纶进行缩合，最后得到涤纶-苯乙烯-涤纶三嵌段共聚物。下面这个共聚物是丁基锂作引发剂生成的活性聚苯乙烯阴离子链与二氧化碳反应带上"单爪"羧基，最后再与尼龙-6 缩合得到的聚苯乙烯与尼龙-6 的二嵌段共聚物。

$$C_4H_9\!-\!\!\left[CH_2\!-\!CH\right]_n\!CH_2\!-\!CH^-\cdots Li^+ \xrightarrow[+尼龙-6]{CO_2+H^+}$$

$$C_4H_9\!-\!\!\left[CH_2\!-\!CH\right]_n\!CH_2\!-\!CH\!-\!C\!-\!\!\left[NH(CH_2)_5C\right]_m\!\!-\!\!OH$$

4. 星状聚合物

采用丁基锂作引发剂进行苯乙烯的活性阴离子聚合，最后加入 $SiCl_4$ 与生成的活性聚合物进行缩合，即可制得星状结构的聚合物。

$$4\ C_4H_9\!-\!\!\left[CH_2\!-\!CH\right]_n\!CH_2\!-\!CH\cdots Li^+ + SiCl_4 \longrightarrow$$

$$C_4H_9\!-\!\!\left[CH_2\!-\!CH\right]_{n+1} \quad \left[CH\!-\!CH_2\right]_{n+1}\!\!-\!\!C_4H_9$$
$$Si$$
$$C_4H_9\!-\!\!\left[CH_2\!-\!CH\right]_{n+1} \quad \left[CH\!-\!CH_2\right]_{n+1}\!\!-\!\!C_4H_9$$

6.2 活性阳离子聚合

在活性阴离子聚合反应被发现 30 年之后，人们才从解决阳离子聚合反应过程中由碳正离子/Lewis 酸反离子构成的离子对的稳定性难题入手,在保证低温和绝对纯净的条件下,顺利实现了带推电子取代基的乙烯基醚和异丁烯等单体的活性阳离子聚合。

6.2.1　活性阳离子聚合原理

如 5.2 节所述,在常规阳离子聚合反应过程中,一般取代乙烯单体生成的碳正离子的稳定性极差,β-碳原子上氢原子的酸性较强,很容易被单体或 Lewis 酸反离子夺去而发生链转移,这种碳正离子固有的副反应被认为是实现活性阳离子聚合的主要障碍。由此可见,顺利实现活性阳离子聚合的关键在于除了保证聚合体系绝对纯净外,还必须创造条件使增长着的碳正离子趋于稳定,从而使发生于 β-碳原子上氢原子的链转移反应得到有效抑制。控制碳正离子与反离子之间的相互作用力强弱适当,即可使活性中心离子对的稳定性与链增长反应活性达成适当平衡,在保证链增长反应顺利进行的同时,还能避免链转移反应的发生。

6.2.2　活性阳离子聚合基本条件

按照近年来的研究结果报道,带推电子取代基的乙烯基醚类单体进行活性阳离子聚合的基本条件包括:选择亲核性适当的引发剂反离子;添加适量 Lewis 酸,以提高碳正离子-反离子对的稳定性;添加适量季铵盐使碳正离子趋于稳定 3 个方面。

首先,在选择设计引发剂体系时,须充分考虑碳正离子-反离子之间相互作用力的强弱,以及与反离子亲核性的关联性。一般而言,在阳离子聚合体系中碳正离子/Lewis 酸反离子可能存在的状态,即其间相互作用力由强到弱而存在共价键、紧离子对、松离子对和自由离子 4 种状态,共价键和自由离子均不利于活性阳离子聚合反应的顺利进行,唯有松紧度适当的离子对可以保证聚合反应的进行。另外,碳正离子-Lewis 酸反离子之间的相互作用力大小随反离子亲核性的增强而增大,所以在选择引发剂时,反离子亲核性强弱就成为最重要的标准。

实践证明,采用非极性溶剂和−15℃以下低温,选择 HI/I_2 作引发剂进行烷基乙烯基醚的阳离子聚合,具有活性阳离子聚合的典型特征。这是人们首次实现活性阳离子聚合所采用的引发剂体系,也成为其后人们完善拓展活性阳离子聚合的重要参照因素。

其次,如果采用较强的 Lewis 酸如 $SnCl_4$、$TiCl_4$ 或 $EtAlCl_2$ 等作引发剂,虽然聚合反应非常迅速,但是其产物的相对分子质量分布很宽,链转移反应也无法彻底避免。如果同时添加适量弱亲核性的有机物如醚(THF 或二氧六环)或酯(乙酸乙酯或苯甲酸乙酯),即可显著降低聚合速率,同时使产物的相对分子质量分布变窄,使之成为较为典型的活性阳离子聚合。

最后,采用较强的 Lewis 酸作引发剂时,如果同时添加适量季铵盐或季鏻盐如 Bu_4NCl 或 Bu_4PCl 等,基于体系中阴离子浓度的增高,借助于同离子效应使得碳正离子-Lewis 酸反离子离子对的离解受到有效抑制,促使离子对趋于稳定，最终保证活性阳离子聚合的顺利进行。

6.3 活性自由基聚合

6-04-y
了解活性自由基聚合的基本原理及其 3 种实施方法。

目前，自由基聚合无疑是实验室最容易实施、工业化实施最便捷、生产成本最低的连锁聚合，其产量约占合成聚合物总量的 70%。不过，常规自由基聚合物却存在相对分子质量分布较宽、分子结构难以控制、支化和交联难以避免等固有缺陷。究其根本原因主要源于常规自由基聚合反应具有慢引发、快增长、速终止和易转移的反应历程。长期以来，人们始终致力于活性自由基聚合反应原理与实施途径的探索，这是现代高分子合成领域最受瞩目的前沿研究领域之一。

按照 Szwarc 提出的原则，活性聚合是不存在任何链终止和链转移副反应的聚合反应，一般阴离子聚合和某些阳离子聚合满足这些条件相对容易，而常规自由基聚合则很难满足如此苛刻的条件。进入 20 世纪 80 年代以后，对聚合反应过程中有关"基团转移"和"断链过程"的机理研究结果显示，如果能在自由基聚合反应过程中使链终止或链转移反应实现可逆，即可使链终止或链转移反应速率相对于链增长反应而言减小到可以忽略的程度，就可以合成相对分子质量分布较窄、大分子结构相对规整的聚合物，这就是活性自由基聚合。

由此可见，要实现活性自由基聚合，可以从两个方面予以考虑。首先，如何实现链终止或链转移反应的可逆，使得在整个聚合反应过程中维持足够低的自由基浓度；其次，尽量避免聚合物的相对分子质量过大，以免其结构无法控制。

6.3.1 基本原理与类型

实现活性自由基聚合的基本思路，就是设法通过降低聚合反应体系内活性自由基(含初级自由基和活性链自由基)的浓度与活性，有效抑制双基终止反应和链转移反应的发生，或者使之降低到可以忽略的程度，从而使链增长反应处于绝对主导地位。正如 3.2.3 节所述，在自由基聚合反应过程中，链终止反应和链增长反应相对于自由基而言，分别属于二级反应和一级反应，两者速率之比等于动力学链长的倒数。

$$v_t / v_p = k_t / k_p \times [R\cdot] / [M] = 1/ \nu$$

实验测得链终止反应速率常数与链增长反应速率常数之比 k_t/k_p 为 $10^4\sim10^5$。动力学链长的倒数除与 k_t/k_p 有关外，还取决于聚合反应体系的自由基浓度与单体浓度之比值。对常规自由基本体聚合而言，反应初期与转化率达 90% 的反应后期的单体瞬时浓度分别约为 10 mol/L 和 1 mol/L，相对于自由基浓度而言仍然足够高。由此可见，k_t/k_p 的大小很大程度上决定于体系中自由基的瞬时浓度，如果将体系内的自由基浓度控制得越低，动力学链长的倒数就越小，其实质意义就在于对链增长反应而言，链终止反应对整个聚合反应的贡献也就越小。当然自由基浓度不可能无限降低，一般在 10^{-8} mol/L 时聚合速率仍然相当可观，在此条件下可以计算出 $k_t/k_p=10^3\sim10^4$，相对于链增长反应而言，链终止反应速率就可以忽略不计了。

接下来的问题是如何在自由基聚合反应过程中始终保持如此低的自由基浓度，以及采用何种手段来控制产物的聚合度？于是人们确定实现活性自由基聚合的基本途径必须是：在自由基聚合体系中引入一种能够与活性自由基之间存在偶合-离解可逆反应的所谓"活性休眠种"，借以抑制活性自由基浓度，从而降低链自由基双基终止与转移终止反应的发生概率。

对于活性休眠种的基本要求是：体系中的高浓度活性自由基能够与该化合物迅速反应转变为惰性休眠种，而惰性休眠种又可以在适当条件下尽可能稳定而低速地离解成为活性自由基，这样体系中的活性自由基浓度就可以控制在足够低的水平。这有些类似于水库在暴雨洪水季节蓄水的同时，缓慢而匀速地向下游泄洪供水的功能。

在实际聚合配方中除单体和引发剂外，还必须加入一种可有效降低参与链增长反应的活性自由基浓度的所谓减活休眠剂 X。对减活休眠剂 X 的基本要求是既不引发单体，也不发生其他副反应，却能与体系内的初级自由基、单体自由基和链自由基迅速反应，生成络合形式的"休眠种"P—X。该休眠种络合物可以在可控条件下发生共价键均裂反应，重新生成活性自由基与起始物 X。减活休眠剂 X 与活性自由基之间的可逆反应称为活性自由基的减活反应，如下式。

$$P^{\boldsymbol{\cdot}} + X \underset{}{\overset{k'_d}{\rightleftharpoons}} P—X$$

不难看出，加入减活休眠剂后体系内的活性自由基浓度取决于 3 个参数：减活休眠剂 X 浓度[X]、减活反应速率常数 k'_d 以及活性自由基再引发反应的速率常数。其中减活休眠剂浓度可以人为控制，这就解决了在聚合反应过程中始终控制低自由基浓度的问题。研究发现，当自由基浓度很低时，聚合物的聚合度不再由自由基浓度决定，而是由络合休眠种浓度[P—X]决定。

$$\bar{X}_n = [M] / [P—X] \times 单体转化率$$

由此可见，具有快速平衡反应特点的减活休眠剂不但能够使体系中的自由基浓度控制得很低，而且还可以控制聚合物的相对分子质量，从而使活性自由基聚合成为可能。按照控制自由基浓度所采用方法的不同，或者引入聚合体系的减活休眠剂类型的不同，活性自由基聚合大体分为引发/转移/终止活性聚合、可逆加成-断链转移自由基聚合与原子转移自由基聚合 3 种类型。

6.3.2 引发/转移/终止活性聚合

引发/转移/终止活性聚合有时也称为"可逆终止聚合"或者"稳定自由基聚合"，这是日本高分子学者 Otsu 于 1982 年首次创立将引发/转移/终止 3 个基元反应融为一体的活性自由基聚合体系。按照该体系，除必须加入特殊结构的所谓"引发/转移/终止剂(iniferter)"休眠种外，还必须同时采用热引发或光引发相结合的辅助手段才能实施活性自由基聚合。

1. 热引发 iniferter

Otsu 最初采用适合热引发的 iniferter，如 2,3-二氰基-2,3-二苯基丁二酸二乙酯 (DCDPST) 和 2,3-二氰基-2,3-二对甲基苯基丁二酸二乙酯 (DCDPPST)，其化学结构如下。

两者均可在加热到 50℃附近引发极性单体甲基丙烯酸甲酯进行活性自由基聚合，得到相对分子质量较高且分布较窄的聚合物。不仅如此，采用该类 iniferter 还首次实现了非极性单体苯乙烯的活性自由基聚合。

2. 光引发 iniferter

Otsu 的进一步研究结果表明，硫代氨基甲酸苄酯和烷氧基胺类 iniferter 更适合进行光引发的活性自由基聚合。

1) 硫代氨基甲酸苄酯体系

在光照条件下，以硫代氨基甲酸苄酯作为引发/转移/终止剂，对某些取代乙烯类单体进行自由基聚合反应，可实现聚合反应一定程度可控，所得聚合物的相对分子质量分布也较窄。Otsu 采用的硫代氨基甲酸苄酯 iniferter 主要包括 BDC、XDC 和 DDC 3 种，其化学结构如下所示。

BDC 在光照条件下引发单体进行活性自由基聚合的反应历程如下。

链引发反应：

链增长反应：

链终止反应：

在光照下 BDC 分子内相对较弱的 C—S 键容易发生共价键均裂，同时生成活泼的碳自由基和稳定的硫自由基，前者能与乙烯类单体发生加成反应开始链增长反应，后者则不能引发单体而只能与活性自由基进行可逆终止反应。在聚合反应体系中，活性自由基始终处于与单体进行正常链增长反应(活化)以及与稳定的硫自由基进行可逆链终止反应(失活)的动态平衡，从而使活性自由基浓度大大降低，有效抑制了双基终止和链转移反应的发生。由于在聚合反应过程中链自由基活性中心的总浓度不变，所以该聚合反应具有活性聚合的特点。

不难看出，BDC 分子依次参与了自由基聚合的链引发、链增长和链终止反应，所以 Otsu 将这类硫代氨基甲酸苄酯类引发剂称为"引发/转移/终止剂 (iniferter)"，这个词汇是引发剂(initiater)、转移剂(transfer)、终止剂 (terminater)3 个单词的组合。实践证明，采用这类引发体系的缺陷是这种化合物必须在光照条件下才能分解产生自由基，同时也存在一些副反应，致使得到的聚合物的相对分子质量分布不够窄。

2) 烷氧基胺体系

Georges 于 1993 年首次报道另一类 iniferter 引发体系，通常由普通自由基引发剂与稳定的氧氮自由基供体共同组成，前者常用偶氮二异丁腈(AIBN)，后者常用 2,2,6,6-四甲基-1-哌啶氧自由基(TEMPO 或 RNO·)。TEMPO 事实上属于典型的稳定自由基，在有机合成中常用作自由基捕集剂，其分子结构如下。

TEMPO 与常规自由基引发剂分解产生的活性自由基首先发生偶合反应，生成可以在升温或光照条件下重新发生共价键均裂的休眠种。可见 TEMPO 捕捉到自由基以后，并非活性中心死亡而仅仅暂时失活。下面以 AIBN 和 TEMPO 引发苯乙烯的活性聚合反应为例简要介绍其历程。

　　该类引发体系的最大优点是 TEMPO 不能单独引发单体聚合,却能与活性自由基发生可逆链终止和链转移,从而大大降低体系内的活性自由基浓度,保证得到相对分子质量分布很窄的聚合物。例如,采用 TEMPO 或 BPO+TEMPO(物质的量比 1 : 1.2)引发体系,苯乙烯在 120℃进行活性聚合,聚合物的相对分子质量随转化率升高而增加,分散指数可以控制在 1.15~1.3。

　　不过,这类活性自由基聚合的最大缺点是聚合速率较慢,如 TEMPO/BPO/St 聚合体系在 120℃达到 90%转化率需耗时 70 h。后来人们发现,如果加入浓度 0.02 mol/L 的樟脑磺酸等促进剂,同样条件下聚合 6 h 即可达到 90%的转化率。另一方面,由于 TEMPO 价格特别昂贵,而且只能引发苯乙烯和丙烯酸酯等类活泼单体进行活性自由基聚合,致使其应用受到很大限制。

6.3.3　可逆加成-断链转移自由基聚合

　　可逆加成-断链转移(reversible addition fragmentation chain transfer, RAFT)自由基聚合由 Rizzardo 于 1998 年首次报道。与上节讲述的引发/转移/终止活性聚合的实质是利用可逆的链终止反应实现活性自由基聚合的途径有所不同,可逆加成-断链转移自由基聚合的基本原理则是利用可逆的链转移反应实现活性自由基聚合。

　　众所周知,常规自由基聚合过程中存在的不可逆链转移反应是导致活性链自由基失去活性、聚合反应无法控制的重要原因之一。按照实现可控自由基聚合的基本思路,如果某种链转移剂的浓度和链转移常数足够大,不可逆的链转移反应即可转化为可逆的链转移反应,则该聚合反应的机理将发生质的改变,即不可控的自由基聚合转变为可控的活性聚合过程。

　　RAFT 自由基聚合成功实现可控活性自由基聚合的关键是找到了一类具有高链转移常数和特定结构的链转移剂——双硫酯(ZCS_2R),其代表性化合物如下。

CED　　　　　　　　　　CPDP　　　　　　　　　PEDPA

　　在 RAFT 自由基聚合过程中,与加入 TEMPO 的体系相似,初级活性自由基必须来源于常规自由基引发剂如 AIBN 的热分解反应,其引发单体发生链增长反应而成为链自由基,活性链自由基再向双硫酯(ZCS_2R)分子进行链转移,并向后者的 C=S 键加成,进而导致 S—R 键断裂形成新的活性中心,机理如下。

引发剂分解反应：　　　$I \longrightarrow 2R·$

链增长反应：　　　　　$R· + nM \longrightarrow P_n·$

链转移反应：

再引发链增长反应：　$R_1· + mM \longrightarrow P_m·$

式中,R_1 可为—$C(CH_3)_2C_6H_5$、—$CH(CH_3)C_6H_5$ 或—$CH_2C_6H_5$ 等基团。

实践证明，适用于 RAFT 自由基聚合体系的单体范围较宽，对聚合物的分子设计适应性较强，所得聚合物的相对分子质量分布也较窄。表 6-1 列出采用该方法制备嵌段共聚物和星状聚合物的相对分子质量及其分布与单体转化率的关系。

表 6-1　采用 RAFT 自由基聚合合成几种结构可控的聚合物

聚合物	转化率/%	$\bar{X}_n$	$\bar{X}_w / \bar{X}_n$
PBA-PAA	8.3	52 400	1.19
PMMA-PSt	23.5	35 000	1.24
PHEMA-MMA-PHEMA	40.2	28 500	1.18
星状 PSt	72.1	80 000	1.67
星状 P(BA-St)	71.4	82 500	2.16

不过，由于双硫酯的制备过程极为复杂，价格昂贵，其应用受到一定限制。

6.3.4　原子转移自由基聚合

原子转移自由基聚合(atom transfer radical polymerization, ATRP)也称过渡金属催化原子转移自由基聚合，这是由卡内基-梅隆大学旅美华人学者王锦山与日本京都大学学者泽本广南同时于 1995 年分别创立的活性自由基聚合新方法，也是高分子合成领域唯一以华人学者为主导建立的聚合物合成方法。该方法以简单价廉的有机卤化物为引发剂，以过渡金属配合物为卤原子载体，通过氧化还原反应，在聚合体系活性自由基与休眠种之间建立可逆动态平衡，从而实现对自由基聚合反应过程的有效控制。与前两种方法比较，ATRP 的单体适用范围更广泛，实施条件更温和，因此受到各国学者和产业界的广泛关注。

1. ATRP 引发剂

传统 ATRP 引发剂主要由含活泼卤原子的有机物与作为卤原子载体的低价态过渡金属配合物共同组成。常用的有机卤化物包括 α-卤代苯化合物(如 α-氯代苯乙烯、α-溴代苯乙烯、氯化苄和溴化苄)、α-卤代羰基化合物(如 α-氯代丙酸乙酯和 α-溴代丙酸乙酯)、α-卤代腈化合物(如 α-氯乙腈和 α-氯丙腈)以及多卤化物(如氯仿和四氯化碳)等 4 类。低价态过渡金属配合物多用氯化亚铜、溴化亚铜和氯化亚铁等。

近年来发展起来的非传统原子转移引发体系(R-ATRP 引发剂)由常规自由基引发剂如偶氮二异丁腈与高价态过渡金属卤化物如氯化铜、溴化铜和氯化铁等共同组成，同样可以快速建立过渡金属配合物自由基与活性休眠种之间的动态平衡，从而实现活性自由基聚合。

2. ATRP 配体

ATRP 复合引发体系中的变价过渡金属配合物的配体多为碱性配体，主要包括含氮配体(2,2′-联吡啶和 N, N, N', N'', N''-五甲基二乙基三胺等)、含磷配体(亚磷酸酯)、含氧配体(苯氧负离子)和含碳配体(苯基和环戊二烯基)等。其中含氮配体最常用，两种代表性含氮配体的化学结构如下。

2,2'-联吡啶　　　　N, N, N', N'', N''-五甲基二乙基三胺

由于 2,2'-联吡啶构成非均相催化体系，不仅用量很高、聚合速率较慢，而且价格昂贵、毒性较大，应用受到一定限制。目前多采用价格相对较低的取代多胺如 N, N, N', N'', N''-五甲基二乙基三胺为配体组成的均相催化体系。

3. ATRP 单体

ATRP 最突出的特点是单体适应范围最广，以下 3 类单体均可采用该方法。

(1) 取代苯乙烯：包括对位—H、—F、—Cl、—Br、—Me、—CH$_2$Cl、—CF$_3$ 和叔丁基取代苯乙烯，以及间位—Me、—CH$_2$Cl 和—CF$_3$ 取代苯乙烯。

(2) (甲基)丙烯酸酯：包括(甲基)丙烯酸甲酯、乙酯、正丁酯、叔丁酯、异冰片酯和二甲氨基乙酯。

(3) 带功能基(甲基)丙烯酸酯：如(甲基)丙烯酸羟乙酯、(甲基)丙烯酸羟丙酯、(甲基)丙烯酸缩水甘油酯以及乙烯基丙烯酸酯等。

4. ATRP 历程

1) 络合与链引发

首先，过渡金属与配体络合，接着引发剂与过渡金属配合物发生原子转移并完成引发反应。

$$\text{Mt}^n + \text{L} \rightleftharpoons \text{Mt}^n\text{L}$$

$$\text{R}—\text{X} + \text{Mt}^n\text{L} \rightleftharpoons \text{R} \cdot + \text{X Mt}^{n+1}\text{L}$$

$$\text{R}—\text{M}—\text{X} + \text{Mt}^n\text{L} \qquad \text{R}—\text{M} \cdot + \text{X Mt}^{n+1}\text{L}$$

式中，Mt^n 和 L 分别为低价态过渡金属和配体，R、X、Mt^n、Mt^{n+1}、L 和 M 分别为烃基、卤原子、低价态过渡金属、高价态过渡金属、配体和单体，k_i 为链引发速率常数。

如上式所示，引发剂有机卤代物分子内的活泼卤原子作为氧化剂转移到低价态过渡金属原子上并使其氧化态升高，卤代物分子残余部分即转变为初级自由基，引发单体开始链增长反应。通常情况下未发生卤原子转移的有机卤化物无法直接引发单体聚合。

2) 链增长反应

$$\text{R}—\text{M}—\text{X} + \text{Mt}^n\text{L} \rightleftharpoons \text{R}—\text{M} \cdot + \text{X Mt}^{n+1}\text{L}$$

$$\text{R}—\text{M}_n \cdot + \text{X Mt}^{n+1}\text{L}$$

式中，k_p 为链增长速率常数。

3) 链终止反应

$$R\!-\!M_n\cdot + R\!-\!M_n\cdot \longrightarrow R\!-\!M_{n+m}\!-\!R + R\!-\!M_nH + R\!-\!M_n$$

双基偶合　　　　　双基歧化

5. ATRP 实例

自 1995 年首篇有关变价过渡金属催化 ATRP 论文发表以来,世界上诸多一流大学和公司的研究中心都竞相开展 ATRP 的研究。利用原子转移自由基聚合反应可以合成窄相对分子质量分布的聚合物(分散指数小于 1.3)和遥爪聚合物,也可以合成真正的无规共聚物和梯度共聚物。表 6-2 列出 1998 年以前公开报道的 ATRP 引发聚合体系实例,表 6-3 列出分别采用悬浮、乳液和本体 ATRP 聚合合成高软化点聚苯乙烯的相关参数。

表 6-2　ATRP 引发聚合体系举例

引发剂	催化剂	配位剂**	应用实例
R—I*	AIBN/BPO	—	St, MA 可控聚合,可控度不高
AIBN	CuCl₂	2,2′-bpy	St 可控聚合
ClCH₂CN+AIBN	CuCl₂	2,2′-bpy	AM 可控聚合
R—X(X=Cl,Br)	CuCl₂	2,2′-bpy	St、AM、本体、溶液、乳液聚合均可, 结构规整

* R=苯乙基,CRCN,RCF₂; ** 2,2′-bpy 为 2,2′-联吡啶。

表 6-3　采用 ATRP 聚合合成高软化点聚苯乙烯的相关参数(St=2.0 mL,CCl₄=6 μL)

聚合方法	CuCl/mg	BDE**/mL	时间/h	转化率/%	THF 溶解/%	软化点/℃
悬浮聚合	7	0.04	14	86.9	100	156～172
悬浮聚合	70	0.4	5	64.3	40	170～180
悬浮聚合	180	1.0	4	69.3	15	224～236
悬浮聚合	350	2.0	3	77.7	<2	244～260
悬浮聚合	700	4.0	3	77.8	<2	256～278
乳液聚合*	700	4.0	3	35.0	<2	263～275
本体聚合	700	4.0	3	18.9	<2	270～285

* 乳化剂 0.8 g OP10; ** 多溴联苯。

虽然 ATRP 相比前述两种活性自由基聚合具有诸多优势,不过依然存在聚合物含有较多过渡金属催化剂残留需要分离去除等缺陷。不仅如此,价格昂贵的 2,2′-联吡啶配体也必须分离回收,否则将显著降低聚合物的使用性能。

6.4　可控缩合聚合

如本书第 2 章所述,常规缩聚反应体系内虽然拥有众多“等活性”的反应中心,却并不存在如连锁聚合体系内数目有限的聚合反应活性中心。在缩聚反应前期,单体快速生成依然保持活性的二聚体、三聚体、四聚体等低聚体,其后则两两随机缩合并不断重复,最后生成聚合物,可见其相对分子质量及其分布均难以控制。

有关缩聚反应实现可控的研究报道,要比自由基聚合实现可控晚近半个世纪。日本学者 Yokozawa 于 21 世纪之交首先报道某些特殊缩聚单体在特殊催化剂存在条件下实现可控的聚合反应过程,产物的分子链结构和相对分子质量可控，最终制得分散度可达 1.1～1.3 的窄分散缩合均聚物、共聚物、星状聚合物或螺旋状聚合物。

截至目前，虽然只有极少数能满足特殊要求的缩聚单体与特定的催化剂配合，才能实现缩聚反应过程和缩聚物结构与相对分子质量的有效可控。不过，相信随着该领域研究的不断深入，适用于可控缩聚反应的单体种类和催化剂范围定将不断扩展。

6.4.1　基本原理

按照 Yokozawa 的研究结果，目前能够顺利实现可控缩合聚合的单体和催化剂或引发剂必须满足如下 3 个基本条件：①单体含有两个彼此不发生成键反应或者成键反应活性足够低的官能团；②单体内的某个官能团 A 能够与引发剂的活性基团发生反应，同时激活单体的另一官能团 B，使之转化为活性更高、能顺利与下一单体进行链增长反应的官能团 B′；③末端带着引发剂的活性增长链与单体发生链增长反应的概率，应远大于两个单体分子之间发生反应的概率。由此可见，可控缩合聚合反应原理可用图 6-1 形象描述。

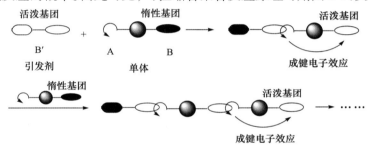

图 6-1　可控缩聚反应原理示意图

6-05-y
　了解可控缩聚对单体和引发剂(催化剂)的特殊要求。

如图 6-1 所示，满足特殊要求的引发剂(催化剂)可以使双官能团单体及其缩聚物分子链端的低活性官能团之一 B 被激活，接着完成一步缩合聚合反应，形成单向活性的缩聚物分子链，并在该方向上实现链增长过程。随着链增长反应重复进行，当单体消耗完毕后聚合反应即停止，生成聚合物的聚合度取决于单体与引发剂的投料比。

6.4.2　可控缩合聚合示例

1. 聚酰胺的可控缩聚

Yokozawa 报道用带有吸电子基团的苯甲酰氯在 F⁻催化下与芳香族酰胺进行可控缩聚反应，如下式。

选择 4-(辛烷基氨基)-苯甲酸苯酯为单体，用 4-硝基苯甲酸苯酯作引发剂，采用 N-辛烷基-N-三乙基硅烷基苯胺、CsF 和 18-冠醚-6 组成的混合碱体系，在室温条件下进行聚合，即可得到结构规整、相对分子质量分布较窄的聚酰胺。该反应历程如下所示。

(R=C$_8$H$_{17}$　　　EDG为给电子基团　　　EWG为吸电子基团)

单体 4-(辛烷基氨基)-苯甲酸苯酯的仲氨基上的活泼氢原子能在碱性条件下离解，使仲氨基 N 原子转变为 N$^-$。由于 N$^-$具有强给电子性，通过苯环的共轭效应导致对位酯键的活性降低，从而有效阻止单体间发生缩合反应。另一方面，以带强吸电子硝基的 4-硝基苯甲酸苯酯作引发剂，由于引发剂分子内苯酯的活性比单体内苯酯的活性更高，致使引发剂分子与单体之间的缩合反应占绝对优势。其生成的酰胺分子由于带着弱给电子基团，导致其苯酯的反应活性相对于单体 M 或 M′的苯酯更为活泼，于是下一个单体分子的仲氨基更容易与已被引发剂分子激活的酰胺分子的苯酯上的羰基发生酰胺化反应。通过带有 N$^-$的单体选择性地与活性聚合物分子链的端基团进行反应，链增长反应得以继续进行。

在该缩聚反应体系中，聚合物相对分子质量随单体转化率的升高而呈线性增长，相对分子质量也与单体与引发剂的投料比成正比，聚合物的分散度 M_w/M_n 通常小于 1.2。如果继续加入单体，聚合物分子链可以继续进行链增长反应，具有活性聚合反应的基本特征。通过芳香族单体及其聚合物的不同取代基效应，即可对这类活性缩合聚合反应做出如下合理解释。

虽然该聚合反应能够在温和条件下制得结构规整、相对分子质量分布较窄的聚酰胺，不过必须使用复杂而昂贵的复合碱体系以及难以合成的苯酯，同时该反应难免生成极难彻底分离除去的副产物如苯酚等，因此该方法的推广应用受到很大限制。

2002 年，日本学者 Shibasaki 等对上述反应进行了改进，他们以双三甲基硅基氨基锂(LiHMDS)为碱，用 4-甲基苯甲酸苯酯作引发剂，以 4-(辛烷基氨基)-苯甲酸苯酯作单体，在−10℃的低温条件下进行聚合反应，产物经 NaOH 溶液中和，再经简单后续处理，即得到结构规整、相对分子质量分布较窄、高纯净度的聚酰胺，其反应式如下。

$$\text{Me} - \text{C}_6\text{H}_4 - \overset{\overset{\displaystyle O}{\|}}{\text{C}} - \text{OPh} + \text{HN} \overset{R}{\underset{}{}} - \text{C}_6\text{H}_4 - \overset{\overset{\displaystyle O}{\|}}{\text{C}} - \text{OMe}$$

$$\xrightarrow[-10℃]{\text{LiHMDS}} \text{Me} - \text{C}_6\text{H}_4 - \left[\overset{\overset{\displaystyle O}{\|}}{\text{C}} - \overset{R}{\underset{}{\text{N}}} - \text{C}_6\text{H}_4 - \overset{\overset{\displaystyle O}{\|}}{\text{C}} \right]_n \text{OMe}$$

$$(R = C_8H_{17})$$

研究发现,那些具有诱导效应的间位取代基的氨基苯酯,也可作为可控缩聚反应的单体,制备结构规整、相对分子质量分布较窄、高纯净度的聚酰胺。依然采用双三甲基硅基氨基锂(LiHMDS)为碱,用 4-甲基苯甲酸苯酯作引发剂,以四氢呋喃(THF)作溶剂进行聚合,其反应式如下。

$$R - \text{NH} - \text{C}_6\text{H}_4 - \overset{\overset{\displaystyle}{\text{C}}}{\underset{\displaystyle O}{}} - \text{OEt} \xrightarrow[0℃]{\text{LiHMDS}} R - \overset{Li}{\underset{}{\text{N}}} \oplus \cdots \text{C} - \text{OEt}$$

强EDG诱导效应惰性基团

$$\text{Me} - \text{C}_6\text{H}_4 - \overset{\overset{\displaystyle O}{\|}}{\text{C}} - \text{OPh} \xrightarrow{\quad \cdots \quad} \text{Me} - \text{C}_6\text{H}_4 - \overset{\overset{\displaystyle O}{\|}}{\text{C}} - \overset{}{\underset{}{\text{N}}} - \text{C}_6\text{H}_4 \left[\text{C} \right]_n - \text{OEt}$$

上述聚合反应中,在碱 LiHMDS 的作用下,单体间氨基苯甲酸乙酯基与酯键上羰基的诱导效应,使间位氨基的 N 原子容易失去质子而转变为具有强给电子能力的 N^-,从而导致处于间位的酯键失活,这样就避免了单体间的缩合反应,使单体与引发剂分子(含经其引发的缩聚分子链)之间的缩合反应占据主导地位。后续研究结果显示,采用类似方法可以合成下列几种具有规整结构、相对分子质量分布较窄、高纯净度的聚酰胺。

$$(R = H, Me, Et, C_3H_7, C_4H_9) \qquad (m = 3,4) \qquad (R = Me, C_8H_{17})$$

上述间位取代的聚酰胺与对位取代的聚酰胺相比,前者有利于降低聚合物的结晶度,因而聚合物具有更好的溶解性能,其加工性能也比对位取代的聚酰胺好一些。

2. 聚酯的可控聚合

由于酯交换等副反应的存在,聚酯反应的可控聚合实施要比聚酰胺反应困难得多。不过如果将固态单体分散于有机溶剂中,再选用适当的相转移催化剂,即可实现某些聚酯反应的可控聚合。横泽曾报道在丙酮溶液中以 18-冠-6 或四丁基碘化铵作相转移催化剂,以 4-硝基苄基溴作引发剂,对固态的 4-溴甲基-2-辛烷氧基苯甲酸钾单体进行如下所示的可控聚酯缩合反应。结果显示,当单体 4-溴甲基-2-辛烷氧基苯甲酸钾与引发剂 4-硝基苄基溴之间的物质的量比不大于 15 时,所制得的聚酯分子结构规整,相对分子质量分布不高于 1.3。

3. 聚芳醚的可控聚合

聚芳醚作为一类特种工程塑料，因其优良的热稳定性和化学稳定性，以及良好的机械性能，已被广泛应用于许多工程领域。2003 年横泽曾报道，以单体 5-氰基-4-氟-2-丙基苯酚钾在特殊含氟引发剂的参与下，可制得结构规整、相对分子质量分布较窄、结晶能力更强的聚芳醚，如下式所示。

6.4.3 催化剂转移可控缩聚合成共轭聚合物

这类缩聚反应历程与前述可控缩聚反应有所不同，催化剂能够转移到分子链的末端并使末端基团活化，从而使其优先于单体参与缩合反应。研究发现，这一过程与生物体内的某些缩合聚合反应类似。1998 年，McCullough 等采用 1,3-双(二苯基膦丙烷)二氯化镍 Ni(DPPP)Cl$_2$ 作催化剂，进行取代噻吩单体的聚合，却得到相对分子质量分布较宽的产物。其后，他们在室温条件下用 1∶2 物质的量比的异丙基氯化镁/单体二溴代噻吩进行原位聚合，发现聚合物的数均聚合度随单体转化率的增大而增加，同时还可以通过控制催化剂 Ni 的加入量制得结构规整、相对分子质量分布较窄的产物，最后用浓度 5 mol/L 的盐酸溶液终止反应，测得聚噻吩的相对分子质量分布约为 1.1，其聚合反应式如下。

通过对上述缩聚反应历程的系统研究,横泽和 McCullough 等对该聚合反应历程归纳如下几个特点:①在聚合反应过程中,所有聚合物活性分子链的两端均分别为 Br 原子和 H 原子;②链增长的中间体为聚合链-Ni-Br 复合物;③1 个 Ni 原子催化最终生成 1 个聚合物分子链;④链引发剂是原位形成的单体二聚体。由于 Ni 原子与配体之间倾向于形成更稳定的结构,因此在聚合过程中发生异构化而迁移到分子链的末端,活性聚噻吩分子链的 1 个末端总是Ni 的配合物。基于此,可以通过格氏试剂在聚噻吩分子链的末端引入某些功能化基团,如烯丙基、乙烯基、乙炔基,甚至羟基或氨基等目标基团。

在此之后,横泽和 Bielawski 进一步研究发现 Ni(DPPE)Cl₂ 既是吡咯单体缩合聚合反应的良好催化剂,也是对苯撑类单体缩合聚合反应的最好催化剂,其在长程共轭导电均聚物和共聚物的合成中非常有用,两类缩聚反应如下。

催化剂 Ni(DPPE)Cl₂,DPPE=1,2-bis(diphenylphosphine)ethane

6.4.4 可控缩聚用于制备新型嵌段缩聚共聚物

如果按照本章前面讲述的常规缩合聚合反应方法,将两种可以进行缩合反应的缩聚物(如两种不同的聚酰胺)充分混合以后再进行缩合,虽然也可以制得含有部分由两种聚酰胺链段构成的嵌段共聚物,但是却无法保证其不含各自组分聚酰胺的均聚物。不仅如此,其嵌段数与嵌段长度与相对分子质量更是难以控制。2002 年，Yokozawa 等用 4-(辛烷基氨基)苯甲酸苯酯作单体，通过如下式所示的可控缩合聚合反应，合成出含有 N-烷基和 N—H 键的聚酰胺嵌段共聚物。

首先，单体 4-(辛烷基氨基)苯甲酸苯酯在碱体系中与引发剂(对硝基苯甲酸苯酯)发生缩合反应，当聚合反应完成后再加入第 2 单体。第 2 单体(对氨基苯甲酸苯酯)须事先用 OOB 保护氨基，缩合聚合反应即按照类似历程进行第 2 嵌段的缩合聚合反应。最后，加入三氟氯乙酸脱去氨基的保护基 OOB，即得到这两种酰胺的二嵌段共聚物。研究发现，这种嵌段聚酰胺可以在四氢呋喃溶液中通过分子间的氢键作用进行自组装，制得微米级胶束或片状聚集体。

(碱体系: Et$_3$Si—N—Ph,CsF,18-冠-6,OOB= ___\<>—OC$_8$H$_{17}$)

采用可控缩聚工艺，以双三甲基硅基氨基锂(LiHMDS)为碱，4-甲基苯甲酸苯酯作引发剂，也可以合成结构规整、相对分子质量分布较窄、由间位取代的苯甲酰胺与对位取代的苯甲酰胺构成二嵌段共聚物，如下所示。

综上所述，活性阴离子聚合的机理研究和应用已经成熟，其对单体的适应范围也较广。活性阳离子聚合因其对单体和引发剂的特殊要求，机理研究和应用受到限制。活性自由基聚合虽然最受期待，不过鉴于目前几种方法均须采用价格昂贵的特殊引发剂，生成的聚合物因含大量过渡金属引发剂残留，影响其理化性能，该方法的深化完善研究尚待时日。相对而言，可控缩聚对单体和特殊催化剂的要求更为严苛，进一步深化完善研究同样任重道远。

第7章 聚合物化学反应

顾名思义，聚合物化学反应系指以聚合物为反应底物的化学反应。参加反应的低分子化合物可以是无机化合物，也可以是有机化合物。大分子参加化学反应的部位可以是分子主链，也可以是侧基。研究聚合物化学反应的目的主要包括 3 个方面：①对天然或合成的高分子化合物进行化学改性，赋予其更优异和更特殊的性能，从而开辟其新的用途；②合成某些不能直接通过单体聚合而得到的聚合物，如聚乙烯醇和维尼纶等的合成；③研究聚合物结构的需要，了解聚合物在加工过程中的结构改变以及在使用过程中造成破坏的环境因素及其规律。

聚合物化学反应大体可分为 3 类：①聚合度不变的反应，如各种侧基反应；②聚合度增加的反应，如接枝、扩链、嵌段和交联等；③聚合度减小的反应，如降解、解聚、分解和老化等。通过聚合物的化学反应可以赋予其特殊的化学、物理或生物学功能，已成为高分子科学一个新兴的分支——功能高分子。

7.1 反应特点与影响因素

7.1.1 反应特点

聚合物化学反应的基本特点是反应复杂多样、产物多样而欠均匀、影响因素涉及面较广。同低分子化合物相比较，由于聚合物相对分子质量高，大分子主链主要以共价键连接，参与化学反应的主体是大分子的某个部分如侧基或端基等，而并非整个大分子，这使得聚合物化学反应具有与一般低分子化学反应不同的特点。以聚乙烯醇与甲醛的缩醛化反应为例。

$$\sim CH_2CH-CH_2CH-CH_2CH-CH_2CH \sim \xrightarrow[-H_2O]{+CH_2O}$$

上式表明，聚乙烯醇大分子链上参加缩醛化反应的部位是羟基而不是整个大分子。缩醛化反应可以在大分子链内部进行，也可能在两个大分子链之间进行。在大分子链内进行的缩醛化反应也不一定完全限制于相邻的两个羟基之间。在反应后期还可能存在少数被"孤立"的羟基或羟甲基由于周围空间已经没有能够与之协同缩醛化的羟基存在而不能进一步进行反应。如果再加上少许未彻底水解的—OCOCH$_3$ 基团，维尼纶分子链上就可能含有包括

7-01-y
聚合物化学反应特点是反应复杂多样、产物不均匀。

—OH、—OH₂OH 和—OCH₂O—等 3～4 种分布完全无规的官能团。这显然要比低分子有机物的同类反应复杂得多。

7.1.2　影响因素

影响聚合物化学反应的因素多种多样。一般而言，影响低分子化学反应的因素如温度、压力和酸碱性等条件通常也对聚合物化学反应产生影响。不过本节重点讲述仅对聚合物化学反应产生特殊影响的一些物理和化学因素。

1) 聚集态的影响

高结晶度的聚合物很难进行化学反应，非晶态聚合物反应相对容易。原因是结晶区的聚合物分子链堆砌非常致密，分子间作用力很强，化学试剂扩散困难，化学反应也就难以进行，即使发生也仅限于非晶区。其结果自然导致反应难于彻底，反应产物的化学和物理结构存在不均匀性。例如，对聚乙烯的氯化反应，如果将聚乙烯颗粒悬浮于惰性溶剂四氯化碳中进行氯化，得到的氯化聚乙烯的玻璃化温度和硬度显著低于采用溶液法制得的氯化聚乙烯。

2) 邻近基团位阻的影响

当聚合物分子链上参加化学反应的基团邻近较大体积的基团时，由于位阻效应而使低分子试剂难以接近反应部位，从而无法进一步反应。一个最典型的例子是聚乙烯醇的三苯乙酰化反应。

7-02-y

聚合物化学反应的影响因素：聚集态、邻近基团位阻和静电、构型、官能团孤立化、相容性。

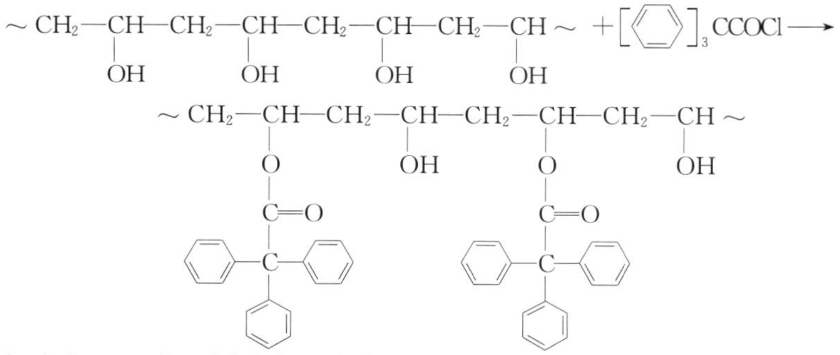

实验发现，聚乙烯醇羟基能够达到的最高反应程度仅为 50%左右。由此可见，先期反应进入大分子链的体积庞大的三苯乙酰基对邻近羟基起到"遮盖"或"屏蔽"作用，严重妨碍反应物三苯乙酰氯继续向邻位羟基接近，反应也就无法继续进行。在聚乙烯醇的缩丁醛反应中，同样也会遇到类似情况，只是由于丁基的体积较三苯乙酰基小，因此其影响程度也小一些。

3) 邻近基团的静电效应

如果聚合物化学反应涉及酸碱催化历程，或者有离子态反应物参与，或者生成物呈离子态，则该反应后期待反应基团的继续反应往往会受到邻近带电荷基团的静电作用而改变速率。典型的例子是聚丙烯酰胺的水解反应。水解反应一旦开始，其生成的羧基负离子将与邻近酰胺基上带正电荷的羰基基于电荷相反而彼此吸引，进而促进羰基上氨基的离去而完成水解过程。由此可见，水解生成的羧基对邻近酰胺基的水解有一定催化促进作用。

4) 立体构型的影响

在具有不同立构异构体的聚合物参加的化学反应中，发现两者的反应速率并不相同。例如，聚甲基丙烯酸甲酯(PMMA)的水解反应，全同立构 PMMA 由于其分子主链上的所有酯基都处于主链平面的同一侧，先期水解生成带负电荷的羧基对临近酯基的水解具有一定催化促进作用，从而使全同立构 PMMA 的水解反应速率显示逐渐加速的特点。间同立构 PMMA 与此相反，酯基交替处于主链平面的两侧，不具有这种催化作用。无规结构的 PMMA 的水解反应速率则介于全同立构物和间同立构物之间。

5) 基团隔离或孤立化

在聚合物化学反应中，如果参与反应的官能团是两个或两个以上，反应后期有可能出现这样的情况，即 1 个官能团的周围已经没有能够与之协同反应的第 2 个官能团，则其好像被隔离或孤立而无法继续反应。例如，聚乙烯醇的缩甲醛反应是在分子链上或链间 2 个羟基与 1 个甲醛分子之间进行。如果 1 个孤立的羟基周围没有第 2 个羟基与之协同反应，则该羟基的缩醛化反应就无法进行到底，只能以—OH 或—OCH$_2$OH 的形式保留在大分子链上。通常聚乙烯醇的缩甲醛化程度只能达到 90%～94%，有 6%～10%的羟基被孤立化就是这个道理。

6) 相容性的影响

相容性是指两种或两种以上物质能以分子分散水平彼此混合所能达到的程度。例如，水与乙醇相容，水与汽油则不相容。聚合物化学反应中涉及的相容性通常包括下述两个方面：①参加反应的聚合物与生成的组成和结构已发生改变的聚合物之间的相容性；②参加反应的聚合物和生成的聚合物分别与反应介质之间的相容性。一般而言，化学组成和结构接近的聚合物之间的相容性较好；极性接近的聚合物之间的相容性较好；与合成聚合物的单体的溶度参数相等或接近的溶剂与该聚合物的相容性较好。

如果反应聚合物与生成聚合物之间的化学组成和结构差别很大，它们之间的相容性就很差，这样就很难选择同时与它们都有良好相容性的溶剂。例如，聚乙烯醇的缩甲醛反应，反应物聚乙烯醇亲水性良好，而其缩甲醛产物即维尼纶的亲水性却很差。为了使反应能够顺利进行，必须选择既有较好亲水性，又有一定亲油性的混合溶剂——水和甲醇。由此可见，广泛采用混合溶剂是聚合物化学反应溶剂选择的一大特点。

综上所述，影响聚合物化学反应的因素多种多样，通常是多种因素同时产生影响，所以在确定反应条件和分析反应结果时需要综合考虑这些因素。

7.2　分子主链反应

以大分子主链为反应主体、使聚合度改变的化学反应属于主链反应，包括接枝、扩链、交联和降解。本节重点讲述前 3 类，降解反应将在 7.4 节讲述。

7.2.1　接枝

聚合物分子主链引入一定数量与主链结构相同或不同支链的过程称为

接枝。某些自由基聚合物(如高压聚乙烯)难免在分子链上产生结构与主链相同的长支链和短支链。但是以改善聚合物性能为目的的接枝反应往往是在大分子链上引入一些结构与主链不同的支链,通常支链聚合物的性能可以在一定范围内与主链聚合物的性能进行互补与综合。接枝反应包括下述 3 类。

1) 活性侧基引发自由基型或离子型聚合

聚合物分子主链的某些侧基在引发剂、光、热或高能辐照下被活化而产生自由基或离子型活性中心,引发其他单体聚合,使直链聚合物转化为接枝共聚物。

(1) 自由基型接枝。例如,侧基为卤素或酮基的聚烯烃,采用光照激发生成多种类型活性自由基。

$$\sim CH_2-CH \sim \xrightarrow{h\nu} \sim CH_2-CH \sim \ + \ \sim CH_2-\overset{\cdot}{CH} \sim \ + \ CH_3\overset{\cdot}{CO}$$
$$\quad \underset{Me-CO}{} \qquad\qquad \underset{O=\overset{\cdot}{C}}{} \qquad\qquad \underset{Me-CO}{}$$

分子主链上的叔碳原子被激发出独电子以后,可以引发同时加入的单体按照自由基历程聚合并生成接枝共聚物。上述产生自由基的反应方式有多种,上式仅列出其中 3 种。聚苯乙烯的接枝聚合反应通常在苯环上首先异丙基化,接着进行异丙基过氧化反应,过氧基团分解产生自由基,开始接枝聚合反应,如下式。

$$\sim CH_2-CH \sim \ + \ CH_3\underset{\underset{Cl}{|}}{CHCH_3} \xrightarrow{AlCl_3} \sim CH_2-CH \sim \xrightarrow{BPO+O_2}$$

$$\sim CH_2-CH \sim \xrightarrow{+MMA} \sim CH_2-CH \sim$$

(2) 阳离子型接枝。例如,聚氯乙烯可以用路易斯酸作引发剂进行接枝苯乙烯侧链的阳离子型聚合。

$$\sim CH_2-\underset{\underset{Cl}{|}}{CH} \sim \xrightarrow{AlCl_3} \sim CH_2-CH \sim \xrightarrow{+St}$$
$$\qquad\qquad\qquad\qquad AlCl_4^-$$

2) 链转移反应引发接枝聚合

第 3 章讲述乙烯自由基聚合链转移反应时,曾讲述聚乙烯的活性链自由基向分子内和分子间转移分别生成短支链和长支链。其他单体进行自由基聚合时同样也可能发生转移而生成支链，只是一般情况下不会有聚乙烯那么严重。

3) 活性侧基聚合物引发接枝聚合

例如，聚乙烯醇与二异氰酸酯反应可以在侧基上引入高活性的异氰酸酯侧基，然后就可以与带有活泼氢端基的缩聚物或通过活性阴离子聚合而制得的所谓"遥爪聚合物"进行缩合，生成具有加聚物主链同时带有缩聚物支链的共聚物。例如，聚乙烯醇与二异氰酸酯反应以后，再与二元醇进行缩合反应，如下式。

$$\sim CH_2—CH\sim + OCN—R—NCO \longrightarrow \sim CH_2—CH\sim$$
$$\qquad\qquad |\qquad\qquad\qquad\qquad\qquad\qquad\qquad\qquad |$$
$$\qquad\quad OH\qquad\qquad\qquad\qquad\qquad\qquad\qquad O—CNH—R—NCO$$
$$\qquad\qquad\qquad\qquad\qquad\qquad\qquad\qquad\qquad\qquad\qquad \| $$
$$\qquad\qquad\qquad\qquad\qquad\qquad\qquad\qquad\qquad\qquad\qquad O$$

$$\xrightarrow{+HOR'OH} \sim CH_2—CH\sim \qquad\qquad\qquad\qquad \sim CH_2—CH\sim$$
$$\qquad\qquad\qquad |\qquad\qquad\qquad\qquad\qquad\qquad\qquad\qquad\qquad\qquad\qquad |$$
$$\qquad\quad O—CHN—R—NHC—OR'O—CNH—R—NHC—O$$
$$\qquad\qquad \|\qquad\qquad\qquad\quad\|\qquad\qquad\qquad\|\qquad\qquad\qquad\quad\|$$
$$\qquad\qquad O\qquad\qquad\qquad O\qquad\qquad\qquad O\qquad\qquad\qquad O$$

7.2.2　扩链

使聚合物主链增长的过程称为扩链，扩链是合成嵌段共聚物的重要方法，通常有 3 种类型的扩链方法。

1) 活性端基聚合物之间的缩合

所谓活性端基聚合物，系指大分子两端带有相同、可以参加缩合反应的活泼官能团的聚合物。这种聚合物可以是缩聚物，也可以是加聚物。例如，在第 2 章讲述的"结构预聚物"便属于活性端基聚合物；第 5 章讲述的由活性阴离子链与特殊试剂(环氧乙烷或二氧化碳等)反应生成的"遥爪聚合物"也属于活性端基聚合物。

2) 与低分子偶联剂进行缩合

一些带 2 个活泼基的有机化合物如 $Br(CH_2)_2Br$、$ClCH_2C_6H_4CH_2Cl$、$Br(CH_2)_3Br$ 等可以与含 1 个或 2 个活性端基的聚合物反应(偶联反应)，结果使聚合度倍增。这类化合物称为偶联剂。例如，尼龙-66 可被对二氯甲基苯偶联。

$$HO—[OC(CH_2)_4CONH(CH_2)_6NH]_n—H + Cl—CH_2C_6H_4CH_2—Cl \longrightarrow$$
$$HO—[OC(CH_2)_4CONH(CH_2)_6NH]_n—CH_2C_6H_4CH_2—[NH(CH_2)_6NHOC(CH_2)_4CO]_n—OH$$

3) 利用线型缩聚反应中的链交换反应

如果将聚酯和聚酰胺两种聚合物混合加热熔融，则两种聚合物大分子链之间可能发生链交换反应，生成既含有聚酯和聚酰胺的嵌段共聚物分子，也含有未发生链交换反应的聚酯分子链和聚酰胺分子链的混合聚合物。虽然这种制备嵌段共聚物的方法十分简单，但是嵌段效率不高，因此并不常用。

7.2.3　交联

交联聚合物具有许多优异的力学性能和不溶、不熔的特点，因此在高分子加工成型过程中常需要将线型加成聚合物进行适度的交联。这就是本节介绍的内容。

所谓交联就是使线型聚合物转化成具有三维空间网状结构、不溶、不熔的聚合物的过程。烯烃聚合物的交联反应可以在交联剂、光、热或高能辐照等条件下进行。

1) 橡胶的硫化

众所周知，生橡胶即未经硫化的天然橡胶是较硬而缺乏弹性的塑性材料，熟橡胶即经过硫化的橡胶是弹性和强度都很好的弹性体。事实上在高分子科学建立以前人类就掌握了天然橡胶的硫化工艺，早期的确是用单质硫对天然橡胶进行硫化的，这就是"硫化"一词的由来。但是随着高分子科学的建立和各种合成橡胶的问世，人们发现一些聚烯烃塑料转变成弹性橡胶的过程并不需要单质硫，而必须用其他物质如某些金属氧化物等，因此应该对传统的"硫化"概念重新进行定义。

所谓硫化，是指使塑性高分子材料转变成弹性橡胶的过程。现有天然及合成橡胶大体可以分为不饱和橡胶和饱和橡胶两大类，其硫化过程、硫化剂以及硫化机理完全不同。

(1) 不饱和橡胶的硫化。天然橡胶、合成的丁苯橡胶、丁腈橡胶、氯丁橡胶、丁基橡胶等均属于不饱和橡胶，其大分子链中还保留着共轭二烯烃 1,4-加成聚合反应完成以后留下的双键。这种不饱和橡胶以 2%～4% 的单质硫作硫化剂，硫醇等化合物作促进剂，氧化铅或氧化钙等作活化剂，在 $120～150℃$ 的温度条件下进行较长时间的捏合、压炼而完成硫化过程。事实上，橡胶硫化过程的机理相当复杂，不过研究发现，在硫化过程中单质硫总是以单硫双自由基或双硫双自由基的形式参加反应的。硫化过程实质上是大分子链上和大分子链之间的双键通过"硫桥"实现相互交联的过程。这种交联反应发生的部位、方式以及硫桥的长度都是多种多样的，下面仅给出一种最简单的硫化反应方式。

$$
\begin{array}{l}
\sim CH_2-CH=CH-CH_2 \sim \\
\qquad +S_m \\
\sim CH_2-CH=CH-CH_2 \sim
\end{array}
\longrightarrow
\begin{array}{l}
\qquad\qquad\quad S_m \\
\sim CH_2-CH-CH-CH_2 \sim \\
\qquad\quad S_m \\
\sim CH_2-CH-CH-CH_2 \sim \\
\qquad\qquad\quad S_m
\end{array}
$$

(2) 饱和橡胶的硫化。大分子链中不含双键的合成橡胶如乙丙橡胶、氯化氯磺酰化聚乙烯等属于饱和橡胶，其硫化是在过氧化物或金属氧化物的共同作用下进行的交联反应过程。

$$
\sim CH_2-CH_2-CH_2-CH \sim \xrightarrow{+BPO} \sim CH_2-CH_2-CH_2-\overset{\cdot}{C} \sim
$$
$$
\qquad\qquad\qquad |\qquad\qquad\qquad\qquad\qquad\qquad |
$$
$$
\qquad\qquad\qquad CH_3 \qquad\qquad\qquad\qquad\qquad\qquad CH_3
$$

$$
\xrightarrow{偶合}
\begin{array}{l}
\qquad\qquad\qquad\qquad CH_3 \\
\sim CH_2-CH_2-CH_2-\overset{|}{\underset{|}{C}} \sim \\
\sim CH_2-CH_2-CH_2-\overset{|}{\underset{|}{C}} \sim \\
\qquad\qquad\qquad\qquad CH_3
\end{array}
$$

　　该反应具有类似自由基链转移机理,下面的反应则属于离子型侧基的成盐反应。

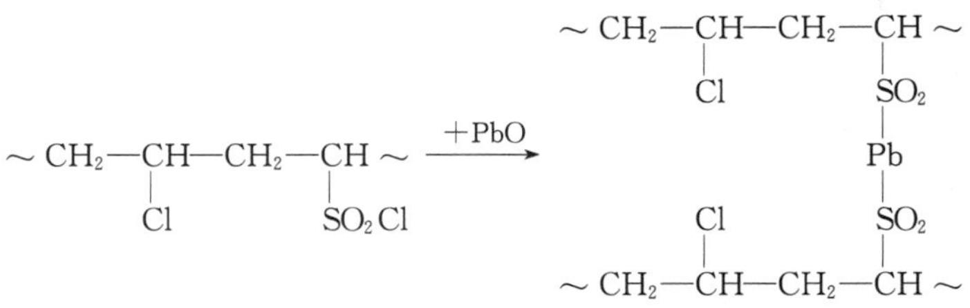

2) 不饱和聚酯的固化

　　顾名思义,含有不饱和键的聚酯称为不饱和聚酯,最重要的不饱和聚酯品种是顺丁烯二酸酐与丁二醇缩聚生成的低聚物。这种不饱和聚酯常以其与烯类单体(如苯乙烯等)的溶液形式作为市售产品。将不饱和聚酯与烯烃单体进行共聚反应并同时加工成型,则制成具有交联体型结构的制品。这种制品通常以玻璃纤维增强,故俗称"玻璃钢",它用于制作大型耐腐蚀容器、化工设备、轻便屋顶防水瓦等。不饱和聚酯的固化反应可以用下式表示。

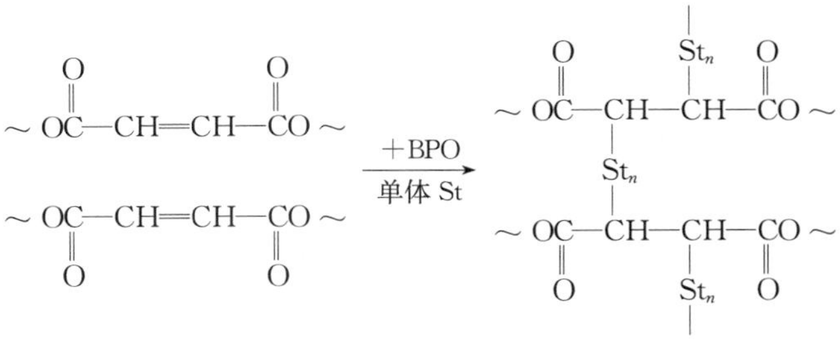

　　过氧化物是不饱和聚酯固化必不可少的引发剂,同时还需要加入适当促进剂、增塑剂和稳定剂等以提高制品使用性能。

3) 聚烯烃的交联

　　聚乙烯和聚丙烯等饱和烯烃的软化点和硬度都较低,其用途受到一定限制。如果将其进行适度交联则可以大大提高其综合性能。与饱和橡胶的硫化相似,饱和聚烯烃的交联同样可以采用过氧化物引发,也可以采用高能辐照引发。

　　同具有支链结构的低密度聚乙烯以及线型高密度聚乙烯比较,经过交联的聚乙烯具有更高的抗张强度和抗冲击强度,良好的抗应力开裂和耐候性,优良的耐磨性和抗蠕变性以及很好的耐热性。同时,其具有的卓越电绝缘性能以及耐化学试剂、耐辐射性能,使之在各种电线电缆的生产中占据主导地位。

7.3　分子链侧基反应

　　聚合物侧基反应是大分子链上除端基以外的原子或原子团所参与的化学反应。侧基反应是在聚合物分子链上引入特殊官能团或者将原有官能团转化成别的官能团的有效方法,是对聚合物进行化学改性和实现材料高分子功能化的重要手段,同时也是制备无法由单体直接聚合得到或者对应单体无法稳定存在的聚合物的唯一方法。

　　聚合物的小分子同系物能够进行的所有化学反应原则上都可以通过聚

合物的侧基反应来实现，前提条件是能够综合考虑影响聚合物化学反应的各种因素，设计出有利于反应顺利进行的条件。这就为高分子工作者利用成熟的有机化学反应，在聚合物改性、合成具有特殊性能和用途的高分子材料方面提供了很大的选择余地。不过迄今为止，基于聚合物化学反应的复杂性、影响因素的多样性等原因，只有极少数有机化学反应被成功移植到聚合物侧基反应而获得应用。下面列举最重要的几个例子。

7.3.1 聚乙烯醇与维尼纶

聚乙烯醇(PVA)是一种用途相当广泛的水性胶黏剂和非离子型表面活性剂，也是合成重要合成纤维维尼纶的中间体。由于合成聚乙烯醇的理论单体"乙烯醇"并不存在，因此只能采用间接方法先由乙酸乙烯酯单体通过自由基聚合制备聚乙酸乙烯酯，再将其置于碱性甲醇水溶液中进行水解(亦称醇解)来制备。之所以选择甲醇水溶液作为疏水性聚乙酸乙烯酯水解反应的溶剂，就是充分考虑到水解产物 PVA 的高度亲水性，混合溶剂有利于水解反应顺利完成。

$$n\, CH_2\!\!=\!\!CH \quad \xrightarrow{+BPO} \quad \!\!-\!\!\big[CH_2\!\!-\!\!CH\big]_n \quad \xrightarrow[+NaOH]{+MeOH} \quad \!\!-\!\!\big[CH_2\!\!-\!\!CH\big]_n$$
$$\quad\;\; | \qquad\qquad\qquad\qquad\qquad\quad | \qquad\qquad\qquad\qquad\qquad\quad |$$
$$\quad O\!\!=\!\!COCH_3 \qquad\qquad\qquad O\!\!=\!\!COCH_3 \qquad\qquad\qquad OH$$

按照国家标准，根据聚合度与醇解度的不同，在国产聚乙烯醇的中文名称或英文缩写的后面通常标注 4 位数字，其中前两位数字依次表示其数均聚合度的千分位和百分位，后两位数字则标出其醇解度。例如，聚乙烯醇 1788 和 PVA 1899，前者的聚合度约为 1700，醇解度约为 88%，即使在冷水中也具有良好的溶解性能；后者的聚合度约为 1800，醇解度约为 99%，其结晶性能很好而在水中的溶解速度非常缓慢。

在维尼纶纤维的生产中，首先须用高醇解度的聚乙烯醇配制较浓的水溶液，再经过溶液纺丝和适度拉伸，最后再进行缩甲醛化处理，即制成不溶于水的重要合成纤维维尼纶，其反应式如下所示。

7-04-f.y
维尼纶的合成反应甚为重要，同时应该了解其可能带有的未完全反应的基团。

$$\!\!-\!\!\big[CH_2\!\!-\!\!CH\big]_n \xrightarrow{+CH_2O} -CH_2\!-\!CH\!-\!CH_2\!-\!CH\!-\!CH\!-\!CH_2\!-\!CH\!-$$
$$| \qquad\qquad | \qquad\qquad | \qquad\quad |$$
$$O\!-\!CH_2\!-\!O \qquad\qquad O \qquad\quad OH$$
$$|$$
$$CH_2$$
$$|$$
$$-CH_2\!-\!CH\!-\!CH_2\!-\!CH\!-\!CH\!-\!CH_2\!-\!CH\!-$$
$$| \qquad\qquad | \qquad\qquad |$$
$$O\!-\!CH_2\!-\!O \qquad\qquad CH_2\!-$$

聚乙烯醇的缩醛反应既可在分子链内进行，也可在分子链之间进行，所以会产生一定交联，从而使维尼纶不再具有水溶性。不仅如此，分子链上也可能存在水解和缩醛化反应不完全的酯基、羟基和羟亚甲基等。聚乙烯醇与丁醛缩合可以制得高度韧性、用于加工防弹、防脆裂钢化玻璃的夹层材料——聚乙烯醇缩丁醛。

7.3.2 聚烯烃的氯化与氯磺酰化

聚乙烯、聚丙烯和聚氯乙烯等许多饱和聚烯烃及其共聚物均可进行氯化和氯磺酰化反应。该反应属于自由基连锁机理,自由基引发剂、热和光等均可以引发该反应。氯化聚乙烯是提高 PVC 抗冲强度的重要添加剂。聚氯乙烯经氯化以后玻璃化温度和强度得以显著提高,溶解性能和热合焊接性能也得以改善。例如,聚乙烯在二氧化硫存在下通入氯气即生成一种新型弹性体——氯磺酰化聚乙烯,也称耐用橡胶,其反应式如下。

$$\text{--[CH}_2\text{--CH}_2\text{]}_n + \text{Cl}_2 + \text{SO}_2 \xrightarrow{+\text{CCl}_4} \sim \text{CH}_2\text{--CH} \sim \text{CH}_2\text{--CH}_2 \sim \text{CH}_2\text{--CH} \sim$$

研究发现,聚乙烯经氯化和氯磺酰化以后,每 100 个结构单元含 20~30 个氯原子和 2 个氯磺酰基。由于氯原子的引入破坏了分子链的规整结构和结晶能力,因此材料由典型的热塑性塑料转变为类似橡胶,却不含双键的热塑性弹性体。其在后续硫化过程中,以金属氧化物如氧化铅、氧化锰等在两个氯磺酰基之间实现交联。

7.3.3 PE、PP 和 PS 的侧基反应

PE、PP 和 PS 的重要侧基反应类型和条件分别列于表 7-1 和表 7-2。

表 7-1 PE 和 PP 进行主要侧基反应的条件和结果

表 7-2　PS 进行主要侧基反应的条件和结果

~CH₂—CH~

硝化　~CH₂—CH~　(2)　(1)　H₂SO₄　~CH₂—CH~　磺化
混酸
NO₂　　　　　　　　　　　　　　SO₃H

氯甲基化　~CH₂—CH~　ZnCl₂　(4)　(3)　HOSO₂Cl　~CH₂—CH~　亚磺酰化
氯甲醚
CH₂Cl　　　　　　　　　　　SO₂Cl

~CH₂—CH~　H₂O　~CH₂—CH~　PCl₃　(6)　(5)　FeCl₃/Br₂　~CH₂—CH~　LiOH　~CH₂—CH~
P(OH)₂　　PCl₂　　　　　　　　　　Br　　　　　　Li
强还原反应　　　　　　　　　　　　　　　　　　　　　　　羰基化

~CH₂—CH~　H₂/Ni　(8)　(7)　RCOCl/AlCl₃　~CH₂—CH~
（环己基）　　　　　　　　　　　　　R—C=O

钠代α-H　~CH₂—CNa~　NaNH₂　(10)　(9)　NBS　~CH₂—CBr~　溴代α-H

异丙基化　~CH₂—CH~　*　(12)　(11)　乙酸汞　~CH₂—CH~
CHMe₂　　　　　　　　　　　　　　Hg—OOCMe

↓O₂　　　　　　　　　　　　　马来酸酐↓

~CH₂—C—OOH~　　　　　~CH₂—C—（CH₂CO—O—CO）~
CHMe₂　　　　　　　　　　　　　Hg—OOCMe

* —p MeC₆H₄SO₂OPr—i

* p-MeC₆H₄SO₂OPr-i。

　　毫无疑问，聚合物分子链的侧基反应是将其实现特殊功能，以及合成各种功能高分子的重要途径。作为重要通用塑料"四烯"之三的 PE、PP 和 PS 通过上述化学反应可赋予材料许多独特的物理、化学或生物学功能，开辟崭新的潜在用途，下面仅举几例。

　　聚丙烯作为生物医学材料用于体内的安全性为人所共知，不过其生物相容性(异体排斥)却难以逾越。为了解决此问题，按照表 7-1 中反应(7)，首先通过紫外催化接枝亲水性的丙烯酸，然后再与特定的多肽进行缩合反应，即可制备以其为骨架的适用于人体各类组织和器官修复的生物医学材料。如果聚丙烯无纺布参照表 7-1 中反应(6)，在侧基上引入对重金属离子具有高选择性吸附能力的巯基，或者通过反应(8)引入对重金属离子具有螯合作用的二元酸侧基，即可用于对含重金属工业废水、地面水体、地下水以及耕地等进行大规模低成本治理。

　　下节在讲述侧基反应特例离子交换树脂和大孔吸附树脂的制备时，也主要依赖表 7-2 中的反应(1)、反应(2)、反应(3)和反应(4)等及其后续化学反应。

可以毫不夸张地认为,与现有各类聚合物相关的低分子同系物能够进行多少化学反应,这些聚合物理论上也就能进行同样的侧基化反应。只是在实施这类化学反应时,必须充分考虑如 7.1 节讲述的影响聚合物化学反应的各种因素,设计有利于反应彻底进行的合理条件。其中尤其需要重点考虑的是对原料聚合物与产物聚合物都能较好相容的混合溶剂。

7.3.4 聚合物侧基反应特例:离子交换树脂与吸附树脂

分离科学的发展是现代工业特别是化学工业的重要基础。常规分离技术如分馏、结晶、萃取等主要解决高含量物质的分离问题;自 20 世纪 50 年代发展起来的离子交换和吸附分离材料则是实现低含量甚至微量物质分离富集的最好方法。离子交换树脂是一大类具有不溶不熔骨架、带有可进行可逆离子交换过程的特殊功能基的珠粒状交联高分子材料,一般为直径 0.3~1 mm 的球形珠粒。

1. 离子交换树脂的分类与命名

为了规范离子交换树脂的命名,有关部门曾于 20 世纪 70 年代颁布严格的命名原则,并于 2008 年制定国家标准《离子交换树脂命名系统和基本规范》(GB/T 1631—2008)。该标准规定的命名原则为:离子交换树脂的全名称必须依次由分类名、骨架名、基团名和基本名 4 个部分组成。

分类名	骨架名	基团名	基本名	
⇧	⇧	⇧	⇧	
强碱性	聚苯乙烯	磺酸型	阳离子交换树脂	即 001
强碱性	聚苯乙烯	季铵型	阴离子交换树脂	即 111
弱酸性	聚丙烯酸	羟酸型	阳离子交换树脂	即 201

离子交换树脂主要分为凝胶型和大孔型两大类。凡具有物理孔结构的树脂称为大孔型树脂,在全名称前加"大孔"两字以示区别。在树脂全名称的最前面加"大孔"或"D"则表示该树脂具有大孔结构。使用如此冗长的全名称常常显得十分烦琐,为此 GB/T 1631—2008 还规定了一整套表示各种离子交换树脂全名称的代号,如表 7-3 所示。

表 7-3 离子交换树脂的分类代号和骨架代号

数字代号	分类名称代码含义	骨架名称代码含义	典型功能基
0	强酸性	聚苯乙烯系	—SO_3H
1	弱酸性	聚丙烯酸系	—COOH
2	强碱性	酚醛树脂系	—$N^+(CH_3)_3OH^-$
3	弱碱性	环氧树脂系	—$N(CH_3)_2$
4	螯合型	聚乙烯吡啶系	
5	两性交换型	脲醛树脂系	
6	氧化还原型	聚氯乙烯系	

按照国家标准，简化的离子交换树脂代号书写规范如下：结构符号+分类代号+骨架代号+序列代号+基本名简称。例如，"D 111 阳树脂"表示"大孔弱酸性丙烯酸系羧酸型阳离子交换树脂"，第 3 位数字"1"为生产厂家规定的序列号。

2. 离子交换树脂合成方法

现代离子交换树脂的合成方法主要通过某些聚合物的化学反应在其大分子链上引入具有特定离子交换功能的基团。

1) 交联共聚物珠粒——树脂骨架的合成

聚苯乙烯是现代离子交换树脂最重要的骨架,通常采用苯乙烯与交联剂二乙烯基苯(DVB 即 divinylbenzene)进行悬浮聚合制备, 以合成离子交换树脂的交联共聚珠粒(简称白球)。控制共聚物珠粒直径为 0.3～0.8 mm。悬浮聚合的具体条件和操作步骤已在本书 4.7.3 节讲述。

2) 功能基反应——交换基团的引入

在交联聚苯乙烯骨架上引入可进行离子交换的基团,事实上是最成熟的有机化学反应在高分子学科内的具体应用。在确定反应条件时需要充分考虑影响聚合物、特别是交联聚合物化学反应的各种因素, 创造能够使反应顺利进行的必要条件。一般情况下，选择合适的反应试剂和溶剂是最重要的。

(1) 磺化反应。001 树脂的合成。将交联度在 1%～10%的苯乙烯-二乙烯基苯共聚物加入搪瓷反应釜，加入适量二氯乙烷作溶胀剂，30～60 min 后，缓慢加入浓度 90%～98%的硫酸进行磺化。磺化 6～8 h 并冷却到室温后，缓慢加水稀释并严格控制温度仅稍高于室温，最后加入 NaOH 稀溶液中和过剩的硫酸，水洗到中性。

(2) 氯甲基化和胺化反应。201 树脂的合成。将交联度在 1%～10%的苯乙烯-二乙烯基苯共聚物加入搪瓷反应釜，加入适量甲醇作溶胀剂和无水氯化锌作催化剂，溶胀过夜。加入过量氯甲基甲醚(CH_2ClOCH_3)进行氯甲基化反应，控制温度在 30～38℃反应 24～40 h。采用化学分析测定氯含量达到要求，经反复洗涤后再加入过量三甲胺或其盐酸盐，调节至 pH10～12 进行胺化反应 8～12 h，最后洗涤中和，加入稀盐酸将树脂转化为盐酸盐型。

3. 离子交换树脂的性能与应用

离子交换树脂的各种性能指标中，交换容量和选择性最重要。

(1) 交换容量。单位质量(或体积)树脂所含离子交换基团的摩尔数称为树脂的交换容量。一般阳离子交换树脂的交换容量为 5.0～5.5 mmol / g(干态)或 2.0～2.2 mmol / mL(湿态)；一般阴离子交换树脂的交换容量为 3.0～3.3 mmol / g(干态)或 1.5～1.7 mmol / mL(湿态)。分别相当于 3～4 mol 的硫酸和 2～3 mol 的氢氧化钠。

(2) 选择性。离子交换树脂对不同价态和不同原子序数的离子具有不同的亲和力，即不同的交换能力，称为选择性。在稀溶液中一般遵循"价态选择性原则"和"原子序选择性原则"，即阳离子交换树脂对于下列阳离子的选择性递减：

$$Fe^{3+} > Ca^{2+} > Na^+$$

$$Ba^{2+} > Sr^{2+} > Ca^{2+} > Mg^{2+} > Be^{2+}$$

阴离子交换树脂对于下列阴离子的选择性递减：

$$I^- > Br^- > Cl^- > F^-$$

工业上一般采用离子交换柱进行连续操作。让待处理的硬水以适当流速首先通过装填有 001 型强酸性阳离子交换树脂的交换柱，水中的 Ca^{2+} 和 Mg^{2+} 等离子即与树脂骨架上磺酸基团的 H^+ 进行交换而被树脂"截留"，出水自然就带有一定酸性。如果还需要去除水中的 Cl^- 和 SO_4^{2-} 等酸根负离子，则只需让阳离子交换柱的出水再串联通过装填有 201 型强碱性阴离子交换树脂的交换柱，即可实现硬水的去离子化或者超纯水的制备，此时出水刚好呈中性。

达到交换平衡后，用稀酸或 NaCl 溶液(5%左右)对阳离子交换树脂进行再生，可以将树脂分别恢复到 H 型或 Na 型；阴离子交换树脂的再生则用稀碱或 NaCl 稀溶液进行，可将树脂分别恢复到羟基型或氯型，即可重新投入交换运行。

目前离子交换树脂最大的用途是工业用水的软化、纯化、水中污染物的去除、湿法冶金(金、银、铀等)、药物分离、化学分析等领域。

4. 大孔吸附树脂

吸附树脂是在离子交换树脂的基础上发展起来的，是一种不含离子交换基团的高交联度体型高分子珠粒，内部拥有许多分子水平的"孔道"提供扩散通道和吸附场所。吸附树脂对许多有机物具有与活性炭类似的高效吸附分离能力，其突出优点是可以很方便地解吸再生，从而回收吸附质并使树脂实现重复使用。

吸附树脂的合成方法与离子交换树脂基本相同，只是其交联度通常都大大高于交换树脂。吸附树脂对水中有机物具有高度的选择性吸附能力，其选择性规律是：对水溶解度低、相对分子质量大、有一定极性、含有苯环、带有支链的有机物具有较高的选择性。

常规珠粒状的吸附树脂也多采用悬浮聚合工艺合成。用于分离有机物的吸附树脂一般不带有离子交换基团，但是其珠粒内部必须拥有发达且与分离对象分子尺寸相匹配的吸附场所与扩散通道，即所谓大孔吸附树脂。目前合成大孔吸附树脂的成孔技术包括添加惰性溶剂的聚合成孔、Friedel-Crafts 交联成孔(即后交联成孔)、乳液成孔、超微细粉末成孔和分子印迹(模板)成孔等多种途径。

实践证明，凡是含有中低溶解度的芳烃、烷烃及其各种衍生物的化工、染化、制药、农药、黄色炸药(TNT)、煤气、炼焦等领域的工业废水，均可采用树脂吸附法进行处理，同时实现废水的达标排放、循环利用和污染物的高效率回收，从而实现环境效益与经济效益的良好统一。实践证明，废水中有机污染物的吸附去除率和解吸效率可达到 98%，解吸剂和高价值有机污染物的回收率可达 95%。

以聚苯乙烯为骨架的大孔吸附树脂已实现工业化生产，并在精细化工、制药、农药等领域的有机污染废水资源化处理获得广泛应用，被公认为是最有发展前景的有机污染废水治理方法。一个成功的例子是对各种工业含酚废水的处理，酚浓度在 100～10 000 mg/L 的废水流过装填有吸附树脂的吸附柱，即可达到 99% 以上的吸附率，出水酚浓度低于 1 mg/L，达到排放标准。吸附饱和后，采用稀碱液或甲醇、丙酮等有机溶剂可以定量解吸，最后分离回收苯酚和解吸剂。

7.4　降解、分解和老化

聚合物在使用过程中不可避免地会受外界条件的影响而发生化学组成、结构和性能的改变。这种涉及组成和结构改变的部位可能在侧基，也可能在主链，而更多的是两种情况同时存在。按照导致聚合物结构和性能改变的差异可以分为降解、分解和老化 3 种类型。

7.4.1　降解

所谓降解，系指大分子主链断裂并导致聚合度降低的过程。降解的结果往往导致聚合物软化点和机械强度的降低，甚至使材料彻底破坏。研究导致聚合物降解的原因和降解机理，将有利于高分子工作者在设计聚合物结构和选择使用条件时，能够从提高聚合物结构稳定性出发设计合成不易降解的聚合物；同时在确定聚合物的使用条件时应该尽量避免导致其降解的不利条件。不仅如此，按照环境保护要求也可设计合成一些容易在使用以后自然降解的所谓"环保型聚合物"。

导致聚合物降解的因素多种多样，既有化学因素，也有物理因素，多数情况下化学和物理因素同时存在，而化学因素往往起决定性作用。下面首先讲述不同类型聚合物的降解机理，然后讲述不同条件下的降解过程。

7-05-g
降解和解聚是两个不同的概念，前者指聚合度降低，后者特指生成单体的降解。

1. 降解机理

按照不同类型聚合物降解反应机理的不同，可以分为无规降解和连锁降解两种类型。所谓无规降解，系指降解反应发生的部位和降解反应的生成物都是无规的，一般主链上含有杂原子的缩聚物所发生的降解反应多为无规降解。所谓连锁降解，系指降解反应的部位和生成物总是有规律的，通常主链为碳链的加聚物，所发生的降解反应多为连锁降解。表 7-4 列出两种降解反应的主要特点比较。

表 7-4　两种降解反应的主要特点比较

降解反应类型	无规降解	连锁降解
聚合物类型	杂链缩聚物	碳链加聚物
降解开始部位	主链杂原子	主链链端或链中
降解反应机理	逐步、可逆平衡	连锁、不可逆
降解中间产物	稳定存在、可分离	不稳定、无法分离
降解最终产物	大小不等的低聚物	可最后生成单体
导致降解的原因	水、酸等化学试剂	氧、热、光辐射等物理因素
对聚合度的影响	平均聚合度降低	未降解分子聚合度不变

7-06-y

缩聚物属于无规降解机理，加聚物属于连锁降解机理。

2. 降解类型

按照导致聚合物发生降解反应的原因将其分为热降解、化学降解和生物降解、氧化降解、机械降解等几大类。

1）热降解

合成聚合物的热降解是最普遍的一种由物理因素引起的降解反应类型。一般而言，热稳定性好的聚合物发生热降解的温度较高，热稳定性差的聚合物发生热降解的温度较低。聚合物的热稳定性很大程度取决于组成聚合物主链化学键发生分解反应的难易，同时与聚合物含有的具有降解催化作用的微量杂质有关。

聚合物的热稳定性通常采用在标准条件下加热失重 50% 的温度来评价。所规定的标准条件是：①置于真空中，避免空气中氧的参与；②采用程序梯度升温，升温速度必须足够缓慢；③加热时间控制在 40 min，而此时聚合物的热失重率应刚好达到 50%。显而易见，要准确控制上列条件就必须进行数次实验。图 7-1 和图 7-2 分别为一些热塑性聚合物和热固性聚合物的热失重曲线，表 7-5 为一些常见聚合物的热降解参数。

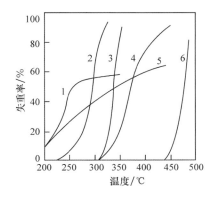

图 7-1　热塑性聚合物的热失重曲线
1. PVC；2. PMMA；3 聚异丁烯；4. PS；
5. PAN；6. PTFE

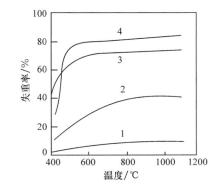

图 7-2　热固性聚合物的热失重曲线
1. 聚硅酮；2. 酚醛树脂；3. 聚酯树脂；4. 环氧树脂.

表 7-5　一些常见聚合物的热降解参数

聚合物名称	降解温度/℃	活化能/(kJ/mol)	单体产率/%	聚合物名称	降解温度/℃	活化能/(kJ/mol)	单体产率/%
PMMA	238	125	100	丁苯橡胶	375	—	—
聚α-甲基苯乙烯	287	230	100	聚三氟氯乙烯	380	238	25.8
聚异戊二烯	323	—	—	PP	387	243	0.17
聚氧化乙烯	345	129	3.9	高压聚乙烯	404	263	3
聚异丁烯	343	202	32	聚丁二烯	407	—	—
PS	364	230	42	聚四氟乙烯	509	333	96.6

依据图 7-1 和图 7-2 的曲线可以按照聚合物的热降解行为分为下列 3 种类型。

(1) 主链断裂型。其热失重曲线比较陡峻，热降解产物是包括单体在内的主链片段。图 7-1 中的曲线 2～4 和 6 就属于这一类。

(2) 侧基反应型。其特点是热降解开始阶段曲线比较平缓，温度继续升高，曲线出现 1 个较宽的平台，如图 7-1 中的曲线 1、5 所示。这类聚合物侧基的键能较低，在高温条件下当主链还未发生断裂时就发生了由侧基反应引起的消去、成环或交联反应。而聚合物的失重就是部分基团从主链上消去的结果。

(3) 主链、侧基同时反应型。特点是热降解温度较高，而且在更高温度出现平台。这是热固性聚合物的典型热降解曲线。在热降解反应前期发生的交联反应使聚合物转化成为具有三维网状结构、不溶、不熔的体型聚合物，如图 7-2 所示。

按照加聚物在降解反应过程中生成单体的多少也可将其分为下述 3 类。

(1) 生成单体的解聚型。甲基丙烯酸甲酯、聚α-甲基苯乙烯和聚四氟乙烯等的热降解反应几乎就是聚合反应的逆反应，聚合物在降解反应中几乎完全转化为单体，因此得到"解聚"这一名称。这类聚合物的降解往往由大分子链的末端断裂形成自由基而开始，一个接一个的结构单元会按照自由基聚合的逆反应历程脱离主链而转变成单体，犹如断线项链的链珠能够迅速脱落一样。由此可见，这类聚合物必须在远低于其热降解反应开始发生的温度条件下使用，否则聚合物的彻底破坏不可避免。另外，这类聚合物生产加工过程产生的边角余料或者回收废旧聚合物进行热降解，可以得到很高回收率的单体。

(2) 几乎不生成单体的无规断裂型。聚乙烯、聚丙烯和聚氧化乙烯等就属于这一类。它们的大分子主链末端不容易生成自由基，也不容易从链端降解。从大分子主链任意部位断裂的结果是相对分子质量持续性降低。

(3) 解聚断裂混合型。聚苯乙烯、聚异丁烯等即属于这一类。由于聚苯乙烯的用途广泛，也是造成白色污染的主要聚合物，因此废旧聚苯乙烯的回收利用无疑已成为目前高分子工作者面临的一大难题。如果能够透彻了解聚苯乙烯的降解机理，研究开发能够提高其降解反应单体生成率的工艺和催化剂，必将为高分子材料和环境保护领域带来福音。

2) 化学降解和生物降解

就目前科技发展形势以及高分子科学面临的任务而言，其中两个研究方向最为实用：一是开发耐受化学降解的聚合物；二是开发容易降解的聚合物。

水解反应是最常见的化学降解反应。一般烯烃聚合物对水都是稳定的，将其浸入水中的吸水率也极低。不过即使微量亲水性杂质的存在也会导致其吸水性增加，从而导致其绝缘性能降低。聚酯和聚碳酸酯等缩聚物在高温条件下对水十分敏感，加工前必须经过特别干燥，否则将导致加工过程中水解反应发生。大分子主链含有极性基团的尼龙和纤维素衍生物在较高温度和高湿度条件下很容易发生水解反应，所以使用时必须特别注意。

总而言之，主链含杂原子的缩聚物相对容易发生化学降解反应，碳链的烯烃加聚物的化学稳定性相对较高。利用缩聚物容易进行化学降解的特点，可以将废旧聚合物转化成单体进行回收。例如，废旧涤纶在过量乙二醇存在条件下进行高温醇解，生成的对苯二甲酸乙二酯单体可以重新利用。

另外，一些容易发生水解或在环境因素作用下能够快速降解的聚合物有时却是大受欢迎的。经典例子是极易水解的聚乳酸(聚 2-甲基羟基乙酸酯)被用于制作外科缝合线缝合伤口，不需要在伤口愈合以后再拆线，即可以在体内自然水解生成能够参与人体代谢过程的乳酸。研究发现，类似聚乳酸之类的所谓"缩氨酸"或葡萄糖结构容易受多种细菌或酶的作用而发生生物降解，所以如果将这类结构引入聚合物主链，则可以赋予其易于发生生物降解的特性。因此，在合成有利于环境保护的"绿色环保型"农用薄膜和一次性餐具时，往往采用聚合物化学反应在聚烯烃分子中引入容易降解的链段。

3) 氧化降解

(1) 氧化降解机理。聚合物加工和使用过程中难免接触空气，其在氧存在条件下的行为显得十分重要。研究发现，聚合物氧化降解的机理属于自由基型连锁反应机理，同样包括活性链的引发、增长(实质为负增长)和终止 3 个步骤。

链引发：$P + O_2 \longrightarrow P\text{—}OO\cdot$

链的负增长：$P\text{—}OO\cdot + PH \longrightarrow P\text{—}OOH + P\cdot$，$P\cdot + O_2 \longrightarrow P\text{—}OO\cdot$

链终止：$2P\text{—}OO\cdot \longrightarrow$ 惰性的偶合或歧化产物

(如醇、醛、酮、羧酸和二氧化碳等氧化产物)

研究结果表明，聚合物与氧反应生成过氧自由基，然后极容易夺取聚合物分子链上的叔碳上的氢原子而生成氢过氧化基团，最后转化为上述一系列相对分子质量不等的含氧化合物。

橡胶发生氧化降解的结果是相对分子质量显著降低，同时出现发黏现象。氢过氧化基团引起的分子链断裂也是使聚合物相对分子质量降低的主要原因。

$$\sim CH_2-\underset{\underset{OOH}{|}}{CH}-CH_2-CH_2 \sim \longrightarrow \sim CH_2-\underset{\underset{O^{\cdot}}{|}}{CH}-CH_2-CH_2 \sim$$

$$\longrightarrow \sim CH_2-CHO^{\cdot} + {}^{\cdot}CH_2-CH_2 \sim$$

(2) 抗氧剂与抗氧机理。为了减缓聚烯烃的氧化降解速率，就必须有效地抑制上述一系列氧化降解反应的发生，其中一种有效的方法就是在聚合物中事先加入适量更容易与过氧自由基迅速发生反应的物质，从而阻断该连锁降解反应的进行。这类物质被称为抗氧剂(AH)或稳定剂。典型的抗氧剂是位阻较大的酚类和芳胺类化合物，如 2,6-二特丁基对甲基苯酚。

这类抗氧剂的抗氧机理与酚类化合物对自由基聚合反应的阻聚机理相类似。不过虽然它们能够使氧化降解反应速率降低，但是不能保证使氧化降解反应完全停止。为了解决这个问题，常常将所谓"氢过氧化物均裂抑制剂"与抗氧剂配合组成复合稳定剂使用，就可以大大提高聚合物的抗氧化降解能力。前者的作用是催化氢过氧化物均裂而不产生活性自由基，从而阻断聚合物的氧化降解进程。含硫或磷的有机化合物如$(C_{12}H_{25}OCOCH_2CH_2)_2S$ 和$(C_6H_5O)_3P$ 就具有如此特性。

(3) 聚合物的结构与抗氧能力。研究发现，聚合物在 150℃以下与氧发生反应的速率取决于两个因素，即聚合物所含碳氢键的离解能大小，以及生成的过氧自由基的活性高低。一般聚合物所含碳氢键与氧反应的活性顺序为：烯丙基氢 ＞ 叔碳氢 ＞ 仲碳氢＞ 伯碳氢。

不过苯乙烯和异丁烯的碳氢键离解能却是一个例外，原因是受到稳定性高的苯基和甲基的保护作用而使其稳定性高于一般的仲碳氢键。

(4) 聚合物的光降解和光氧化。聚合物在大气中和受到光照的条件下使用，常发生光降解和光氧化反应，所以探明其氧化降解机理并采取必要的措施以提高聚合物的稳定性及使用寿命是必要的。研究发现，聚合物的光降解和光氧化反应是按照自由基历程进行的。

光照是否引起大分子链断裂，主要取决于键能、光的波长和光照强度。一般共价键的键能为 160～600 kJ / mol，波长在 100 nm 以上的远红外线光的能量相当于 125 kJ / mol，通常不会导致聚合物的降解。透过大气臭氧层以后照射到地球上的日光包括可见光和波长为 300～400 nm 的近紫外光，这种光线不会为碳碳键组成的聚烯烃所吸收而导致降解反应，只能对含有醛、酮、羧基、双键的聚合物引发光化学反应。

不饱和的天然及合成橡胶对光照十分敏感，降解和交联同时发生，最后发黏变硬。聚氯乙烯大分子链上往往含有热压加工过程中产生的少量羰基和双键，所以其在紫外光照射下容易发生光分解而脱去氯化氢。饱和聚烯烃分子中含有的羰基、不饱和键、引发剂残基、芳烃、过渡金属等杂质(如 Ziegler-Natta 引发剂的残余)的存在会明显诱发光降解和光氧化反应的发生。

为了提高聚合物在光照条件下的稳定性，下列原则和措施必须遵守。尽量选择大分子主链上不含双键和羰基的聚合物，在聚合物中加入光稳定剂，其中包括：①光屏蔽剂，如炭黑、氧化铁粉、氧化锌、二氧化钛等；②紫外光吸收剂，如 2-羟基苯基苯甲酮等；③淬灭剂，主要是二价镍的有机螯合物。

　　4) 机械降解

　　聚合物在塑炼或熔融挤出、聚合物溶液在强力搅拌或超声波作用下都可能发生大分子断裂，这就是机械降解。超声波降解是机械降解的一个特例。研究发现，聚合物发生机械降解时相对分子质量随时间增加而降低，降解速率逐渐变慢。当相对分子质量降低到一定数值以后，相对分子质量就不再降低，如图 7-3 所示。

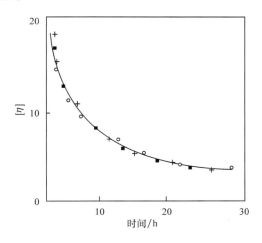

图 7-3　聚苯乙烯特性黏数与研磨时间的关系

温度/℃：+.20；○.40；■.60

　　图 7-3 显示，聚合物发生机械降解的速率几乎不受温度的影响，可见其降解活化能为零。研究发现，不同聚合物发生机械降解时相对分子质量降低的下限略有不同，如聚苯乙烯为 7000，聚氯乙烯为 4000，PMMA 为 9000，而聚乙酸乙烯酯则为 11 000。

7.4.2　分解

　　聚合物的分解其实应该包括在侧基反应和主链反应中，不过为了突出这类反应一定有低分子化合物生成和主链结构发生明显变化的特点，将其另列一类。与许多低分子化合物的分解反应一样，一些聚合物的分解反应通常也是在较高温度条件下发生的，所以有时又称为热分解反应。热分解反应常包括基团的消去、成环等复杂反应过程。例如，聚氯乙烯和偏二氯乙烯在温度高于 200℃时容易消去氯化氢而在主链上产生双键，如下式。

$$\sim CH_2-CH-CH_2-CH-CH_2-CH-CH_2-CH \sim \xrightarrow{>200\ ℃}$$

$$\overset{|}{Cl}\qquad\overset{|}{Cl}\qquad\overset{|}{Cl}\qquad\overset{|}{Cl}$$

$$\sim CH_2-CH=CH-CH_2-CH_2-CH=CH-CH_2 \sim + HCl$$

7-07-y
聚氯乙烯和聚丙烯腈不能采用高温热加工的原因在于其在高温条件下分别分解脱掉 HCl 和发生消去成环反应。

结果使产品颜色变黄、变棕，最后变成棕黑色，同时生成的氯化氢又进一步催化和促进该分解反应的进行，所以为了减轻分解反应的影响，往往需要加入酸吸收剂如硬脂酸钡等。

聚丙烯腈在 200℃ 以上同样可能发生有氧参与的消去反应，同时发生主链和侧基参与的环化反应

$$\sim CH_2-CH-CH_2-CH-CH_2-CH-CH_2-CH \sim \xrightarrow[+O_2]{>200\ ℃}$$

上述反应非常复杂，包括氧化、环化和石墨化等过程。由于复杂热分解反应的存在，聚氯乙烯在熔融挤压加工过程中应该避免过高的温度；聚丙烯腈则不能采用熔融法加工而只能采用溶液法。不过，利用聚丙烯腈在高温条件下能够生成类似石墨环状结构的特点，可以将聚丙烯腈纤维转化成碳纤维，这是一种具有高强度、高绝缘、高屏蔽作用的材料。

7.4.3 老化与防老

绝大多数聚合物的使用环境都是在大气、水或土壤之中，不可避免会受到热、氧、光、水、化学物质和微生物等多种因素的综合作用，随着使用时间的推移，聚合物的化学组成和结构会发生一系列的复杂变化，从而其物理性能也会随着时间的推移而逐渐变坏，如材料发硬、发黏、变脆、变色、强度降低等，这种由于环境因素造成的聚合物性能变坏的现象统称为"老化"。

一般而言，烯烃类聚合物和缩聚物在使用过程中发生老化的现象和程度差别很大，表 7-6 列出一些聚合物受各种环境因素影响的相对程度比较。在选择和确定这些聚合物的具体用途和使用条件时可以提供大体的参考。

7-08-g 聚合物的老化：环境因素导致其性能变坏的过程。

表 7-6 各种聚合物耐受环境因素影响的相对程度

聚合物	热	氧	光	臭氧	燃烧(氧指数/%)	水解	吸水率/%
聚甲醛	L	L	L_b	M	16	L	0.25
PE	H	L	L_b	H	18	H	<0.01
PP	M	L	L_b	H	18	H	<0.01
PS	M	M	L_d	H	18	H	0.03~0.10
聚异戊二烯	H	L	L_s	L	18	H	L
聚异丁烯	M	M	M_s	M	18	H	L
PMMA	M	H	H	H	18	H	0.1~0.4
ABS 树脂	M	L	L_d	H	19	H	0.20~0.45
三醋酸纤维	L	L	L_b	H	19	L	1.7~6.5
尼龙-66	M	L	L_b	H	24	M	1.5
PET(涤纶)	M	H	M_d	H	25	M	0.15~0.18
聚碳酸酯	M	H	M_d	H	25	M	1.5

续表

聚合物	热	氧	光	臭氧	燃烧(氧指数/%)	水解	吸水率/%
聚氯丁二烯	M	L	M	M	26	H	M
聚苯醚	H	L	L_d	H	28	M	0.07
聚二甲基硅烷	H	H	M	H	30	M	0.12
PVC	L	L	L_d	H	45	H	0.04
聚酰亚胺	H	H	L_d	H	51	M	0.3
聚偏二氯乙烯	L	M	M_d	H	60	H	0.10
PTFE	H	H	H	H	95	H	<0.01

注：耐受等级，H 高，M 中，L 低。下标，b 发脆，s 变软，d 变色。

　　老化试验可以在实验室模拟环境条件下强化加速进行，也可以在真空条件下进行。测试聚合物材料试验前后各种物理性能的改变率。为了延缓聚合物的老化过程以达到延长使用寿命，常在聚合物加工成型过程中加入热稳定剂、抗氧剂、紫外光吸收剂和屏蔽剂、防霉杀菌剂等，这些能够延缓聚合物老化过程的添加剂统称为"防老剂"。

7.5　聚合物的可燃性与阻燃

　　现代社会生活中，各种高分子材料被广泛用于建筑物、家居、车船、客机等的内饰材料，以及家用电器、电脑、手机和各种电子电器的结构和包装材料。然而，由于多数高分子材料容易燃烧起火，因此为火灾的产生和蔓延埋下重大隐患。为了更好预防火灾，降低其造成的危害，对高分子材料进行阻燃处理势在必行。本节主要讲述聚合物的可燃性、阻燃机理、阻燃剂分类、常用阻燃剂，以及阻燃剂选择原则。

7.5.1　聚合物的可燃性

1. 极限氧指数

　　不同类型聚合物的燃烧性能差异较大，大体分为易燃、缓燃、自熄和阻燃 4 大类。材料的燃烧性能通常用极限(最低)氧指数(LOI)进行评价。极限氧指数是指在规定测试条件下，在可调比例的氧氮混合气流中，测定恰好维持试样稳定燃烧规定时间或距离所需的最低氧气百分浓度。

　　极限氧指数也被用作评判材料在空气中燃烧难易程度的重要参数。极限氧指数越低的材料越容易燃烧，极限氧指数越高的材料越不容易燃烧。一般认为极限氧指数<22 属于易燃材料，极限氧指数为 22～27 属可燃材料，极限氧指数>27 属难燃材料。表 7-7 列出常见聚合物的极限氧指数。

7-09-g
极限氧指数系指在特定条件下以可调比例的氧氮混合气流能够维持材料稳定燃烧的最低氧含量。

表 7-7　一些常见小分子和聚合物的极限氧指数(%)

小分子和聚合物	极限氧指数	聚合物	极限氧指数	聚合物	极限氧指数
氢气	5.4	聚苯乙烯	18.2	聚苯醚	28
甲醛	7.1	麻、棉	20.5~21	尼龙-66	28.7
苯	13.1	聚丙烯腈	21.4	聚酰亚胺	36.5
聚甲醛	14.9	聚乙烯醇	22.5	硅橡胶	26~39
聚氧化乙烯	15.0	氯丁橡胶	26.3	聚氯乙烯	45~49
PMMA	17.3	涤纶	26.3	聚偏二氯乙烯	60
PE、PP	17.4	聚碳酸酯	27	聚四氟乙烯	95

表 7-7 的数据显示，聚甲醛、有机玻璃、聚乙烯、聚丙烯和聚苯乙烯等的极限氧指数均小于 20，是最容易燃烧的聚合物，而聚氯乙烯、聚偏二氯乙烯和聚四氟乙烯等是最不容易燃烧的聚合物。聚合物的极限氧指数通常随其所含 C/H 元素比值的升高而升高；分子主链含有苯环的聚合物的极限氧指数较高；分子链侧基含卤素的聚合物的极限氧指数也较高。

2. 燃烧过程

聚合物的燃烧过程涉及非常复杂的物理和化学变化，除有一般可燃固体材料燃烧的基本特征外，在整个引燃及燃烧过程中还表现出软化、熔融、膨胀、起泡、收缩等特殊热行为。聚合物的燃烧过程本质上属于快速而复杂的热氧化反应历程。在实际火灾中，聚合物的燃烧过程大致经历受热、分解、引燃、燃烧以及火焰传播几个阶段。

1) 受热

外部热源作用于聚合物时，材料表面温度逐渐升高，从而由表及里形成温度梯度，开始发生物理化学变化。在受热初期，主要发生玻璃化转变、软化和熔融等物理过程。在含有小分子助剂(如阻燃剂、增塑剂等)的聚合物材料中，这些助剂在此阶段也会发生分解。

2) 分解

当聚合物材料继续受热达到其分解温度时，大分子链中相对较弱的化学键开始断键，即材料开始发生分解反应，产生易燃气体、液体以及聚合物碎片等分解产物。聚合物分解通常属于自由基链式反应，如果能够抑制其中一个或多个步骤反应的进行，减缓或阻碍自由基快速生成，对于阻断聚合物燃烧是有利的。

3) 引燃

聚合物分解产生的大量易燃性气体从材料表面逸出，在外围足够浓度的氧气存在条件下，随着材料表面温度进一步升高，达到临界的闪点温度时即被引燃，材料开始由表及里发生有焰燃烧反应。闪点温度、着火点、极限氧指数等内因以及加热源、点火源等外因对聚合物材料的引燃难易程度具有重要影响。

4) 燃烧与火焰传播

燃烧是一种异常剧烈的氧化放热反应。当聚合物材料被引燃后，热量通过辐射、对流和传导等方式使材料温度从外到内迅速升高，温度的升高进而促进聚合物分子链内化学键进一步断裂，更多的可燃性气体和液体源源不断释放，维持燃烧反应的持续进行。随着温度的升高，聚合物材料结构由表及里受到破坏，坍塌、开裂、鼓泡等物理形状的改变使得更大面积的材料暴露于高温及空气之中，燃烧范围与程度进一步扩大。聚合物燃烧过程如图 7-4 所示。

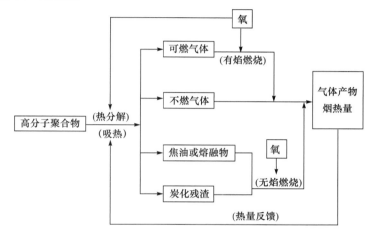

图 7-4　聚合物燃烧过程示意图

随着燃烧的进行，燃烧产生的热量反馈到高分子材料表面形成分解与燃烧自循环。材料分解加快，为燃烧反应提供更多的可燃物。火焰向周围扩散，引起材料整个表面的燃烧。聚合物燃烧的传播速度与材料内在的燃烧特性、材料表面状态以及暴露程度等关系密切。

7.5.2　聚合物阻燃机理

从聚合物的燃烧过程可以获知，热量、氧气和可燃物材质是决定聚合物燃烧行为的 3 个重要因素，而自由基反应历程则是聚合物燃烧的内在机理。基于此，只要控制其中一个或多个要素就能控制聚合物的燃烧。

事实上，聚合物材料的阻燃机理非常复杂，通常是多种阻燃机理综合作用的结果。目前比较公认的两大阻燃机理是气相阻燃机理和固相阻燃机理（又称凝聚相阻燃机理）。虽然固相阻燃机理和气相阻燃机理在材料的阻燃过程中密不可分，不过对于不同的阻燃体系也有主从之别。

1) 气相阻燃机理

气相阻燃机理是指阻燃作用发生于聚合物基材周围的火焰或空气中，以切断燃烧所需的自由基链式反应或稀释燃料为目的的一种阻燃行为。例如，含卤阻燃剂以及部分含磷阻燃剂可以通过产生自由基在气相发挥抑制燃烧的作用；大部分氮系阻燃剂则是通过生成惰性气体稀释燃料及氧气而发挥作用。金属氢氧化物等特定阻燃剂可以通过分解释放水蒸气等稀释可燃气体的方式达到一定阻燃效果。

2) 凝聚相阻燃机理

凝聚相阻燃机理又称固相阻燃机理,是指阻燃方式或过程发生于凝聚相中,从而抑制材料分解和可燃物释放,主要包括以下两种阻燃方式。

(1) 阻燃剂快速分解并大量吸热。以氢氧化铝及氢氧化镁为代表的一些高热容量的阻燃化合物受热和燃烧时迅速发生相变、脱水等吸热反应,有效降低聚合物材料表面及内部温度,进而延缓聚合物材料分解而达到阻燃目的。

(2) 阻燃剂与聚合物基材相互作用,生成具有保护性结构的炭层。具有覆盖隔绝作用的防护性炭层将火焰、热量及氧气与内部基材有效隔离。防护炭层的形成可以有效阻止火焰和热氧向材料内部扩散,从而有效保护基材。在以磷系阻燃剂为代表的无卤阻燃体系中,多数以凝聚相机理为主。含磷阻燃剂在受热过程中生成具有强脱水作用的强酸类物质,促进聚合物脱水成炭。成炭在凝聚相阻燃机理中起着举足轻重的作用。炭层的形成过程有效减少了可燃物的生成和挥发,同时保护了内部基材,使其免于继续燃烧分解。

3) 其他阻燃机理

除此之外,从不同角度研究,还有其他阻燃机理。

(1) 膨胀阻燃机理,是指由酸源、气源、碳源以一定的比例构成的阻燃体系,在聚合物燃烧过程中可形成多孔膨胀、稳定的泡沫炭层,从而抑制聚合物材料分解和继续燃烧。

(2) 协效阻燃机理,是指阻燃体系由一种阻燃剂与一种或多种协效剂组成,该体系的阻燃效果优于单独使用阻燃剂,即表现出协同增效的阻燃作用。常见的无卤协效阻燃体系有磷/氮协效、磷/硅协效、磷/锑协效以及膨胀阻燃剂/无机粒子协效等。

(3) 催化阻燃机理,是指阻燃体系中存在具有催化阻燃作用的组分可以改变聚合物材料的热降解模式,并通过促进成炭等方式来达到阻燃目的。采用二苯基砜磺酸钾 (KSS) 阻燃聚碳酸酯 (PC) 就是利用阻燃剂分解产生 SO_2 催化 PC 降解,形成坚硬的芳香化合物阻燃炭层。

这些阻燃机理按照作用的区域事实上也可以归类于气相和凝聚相阻燃机理中。

7.5.3　阻燃剂分类

阻燃剂是指能够提高易燃或可燃物的自熄性、难燃性或消烟性的功能化助剂,是聚合物助剂中最重要的功能化助剂之一,其需求量稳居聚合物助剂第二位。

(1) 按照阻燃剂与被阻燃基材的关系,阻燃剂可分为添加型和反应型两类。添加型阻燃剂以物理分散方式添加到被阻燃基材中,在燃烧过程中起到阻燃作用,通常用于热塑性塑料。这类阻燃剂具有加工工艺简单、品种和种类较多、便于大量生产等优点,但同时存在分散性、相容性和析出性等方面的问题。

反应型阻燃剂是指将阻燃元素引入特定阻燃单体,在参与聚合反应或交联反应时而成为聚合物的结构单元,因而赋予聚合物永久性阻燃性能。这类阻燃剂有很好的稳定性和低毒性，对聚合物的其他性能影响较小等优点，不过也存在工艺复杂和成本较高等缺点。

(2) 按照化学结构，阻燃剂可分为无机阻燃剂、有机阻燃剂和聚合物阻燃剂等。

(3) 按照元素种类，阻燃剂可分为卤系、有机磷系、卤-磷系、磷-氮系、有机硅系等有机类阻燃剂，锑系、铝镁系、无机磷系、硼系、铝系等无机类阻燃剂。

阻燃剂的发展趋势是向着无卤化、高效率和环境友好的方向发展。含卤阻燃剂由于存在燃烧释放有毒气体和腐蚀性卤化氢气体等二次污染问题，将逐渐退出阻燃市场。无卤阻燃剂因具有安全、抑烟、无毒、价廉等优点而成为研究热点。

7.5.4　常用阻燃剂

1. 无机阻燃剂

无机阻燃剂作为一类重要的阻燃剂，大多不挥发，但受热时会分解，且分解时一般吸热，生成不燃气体 CO_2、H_2O、NH_3 等。无机阻燃剂的种类主要包括氢氧化铝(ATH)、氢氧化镁(MH)、无机磷与聚磷酸铵(APP)、硼酸盐、膨胀石墨、氧化锑、钼化合物等。它们多具有无毒和低烟的特点，由于受热分解吸收大量热量，燃烧区的温度降低到燃烧临界温度以下，导致燃烧自熄；分解后生成的金属化合物多数熔点高、热稳定性好、覆盖于燃烧固相表面阻挡热传导和热辐射，从而起到阻燃作用；同时分解产生大量水蒸气，可稀释可燃气体，也起到阻燃作用。

氢氧化镁及氢氧化铝是常用的无机阻燃剂，具有毒性小、抗腐蚀、发烟量少等优点。其阻燃机理主要是通过分解释放水，在吸收热量的同时降低温度及可燃物浓度，燃烧后产生的氧化物形成隔热保护层。氢氧化镁及氢氧化铝体系主要的缺点是添加量大(质量分数一般>50%)，严重损害高分子材料的机械性能，使用时必须进行表面处理，同时添加其他改性剂。

2. 卤系阻燃剂

卤系阻燃剂包括溴系和氯系阻燃剂。卤系阻燃剂是目前世界上产量最大的有机阻燃剂。在卤系阻燃剂中大部分是溴系阻燃剂。工业生产的溴系阻燃剂可分为添加型、反应型和聚合物型 3 大类。目前国内外市场上有 20 种以上的添加型溴系阻燃剂，10 种以上的高分子型溴系阻燃剂。添加型溴系阻燃剂主要有十溴二苯醚(DBDPO)、四溴双酚 A 双(2,3-二烷丙基)双醚(TBAB)、八溴二苯醚(OBDPO)等。反应型溴系阻燃剂主要有四溴双酚A(TBBPA)、2,4,6-三溴苯酚等。

高分子型溴系阻燃剂主要有溴化聚苯乙烯、溴化环氧、四溴双酚 A 碳酸酯齐聚物等。溴系阻燃剂之所以广受青睐，是因为其阻燃效率高，价格适中。由于C—Br键的键能较低，大部分溴系阻燃剂的分解温度为200～300℃，此温度范围正好是常用聚合物的分解温度范围。因此,在共聚物分解时,溴系阻燃剂也开始分解,并能捕捉聚合物分解产生的自由基,从而延缓或抑制燃烧过程,同时释放出相对密度较高的 HBr 难燃气体覆盖于材料表面,起到阻隔与稀释氧气浓度的作用。这类阻燃剂无一例外地与锑系(Sb_2O_3 或 Sb_2O_5)复配使用,通过协同效应使阻燃效果显著提高。

然而当发生火灾时,这些材料的分解和燃烧会产生大量的烟尘和有毒腐蚀性气体而造成"二次灾害",且燃烧产物(卤化氢)具有很长的大气寿命,一旦进入大气很难除去,严重污染大气环境,破坏臭氧层。除此以外,以多溴二苯醚等阻燃的聚合物材料的燃烧及裂解产物中含有毒的多溴代二苯并二噁烷(PBDD)及多溴代二苯并呋喃(PBDF)。随着人们环境保护和安全意识的增强,寻找卤系阻燃剂的替代品已经成为当今阻燃剂领域的一大发展趋势。

3. 磷系阻燃剂

有机磷按不同的成键方式可以分为"有机膦"和"有机磷",前者通过 C—P 键连接,后者通过 C—O—P 键连接,有些则同时含有这两种键合方式。有机磷系阻燃剂发展较快,主要包括有机磷盐和氧化磷,还有磷杂环化合物及聚合物磷(膦)酸酯、磷酸酯、亚磷酸酯和膦酸酯等。

磷及磷化合物很早就被用作阻燃剂,其阻燃机理如下:在燃烧时,磷化合物分解生成磷酸的非燃烧性液态膜,其沸点可达 300℃。同时,磷酸又进一步脱水生成偏磷酸,偏磷酸进一步聚合生成聚偏磷酸。在这个过程中,不仅生成的聚偏磷酸具有覆盖作用,而且由于聚偏磷酸属于强酸,是很强的脱水剂,有机聚合物脱水进而炭化,改变了聚合物燃烧过程的模式并在其表面形成炭膜以隔绝空气,从而发挥更强的阻燃效果。

磷系阻燃剂的阻燃作用主要发挥于火灾初期的聚合物分解阶段,因其能促进聚合物脱水炭化,从而减少聚合物因热分解而产生的可燃气体的量,并且所生成的炭膜还隔绝外界空气和热。通常磷系阻燃剂对含氧聚合物的作用效果最佳,主要用于含羟基的纤维素、聚氨酯、聚酯等聚合物的阻燃。对于不含氧的烃类聚合物,磷系阻燃剂的作用效果相对较小。

磷酸酯、亚磷酸酯作为有机磷系的一类重要阻燃剂,在很多聚合物中得到应用。芳香基族磷酸酯是一类在结构上具有大量苯环结构的磷酸酯类阻燃剂,具有热稳定性好,成炭性高的优点。芳香基族磷酸酯类阻燃剂主要包括三苯基磷酸酯(TPP)和低聚间苯二酚双(二苯基磷酸酯)(BDP)。脂肪族磷酸酯、环状磷酸酯以及笼状磷酸酯等兼备丰富的碳源和磷源,在膨胀型阻燃体系中与三聚氰胺等配合使用或者与三聚氰胺反应生成相应的衍生物,都可发挥良好的膨胀阻燃作用。亚磷酸酯很不稳定,易与聚合物的活性基团(卤原子、羟基、双键等) 或一些小分子反应生成磷(膦) 酸酯,属于反应型阻燃剂,多用于制备反应型阻燃剂或作为阻燃单体参与共聚。

4. 氮系阻燃剂

目前使用的氮系阻燃剂主要是三聚氰胺(MA)及其衍生物三聚氰胺氰尿

酸盐(MCA)等，其主要优点是无卤、低烟，不产生有毒气体。氮系阻燃剂主要起气相阻燃作用，受热后全部分解，形成氨等惰性气体，稀释燃烧过程中的可燃性气体或覆盖于材料表面而起阻燃作用。例如，将三聚氰胺用于聚氨酯泡沫中，其六元芳环可以提供良好的热稳定性和成型能力，相对于六元脂肪环，三聚氰胺可以赋予材料更好的阻燃性能。

但是大多数情况下，氮系阻燃剂单独使用阻燃效果有限，常用于与其他阻燃体系协效阻燃，比较有效的是与含磷阻燃剂共用起到协效阻燃作用。此外，氮系阻燃剂还常用于膨胀阻燃体系中充当气源。由于含氮阻燃剂能在适宜的分解温度下迅速分解释放氨等气体，具有很好的发泡功能，当与一些能促进炭化的阻燃剂并用时，可以形成膨胀的碳层，起到良好的隔热阻燃作用。

7.5.5　阻燃剂选择原则

在制备阻燃聚合物材料时，阻燃剂的选择应尽量符合以下标准：

(1) 阻燃效率高而持久，较少添加量就可以达到优异的阻燃性能。

(2) 对聚合物的机械性能影响较小。

(3) 自身稳定而不易分解，与聚合物加工温度相匹配。

(4) 与聚合物的相容性好，能在基材中均匀分散，不迁移不析出。

(5) 加工工艺方便，可以应用于传统加工工艺。

(6) 价格低廉，有较高性价比，阻燃复合材料在成本方面有较强竞争力。

(7) 环保、无毒性，燃烧时也无有害物质释放。

理想的阻燃剂最好能同时满足上述标准，实际上却极难同时满足。在选择实用阻燃剂时，大多在满足基本要求的前提下，力求使各项性能获得最佳的综合平衡。

高分子科学人物传记

诺贝尔化学奖获得者、多肽固相合成法的先驱
Merrifield

An American biochemist won the 1984 Nobel Prize in chemistry for research that led to safer medication, and the prize in physics was awarded to an Italian-Dutch team of nuclear physicists who found particles scientists had sought for 50 years.

The chemistry prize went to Merrifield, Rockefeller University in New York. He was honored for work he did in the 1950s and 1960s, developing a new method of synthesizing amino acid compounds called peptides, which has revolutionized the manufacture of drugs such high blood pressure medicine, insulin and other hormone medications, and has been used in gene technology.

Professor Bengt Lindberg of the Swedish Academy said, Merrifield's development of a simple peptide-synthesis process has " become a basic tool that all laboratories use".

Merrifield found that by attaching amino acid chains – peptides or proteins – to a long plastic molecule, the smaller chains would multiply. The discovery revolutionized organic chemistry, allowing simpler and faster production of synthetic peptides, that in turn led to medicines with fewer harmful side effects.

Merrifield, a native of Fort Worth, Texas, described his prize – winning work as "an idea I had 25 years ago." He said he didn't know he had won until he arrived five minutes late to his laboratory and got the news from the cleaning woman. "Some years ago, I knew that somebody had nominated me. But that was years ago and I had assumed that nothing had happened." Merrifield said in a telephone interview, his voice still shaking.

本 章 要 点

1. 聚合物化学反应的特点及其影响因素。

2. 聚合物侧基反应举例：聚乙烯醇、维尼纶。

3. 主链反应：接枝、扩链、交联。

4. 降解、分解和老化。

5. 聚合物的可燃性与阻燃，阻燃机理与阻燃剂分类。

习　　题

1. 解释下列高分子概念。

(1) 橡胶硫化　　　　　　　　　　　(2) 降解和解聚

(3) 聚合物的老化　　　　　　　　　(4) 极限氧指数

2. 写出合成下列聚合物的反应式，并标明主要条件。

(1) 聚乙烯醇和维尼纶　　　　　　　(2) 氯化氯磺酰化聚乙烯

(3) 阳离子型聚丙烯酰胺　　　　　　(4) 聚苯乙烯与尼龙-6 的二嵌段共聚物

3. 简要回答下列问题。

(1) 归纳聚合物化学反应的特点及其影响因素，试举例简要说明。

(2) 无规降解与连锁降解机理有何不同？缩聚物和加聚物的降解分别属于哪一类？

(3) 试解释为什么聚氯乙烯在 200℃以上热加工会使产品颜色变深。腈纶为何不能采用熔融纺丝而只能采用溶液纺丝？

(4) 有机玻璃、聚苯乙烯和聚乙烯 3 种聚合物的热降解产物有何不同？

(5) 举例说明判定聚合物可燃性差异的主要依据以及决定材料燃烧的几个要素。

(6) 解释聚合物的阻燃机理，比较卤系阻燃剂、无卤阻燃剂和无机阻燃剂的阻燃历程及其优缺点。

第8章 天然高分子化学概要

天然高分子是自然界绿色植物和动物分别基于光合作用与生物化学作用而生成的种类繁多、分布广袤、存量惊人的高分子化合物。其中主要包括植物纤维素、动物纤维素(甲壳素)、淀粉、蛋白质和木质素等若干种类型。天然高分子不仅是包括人类在内的自然界一切生命得以生存繁衍的最重要的物质基础，而且其中不少类别还可以采用物理、化学或生物化学的方法进行净化、加工、改性或者重新赋形，被广泛用于工业、农业以及人们日常生活的方方面面。

众所周知，人类从远古时期就已开始直接利用天然高分子作为自己的生活资料和制作生产工具。不过直到19世纪中后叶，人们才开始尝试通过化学反应对某些天然高分子进行改性加工或重新赋形，以满足不断增长的需求。例如，19世纪30~40年代问世的硝酸纤维素照相胶片，19世纪60年代问世的醋酸纤维素胶片，以及随后问世的铜铵纤维、黏胶纤维和硝化纤维等。这些都是首先将极难溶解的纤维素进行某些特殊化学反应，转变为可溶解的形式，再将纤维素溶液还原再生，最后制成各种不同性能、不同形态、不同用途的再生纤维素制品。

随着20世纪中后期合成高分子材料的迅猛发展，以及诸如合成塑料、合成橡胶以及合成纤维的大规模生产与广泛应用，有关天然高分子化学方面的研究与应用似乎失去了过往蓬勃发展的势头。不过，进入21世纪以来，随着以石油和煤炭为代表的化石资源的过度开发使用，地球上历经亿万年积累的有限不可再生资源逐渐面临枯竭，过度依赖化石资源所造成的严重环境污染问题、温室气体过度排放所带来地球温度逐渐升高以及极地冰盖融化导致海平面上升等一系列严重的全球性危机，人类现代文明赖以存在和发展的地球环境正受到越来越严重的威胁，人们这才不得不重新认识到绿色环保、可再生资源利用的难能可贵。

结合本书编写宗旨，本章重点讲述与地球上存量和年再生量最大的植物纤维素、动物甲壳素、淀粉和蛋白质等最主要天然高分子相关的化学反应规律，化学转化与化学改性的原理、工艺、特性及其主要应用。

8.1 纤维素的化学转化

纤维素是由绿色植物通过光合作用合成，广泛存在于自然界的一种高分子化合物，也是大多数动物的主要食物和人类衣着材料的重要来源。粗略估算地球上经由绿色植物通过光合作用合成的纤维素有 10^{12} t/年，不过其中绝大多数天然纤维素不能直接用于纺织用途,如木浆纤维、草浆纤维和棉短绒等。如何更有效利用这些纤维素一直以来都是高分子科学工作者追求的目标。然而,源于纤维素大分子内众多氢键产生的强大分子间力,导致高度结晶的纤维素的溶解极为困难,迄今为止,人们都还没有找到任何能够直接溶解天然纤维素的常见单一廉价溶剂。近两百年来,人们都着眼于如何通过化学转化以减小纤维素分子间的氢键作用,破坏其大分子的规整结构,以便通过简便而经济的化学途径进行溶液加工与再赋形,生产出人们需要的产品。

事实上,纤维素是 β-葡萄糖的缩合聚合物,其大分子可表示为 $-[C_6H_7O_2(OH)_3]_n$,每个 β-葡萄糖单元内的 3 个羟基是参加化学反应的官能团,下面讲述的酯化和醚化等化学转化过程,都是将纤维素结构单元中的 1 个、2 个或 3 个羟基分别转化为不能形成氢键的酯基或醚基,从而大大削弱其大分子的分子间力和结晶能力,最终改善其溶解性能。目前纤维素的化学衍生物多达百种以上,许多都已经实现工业化,本节讲述其中最重要的几种类型。

8.1.1　纤维素黄原酸酯

将已分离去除半纤维素的纯净纤维素浸渍于稀碱溶液中,待其充分溶胀之后,即可溶于溶剂二硫化碳,生成相当黏稠的纤维素黄原酸酯的盐溶液(俗称黏胶液),黏胶液经纺丝即可生产人造纤维,也可做成包装糖果的薄膜,反应包括下述 3 个步骤。

$$-[C_6H_7O_2(OH)_3]_n \xrightarrow[20\sim40℃]{H_2O+NaOH} -[C_6H_7O_2(OH)_2ONa]_n \text{ 碱纤维素}$$

$$\xrightarrow[<16℃]{CS_2} -[C_6H_7O_2(OH)_2O-\overset{\overset{\displaystyle S}{||}}{C}-S{-}Na]_n \quad \textbf{纤维素黄原酸盐}$$

$$\xrightarrow[H_2O,\ 40℃]{Zn^{2+}+H_2SO_4} -[C_6H_7O_2(OH)_2ONa]_n + CS_2\uparrow \quad \textbf{再生纤维素丝或膜}$$

(1) 碱纤维素制备。将原料纤维素浆粕破碎之后,浸渍于浓度 220 g/L、温度 20～40℃的 NaOH 溶液中,经数小时溶胀后,即生成可与二硫化碳发生酯化反应并溶解的碱纤维素。

(2) 纤维素黄原酸盐制备。反应在低于 16℃的低温条件下进行,以避免反应过分剧烈导致 CS₂ 挥发损失,生成的浅黄色黏稠液体能在稀碱液中保持稳定,经过数十小时的陈化均质后,即可进入纺丝工序。

(3) 纤维素的还原再生。反应在约 40℃的硫酸-硫酸锌凝固水浴中完成。经板框压滤后的黏胶液通过铂金纺丝头的微孔或狭缝被压入凝固浴,固化成型的再生纤维丝束或薄膜经适当倍数的牵伸后,即成型为人造纤维长丝或薄膜。

事实上,经过溶解与重新固化再生的黏胶纤维的分子结构与原料纤维素完全相同,只是经过一系列化学反应过程后其相对分子质量有所降低,导致其力学强度(尤其是湿态强度)稍有降低。不过,其吸湿性与穿着舒适性与纯棉纤维相近，明显优于普通合成纤维织物。黏胶纤维是最接近天然棉纤维性能的人造纤维，用其纺制的布料和衣物拥有特殊的舒适感和飘逸感。黏胶薄膜作为糖果包装材料其安全性最为放心。

8.1.2 纤维素的酯化

1. 硝化纤维

纯净的纤维素如棉花或棉短绒等经浓硝酸与适当比例的浓硫酸配制的混酸进行硝化反应，即生成不同含氮量的硝化纤维素，反应式如下。

$$-[C_6H_7O_2(OH)_3]_n \xrightarrow{HNO_3+H_2SO_4} -[C_6H_7O_2(OH)_2(ONO_2)]_n-$$
纤维素单硝酸酯

$$+ -[C_6H_7O_2(OH)(ONO_2)_2]_n- + -[C_6H_7O_2(ONO_2)_3]_n-$$
纤维素二硝酸酯　　　纤维素三硝酸酯

根据硝化条件的不同可以得到不同硝化度即不同含氮量的产品。含氮量约 13%的产品通常作炸药使用，俗称无烟炸药，通常用作常规子弹和炮弹的起爆炸药。含氮量 10%～12%的硝化纤维素能溶解于丙酮和环己酮等有机溶剂，通常作为高档涂料(俗称硝基漆)和塑料(俗称赛璐珞)等的原料。由于硝化纤维极易燃烧甚至爆炸，所以在储存和使用过程中应特别当心。

2. 醋酸纤维

将纯净的原料纤维素如棉花或棉短绒等置于乙酸酐与冰乙酸的混合溶剂中反应，生成的醋酸纤维素可溶解于许多常见的有机溶剂如丙酮等，后续加工也很方便，其性能相当稳定，即使燃烧也不产生有毒气体，合成醋酸纤维的反应式如下。

$$-[C_6H_7O_2(OH)_3]_n- + (MeCO)_2O \xrightarrow{MeCOOH+H_2SO_4} -[C_6H_7O_2(OH)_2(O\overset{\overset{\displaystyle O}{\|}}{C}Me)]_n-$$
纤维素单醋酸酯

$$+ -[C_6H_7O_2(OH)(O\overset{\overset{\displaystyle O}{\|}}{C}Me)_2]_n- + -[C_6H_7O_2(O\overset{\overset{\displaystyle O}{\|}}{C}Me)_3]_n-$$
纤维素二醋酸酯　　　纤维素三醋酸酯

加入的适量乙酸和浓硫酸同时具有催化和脱水的作用。通常容易得到彻底乙酰化的三醋酸纤维素酯后，再根据实际需要将其部分水解，即得到不同酯化度和不同用途的产品。醋酸纤维素被广泛用于纺织纤维，俗称醋酸纤维或人造丝，衣物具有与黏胶纤维类似的舒适感和飘逸感。除此之外，醋酸纤维素还被用于香烟滤嘴材料、透明胶片、录音录像带、眼镜框架和电器部件等。

8.1.3 纤维素的醚化

纤维素醚是一大类纤维素衍生物的总称，其中包括最常见的甲基纤维素(MC)、乙基纤维素(EC)、羟乙基纤维素(HEC)、羧甲基纤维素(CMC)、羟丙基甲基纤维素(HPMC)等，它们均可在碱性条件下通过纤维素与相应的醚化剂反应而制备。

1) 甲基纤维素 MC

$$-[C_6H_7O_2(OH)_3]_n- + CH_3Cl \xrightarrow{NaOH} -[C_6H_7O_2(OH)(OCH_3)_2]_n-$$

2) 乙基纤维素 EC

$$-[C_6H_7O_2(OH)_3]_n- + CH_3CH_2Cl \xrightarrow{NaOH} -[C_6H_7O_2(OH)_2(OCH_2CH_3)]_n-$$

3) 羟乙基纤维素 HEC

$$-[C_6H_7O_2(OH)_3]_n- + \overset{O}{\overset{\diagup\diagdown}{CH_2CH_2}} \xrightarrow{NaOH} -[C_6H_7O_2(OH)_2(OCH_2CH_2OH)]_n-$$

4) 羧甲基纤维素 CMC

$$-[C_6H_7O_2(OH)_3]_n- + Cl-CH_2COOH \xrightarrow{NaOH} -[C_6H_7O_2(OH)_2(OCH_2COOH)]_n-$$

5) 羟丙基甲基纤维素 HPMC

$$-[C_6H_7O_2(OH)_3]_n- + \overset{O}{\overset{\diagup\diagdown}{CH_2CHCH_3}} + CH_3Cl$$

$$\xrightarrow{NaOH} -[C_6H_7O_2(OH)(OCH_3)(OCH_2\overset{OH}{\underset{|}{CHCH_3}})]_n-$$

纤维素醚类的用途十分广泛，主要包括食品、保健品以及化学反应的分散剂、乳化剂、食品增稠剂、织物上胶剂和建筑灰浆增稠剂和增强剂等。根据醚化反应取代度的不同，上述 5 种纤维素醚化物的性能如水溶解度和黏度等均存在一定差异，其用途也各不相同。

8.1.4 纤维素的氧化

纤维素与强氧化剂如高碘酸钠进行 2,3 位羟基断裂的选择性氧化反应，生成带着大量醛基和一定羧基的氧化纤维素，反应式如下。

实践证明，纤维素与高碘酸钠的质量比为 2.4，调节 pH 为 2，在 35℃反应 3.5~4 h，可制得醛基得率 95.9%，产率 75.6%的氧化纤维素。

氧化纤维素被广泛用于不能施行缝合手术的中度出血的有效止血药物。目前市售特效止血纱布"速即纱"(Surgicel)和"创可贴"多为美国强生公司的专利产品，外科施用后 2~8 min 即可完全止血，2~7 d 即可被机体完全吸收。不过，类似国产替代产品目前尚存在某些性能缺陷。

除此之外，还有一种应用广泛的内服吸收性氧化纤维素止血胶囊，具有迅速止血和止痛功效。适用于青光眼、白内障和出血性眼科疾病，以及渗血性脑外科、耳鼻喉腔科、胸外科、消化内科、肝胆、泌尿外科、妇产科等各种肿瘤出血和术后出血，都能达到迅速止血的疗效。

8.1.5　纤维素直接溶解与转化

截至 20 世纪末期,人们终于找到能够直接溶解纤维素的特殊溶剂 N-甲基氧化吗啉,其结构式如下。

N-甲基氧化吗啉常温呈固态,加热后能与水互溶,转化为可以溶解纤维素的二元低毒溶剂。用其取代二硫化碳进行纤维素的溶液纺丝具有低毒和工艺简单的突出优点,可望在人造(再生)纤维领域获得推广应用。不过由于其合成路线相对复杂、价格昂贵,目前尚存在如何高效率回收利用溶剂等技术难题。

在纤维素的酯化和醚化衍生物的众多用途中,不得不强调其在制备各种分离膜时的特殊地位。正是基于天然植物纤维素的良好生物相容性和安全性,用其制作人工肾的血液透析膜,以及人工肺的气体分离膜等已广泛应用于临床。

8.1.6　纤维素的化学水解

考虑到地球上历经亿万年形成的化石资源正面临不断被消耗而逐渐减少的趋势,可再生植物纤维素原料的化学与生物水解技术正受到全世界的关注,其部分产物可以取代石油原料满足现代工业和社会发展的部分需求,其中最重要的例子就是纤维素化学水解生产糠醛和燃料乙醇。

糠醛即呋喃甲醛(furfural),广泛用于医药、农药和合成塑料工业,目前世界糠醛的年产量大约为 500 kt/年,其中中国约占产量及市场份额的 40%。聚戊糖含量高达 30%～35%的玉米芯和燕麦芯等农作物废弃物是制糠醛的主要原料。工艺过程主要包括水解为戊糖、戊糖水解和再脱水等步骤。主要反应式如下。

国内多采用硫酸作催化剂,特点是糠醛产率较高,生产 1 t 糠醛还可副产 0.5 t 乙酸钠,不过对设备的防腐要求也较高。国外多采用重过磷酸钙作催化剂。

虽然以淀粉和糖类通过生物发酵工艺生产乙醇是一项有上千年历史的成熟工艺,然而以农作物秸秆和木质纤维通过生物发酵生产燃料乙醇却是近半个多世纪以来的事情。美国、巴西和中国是目前世界上以植物原料生产燃料乙醇最多的国家,按照现行工艺大约 6 t 秸秆即可生产 1 t 燃料乙醇。

由于纤维素大分子之间众多氢键的存在,高度结晶的纤维素必须在催化剂存在条件下才能进行水解反应,无机酸和纤维素酶是最常用的纤维素水解催化剂。硫酸高温催化的纤维素水解和生物发酵工艺制备燃料乙醇的反应如下。

$$—[C_6H_7O_2(OH)_3]_n \xrightarrow[\triangle]{H_2SO_4} nC_6H_7O_2(OH)_3 \xrightarrow{发酵} nCH_3CH_2OH$$

如果按照相对分子质量计算，用纯净纤维素制备乙醇的理论产率是 5 t 生产 1 t 乙醇，目前可以达到的理论产率约为 80%。提高纤维素水解发酵的效率是提高乙醇产率的关键所在。

8.2　淀粉的化学变性

利用物理、化学或生物学方法使淀粉的性能发生某些期望的改变过程，称为变性，得到的产物称为变性淀粉。淀粉变性的主要目的包括 3 个方面：①改善淀粉的加工性能；②提高淀粉制品的品质和风味；③扩大淀粉的用途。遵照本书编写的宗旨和读者对象，本节仅重点讲述各种改性淀粉的制备方法、主要特性及其用途。

目前变性淀粉的种类多达千种以上，按照变性方法的不同主要分为物理变性、化学变性、生物学变性以及复合变性等 4 大类型。按照变性过程物料的不同形态又分为湿法变性、干法变性、有机溶剂变性以及其他类型变性等 4 种类别。本节重点讲述氧化淀粉、酯化淀粉、醚化淀粉、交联淀粉和接枝共聚淀粉等的制备方法、主要特点及其应用范围。

8.2.1　氧化淀粉

利用某些氧化剂对淀粉分子进行适度氧化，不仅使淀粉分子内的部分 1,4-糖苷键断裂，同时使其结构单元内 C_2、C_3 或 C_6 位的羟基被氧化为羰基、醛基或羧基。常用的氧化剂包括过氧化氢、过氧化物、次氯酸盐和高锰酸钾等。

8-02-y
了解氧化淀粉、酯化淀粉、醚化淀粉、交联淀粉和接枝共聚淀粉的制备及其应用。

（1）制备方法。氧化淀粉的制备工艺以湿法为主，以次氯酸钠作氧化剂，对精制淀粉的悬浮液进行氧化后，再对剩余氧化剂进行还原、中和与干燥。该反应为放热反应，生产过程的冷却降温直接关系到产品的质量。

（2）性能改变。轻度氧化淀粉的性质发生如下变化，淀粉颗粒表面出现空洞，相对分子质量降低，溶解度增加，热水可溶解度大幅增加，成膜性能获得改善，白度明显提高，淀粉糊的透明度也明显升高。

（3）主要应用。在食品行业，氧化淀粉可以替代阿拉伯胶，增加软糖的柔韧性和弹性，以及作为色拉油和蛋黄酱等的增稠剂。在纺织行业，氧化淀粉作为经纱上浆剂可以显著提高纱线的耐磨性能。在造纸行业，氧化淀粉广泛作为高级纸张的施胶剂和纸制品的胶黏剂。在精细化工领域，深度氧化淀粉加入各种洗涤剂中，可以有效提升洗涤效果，同时降低洗涤剂对皮肤的刺激致敏作用。

8.2.2　酯化淀粉

淀粉与无机酸或有机酸反应即可制得相应的酯化淀粉。常用的酸包括磷酸、硝酸、乙酸和丁二酸等。本节主要讲述淀粉乙酸酯和淀粉磷酸酯的制备方法、性质及其主要应用。

由于乙酸与淀粉直接反应的活性较低，所以通常采用乙酸酐或乙酸乙烯酯作酯化剂，通常采用湿法工艺。为了加快反应速率并提高酯化率，往往需要将淀粉进行预研磨以提高酯化剂渗入淀粉颗粒的速度，或者将淀粉进行碱处理，以破坏淀粉分子间的氢键。

制备淀粉磷酸酯通常采用正磷酸盐、焦磷酸盐或三聚磷酸盐等。工艺要点主要包括加入适量尿素以降低反应温度，缩短反应时间，同时阻止有色副产物的生成。性质改变包括淀粉颗粒表面出现微小空洞，显示酯化反应主要发生于无定形区域；相对分子质量升高，相同浓度时的黏度升高，糊化温度随酯化度的升高而逐渐降低。

主要应用：在食品行业，酯化淀粉多用作各种饮料的增稠剂，以及烘焙面点的光泽剂和品质口感改良剂等；在纺织行业，主要用作纱线的黏附剂，以增加纱线的表面强度；在造纸行业，多用作各种高档纸张的表面施胶剂，可以显著改善纸张的印刷性能、表面强度和耐磨耐油等性能。

8.2.3　醚化淀粉

醚化淀粉指添加某些化学试剂与淀粉分子内的羟基发生醚化反应，生成性质有别于原料淀粉、具有某些特殊用途的产品。根据醚化剂的不同，目前比较普遍的包括羟烷基淀粉、羧甲基淀粉和阳离子淀粉等品种。

1) 羟烷基淀粉

制备原理与方法：在碱性条件下，环氧乙烷或环氧丙烷首先发生开环反应，再与淀粉分子进行亲核取代反应，如下所示。

从反应式可见，体系中的醚化剂环氧乙烷可以继续在 C_2 位进行醚化反应，最终生成带有类似聚氧化乙烯结构的接枝醚化淀粉。环氧丙烷与淀粉的反应活性更高，同样可以生成类似聚氧化丙烯结构的接枝醚化淀粉。

性质与用途：醚化淀粉的相对分子质量增高，水溶性更好，黏度升高，糊化温度降低，透明度提高，成膜性得到大幅提高，薄膜柔韧性良好。主要应用于食品增稠剂、黏结剂和填充剂；应用于纺织工业的纱线上浆剂和造纸工业的施胶剂，以及石油工业的降滤失水剂；在医药领域，羟乙基淀粉是所谓"代血浆"的主要成分。

2) 羧甲基淀粉

制备原理与方法：在碱性条件下，氯乙酸与淀粉发生双分子亲核取代反应，生成以钠离子形式存在的阴离子型羧甲基淀粉。高取代度、冷水可溶的羧甲基淀粉相比于原料淀粉，其相对分子质量升高，结晶被彻底破坏，水溶性大为改善，更容易糊化，糊化温度大为降低。

性质与用途：羧甲基淀粉是食品工业最常用的稳定剂和增稠剂，广泛用于制作果冻和稠乳饮料等；在日化用品领域，广泛用于牙膏和化妆品的增稠保水剂；也用于纺织工业的纱线上浆剂，以及印染助染剂，造纸工业的纸张施胶剂，建筑工地的砂浆黏合剂等。

8.2.4　交联淀粉

交联淀粉是利用某些化学试剂如甲醛、环氧氯丙烷或磷酸盐等与淀粉分子内的两个羟基之间发生醚化或酯化交联反应，在淀粉分子内或分子间形成交联桥，其主要目的是抑制淀粉颗粒的吸水膨胀速度及其糊化度。

1) 原理与工艺

通常情况下，制备交联淀粉的反应温度多在室温～50℃、中性或偏碱性条件下进行，不过甲醛与淀粉之间的交联反应却需要在酸性条件下进行。例如，环氧氯丙烷与淀粉的交联反应如下式。

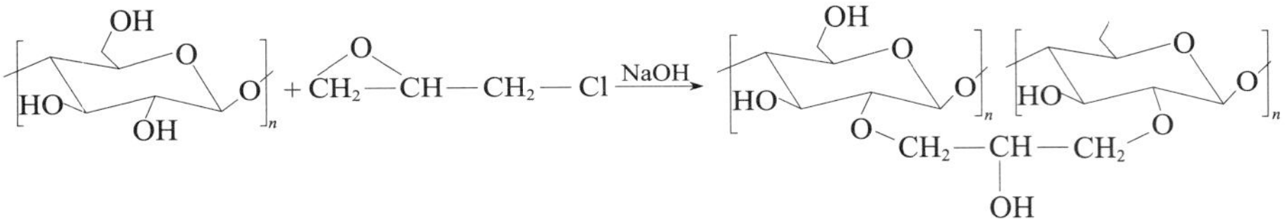

测定交联淀粉交联度的高低最常用的简便方法是测定淀粉糊的沉降体积，即在 100 mL 具塞量筒中调制干基浓度 10 g/L 的淀粉糊 100 mL，待其沉降趋于平衡之后，测定下部淀粉层的体积，与已知交联度试样的沉降体积进行比较。显而易见，沉降体积越小，交联度越高。

2) 性能与应用

交联淀粉依然保留半结晶结构，颗粒表面出现空洞，相对分子质量增加，淀粉分子间的交联桥取代大部分氢键作用，致使其吸水膨胀、糊化等性能受到一定限制。高交联度淀粉即使在沸水条件下，或者经高压蒸煮，交联淀粉依然保持平稳的黏度，以及耐受剪切力的能力。

交联淀粉多与其他类型改性淀粉配合使用，主要用于食品加工的膨松剂和增稠剂，纺织工业的上浆剂和助染剂，以及普通干电池内的防漏填充剂等。

8.2.5　接枝共聚淀粉

接枝共聚淀粉指采用化学或辐照手段引发淀粉分子与某些取代烯烃单体进行接枝共聚反应而制得，其同时兼备天然高分子与合成高分子的部分性质，是一类具有某些特殊性质和用途的半合成高分子材料。

1) 淀粉接枝共聚引发原理

目前常用于引发淀粉进行接枝共聚的化学氧化剂多选择硝酸铈铵,也可以选择 $KMnO_4$、$K_2S_2O_8$ 和 $Fe^{2+}+H_2O_2$ 氧化还原体系,后者也是本书第 3 章讲述过多用于乳液聚合的自由基聚合反应的氧化还原引发体系。

2) 淀粉接枝共聚的单体

能够与淀粉进行接枝聚合的单体包括亲水性单体和疏水性单体两类,前者如丙烯酸和丙烯酰胺等,后者包括丙烯腈、丁二烯和苯乙烯等。通常情况下,无论采用哪种引发剂与何种单体进行接枝共聚,都只能得到淀粉接枝共聚物与该种单体均聚物的混合物,两种聚合物的占比、以及接枝率和单体转化率等均难以有效控制。

3) 接枝淀粉的性质与应用

实践证明,接枝淀粉的性质主要决定于接枝单体的性能,如果接枝像丙烯酸和丙烯酰胺之类的亲水性单体,则接枝淀粉就具有良好的水溶性;相反,如果接枝丙烯腈之类的疏水性单体,则产物就显示良好的疏水性。

目前,接枝淀粉主要应用于纺织、造纸、农业和卫生保健等领域,其作为纺织纱线的上浆剂、纸张施胶剂和助染剂,具有超越别的助剂更良好的性能;作为超级吸水剂,其在农业抗旱保墒以及妇女儿童卫生用品领域占据很大的市场份额。

8.3　甲壳素与壳聚糖

甲壳素(chitin)也被译为“几丁糖”,其化学名称应为 β-(1,4)-2-乙酰氨基-2-脱氧-D-葡萄糖,是构成甲壳类动物如虾蟹和昆虫外壳的主要成分,是自然界仅次于植物纤维素的第二大类重要含氮多糖类天然高分子,也是地球上除纤维素和蛋白质之外存量和年再生量最大的天然高分子化合物,还是自然界唯一存在带正电荷的阳性食物纤维素。据估计自然界每年由生物合成的甲壳素多达 10^{10} t。随着可再生资源有效利用以及环境友好高分子材料的需求持续增长,甲壳素和壳聚糖的研究与开发利用正受到国内外的普遍重视。

甲壳素脱去乙酰基后的产物为壳聚糖或甲壳胺,化学名称为(1,4)-2-氨基-2-脱氧-β-D-葡萄糖。在实际应用中,要得到 100%脱乙酰的甲壳素非常困难,成本也很高,所以习惯上将脱乙酰率高于 60%、能够溶于稀酸水溶液的甲壳素俗称为壳聚糖,而氨基葡萄糖(glucosamine)简称氨糖,是近年来民间保健品领域更为通俗的名称。

甲壳素和壳聚糖具有良好的生物活性、良好的组织与血液相容性、使用安全性、以及生物可降解性等一系列优良性能,近年来在医药、食品、保健品和化妆品领域被广为应用,在生物医学工程材料领域也取得重大进展。根据 21 世纪初期日本国内的统计,该国大量依赖进口与少量国产的甲壳素和壳聚糖,其中 70%用于生产食品和食品添加剂,20%用于生产药物及其制剂,5%用于化妆品生产,5%用于絮凝剂生产。

8.3.1　化学组成与结构

甲壳素的化学结构与植物纤维素比较相似,故有时也被称为乙酰氨基纤维素,其别名为动物纤维素,两者均为己糖的缩合聚合物。甲壳素的结构单元是乙酰氨基葡萄糖,其聚合度为 1000～3000,相对分子质量通常在 100 万以上。甲壳素、壳聚糖和纤维素的化学结构式比较如下。

甲壳素　　　　　壳聚糖　　　　　纤维素

8.3.2　壳聚糖的制备

制备壳聚糖的原料主要来源于水产加工废弃的虾蟹外壳,其中含甲壳素约 20%,其余成分碳酸钙和蛋白质等均须除去。其制备过程主要包括脱钙、脱蛋白、脱色和脱乙酰基等步骤。目前以虾蟹外壳为原料制备壳聚糖最常用的方法是酸碱法,其工艺流程主要包括脱钙、脱蛋白、脱乙酰基和中和净化等步骤。

8-03-y
了解壳聚糖的制备及其主要应用。

首先,加稀盐酸在加热条件下将破碎成细小颗粒状的虾蟹外壳中难溶的碳酸钙转化为可溶性的氯化钙溶出;然后,加稀碱液同样在加热条件下将其中含有的蛋白质和脂类杂质溶出,再经中和、脱色和水洗后即得纯净的甲壳素;最后,在浓碱中加热脱去乙酰基,即转变为可溶性壳聚糖,最后经中和水洗即得产品。

由于在甲壳素结构单元中,C_2 位置的乙酰氨基与 C_3 位置的羟基分布于椅式结构面的上下两侧,使得甲壳素具有如下 3 方面的性能特点。首先,处于 C_2 位置的乙酰氨基或氨基与 C_3 位置的羟基的反式结构是导致甲壳素和壳聚糖对于多数化学试剂具有较高稳定性,包括其稀碱水溶液也相当稳定的本质原因。其次,甲壳素的脱乙酰反应速率随脱乙酰率升高而呈逐渐降低的趋势,要得到100%脱乙酰率极为困难。最后,过于强烈的脱乙酰条件,如过高碱浓度、过高温度或过长反应时间,都不可避免造成大分子主链的断裂降解,如表8-1所示。

表 8-1　反应温度对壳聚糖产率与脱乙酰率的影响 (NaOH 浓度 50%)

反应温度/℃	反应时间/h	壳聚糖产率/%	脱乙酰率/%	$M_w/10^5$
25	340	60.3	64.0	5.44
60	13	64.2	73.7	5.05
110	3	63.8	81.1	4.86
120	3	61.1	82.6	4.76
140	3	60.2	84.8	4.19

研究发现，采用间歇式保温脱乙酰工艺，可以在相同温度和碱液浓度条件下获得更高脱乙酰率，且相对分子质量降低不多的壳聚糖，如表 8-2 所示。

表 8-2　碱处理方式对壳聚糖产率与脱乙酰率的影响(NaOH 浓度 50%)

反应温度/℃	反应时间/h	壳聚糖产率/%	脱乙酰率/%	$M_w/10^5$
110	1	51.2	78.1	5.45
110	1+1	57.5	91.9	5.32
110	1+1+1	63.4	97.2	5.24
110	3	60.4	81.2	4.86

8.3.3　壳聚糖的主要性质

壳聚糖是白色或淡灰白色无定形、半透明、略呈珍珠光泽的粉状固体，相对分子质量在数十万至数百万，不溶于水和碱溶液，可溶于稀盐酸和多数有机酸。在稀酸水溶液中，壳聚糖会缓慢降解，相对分子质量和黏度会逐渐降低。壳聚糖具有良好的吸湿性、保湿性、吸附性、通透性和成纤成膜性，在许多领域具有广泛用途。

8.3.4　壳聚糖的应用

学术界习惯将聚合度为 2～20 的壳聚糖称为壳聚寡糖或壳寡糖。人们发现其中聚合度为 6 或 7 的壳寡糖在抑制肿瘤方面显示特别功效以来，壳聚糖在治疗药物和保健药物等方面的研究和应用受到国内外的高度关注。

壳聚糖和甲壳素均具有抑制癌瘤细胞扩散转移、提高人体免疫力以及护肝解毒等特殊功效，尤其适用于糖尿病、肝肾病、高血压、肥胖等病症，有利于预防癌细胞病变和辅助放化疗治疗肿瘤疾病。甲壳素还能改善消化吸收机能、降低脂肪及胆固醇的摄取、降低血压、调节血脂、促进溃疡的愈合、增强免疫力，提高胰岛素利用率，有利于糖尿病的防治等。

1) 壳聚单糖

壳聚单糖亦称氨基葡萄糖或简称氨糖，是甲壳素降解和脱乙酰基的终极产物。壳聚单糖盐酸盐为白色结晶体，略带甜味，易溶于水，具有抗生素药物注射促进功能，也是合成抗癌药物氯脲霉素的主要原料。其制备方法是让甲壳素在浓盐酸中同时彻底完成降解和脱乙酰基反应。如果严格控制盐酸浓度、温度和时间，也可以得到聚合度为 2～20 的壳聚寡糖。

目前市场颇为热销的中老年保健药物"盐酸软骨素"和"硫酸软骨素"的主要成分就是氨基葡萄糖的盐酸盐和硫酸盐，其英文商品名称为Glucosamine and Chondroitin。据说早期是从猪牛等家畜的软骨中分离提取，后来则大规模从虾蟹外壳中分离制备。

早期临床使用的水溶性抗癌药物环己基亚硝基脲的毒副作用较大。近十多年来，人们发现以壳聚单糖为原料合成的氯脲霉素具有环己基亚硝基脲同样的抗癌活性，其对于骨髓的毒副作用却要小得多，对黑色素瘤、结肠癌、肺癌和白血病等均显示良好的疗效，其合成反应式如下。

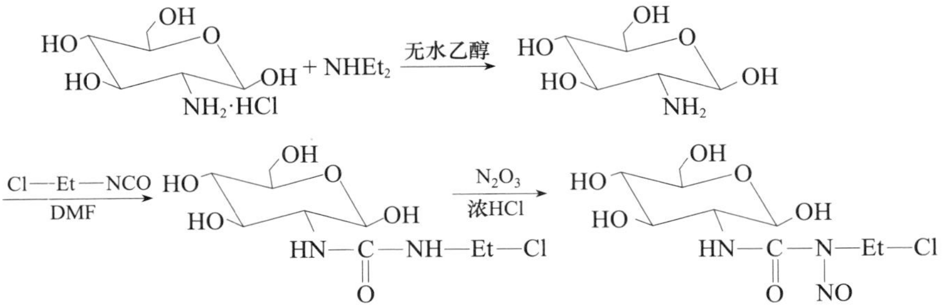

2) 低聚壳聚糖

研究发现，甲壳素脱乙酰率越高，制得的壳聚糖的聚合度就越低，可见获得壳寡糖的途径是严格控制苛刻条件，使甲壳素深度脱乙酰化。其中最常用的工艺包括酸水解、氧化水解和酶水解 3 种工艺类型。采用无机酸包括盐酸、磷酸和氢氟酸等，氧化剂多为过氧化氢或次氯酸钠等。

聚合度为 2～20 的壳聚糖的应用范围也很广泛，工业上可做布料、衣物、染料、纸张和水处理剂等；农业上可做杀虫剂、植物抗病毒剂；渔业上可做鱼饲料；医疗保健领域可加工成隐形眼镜、人工皮肤、创伤缝合线、透析膜、人工血管以及化妆美容剂、毛发保护保湿剂等。

3) 壳聚糖硫酸酯

壳聚糖 6-O-硫酸酯的化学组成和结构与肝素相似，同样具有抗凝血功能，却没有肝素会导致血浆脂肪酸浓度升高带来的副作用，而且成本比肝素低得多，逐渐成为高抗凝血活性的廉价肝素代用品。壳聚糖 6-O-硫酸酯的合成反应式如下。

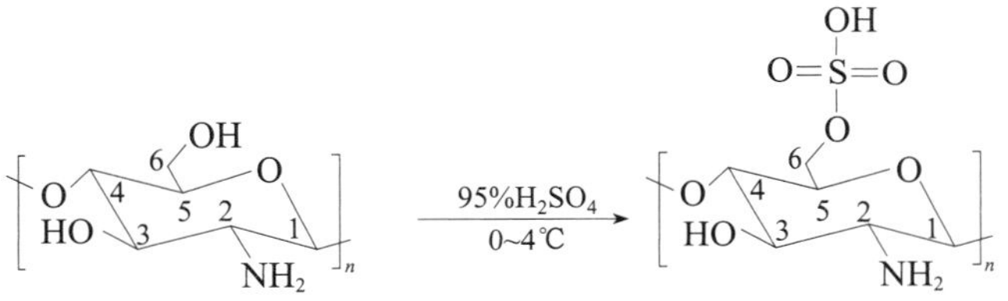

4) 以壳聚糖为基础的功能材料

由于壳聚糖可以通过化学反应引入适当的有机活性基团或无机离子，不仅可以显著改善其溶解性能，同时还能赋予其许多宝贵的物理、化学和生物学功能，使之成为 21 世纪异军突起的功能材料，下面列举最有代表性的几个例子。

(1) 液晶材料。能溶解于水、甲醇和许多常见有机溶剂的壳聚糖 O-硫酸酯是相对廉价易得的溶致液晶材料。

(2) 成膜材料。壳聚糖的成膜性能非常优良，而且安全无毒，可加工成用于医药和食品领域的分离膜、超纯水制备的超滤膜、以及肾衰病人的透析膜。

(3) 吸附分离材料。基于壳聚糖对于许多金属离子具有很强的吸附能力，因而可以作为钯、铑等稀贵金属的载体，用于非均相催化领域，也可作为从工业废水中吸附除去重金属和有毒有机物的高效吸附剂。

(4) 生物载体材料。在生物化学领域，壳聚糖是固定许多活性酶甚至活细胞的最好的生物相容性材料之一。

(5) 药物控释材料、生物医学工程支架材料、人工组织和人工器官修复材料等的最好首选材料。

8.4　蛋白质的化学转化

明胶、胶原、多肽和氨基酸均同源于蛋白质，是蛋白质经不同程度的化学或酶水解而得到、相对分子质量递减的一系列生物活性物质的混合物。截至目前，各种用途的明胶和胶原多采用天然蛋白通过化学或酶水解制备。不少类型的多肽和氨基酸虽然也可以采用专一性的化学合成方法制备，然而从生物活性和安全性考虑，人们更倾向于接受源于蛋白水解制备的产品，传统中药滋补上品东阿阿胶便是以驴皮为原料制备的胶原、多肽和氨基酸混合物的典型代表。

8.4.1　明胶

明胶(gelatin)或称动物明胶，是由动物的皮、骨骼和肌膜等结缔组织中的胶原部分降解形成的白色或淡黄色、半透明、微光泽、无味无臭的薄片或粉粒物。其在冷水中可溶胀，热水中可溶解。明胶属于大分子亲水胶体，是一种营养价值较高的低卡保健食品，可作为糖果和冷冻食品添加剂，也被广泛用于医药和化工领域。不同规格的明胶相对分子质量一般为 15 000～25 0000，其氨基酸组成与同源胶原近似，不过因预处理方式不同，组成也可能存在差异。

1) 制备方法

(1) 石灰乳法。将家畜皮的边角料刮去脂肪，经破碎后置于浓度约 4% 的石灰乳中浸泡 30～40 d，这期间须间隙搅拌并更换石灰乳。取出生皮洗净，加入浓度 10% 的盐酸中和，再水洗至 pH=6.0～6.5，加水在温度 60～70℃进行蒸煮，分批次抽取胶水后补水再蒸煮。稀胶水经纱布过滤后送入蒸发器浓缩至密度 1.03～1.07 g/mL，浓稠热胶经冷却并在 28℃以下风干、粉碎即得碱法明胶，产率约 22%。

(2) 盐酸法。家畜杂骨粉碎后用苯在 45～50℃萃提脂肪，经水洗后再用浓度约 4% 的盐酸浸泡，即得柔软的粗骨素。经 pH=3.5 的酸性水洗后，再用浓度 3.5% 的石灰乳浸泡 30～50 d，稀酸中和并反复水洗即得精制骨素。按照程序升温模式加水熬制胶水，分批次抽取胶水后补水再蒸煮，温度从 64℃升高到 85℃，熬胶即完成。稀胶水经过滤、浓缩、冷冻干燥，即得酸法明胶，产率约 22%。

(3) 酶法。在清洗破碎后的家畜皮边角料中加入专用蛋白酶进行室温酶水解反应，再加入石灰乳处理 24 h，酶解液经中和、熬胶、浓缩、凝冻、烘

8-04-y
了解蛋白质制备明胶、胶原、多肽和氨基酸的主要条件及其应用。

干，即得纯度较高的酶解明胶。

2) 组成和结构

普通明胶中水分和无机盐含量约占 16%，蛋白质含量>82%。明胶主要由 18 种氨基酸组成，其中脯氨酸(Pro)和羟脯氨酸(Hyp)的含量较高，其大分子的类三螺旋状结构主要源于分子内羟基和氨基之间的氢键力维系。

3) 理化性质

(1) 凝胶化特性。明胶水溶液可形成具有一定硬度、不能流动的凝胶。当明胶凝胶受到环境刺激时会随之做出响应，即当溶液的组成、pH 和离子强度发生变化，或者受温度、光强、电场等刺激时，或受到特异的化学物质刺激时，凝胶就会发生相转变行为。

(2) 乳化特性。明胶水溶液作为保护胶体，可有效阻止晶体形成或离子聚集，用以稳定非均相悬浮液，在水包油的分散体药剂中作为乳化剂。

(3) 生物相容性。明胶是天然高分子材料，其结构与生物体组织的结构相似，因此具有良好的生物相容性。

(4) 生物可降解性。明胶作为一种天然水溶性生物可降解高分子材料，其优点就是降解产物易被机体吸收而不产生炎症反应。不过，在应用明胶的可降解性前，往往须对其进行化学修饰，调控其降解速度以适应不同的环境需要。

4) 主要用途

依据原料、生产方式、产品质量和产品用途的不同，分为食用明胶、药用明胶、工业明胶、照相明胶以及皮胶、骨胶等多种类型。

(1) 食用明胶。在食品工业中是一种重要的配料和添加剂，常作为胶凝剂、稳定剂、乳化剂、增稠剂和澄清剂等应用于肉制品、蛋糕、冰淇淋、啤酒、果汁等的生产。

(2) 生物膜及医用纤维。研究最多的包括壳聚糖-明胶、明胶-丝素、聚乳酸-明胶、聚乙烯醇-明胶共混膜及医用纤维，这类共混材料能显著提高明胶的理化性质，使明胶基膜材料及医用纤维的功能得以更好发挥。

(3) 组织修复与替代材料。明胶基复合材料用作组织工程支架材料和信息分子载体是目前生物医学材料的研究热点之一。明胶溶液经交联后形成水凝胶，再经冷冻干燥后形成多孔支架材料，改变凝胶的冷冻参数即可调节孔率和孔径，因此可以根据不同的组织修复要求，设计理想的明胶基组织工程材料。

(4) 工业明胶。在纤维纺织、绝缘材料、纸张、全息材料等的制造过程中多有应用。其中用于提取水解动物蛋白质的明胶称为蛋白明胶，也有专用于饲料添加剂的饲料明胶。

8.4.2 胶原

胶原(collagen)是构成动物结缔组织的主要成分，也是哺乳动物体内含量最多、分布最广的功能性蛋白，广泛存在于皮肤、结缔组织、骨骼、内脏细胞间质，以及肌腱、韧带、巩膜等部位，眼角膜则完全由胶原构成。胶原蛋白约占动物机体蛋白质总量的 25%～30%，甚至高达 80%。由此可见，畜禽等动物组织是获取天然胶原蛋白及其胶原肽的主要来源。

按照生物化学定义，胶原是由大约 1000 个氨基酸构成的 3 条多肽链彼此螺旋缠绕而成，其相对分子质量约为 30 万，具有完整的四级空间结构，这是胶原区别于普通明胶的重要特征，也是以动物结缔组织为原料制备胶原条件更为严苛的原因之一。胶原的一级结构是指构成大分子肽链的氨基酸顺序；其二级结构是指由三条非 α 左手型螺旋链相互缠绕而形成的右手型三股螺旋或超螺旋；其三级结构是指这种超螺旋形成微纤维时的三维空间形态；其四级结构通常指原胶原分子遵照所谓"四分之一错列"的方式进行超分子聚集，最终形成稳定而强韧的原纤维(fibril)。

由于氨基酸组成和交联度等方面的差异，使得水产动物及其加工废弃物所含丰富的胶原蛋白，具有很多畜禽胶原蛋白所没有的优点。除此之外，源于海洋动物的胶原蛋白具有明显优于陆生动物的胶原蛋白低抗原性和低过敏性的特性，致使目前水产动物胶原逐步替代陆生动物胶原而成为主流。

1) 胶原分类

胶原蛋白种类较多，常见类型为 I 型、II 型、III 型、V 型和 XI。胶原蛋白因具有良好的生物相容性、可生物降解性和生物活性，在食品、医药、组织工程、化妆品等领域获得广泛应用。

目前发现至少 30 余种胶原蛋白链的编码基因，可形成 16 种以上的胶原蛋白。可按照结构分为成纤胶原、基膜胶原、微纤胶原、锚定胶原、六边网状胶原、非纤维胶原和跨膜胶原等多种类型，其中成纤维胶原约占胶原总量的 90%。

根据胶原在体内的分布和功能，分为间质胶原、基底膜胶原和细胞外周胶原等类型。间质胶原占机体胶原的绝大部分，其中 I 型胶原主要分布于皮肤、肌腱等组织，也是水产品加工皮、骨和鳞等废弃物中含量最多的蛋白质，在医学领域的应用最为广泛。II 型胶原由软骨细胞产生。基底膜胶原通常是指 IV 型胶原，其主要分布于基底膜。细胞外周胶原通常指 V 型胶原蛋白，在结缔组织中大量存在。

2) 胶原提取

胶原的类型较多，分离提取技术也比较复杂。通常以富含胶原的畜禽动物组织和水产动物加工的皮、骨和鳞等废弃物分离胶原的方法主要包括水溶法、酸法、碱法、盐法和酶法等，这些方法各具特点和优势。提取皮胶原的一般流程如下所示。

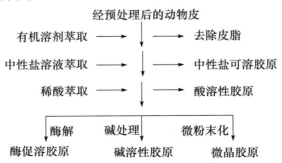

(1) 酸性水提法。酸法是提取胶原蛋白较常用的方法，采用低温低浓度酸提取法能破坏蛋白分子间的盐键和希夫碱结构，在促使胶原纤维膨胀溶解的同时，最大限度保持胶原的三螺旋结构。一般多选择乙酸，也可选择盐酸、磷酸、甲酸和柠檬酸等。

实践证明，采用酸法与酶法配合，可以达到更好的提取效果。在处理后的猪皮中加 0.05 moL/L 含有胃蛋白酶的柠檬酸溶液(pH 2.5～3)处理一段时间，然后再用 NaCl 盐析，最后提取率为 12.35%，提取物是具有完整三股螺旋结构的 I 型胶原蛋白。

(2) 碱性水提法。单独采用碱法提取胶原的效率较低，同时存在胶原变性、甚至导致 L-型和 D-型氨基酸反转、产生有毒有害副产物的严重缺陷，所以很少采用。

(3) 盐水提法。常用三羟甲基氨基甲烷-盐酸(Tris-HCl)、氯化钠和柠檬酸盐等。中性条件下，盐浓度达到一定数值时，胶原就会溶解。不过胶原的溶解和分级受盐效应影响，有的盐可提高胶原的稳定性，有的则可降低构象稳定性。除此之外，采用不同浓度的氯化钠水溶液对提取的胶原进行处理，即可沉淀出不同类型的胶原。

(4) 酶法。提取可溶性胶原和酸溶性胶原之后，往往需用胶原酶、胃蛋白酶、木瓜蛋白酶和胰凝乳蛋白酶等进行水解，得到不同的酶促溶性胶原蛋白，其中以碱性蛋白酶应用居多。

用酶处理胶原进行限制性降解，末端肽即被切割下来，含三螺旋结构的主体部分即可溶于稀有机酸而被提取，可以提高胶原蛋白的产率。影响酶提取率的因素较多，如酶浓度、酶与底物的比例、酶解时间、酶解温度、pH以及料液比等。

3) 性能与应用

胶原蛋白是白色透明的粉状物，分子呈细长棒状，相对分子质量从 2000～300 000 不等。不同胶原在不同 pH 介质中，可成为带有正电荷或负电荷的离子形态。胶原肽链侧基的 pK_a 与其组成氨基酸侧基的 pK_a 略有不同，这是蛋白质分子受到邻近基团电荷的影响所致。多数胶原略偏碱性，等电点处于 7.5～7.8，原因是胶原肽链中的碱性氨基酸较酸性氨基酸稍多。

胶原在生物医学领域的应用主要包括创伤敷料、止血凝血材料、药物控释材料、人工血管和人工肌腱、眼角膜、血液透析膜等。胶原在组织工程领域也有广泛应用，如用于软组织修复材料、血管支架材料、人工心瓣膜、人工骨骼等。截至目前，上述这些应用部分处于动物实验阶段，部分已经进入人体临床实验阶段，也有部分已经正式获批应用于临床治疗。

(1) 止血功能。该功能的发挥通过促进血小板凝聚和血浆结块得以实现。胶原与血小板黏合并聚集形成血栓而发挥止血作用。当血管壁的内皮细胞被剥离时，血管中的胶原纤维暴露于血液中，血液中的血小板立刻与胶原纤维吸附在一起，发生凝聚反应，生成纤维蛋白并形成血栓，进而血浆结块阻止血流。胶原是参与创伤愈合的主要结构蛋白，疗效迅速，其止血活性依赖于胶原聚集体的大小和结构。

(2) 运输钙。胶原蛋白的重要特征是氨基酸羟基脯氨酸是血浆中运输钙到骨细胞的运载工具，而骨细胞中的骨胶原和羟基磷灰石共同构成骨骼主体。中老年人骨质疏松的实质是骨胶原的生成速度低于骨胶原发生变异和老化的速度。由此可见，只有摄入足够可与钙结合的胶原蛋白，才能使补充的外源钙在体内被较快消化吸收，能快速达到骨骼部位而沉积。

(3) 美容。由动物皮提取的胶原含有透明质酸和硫酸软骨素等蛋白多糖，其含有大量极性基团(所谓保湿因子)，具有阻止皮肤中的酪氨酸转化为黑色素的作用。不仅如此，胶原蛋白与人体皮肤胶原的结构非常相似，为非水溶性纤维状含糖蛋白质，故胶原蛋白具有纯天然保湿、美白、防皱和祛斑的功能。

8.4.3 多肽

肽(peptide)是氨基酸通过肽键连接而成、构成生物机体蛋白质和各种组织细胞的重要基础成分。其中含 2 个、3 个、4 个氨基酸的肽分别称为二肽、三肽、四肽，含 2～10 个氨基酸的直链肽称为寡肽，多于 10 个氨基酸的缩合物称为多肽。目前生理学家已在人体内发现 100 多种生物活性肽，它们承担着传递和调节生理信息的功能，对人体生长、生殖、循环和代谢等系统正常生理活动极为重要而不可或缺，甚至各种疾病的发生和发展都与它们的失调和或缺密切相关。

人体获取生物活性肽的途径包括蛋白质消化过程中的吸收，以及利用蛋白质降解产物氨基酸在体内细胞合成两条途径。20 世纪 50～60 年代，主要是从动物脏器获取肽，如胸腺肽的生产方法是将刚生下来的小牛宰杀后，割取其胸腺，采用振荡分离生物技术，将小牛胸腺中的肽振荡分离出来，制成胸腺肽针剂。这种胸腺肽主要用于提高人体免疫，目前该方法逐渐被淘汰。

近年来随着生物工程与基因工程的发展，若干种可直接服用并被机体高效吸收的外源性多肽制剂逐渐应用于临床，对手术后和重病虚弱病人自身免疫力的提升和康复可以发挥显著的作用。鉴于众多生物活性肽所具有组成与功能的独特性和高度专有性，以及人们对于化学合成多肽途径存在组成、杂质和潜在毒副作用的担心，目前市售用于临床的生物活性肽制剂依然以纯天然蛋白质为原料分离提取占据绝对优势。这些多肽制剂都习惯以原料蛋白来命名，如花生肽、玉米肽和动物蛋白肽等。

以蛋白酶对各种动物蛋白或植物蛋白进行酶降解而获得的多肽统称为酶解肽，具有促进、增强和调节机体免疫的生理功能。服用这类酶法多肽进入循环系统和组织后，既可作为抗原，不需 T 细胞的辅助就能直接刺激 B 细胞产生抗体，也可诱导促进 T 细胞分化成熟，进而刺激 B 细胞产生免疫球蛋白参与人体免疫反应。其最终结果，一方面能提高自身 NK 细胞(自然杀伤细胞)活力，在无抗体参与情况下杀灭肿瘤细胞，发挥广谱抗感染和抗肿瘤的作用。另一方面刺激 K 细胞(杀伤细胞)杀伤不易被吞噬的病原体寄生虫和恶性肿瘤细胞等。由此可见，酶法多肽作为使用方便的内服免疫剂，能够全面增强人体免疫功能。

影响酶解法制备胶原和多肽产率和质量的重要因素包括温度、时间和酶的选择。首先，酶解温度必须适宜。温度过低酶解效果不好，温度过高会引起酶失活并导致胶原或多肽变性。据报道介质 pH 略低于中性时，胶原蛋白的变性温度为 40~41℃，介质 pH 为酸性时，胶原蛋白的变性温度为 38~39℃，鱼皮胶原蛋白的变性温度要比猪皮胶原蛋白的变性温度低 7~12℃。由此可见，在酶解过程中温度必须低于变性温度。

其次，酶解时间必须适当。时间过短胶原或多肽不能充分释放，影响产率；如果酶解时间过长，胶原和多肽会过度水解，产生过多的苦味小分子寡肽，不仅增加分离纯化难度，也会影响胶原蛋白的功能特性和生物活性。

最后，酶的选择必须适当。一般从陆生哺乳动物组织中提取胶原或多肽时，多选择胃蛋白酶。水生动物多肽变性温度较低，须选择适应较低温度的蛋白酶。

以各种植物蛋白粉为原料，在水或有机溶液中控制适宜的 pH 和温度进行酶水解，即可获得以蛋白源命名的生物活性多肽，结果表明，这些多肽的氨基酸组成明确，具有特殊的生理活性，如表 8-3 所示。

表 8-3 几种多肽的氨基酸含量(%)与生理活性

氨基酸	符号	玉米肽	花生肽	核桃肽
天冬氨酸	Asp	3.54	8.78	10.4
苏氨酸	Thr	1.20	1.85	3.34
色氨酸	Trp	1.23	未检出	4.74(丝氨酸)
谷氨酸	Glu	14.1	19.2	18.4
脯氨酸	Pro	未检出	3.04	5.44
甘氨酸	Gly	1.69	1.94	2.95
丙氨酸	Ala	5.45	2.74	2.73
半胱氨酸	Cys	未检出	0.86	0.37
缬氨酸	Val	4.55	2.38	2.95
甲硫氨酸	Met	1.11	0.41	0.68
异亮氨酸	Ile	1.61	1.91	4.19
亮氨酸	Leu	9.37	4.07	5.97
酪氨酸	Tyr	2.43	1.98	2.89

续表

氨基酸	符号	玉米肽	花生肽	核桃肽
苯丙氨酸	Phe	3.38	3.47	3.23
组氨酸	His	3.15	1.34	2.80
赖氨酸	Lys	0.63	2.22	2.42
精氨酸	Arg	0.86	5.02	6.46
生理活性		促进乙醇代谢醒酒	抗氧化降血压	软化血管预防硬化

8.4.4　氨基酸

目前市售氨基酸(amino acid)及其衍生药物的品种超过 100 种，被广泛应用于食品、饲料、化工、农业及医药等方面。

1) 氨基酸药物

由于人们对氨基酸广泛参与机体正常代谢和许多生理机能的认识不断深化，氨基酸代谢紊乱与疾病的相关性，以及在防治某些疾病中的重要作用，越来越被人们所瞩目。随着临床医学肠外或经肠营养支持疗法的推广应用，氨基酸如同维生素和激素一样，已成为现今不可缺少的重要临床治疗药品之一。氨基酸作为药物在医疗保健事业中是一个占有重要地位和充满希望的分支。

众所周知，氨基酸对处于蛋白质-能量营养不良病人的营养支持治疗，对于降低发病率与死亡率，使病人早日康复具有非常重要的意义。为达到良好的蛋白质营养，必须同时供应组成平衡的各种氨基酸与能量，使细胞可以进行各种蛋白质的生物合成。在人类机体内蛋白质合成过程中需要 21 种氨基酸，其中 8 种为必需氨基酸。

2) 制备与精制

水溶性氨基酸的制备方法包括经典提取法、化学合成法、微生物发酵法和酶法。经典提取法是以含有蛋白质的物料为原料，经酸、碱或酶水解后提纯氨基酸的方法。随着离子交换技术的应用，氨基酸的分离更便捷而高效。

鉴于提取法存在产量低、成本高、"三废"严重等缺点，国外多数氨基酸生产已逐步被发酵法和化学合成法所取代。不过，半胱氨酸、酪氨酸、羟脯氨酸、组氨酸和亮氨酸等仍然以提取法占主要地位。我国拥有丰富的动物资源，包括毛发、猪血、丝素丝胶、皮革边料、蚕蛹巢丝以及水产品下脚料等已得到充分利用。提取法生产氨基酸主要包括蛋白质水解、氨基酸提取分离及结晶精制 3 个步骤。下面简要讲述氨基酸的纯化精制一般工艺。氨基酸的分离提纯可采用沉淀、离子交换、溶剂萃取、液膜萃取、反向微胶团萃取和电渗析等方法。

(1) 沉淀法。这是早期用于分离混合氨基酸的方法。某些氨基酸可与某些有机或无机物结合形成结晶性沉淀，从而达到目标氨基酸与其他氨基酸分离的目的。例如，精氨酸与苯甲醛在低温碱性条件下，可缩合生成溶解度很低的苯亚甲基精氨酸沉淀，亮氨酸与邻二甲苯-4-磺酸反应生成亮氨酸磺酸盐沉淀。

(2) 离子交换法。国内外曾广为报道采用离子交换层析法从胱氨酸母液中提取精氨酸、组氨酸、赖氨酸、苯丙氨酸和异亮氨酸的工艺流程与条件。目前人们更多采用两种形式的离子交换柱上层析技术分离纯化混合氨基酸，其一是在高 pH 条件下分离纯化氨基酸阴离子，其二是在低 pH 条件下分离纯化氨基酸阳离子，这样可以使分离效率显著提高。

(3) 溶剂萃取法。由于多数氨基酸在非极性有机溶剂中的溶解度很低，因此早期用正己胺和低级醇作萃取剂从蛋白水解液中萃取分离十几种氨基酸的分配系数均很低，对萃取柱的高/径比要求达 30～40 才能得到较为满意的分离效果。近年来开发出化学萃取法分离提取氨基酸的新方法，其中有机胺类和有机磷酸是应用最多的两大类化学萃取剂。化学萃取法分离混合氨基酸主要是利用不同氨基酸之间等电点的差别，与离子交换法相似，只有当混合氨基酸之间的等电点相差足够大时才能达到萃取分离的目的。

也可以通过改变混合氨基酸水溶液中无机盐的种类和浓度，使等电点相近的氨基酸分配系数差异加大，从而实现等电点相近的混合氨基酸的有效分离。

(4) 液膜萃取法。适量加入能在氨基酸水溶液中形成液膜的某种表面活性剂，利用液膜的选择透过特性，使混合氨基酸溶液中的某些组分透过液膜而实现分离。总而言之，在设计氨基酸的精制流程与条件时，必须充分考虑待分离精制混合氨基酸的基本组成及其组分的等电点，如表 8-4 所示。

表 8-4 各种氨基酸的等电点

氨基酸	天冬氨酸	谷氨酸	半胱氨酸	天冬酰胺	苯丙氨酸	谷氨酰胺	丝氨酸
等电点	2.77	3.22	5.05	5.41	5.48	5.65	5.68
氨基酸	酪氨酸	蛋氨酸	色氨酸	缬氨酸	甘氨酸	亮氨酸	丙氨酸
等电点	5.68	5.74	5.89	5.96	5.97	5.98	6.00
氨基酸	异亮氨酸	苏氨酸	脯氨酸	组氨酸	赖氨酸	精氨酸	
等电点	6.02	6.16	6.30	7.59	9.74	10.76	

参 考 文 献

董建华. 2009. 高分子科学前沿与进展Ⅱ. 北京：科学出版社.

董建华, 张希, 王利祥. 2011. 高分子科学学科前沿与展望. 北京：科学出版社.

董炎明, 张海良. 2006. 高分子科学教程. 北京：科学出版社.

冯新德, 张中岳, 施良和. 1998. 高分子辞典. 北京：中国石化出版社.

复旦大学高分子系高分子教研室. 1995. 高分子化学. 上海：复旦大学出版社.

韩哲文. 2004. 高分子科学教程. 上海：华东理工大学出版社.

何东平, 刘良忠. 2013. 多肽制备技术. 北京：中国轻工业出版社.

何天白, 胡汉杰. 1997. 海外高分子科学的新进展. 北京：化学工业出版社.

何天白, 胡汉杰. 2001. 功能高分子与新技术. 北京：化学工业出版社.

金征宇, 顾正彪, 童群义, 等. 2007. 碳水化合物化学——原理与应用. 北京：化学工业出版社.

李群, 王槐三. 1996. 高分子化学. 成都：成都科技大学出版社.

李淑君. 2009. 植物纤维水解技术. 北京：化学工业出版社.

林尚安, 陆耘, 梁兆熙. 1982. 高分子化学. 北京：科学出版社.

卢江, 梁晖. 2005. 高分子化学. 北京：化学工业出版社.

马隆龙, 王铁军, 吴创之, 等. 2010. 木质纤维素化工技术及应用. 北京：科学出版社.

潘才元. 1997. 高分子化学. 合肥：中国科学技术大学出版社.

潘祖仁. 2011. 高分子化学. 5版. 北京：化学工业出版社.

史作清, 施荣富. 2008. 吸附分离树脂在医药工业中的应用. 北京：化学工业出版社.

汤克勇. 2012. 胶原物理与化学. 北京：科学出版社.

王爱勤. 2008. 甲壳素化学. 北京：科学出版社.

王国建. 2004. 高分子合成新技术. 北京：化学工业出版社.

王国建. 2013. 高分子现代合成方法与技术. 上海：同济大学出版社.

姚志国, 白剑臣, 郭俊峰. 2013. 高分子化学. 北京：北京理工大学出版社.

张邦华, 朱常英, 郭天瑛. 2006. 近代高分子科学. 北京：化学工业出版社.

张玖芬. 2004. 高分子化学. 哈尔滨：哈尔滨工业大学出版社.

Odian G. 1987. Principles of Polymerization. 2nd ed. 李宏, 黄文强, 顾忠伟, 等译. 北京：科学出版社.

附　录

附录 1　高分子化学名词解释

1. 高分子化合物

高分子化合物是指由众多原子或原子团主要以共价键结合而成的相对分子质量在 1 万以上的化合物。

2. 平均聚合度与平均相对分子质量

一般合成聚合物均由众多相对分子质量大小不等的同系物分子组成,其聚合度与相对分子质量的统计平均值即为平均聚合度和平均相对分子质量。

3. 多分散性和分散指数

表征构成聚合物的同系物相对分子质量大小不相等的特性,称为相对分子质量的多分散性。通常以重均相对分子质量与数均相对分子质量之比值表征其分散指数或分散度。

4. 重复结构单元与结构单元

将大分子链上化学组成和结构均可重复的最小单位称为"重复结构单元"或简称"重复单元"。重复单元中由一种单体分子通过聚合反应而进入大分子链的那一部分称为结构单元。

5. 反应程度和转化率

已参加反应的官能团与起始官能团的物质的量之比值即为反应程度。已参加反应的单体与起始单体的物质的量之比值即为转化率。

6. 官能团摩尔系数

官能团摩尔系数是指数值小的官能团物质的量与数值大的官能团物质的量之比值, 即官能团摩尔系数, 也称当量系数。

7. 小分子存留率

小分子存留率是指缩聚反应生成的小分子副产物在聚合反应容器内的实际保留率。在密闭反应器内, 为实际生成小分子物质的量与能够生成的小分子物质的理论量之比值;在敞开反应器内, 为实际存留于体系中的小分子物质的量与小分子能够生成的理论物质的量的比值。

8. 凝胶化过程和凝胶点

在体型缩聚反应过程中,当反应程度达到某一数值时,体系黏度突然增加并迅速转变成不溶不熔、具有交联网状结构的弹性凝胶的过程为凝胶化过程,此时的反应程度即为凝胶点。

9. 界面聚合

在两种互不相溶、分别溶解有两种单体的溶液界面附近进行的缩聚反应称为界面聚合。

10. 无规预聚物和结构预聚物

分子链端未反应官能团的种类和分布完全无规的预聚物称为无规预聚物。分子链端的未反应官能团完全相同的预聚物称为结构预聚物。

11. 聚合极限温度

将 $T_c = \Delta H / \Delta S$ 定义为连锁聚合反应的极限温度或临界上限温度。在此温度以下进行的聚合反应无热力学障碍,高于此温度聚合物将自动降解或分解。

12. 动力学链长

连锁聚合反应活性中心(自由基或离子)从产生到消失所消耗的单体数目即为动力学链长。

13. 链转移常数

链转移反应速率常数与链增长速率常数的比值即为链转移常数,$C_M = k_{tr,M} / k_p$、$C_I = k_{tr,I} / k_p$、$C_p = k_{tr,S} / k_p$ 分别为向单体、引发剂和溶剂的链转移常数。

14. 调聚反应和调聚物

链转移反应速率常数远大于链增长速率常数的聚合反应称为调聚反应。产物为聚合度 5~10 的低聚物即调聚物,其分子两端多为调节剂分子碎片。

15. 自加速过程

在自由基聚合反应过程中,体系黏度随转化率增大而升高,使活性链自由基间的碰撞机会减少,双基终止困难,自由基浓度增加,最终导致聚合反应速率快速升高的现象。

16. 阻聚常数和阻聚期

存在阻聚剂的连锁聚合反应中,自由基向阻聚剂转移的速率常数与链增长速率常数之比值为阻聚常数。存在阻聚剂时的聚合反应诱导期称为阻聚期。

17. 乳化剂的三相平衡点

乳化剂在水中能以分子分散、胶束和凝胶 3 种状态稳定存在的最低温度为三相平衡点。高于此温度时，体系中仅存在分子分散和胶束两种分散态的乳化剂而稳定；低于此温度时，凝胶析出使胶束浓度大大降低，失去乳化作用。因此，须选择三相平衡点低于聚合温度的乳化剂，才能保证乳液聚合顺利进行。

18. 胶束增溶现象

由于乳化剂在水中以增溶胶束的形式包容单体，从而大大增加了难溶单体在水中溶解度的现象称为胶束增溶现象。

19. 竞聚率

两种单体均聚速率常数与共聚速率常数之比值称为竞聚率。

$$r_1 = k_{11} / k_{12}; \quad r_2 = k_{22} / k_{21}$$

20. Q-e 概念和方程

以代表单体取代基共轭程度即聚合反应活性的 Q 值以及代表单体取代基极性的 e 值表征单体参加共聚反应能力的大小，并可用来计算竞聚率的关系式，称为 Q-e 方程。

21. 立构规整性聚合物

由一种或两种构型结构单元组成的重复单元以单一顺序重复排列的聚合物称为立构规整性聚合物。α-烯烃的立构规整性聚合物包括全同立构和间同立构两种，前者的重复单元由单一构型的结构单元组成，后者的重复单元由两个不同构型的结构单元交替排列组成。

22. 配位聚合和定向聚合

配位聚合是由两种及以上组分组成的配位催化剂引发的聚合反应。定向聚合是指能够生成立构规整性聚合物为主($\geqslant 75\%$)的聚合反应。可见配位聚合着眼于聚合机理，定向聚合着眼于聚合物的结构。

23. 定向指数

定向指数是立构规整性聚合物在聚合物中所占的质量分数，用以表示聚合物分子主链上结构单元手性碳原子排列规整的程度，也称为立构规整度或定向度。

24. Ziegler-Natta 催化剂

由ⅣB～Ⅷ族过渡金属化合物与ⅠA～ⅢA 主族金属烷基化合物组成的二元催化体系，具有引发α-烯烃进行配位聚合的活性，即为 Ziegler-Natta 催化剂。

25. 工程塑料与特种工程塑料

能在较宽温度范围承受较强机械力，并能耐受严苛化学、物理环境的高性能高分子材料称为工程塑料，主要包括聚酰胺(PA)、聚碳酸酯(PC)、聚酯

(PET 和 PBT)、聚甲醛(POM)和改性聚苯醚(MPPO)5 大类。

其中具有高热稳定性、高机械力学性能、高价格的工程塑料，包括聚酰亚胺(PI)、聚苯硫醚(PPS)、聚砜(PSF)、聚芳酯(PAR)、聚芳醚酮和液晶聚合物(LCP)6 大类，被另列为特种工程塑料。

26. 活性聚合、可控聚合与计量聚合

无链转移和链终止的连锁聚合即为活性聚合。聚合物的结构及其相对分子质量与分布可以控制的聚合反应即为可控聚合。严格控制反应条件，以得到接近单分散的窄分散聚合物为目的的聚合反应称为计量聚合。

27. 遥爪聚合物

在绝对纯净的阴离子聚合反应中，加入某些试剂如环氧乙烷、二氧化碳等可以生成大分子的一端或两端带活性官能团的聚合物称为遥爪聚合物，也称活性端基聚合物。

28. 橡胶的硫化

橡胶的硫化是指使塑性高分子材料转变成弹性橡胶的过程。

29. 聚合物的老化

由于环境因素的影响，聚合物性能变坏的现象称为老化。

30. 降解和解聚

大分子主链断裂并导致聚合度降低的过程称为降解。大分子完全转化为单体的降解反应称为解聚。例如，甲基丙烯酸甲酯、聚 α-甲基苯乙烯和聚四氟乙烯的热降解就是典型的解聚反应。

附录 2　高分子化学重要题解

1. 高分子化合物的基本特征。

答　高分子化合物的基本特征主要包括相对分子质量大、化学组成较简单、化学结构有规律、具有平均相对分子质量及多分散性、物性不同于低分子同系物、具有黏弹特性。

2. 说明表征高分子化合物相对分子质量多分散性的方法。

答　表征高分子化合物相对分子质量多分散性的方法主要包括分散指数或分散度、分级曲线和分布函数及其曲线 3 种。

3. 归纳高分子化合物的分类方法。

答　高分子化合物的分类方法主要包括按照来源、用途、物性、主链元素、聚合反应类型、热行为和相对分子质量高低共 7 种进行分类。

4. 归纳高分子化合物的命名方法及其适用范围。

答　高分子化合物的命名方法主要包括 5 种：

(1) "聚"＋"单体名称"，仅适用于加聚物。

(2) "单体全称"＋"共聚物"，仅限于加聚物，不得用于混缩聚物。

(3) "单体简称"＋"材料用途"，加聚物和缩聚物均适用，如酚醛树脂、丁基橡胶、腈纶等。

(4) 化学结构命名法，适用于聚酯、聚酰胺(尼龙)、聚氨酯等。

(5) IUPAC 命名法，一般性了解。

5. 说明正确书写高分子化合物结构式和聚合反应式的规范及要点。

答　书写高分子化合物结构式要点有以下 3 点：

(1) 将重复单元写于方括号内，下标 n 或 m 表示分子链所含重复单元数，写出端基或加～。

(2) 重复单元和结构单元的分取必须严格遵守有机化学反应的相应规则。

(3) 体型聚合物只需写出代表其结构的最小部分，以～标注其连接部位。

书写聚合反应式要点有以下 3 点：

(1) 书写单体结构式。

(2) 书写大分子结构式，缩聚反应还应写出端基和小分子副产物。

(3) 配平反应式。

6. 比较逐步聚合反应和连锁聚合反应的主要特点。

答　主要包括以下 7 点。

反应类型	逐步聚合反应	连锁聚合反应
反应热力学	一般属可逆平衡反应	一般属不可逆、非平衡反应
反应动力学	聚合速率平稳	引发、增长、终止三基元反应速率不同
副反应	链裂解、交换、环化、官能团分解	向单体、引发剂、溶剂、大分子链转移
转化率增长	快速	分诱导、匀速、加速和减速四个阶段
相对分子质量增长	缓慢(测定时含单体)	快速(单体一般不计算在内)
相对分子质量	较低	较高
相对分子质量分布	较窄	较宽

7. 解释官能团等活性理论及其适用条件。

答　官能团的化学反应活性与分子链长无关，其适用条件限定为：聚合体系为分子分散状态的真溶液；官能团邻近基团空间环境相同；体系黏度不妨碍生成小分子的排出。严格而论，官能团等活性理论仅适用于低转化率。

8. 在密闭反应器中进行的线型平衡缩聚反应的聚合度公式为

$$\bar{X}_n = \sqrt{K}/p = \sqrt{K}/n_w$$

为什么不能按照该式得出"反应程度越低则产物聚合度越高"的结论？

答　缩聚反应达到平衡时，聚合度与平衡常数应满足如下关系：

$$\overline{X}_n = \sqrt{K} + 1$$

可见聚合度只与平衡常数有关,此时的反应程度和小分子副产物的物质的量分数均决定于平衡常数。

9. 获得高相对分子质量缩聚物的基本条件有哪些?

答 获得高相对分子质量缩聚物的基本条件包括严格等物质的量的官能团配比、单体纯净、高反应程度等。为此需选择适当催化剂,后期减压排除小分子,采用适当低的温度使平衡常数增大,通入惰性气体减少副反应,适度搅拌等。

10. 分析线型平衡缩聚反应的各种副反应对产物相对分子质量及其分布的影响。

答 链裂解使相对分子质量降低,链交换使分散度降低,环化使聚合难于进行,官能团分解反应使聚合反应难于进行。

11. 举例说明线型平衡缩聚反应条件对于平衡常数的强烈依赖性。

答 为了获得合格相对分子质量的聚合物,聚合反应平衡常数不同,要求控制小分子存留率也不同,这是由许尔兹公式决定的,下面列举 3 个例子予以解释。

聚合物	单体	K	温度/℃	n_w	压力/Pa	聚合度
酚醛树脂	苯酚甲醛	1 000	100	~10%	常压	~100
聚酰胺	二酸二胺	~305	260	3%	2700	~100
涤纶	双β羟乙酯	~5	280	0.5%	<100	~200

平衡常数大的缩聚反应条件相对温和,如酚醛树脂使用甲醛水溶液,聚合后期常压蒸出大部分水,即可达到聚合度要求。平衡常数小的缩聚反应条件严苛,如通常采用对苯二甲酸双β-羟乙酯的酯交换合成涤纶,其平衡常数太小,须相当高的温度和高真空度条件,才能得到合格的聚合物。

12. 归纳体型缩聚反应的特点及其必要充分条件,比较凝胶点 p_c、p_f、p_s 的相对大小并解释原因。

答 体型缩聚反应的特点包括分阶段进行、有凝胶化过程、凝胶点后的聚合速率较同类线型缩聚反应低。体型缩聚反应至少有 1 种单体为带 3 个或 3 个以上官能团的化合物,单体配方的平均官能度必须大于 2。3 种凝胶点 $p_c > p_s > p_f$。原因是推导 p_c 时将凝胶点的聚合度设为无穷大,推导 p_f 时未考虑分子环化以及实际反应条件对等活性假设的偏离。

13. 说明有哪些因素对烯类单体连锁聚合反应的聚合热产生影响?解释影响结果和原因。

答 (1) 位阻效应使聚合热降低。取代基间的夹角在聚合物与单体中分别为 109°和 120°,可见其拥挤状态使聚合物位能升高的程度大于单体,两者位能差减少,故聚合热降低。

(2) 共轭效应使聚合热降低。存在于单体分子使位能降低的共轭效应在聚合物中不复存在,故单体与聚合物间的位能差减小,聚合热降低。

(3) 氢键和溶剂化作用使聚合热降低。能降低单体位能的氢键和溶剂化作用在聚合物中受到限制,其位能降低不多,故单体与聚合物间位能差减小,聚合热降低。

(4) 强电负性取代基使聚合热升高。含强负电性取代基如 F 的 C—C 键和 C≡C 键的键能差远大于一般 C—C 键和 C≡C 键,故以聚合热形式释放的双键-单键转化的热力学能降低值也大于后者。

14. 分别说明苯乙烯、甲基丙烯酸甲酯和氯乙烯 3 种单体在自由基聚合反应中的链终止反应有何不同? 其对聚合度产生什么影响?

　　答　苯乙烯、甲基丙烯酸甲酯和氯乙烯 3 种单体在自由基聚合反应中的链终止反应分别按照双基偶合、双基歧化和向单体转移的方式进行。不考虑链转移反应时,其大分子链分别为 2 倍动力学链长、1 倍动力学链长和向单体链转移常数的倒数($\overline{X}_n = 1 / C_M$)。

15. 在推导自由基聚合反应动力学方程时都做了哪些基本假定? 试分别说明这些假定对动力学方程的推导结果有何影响?

　　答　做了等活性、长链、稳态和无副反应 4 个假定。其对动力学方程的推导结果的影响分别是:链增长反应只有 1 个速率常数,以单体消耗速率表示的聚合反应速率只与链增长有关,而与链引发和链终止无关。可利用链引发和链终止反应速率相等求解自由基浓度。

16. 总结影响自由基聚合反应速率和聚合度的各种因素及其影响结果,解释自由基聚合物分散指数变大的主要原因。

　　答　影响自由基聚合反应速率和聚合度的因素主要包括单体浓度和纯度、引发剂浓度、温度和聚合方法等。具体影响分别是:

(1) 单体浓度和纯度高,聚合速率和聚合度都升高。

(2) 引发剂浓度高,聚合速率升高,而聚合度降低。

(3) 温度升高,聚合速率升高,而聚合度降低。

(4) 本体聚合和悬浮聚合的聚合度较高,聚合速率也较快。溶液聚合聚合度较低。乳液聚合可借提高乳化程度达到同时提高聚合速率和聚合度的目的。

17. 总结获得高相对分子质量的自由基聚合物所需要的聚合反应基本条件。

　　答　获得高相对分子质量的自由基聚合物所需要的聚合条件是:高单体纯度和浓度、较低引发剂浓度、适当低反应温度、采用乳液聚合、本体聚合或悬浮聚合,避免采用溶液聚合。

18. 叙述自由基聚合反应中自加速发生的过程,解释其原因并比较苯乙烯、甲基丙烯酸甲酯和氯乙烯分别进行本体聚合产生自加速过程的早晚和程度。

　　答　聚合体系黏度随转化率升高而升高是产生自加速过程的根本原因。黏度升高导致链端自由基被包裹,双基终止困难,自由基消耗速率降低而产生速率变化不大,导致自由基浓度迅速升高,聚合速率迅速增大,体系温度升高,使引发剂分解加快,自由基浓度进一步升高而形成雪崩式正反馈过程。

苯乙烯、甲基丙烯酸甲酯和氯乙烯 3 种单体分别是各自聚合物的良溶剂、不良溶剂和非溶剂,单体-聚合物体系的黏度递增。由于黏度是产生自加速过程的直接原因,因此自加速过程苯乙烯出现较晚、程度较轻,甲基丙烯酸甲酯居中,氯乙烯出现较早、程度也较严重。

19. 自由基聚合反应动力学方程可以用下面通式表示

$$v_p = k'[M]^p[\,I\,]^q$$

试说明 p 和 q 可能的数值及其所代表的反应机理。

答　p 可取 1 或 3/2,分别代表正常聚合和低引发效率时(如溶液聚合)机理。q 可取 1/2 或 1,分别代表双基终止和单基终止(如链转移终止等)机理。

20. 在自由基聚合反应中,决定单体和自由基活性的主要因素是什么?试比较单体苯乙烯和乙酸乙烯酯及其自由基的活性。

答　在自由基聚合反应中,决定单体和自由基活性的主要因素包括取代基的共轭效应、位阻效应和它们在单体中的对称性。总的原则是:

(1) 共轭单体活泼,非共轭单体不活泼。

(2) 取代基位阻大的单体不活泼。

(3) 对称性高的单体不活泼,如乙烯。

(4) 活泼单体的自由基不活泼,不活泼单体的自由基活泼,故共轭而不对称的苯乙烯活泼,其自由基不活泼;非共轭的乙酸乙烯酯不活泼,其自由基活泼。

21. 乳液聚合与常规自由基聚合的转化率-时间关系有何不同?解释其中原因。

答　常规自由基聚合依次经历匀速期、加速期和减速期,乳液聚合依次经历加速期、匀速期和减速期。两者不同的原因在于机理不同。

乳液聚合的水溶性引发剂在水中分解,在胶束中链引发、链增长和链终止。聚合初期,胶束被引发进行链增长的数目逐渐增加,故聚合速率呈加速趋势。当体系中的胶束全部转化为活性胶粒后,聚合速率恒定。

常规自由基聚合中,油溶性引发剂在单体相分解、引发和链增长,初期聚合速率决定于引发剂和单体浓度,表现匀速。聚合中期,由于黏度增加导致双基终止困难,自由基浓度升高导致聚合速率急剧增加。聚合反应后期,随着单体和引发剂浓度降低,两者聚合速率均逐渐降低。

22. 推导二元共聚物组成微分方程的基本假设有哪些? 由此得到什么结论? 其与推导自由基均聚合动力学方程的基本假设有何异同?

答　都做了等活性、长链、稳态和无副反应 4 个假设。稳态假设在二元共聚物组成微分方程推导过程中包括两方面,即链终止速率与链引发速率相等,两种自由基间的互变速率也相等。按照长链假设,二元共聚物的组成只与 4 个链增长反应速率有关,而与链引发和链终止反应无关。

23. 烯烃均聚链增长速率常数的决定性因素是自由基活性,还是单体活性? 由此推测活泼单体的均聚速率常数大,还是不活泼单体的均聚速率常数大?

答　自由基活性对链增长速率常数的影响较单体活性的影响大。活泼单体产生的自由基不活泼,其均聚速率常数较小;不活泼单体产生的自由基活泼,其均聚速率常数较大。由此可见,影响单体均聚速率常数的决定因素是自由基活性,而不是单体活性。

24. 在离子型聚合反应中,活性中心有哪几种形态? 其决定性因素是什么?

答　存在共价键、紧离子对、松离子对和自由离子等4种形态。决定活性中心离子形态的主要因素是溶剂极性、反离子和温度等因素。一般规律是:溶剂极性增加使离子对变松,非极性溶剂中反离子半径大使离子对变松,极性溶剂中反离子半径大使离子对变紧,温度升高使离子对变松。

25. 在离子型聚合反应中,是否也会出现自加速过程? 为什么?

答　不会出现自加速过程,原因是自加速过程产生的原因是体系黏度升高导致双基终止困难,而离子型聚合反应属于单基终止而非双基终止。

26. 反离子对阴离子聚合反应有何影响? 试以 Li、Na、K… 为例予以说明。

答　反离子通过对活性中心离子形态的影响,进而影响聚合速率以及聚合物的结构规整性。具体影响分两种情况:

(1) 在非极性溶剂中,溶剂化作用不强,反离子与碳负离子之间的库仑力起主导作用。反离子半径按 Li、Na、K… 顺序增大,库仑力减弱,活性中心离子对变松,聚合反应速率增加,聚合物结构规整性变差。

(2) 在极性溶剂中,溶剂化作用占主导地位,反离子半径按 Li、Na、K… 顺序增大,溶剂化作用减弱,离子对变紧,聚合反应速率降低,聚合物结构规整性增加。

27. 根据烯烃单体及其活性中心在自由基聚合和阴离子聚合所表现出的不同活性规律,解释在利用活性阴离子聚合合成嵌段共聚物时,必须遵守"碱性强的单体生成的活性聚合物可以引发碱性弱的单体"这一原则。

答　按照 Q-e 概念,烯烃单体进行自由基聚合的活性决定于取代基的共轭程度,即 Q 值大小。单体进行阴离子聚合的活性决定于取代基的吸电性,即 e 值大小。而单体产生的活性中心的活性在两种聚合反应中的表现一致,即活泼单体产生的活性中心不活泼,不活泼单体产生的活性中心活泼。

例如,吸电性强的单体如硝基乙烯等,其在阴离子聚合反应中表现活泼,其链阴离子却不活泼;吸电性弱的单体如苯乙烯等,在阴离子聚合反应中表现不活泼,但是其链阴离子却活泼。由此可见,强碱性单体聚合得到的高活性阴离子链,引发高活性弱碱性单体聚合在热力学上是有利的。

28. 丁二烯的聚合物有几种异构体? 其配位聚合反应的常用引发剂有哪几种?

答　丁二烯的聚合物共有5种异构体,即1,4-加成聚合的顺式和反式两种几何构型体,1,2-加成聚合的全同立构、间同立构和无规立构等3种手性异构体。其配位聚合引发剂包括 Ziegler-Natta 体系、π-烯丙基和烷基锂等 3 类引发剂。

29. 解释聚氯乙烯在 200℃以上温度进行热加工时为何产品颜色会变深？聚丙烯腈为何不能采用熔融纺丝而只能采用溶液纺丝？

答 聚氯乙烯加热到 200℃以上会发生分子内和分子间脱去 HCl 反应，使主链部分单键转化为共轭双键，导致其颜色变深。类似道理，聚丙烯腈在高温条件下会发生环化反应而无法熔融，所以只能采用溶液纺丝。

30. 影响聚合物化学反应的因素有哪些？

答 (1)聚集态。例如，高结晶度的聚乙烯链段堆砌致密，很难进行化学反应。

(2) 邻近基团位阻效应。分子链上参加反应的基团邻近大体积基团时，其位阻使低分子反应物难于接近反应部位而无法反应。例如，聚乙烯醇的三苯乙酰化反应仅有 50%转化率。

(3) 邻近基团静电效应。例如，聚丙烯酰胺水解生成的羧基负离子与邻近酰胺基带正电荷的羰基，因电荷相反彼此吸引，有利于氨基离去而完成水解。

(4) 立体构型。全同立构 PMMA 主链上酯基处于主链平面同一侧，水解生成带负电荷的羧基对临近酯基的水解具有催化作用，水解速率越来越快。间同立构 PMMA 的酯基交替于主链平面两侧，水解速率越来越慢。无规立构 PMMA 的水解速率则介于两者之间。

(5) 基团隔离。例如，聚乙烯醇缩甲醛反应后期一些孤立的羟基周围已没有羟基与之协同，致使缩醛化程度只能达到 90%～94%。

(6) 相容性。例如，聚乙烯醇缩甲醛反应，聚乙烯醇亲水性良好，其缩甲醛产物维尼纶亲水性很差，故选择亲水和疏水适度的甲醇水溶液。

31. 说明有机玻璃、聚苯乙烯和聚乙烯 3 种聚合物的热降解产物有何不同？

答 有机玻璃、聚苯乙烯和聚乙烯 3 种聚合物的热降解产物分别是：100%单体甲基丙烯酸甲酯、约 46%苯乙烯和聚乙烯分子片断。

32. 解释无规降解与连锁降解的不同，缩聚物和加聚物分别属于哪一类型？

答 无规降解与连锁降解的特点比较如下所示。

降解反应类型	无规降解	连锁降解
聚合物类型	杂链缩聚物	碳链加聚物
降解开始部位	主链杂原子	主链链端或链中
降解反应机理	逐步、可逆平衡	连锁、不可逆
降解中间产物	稳定存在、可分离	不稳定、无法分离
降解最终产物	大小不等的低聚物	可最后生成单体
导致降解的原因	水、酸等化学试剂	氧、热、光辐射等物理因素
对聚合度的影响	平均聚合度降低	未降解分子聚合度不变

33. 对自由基、阴离子、阳离子和配位 4 种连锁聚合反应的特点进行比较。

答　4 种连锁聚合反应在单体、引发剂、基元反应、动力学、有无自加速、相对分子质量及其分布、分子链重排与立体异构、聚合温度等存在的不同如下所示。

聚合类型	自由基	阴离子	阳离子	配位
单体取代基	吸电、共轭	吸电、共轭	供电、共轭	吸电、共轭
引发剂	过氧、偶氮等	碱金属	Lewis 酸	Ziegler-Natta 引发剂
基元反应速率	慢引发、快增长、速终止	快引发、稳定增长、不终止	快引发、快增长、易重排、易转移	
过渡态		四元环	四元环	六或四元环
动力学过程	有自加速	无自加速	无自加速	无自加速
聚合度增长	快速	平稳	快速	快速
分散度	很宽	很窄		很宽
聚合温度	高	中	低	较低
阻聚剂	对苯二酚等	质子性物质	质子性物质	氢气
聚合方法	本体、溶液、悬浮、乳液	本体、溶液	本体、溶液	非均相体系
典型特点	双基终止有自加速	单基终止、无自加速、活性聚合物	链增长重排、无自加速	立体异构极少支链

附录 3　常见聚合物简易鉴别方法

日常生活中常常遇到没有任何检测设备和条件，却需要对聚合物的种类做出快速判断的问题。学会一些简便方法对聚合物类别做出初步判断非常实用。

方法 1 ——外观比较

一般热塑性塑料分晶态和非晶态两类，前者半透明、乳浊或不透明，只有薄膜态呈透明状，硬度从柔软到角质。后者一般无色，无添加剂时为全透明，硬度从硬角质到橡胶状。热固性塑料不含填料时透明，通常含不透明填充料。弹性体具有橡胶状手感，有一定的拉伸率。

(1) 薄膜：主要分 PE、PP、PVC 和 PET、黏胶纤维膜和醋酸纤维膜等 5 种。

PE 和 PP 薄膜　高压聚乙烯 LDPE 膜多为食品包装膜，PP 膜结晶度高而具各向异性，横向易撕裂而纵向强度却很高，如捆绑用薄膜带。

PVC 薄膜　农用地膜、化肥包装袋等，一般颜色较深。

PET 薄膜　照相底片、电影胶片、幻灯投影片等。质地较硬，晃动能发出哗哗响声，折叠后易留下折叠痕迹。

黏胶纤维膜和醋酸纤维膜　俗称"玻璃纸"，是最传统的糖果包装透明薄膜，不如 PE 膜柔软，很容易起皱纹，整理过程中同样能发出声音。

(2) 塑料板及其他型材：PMMA、PS、PVC、PE 和 PTFE 共 5 种。

PMMA 板和 PS 板　均无色透明，前者稍软而后者稍硬，敲击时前者响声低沉，后者清脆，前者韧性较好而后者较脆。

PVC 板和 PE 板　PE 板较薄而呈乳白半透明，相当绵软。PVC 板不透明，通常为灰蓝色，硬度较高，厚度 1～50 mm，可热焊接加工。

PTFE 板、管、棒　乳白色，质地较柔软，指甲即可在其表面留下刻痕。

(3) 泡沫塑料：主要为 PS 泡沫和聚氨酯泡沫两种。

PS 泡沫　多为家电、仪器等的包装材料，质地较硬而弹性不足，抗压强度较高，很容易撕裂成小块，握于手中有温热感。肉眼可见数毫米粒径的颗粒状结构，特点是纯白色不随时间推移而变黄。

聚氨酯泡沫　多作沙发、床垫、车船坐垫内胆，柔软而富于弹性。其内部纹理均匀而不易撕裂成小块，其颜色会在空气中逐渐变深。

方法 2——相对密度比较

不同聚合物的相对密度不同，常见塑料的相对密度见附表 1。

附表 1　各种聚合物的相对密度比较

聚合物	相对密度	聚合物	相对密度
硅橡胶 (SiO_2 填充)	0.80(1.25)	聚甲基丙烯酸甲酯	1.16～1.20
聚丙烯	0.85～0.91	聚乙酸乙烯酯	1.17～1.20
高压聚乙烯 LDPE	0.89～0.93	增塑聚氯乙烯(约含 40%)	1.19～1.35
聚异丁烯	0.90～0.93	双酚 A 型聚碳酸酯	1.20～1.22
天然橡胶	0.92～1.00	酚醛树脂(未填充)	1.26～1.28
低压聚乙烯 HDPE	0.92～0.98	聚乙烯醇	1.26～1.31
ABS	1.04～1.06	酚醛树脂(填充有机物)	1.30～1.41
聚苯乙烯	1.04～1.08	涤纶	138～1.41
苯乙烯-丙烯腈共聚物	1.06～1.10	硬质 PVC(填充无机物)	1.38～1.50
环氧树脂、不饱和聚酯	1.10～1.40	酚醛、氨基塑料(无机填料)	1.50～2.00
尼龙-6	1.12～1.15	聚偏二氟乙烯	1.70～1.80
尼龙-66	1.13～1.16	聚偏二氯乙烯	1.86～1.88
聚丙烯腈	1.14～1.17	聚四氟乙烯	2.10～2.30

方法 3——加热鉴别法

热塑性聚合物加热软化直至熔融，可采用热加工(附表 2)。热固性塑料加热不软化，尺寸稳定，直至分解炭化。

附表 2　常见热塑性聚合物的软化或熔融温度 T_f 范围

聚合物	T_f/℃	聚合物	T_f/℃	聚合物	T_f/℃
聚乙酸乙烯	35~85	有机玻璃	126~160	尼龙-6	215~225
聚苯乙烯	70~85	聚丙烯腈	130~150	聚碳酸酯	220~230
聚氯乙烯	75~90	聚丙烯	160~170	尼龙-66	250~260
聚乙烯	110~130	尼龙-610	210~220	涤纶	250~260

方法 4——燃烧鉴别法

观察聚合物着火燃烧时的特殊表现，注意熄火后熔融聚合物的滴落形式以及气味，借以鉴别聚合物相当有效，见附表 3、附表 4。

附表 3　各种聚合物燃烧实验的现象与气味比较

聚合物	着燃难易	燃烧特征及现象	燃烧气味
聚乙烯	极容易	燃烧部位熔化、滴落	似燃烧蜡烛气味
聚丙烯	极容易	燃烧部位熔化、滴落	似燃烧蜡烛气味
聚氯乙烯	不容易	部分变黑、不滴落	有氯化氢气味
腈纶纤维	不容易	不熔化、变黑、不滴落	有刺激性气味
尼龙纤维	容易	不熔化、变黑、不滴落	有燃烧毛发气味
涤纶纤维	容易	融化、不变黑、不滴落	无燃烧毛发气味
黏胶纤维	容易	不熔化、变黑、不滴落	有燃烧棉纤维气味
聚苯乙烯	容易	熔化、稍变黑、不滴落	有苯乙烯特别气味

附表 4　各类聚合物燃烧现象与气味比较

燃烧性	火焰	气化物气味	聚合物举例
不燃烧	无	如氢氟酸等	聚硅酮、PTFE、
阻燃或难燃，离开火焰即熄灭	明亮黄或橘黄色，火苗边缘绿色，有蓝烟或灰黑烟	苯酚、甲醛、氨、胺、HCl、动物角质烧焦气味	酚醛和氨基树脂、氯化橡胶、PVC、PC、硅橡胶、PA
火焰中燃烧，离开则缓慢熄灭	黄或橘黄色，材料分解有黑或黄烟，边缘或中心呈蓝色	苯酚、焦纸或焦橡胶气味、芳香烃或石蜡味	聚乙烯醇、聚氯丁二烯、PET、聚氨酯、PE、PP
易燃，离开火焰将维持燃烧	黄或橘黄色，材料分解有黑或黄烟，黑烟闪亮，中心蓝色放火花	强烈刺激性苯酚芳香、乙酸、焦橡胶气味、水果香、甲醛味	聚酯、环氧树脂、PS、聚乙酸乙烯酯、橡胶、有机玻璃
易燃，离开火焰仍剧烈燃烧	黄色或浅绿微弱火花，或橘黄色明亮强烈火花	乙酸、丁酸、烧焦纸味、氮氧化物	纤维素、醋酸纤维素、硝酸纤维素

方法 5——溶剂处理鉴别法

不同热塑性聚合物在不同溶剂中的溶解行为大有差异。热固性聚合物与弹性体不溶于任何溶剂，有时会溶胀，见附表 5。

附表 5　一些热塑性聚合物的特征溶剂及溶解性能比较

聚合物	良溶剂	非溶剂
聚乙烯	对二甲苯、三氯苯	丙酮、乙醚
无规聚丙烯	烃类、乙酸异戊酯	
聚苯乙烯	苯、甲苯、氯仿、环己酮、	低级醇、乙醚(仅溶胀)
聚氯乙烯	TMF、环己酮、甲酮、DMF	甲醇、丙酮、庚烷
聚丙烯酸酯和聚甲基丙烯酸酯	氯仿、丙酮、乙酸乙酯、四氢呋喃、甲苯	甲醇、乙醚、石油醚
聚丙烯腈	DMF、二甲亚砜、浓硫酸、水	醇类、乙醚、烃类
聚丙烯酰胺	水	甲醇，丙酮
聚乙烯醇	水、DMF、二甲亚砜	烃类、甲醇、丙酮
聚丙烯酸	水、稀碱、甲醇、DMF	烃类、甲醇、丙酮
涤纶	间甲酚、邻氯酚、硝基苯	甲醇、丙酮、烃类
聚酰胺	甲酸、浓硫酸、DMF	甲醇、乙醚、烃类
聚氨酯(未交联)	甲酸、间甲酚、DMF	甲醇、乙醚、烃类

注：不溶于任何溶剂的聚合物有全同立构 PP、PTFE、聚异戊二烯。